LEÇONS

DE

CRISTALLOGRAPHIE

PAR

G. FRIEDEL

INGÉNIEUR EN CHEF DES MINES

DIRECTEUR DE L'ÉCOLE NATIONALE DES MINES DE SAINT-ÉTIENNE

Avec 383 figures dans le texte

PARIS

LIBRAIRIE SCIENTIFIQUE A. HERMANN ET FILS

LIBRAIRES DE S. M. LE ROI DE SUÈDE

6, RUE DE LA SORBONNE, 6

1911

LEÇONS

DE

CRISTALLOGRAPHIE

LEÇONS

DE

CRISTALLOGRAPHIE

PAR

G. FRIEDEL

INGÉNIEUR EN CHEF DES MINES
DIRECTEUR DE L'ÉCOLE NATIONALE DES MINES DE SAINT-ÉTIENNE

Avec 383 figures dans le texte

PARIS

LIBRAIRIE SCIENTIFIQUE A. HERMANN ET FILS

LIBRAIRES DE S. M. LE ROI DE SUÈDE
6, RUE DE LA SORBONNE, 6

1911

Le présent ouvrage n'est point un traité complet de cristallographie. Rédigé pour les élèves de l'Ecole Nationale des Mines de Saint-Etienne, il représente, développées sur divers points, les premières leçons du cours de Minéralogie que l'auteur professe depuis de longues années à cette école. Dans ces leçons, la Cristallographie est envisagée à deux points de vue dont l'indication sommaire justifiera et les lacunes du livre et le développement inégal de ses diverses parties.

La Cristallographie est d'abord, et avant tout, considérée comme introduction nécessaire à l'étude de la Minéralogie. Il importait, à cet égard, de la limiter à l'examen des propriétés des cristaux qui servent couramment à caractériser les espèces minérales. C'est pourquoi l'on trouvera à peine indiquées dans ces pages, ou même passées sous silence, certaines questions dont l'intérêt, jusqu'à présent, est purement spéculatif (élasticité, conductibilités, polarisation électrique ou magnétique, etc.). D'autres y sont traitées moins pour leur intérêt propre qu'avec la préoccupation d'arriver assez rapidement et sans calculs superflus aux résultats nécessaires pour les applications courantes. C'est le cas, principalement, de ce que l'on appelle improprement l'optique cristallographique ; étude qui assurément joue un rôle très précieux dans la pratique cristallographique, mais qui n'est pas spéciale aux cristaux et ne devrait pas constituer un chapitre de la cristallographie mais bien, sous le nom d'optique des milieux anisotropes (amorphes aussi bien que cristallisés), une section de la physique générale. Obligé, par l'usage courant, de faire entrer ce sujet dans les leçons de cristallographie, on l'a fait le plus simplement possible.

Tout en sacrifiant ainsi assez largement au caractère utilitaire d'un cours destiné à de futurs ingénieurs plus qu'à de futurs savants, il n'a pas paru que l'on dût négliger en rien la valeur éducative propre des parties de la Cristallographie qui restaient en cause, et qui en sont, de beaucoup, les plus importantes et les plus caractéristiques. C'est pourquoi l'on a traité, avec plus de détail assurément que n'en comporterait un cours purement pratique, l'étude des propriétés vectorielles discontinues, c'est-à-dire des propriétés par lesquelles la matière cristallisée se différencie d'une manière absolue de la matière amorphe ; étude qui constitue par suite la partie vraiment spéciale de la Cristallographie.

L'ouvrage est divisé en deux parties : 1° Etude du cristal (homogène) ; 2° Etude des édifices cristallins complexes et des transformations.

Dans l'étude géométrique des directions particulières de plans et droites que révèlent les propriétés discontinues dans le cristal homogène (1ʳᵉ Section, Chap. I, Cristallographie géométrique), on s'est efforcé d'éviter le mélange systématique habituel des faits ou des raisonnements déductifs aux hypothèses, mélange d'où sont nées beaucoup de confusions. Lorsqu'on met les faits d'observation en leur vraie place, à la base de la théorie, il arrive parfois qu'on en peut tirer par simple déduction tant de conséquences que l'on serait presque tenté de juger, à ce moment, l'hypothèse inutile. Mais si, ayant poussé assez loin l'élaboration déductive des données de l'observation, l'on s'aperçoit que plusieurs lois d'observation reconnues indépendantes s'accordent pour suggérer une même hypothèse, celle-ci reprend du coup une tout autre valeur. Elle s'impose alors, en quelque sorte, non pas assurément comme vérité d'expérience, mais comme une forme, acceptable au moins provisoirement, d'une réalité plus générale que chacune des lois d'observation qu'elle réunit. C'est ce qui a lieu pour l'hypothèse de la périodicité du milieu cristallin. Il a semblé instructif de montrer par cet exemple un des cas où l'application intégrale de cette méthode sûre et saine est possible, et de faire voir comment la méthode inverse avait laissé passer inaperçue une loi d'observation fort remarquable quoiqu'habituellement méconnue et qui est en réalité la seconde loi fondamentale de la Cristallographie Géométrique.

On s'est contenté d'indiquer le principe des calculs cristallographiques, fastidieux instrument nécessaire au cristallographe mais dépourvu d'intérêt pour qui ne s'occupe pas de recherches nouvelles. Il était nécessaire, au contraire, de montrer par quelques exemples typiques comment la loi d'Haüy n'est qu'un aspect partiel et incomplet d'une loi d'observation beaucoup plus précise, celle de Bravais, qui vient donner un sens objectivement défini à la notion jusqu'ici vague de réseau cristallin et à la détermination des paramètres. Toute la 2e Partie, en effet, est basée sur cette loi fondamentale et sur la définition précise du réseau qui en est la conséquence. Il n'est que juste, au surplus, d'avertir ici les étudiants qu'on les entraine dans un domaine qui n'est point celui de la mode du jour, et que la loi de Bravais, qui gêne bien des théories et simplifie beaucoup de choses embrouillées à plaisir, n'a pas eu l'heur, jusqu'à présent, d'attirer sérieusement l'attention des cristallographes.

Dans la 2e Section (Cristallographie physique), les propriétés vectorielles discontinues les plus simples du cristal homogène (faces, figures de corrosion, clivages) sont reprises au point de vue physique (Chap. II) et l'existence des formes polyédriques complexes, notamment, éclairée au moyen de la théorie de Curie.

Le Chap. III (Propriétés vectorielles continues) achève à la fois l'étude du cristal homogène et interrompt celle des propriétés discontinues, qui occupera encore toute la seconde partie de l'ouvrage. Nous avons dit plus haut pourquoi ce chapitre a été réduit au minimum nécessaire et est surtout consacré aux notions indispensables sur l'optique des milieux anisotropes.

La seconde Partie (Chap. IV, V, VI) n'est guère que l'exposé, complété à la lumière des faits nouveaux et rendu plus clair par la définition précise du réseau, de la belle synthèse dans laquelle Mallard, au cours de ses leçons, unissait comme des aspects divers d'un seul et même phénomène la plupart des macles, les syncristallisations isomorphes, les transformations polymorphiques. Depuis Mallard, cette vue géniale n'a fait que se montrer de plus en plus féconde. Et il a suffi de se laisser porter par elle pour la voir s'étendre dans le domaine entier des propriétés discontinues, et englober non pas sans doute tous les faits épars notés au hasard des observations, mais tout ce qui, dans ces faits, a pu être réduit en lois. Il a paru que dans ce livre d'enseignement il importait d'insister davantage sur ce que l'on sait de général que sur l'infinie complexité des détails incohérents. Aussi s'est-on préoccupé surtout de mettre en lumière ce caractère commun à tant de faits, en apparence si dissemblables : la périodicité de la matière conditionnant non seulement la structure du cristal simple mais encore les lois de toutes les macles, des glissements, groupements hétérogènes d'espèces différentes, syncristallisations homogènes et transformations paramorphiques.

A un autre point de vue, le fait des transformations paramorphiques, à bien peu près le seul de toute la cristallographie qui autorise aujourd'hui une incursion dans le domaine de la maille cristalline elle-même, sert de base solide à une hypothèse structurale qui n'est au fond que l'hypothèse de Mallard, précisée grâce à la définition objective du réseau cristallin.

On a ajouté en appendice quelques notions sur la théorie de Schoenflies. Il importe qu'un étudiant en minéralogie sache au moins par un exemple en quoi consistent les résultats de cette théorie ; moins, à vrai dire, pour le bénéfice qu'il en pourra tirer que parce qu'il est bon d'être mis en garde contre les illusions excessives qu'on s'est faites sur la portée de telles spéculations en cristallographie.

ERRATA

Page 12, ligne 23. *Au lieu de* $\dfrac{OA}{OB'}$, *lire* $\dfrac{OA'}{OB'}$.

Page 67, ligne 9. *Au lieu de* : fré- *lire* : fréquents.

Page 101, ligne 6 à 11 *Lire* :

a) Dans le plan P. *Dôme* (parallèle à la grande diagonale de la base, ou macrodôme). Notation Miller ($p0r$). Lévy $a^{\overset{r}{p}}$. Exemple : (102) ou a^2.

b) Dans le plan P'. *Dôme* (parallèle à la petite diagonale, ou brachydôme). Notation Miller ($0qr$) Lévy $e^{\overset{r}{q}}$. Exemple ; (011) ou e^1 (fig. 190).

Page 107, ligne 2. *Au lieu de* : $(2\bar{1}1)$, *lire* : $(21\bar{1})$.

Page 228, ligne 1. *Au lieu de* : une période qui, *lire* : une période) qui

Page 289, ligne 13. *Au lieu de* : Tidymite, *lire* : Tridymite.

INTRODUCTION

Les propriétés *scalaires* (non susceptibles de direction), telles que densité, composition chimique, etc. n'établissent aucune distinction entre la matière amorphe et la matière cristallisée. Il n'en est pas de même des propriétés *vectorielles* (susceptibles de direction) telles que vitesse de la lumière, conduction de la chaleur, dilatation thermique, etc.

Parmi les propriétés vectorielles, il en est de deux sortes :

1° *Propriétés vectorielles continues.* — Ce sont celles qu'on peut représenter par un vecteur dont la grandeur varie d'une manière continue avec la direction. Exemples : vitesse de la lumière, coloration, conduction calorifique, etc.

De ces propriétés ne résulte aucune limite tranchée entre la matière amorphe et la matière cristalline. Il y a toutefois à cet égard une différence remarquable (bien qu'elle ne soit qu'une différence de degré) entre les deux types de matière :

La matière amorphe est ordinairement *isotrope* par ses propriétés vectorielles continues. Exemples : gaz, liquides ordinaires, verres recuits. Les cas d'*anisotropie* sont assez exceptionnels. Exemples : verres trempés ou comprimés, fibres et cellules animales et végétales, lames de gélatine, etc. (dans ces milieux la vitesse de la lumière, par exemple, varie avec la direction).

La matière cristallisée est au contraire ordinairement *anisotrope* par ses propriétés vectorielles continues (elle est d'ailleurs toujours anisotrope par d'autres propriétés, on va le voir). Les cas d'*isotropie* pour les propriétés continues sont assez exceptionnels.

Dans le détail des propriétés continues, il n'y a point de différence essentielle et générale entre la matière cristallisée et la matière amorphe. Un verre (amorphe) anisotrope a les mêmes propriétés optiques qu'un cristal optiquement anisotrope.

Il y a cependant, pour certaines de ces propriétés, des différences notables entre les deux types de matière (Voir p. 143). Mais elles ne sont ni assez importantes ni assez générales pour servir de base à la distinction fondamentale que l'on conçoit entre matière cristallisée et matière amorphe.

2° *Propriétés vectorielles discontinues.* — Ce sont celles que représente un vecteur qui varie avec la direction d'une manière discontinue. Elles se manifestent par l'existence de plans ou de droites qui jouissent de certaines propriétés, alors que les directions très voisines ne jouissent de ces propriétés à aucun degré voisin. Exemples : Les directions des plans et droites par lesquels les cristaux, dans leur croissance au sein d'un milieu fluide, ont une tendance si remarquable à se limiter ; les directions de plans et droites de moindre résistance qui constituent les clivages.

Ici, comme partout en physique, il faut se garder de substituer, si ce n'est à bon escient, à la notion fournie par l'observation l'image mathématique abstraite qui ne la remplace jamais exactement. La discontinuité dont il est question ici n'est pas nécessairement la discontinuité mathématique. Elle peut parfaitement n'être, et n'est probablement, qu'une variation très rapide des propriétés avec la direction au voisinage immédiat de certaines directions. Il n'y aurait pas alors de différence essentielle, mais seulement une différence de degré entre les propriétés discontinues et les continues. Dans l'image moléculaire, les premières se rapportent vraisemblablement à des phénomènes pour lesquels le rayon d'activité moléculaire est de l'ordre de grandeur de la distance moyenne des molécules les plus voisines ; les secondes à des phénomènes pour lesquels ce rayon d'activité est très grand par rapport aux distances moléculaires ; et l'on peut concevoir tous les intermédiaires.

Les propriétés vectorielles discontinues n'existent jamais dans la matière amorphe. Elles existent toujours dans la matière cristallisée, qui sera donc définie ainsi :

La matière cristallisée est celle qui a des propriétés vectorielles discontinues.

Remarque : Il résulte de là que la matière cristallisée est

toujours anisotrope (ordinairement par ses propriétés continues, toujours par ses propriétés discontinues).

II. — Homogénéité. Définition du cristal

La matière cristallisée a encore un autre caractère qui, pas plus que l'anisotropie, n'est absolument distinctif, mais qui n'en est pas moins frappant et très important : C'est sa tendance remarquable à constituer des masses homogènes.

Une masse est dite homogène si rien ne nous permet de distinguer dans son étendue deux points qui aient des propriétés (scalaires ou vectorielles) différentes. Pour les propriétés vectorielles notamment, une masse sera dite homogène si, un vecteur AB représentant une de ces propriétés au point A, cette propriété est représentée en un autre point A′ quelconque, physiquement distinct [1] de A, par un vecteur A′B′ égal et parallèle à AB, et s'il en est de même pour toutes les propriétés.

Exemples : Dans beaucoup de cristaux, il existe une direction de droite autour de laquelle les propriétés optiques, anisotropes, sont de révolution. C'est ce qu'on appelle un axe optique. Quel que soit le point du cristal considéré, par ce point passe un axe optique, et pour tous ces points l'axe a même direction et mêmes propriétés. Un axe optique n'est pas une droite, c'est une *direction de droite*. Toutes les droites physiquement distinctes parallèles à cette direction sont identiques, rien ne les différencie entre elles. S'il en est de même pour toutes les propriétés, le milieu est dit homogène.

De même, dans beaucoup de cristaux, existent une ou plusieurs directions de plans de moindre résistance que la cassure suit de préférence à toute autre direction voisine. Un tel plan s'appelle plan de clivage. Quel que soit le point du cristal considéré, par ce point passe un plan de clivage et la direction de ce plan est constante. Un plan de clivage n'est pas un plan déterminé dans l'espace, c'est une *direction de plan*. Tous les plans physiquement distincts parallèles à cette direction ont mêmes propriétés, rien ne les distingue entre eux. Si petit que soit un fragment, tant qu'il reste observable, si l'on continue à le briser il se divise toujours suivant des plans parallèles. On peut en dire

---

[1] C'est-à-dire : que nos moyens d'observation nous permettent de distinguer de A.

autant des plans qui limitent extérieurement la forme du cristal (voir p. 7 : loi de la constance des angles). Dans un milieu homogène, il en est de même pour toutes les propriétés des plans : Rien ne nous permet de distinguer les propriétés d'un plan de celles de tous les plans parallèles.

On a dit à tort que l'homogénéité ainsi définie est caractéristique de la matière cristallisée. Il n'en est rien.

Cette homogénéité appartient d'abord communément à la matière amorphe isotrope, et souvent sur une étendue très grande. La matière amorphe anisotrope est, il est vrai, habituellement peu homogène. Mais on peut toujours en isoler par la pensée une portion assez petite pour être pratiquement [1] homogène : Cette petite portion anisotrope et homogène ne sera pas pour cela de la matière cristallisée. L'homogénéité, pas plus que l'anisotropie, ne peut donc servir de caractère distinctif, de définition à la matière cristallisée. Assez souvent d'ailleurs la matière cristallisée est en fragments non homogènes, tout comme l'est habituellement la matière amorphe anisotrope ; et pour la réduire en parties homogènes, il faut en isoler par la pensée des portions suffisamment petites. Exemples : un cristal tordu mécaniquement (lame de mica pliée), ou naturellement (quartz tordu), une prehnite ou une barytine crêtées, un sphérolithe de calcédoine, etc. ne sont pas homogènes, et n'en sont pas moins pour cela de la matière cristallisée. Il n'y a donc, sur ce point aussi, qu'une différence de degré entre la matière amorphe et la matière cristallisée. Mais cette différence est très importante :

La matière cristallisée, au contraire de la matière amorphe anisotrope, a une tendance remarquable à se disposer en masses homogènes. On donne à ces masses le nom de cristaux.

Nous appellerons cristal toute masse homogène de matière cristallisée.

1re *Remarque.* — Lorsqu'une masse homogène de matière cristallisée s'accroît librement dans un milieu fluide, elle se limite habituellement par un ensemble de plans et prend une forme extérieure polyédrique. C'est ce phénomène saillant, connu de tout temps, qui a attiré l'attention sur l'individualité d'une telle masse, bien avant qu'on eût compris l'importance de l'homogénéité. On a appelé cristal (et dans l'usage courant ce terme est

---

[1] Ici encore, ne pas oublier que l'homogénéité ci-dessus définie est l'homogénéité telle que nos moyens d'observation nous permettent de la constater, et non l'homogénéité abstraite et absolue au sens mathématique.

souvent encore compris ainsi) la masse entière limitée par un tel polyèdre. D'après la définition ci-dessus nous appellerons cristal aussi bien un fragment quelconque de cette masse, ou encore une masse cristallisée homogène dépourvue de faces planes (telle que les cristaux de quartz des granites qui, ayan comblé des vides dans une matière solide, ont pris la forme de ces vides et n'ont jamais de formes polyédriques propres).

2e *Remarque.* — Il n'y a sans doute, dans la nature, aucune masse cristallisée qui soit rigoureusement homogène, non plus qu'il n'y a de gaz ou de liquides rigoureusement homogènes. Mais il en est un si grand nombre qui sont pratiquement homogènes qu'il y aura intérêt à substituer au cristal réel, sensiblement homogène, un *cristal parfait* idéal dont une première propriété sera d'être parfaitement homogène.

D'autre part, il ne s'agit en tout cela que de l'homogénéité telle que nos moyens d'observation nous permettent de la constater. Lorsque deux points sont trop voisins, nous devenons incapables d'étudier séparément leurs propriétés et de constater si elles sont identiques. Aussi ne sommes-nous nullement obligés d'admettre que *tous* les points du cristal parfait sont identiques entre eux ; mais seulement que dans la masse du cristal parfait il existe un grand nombre de points dont les propriétés sont identiques, et si rapprochés que nous ne pouvons, par nos moyens actuels, les séparer. Leur distance, très petite, n'est pas nécessairement infiniment petite. Il reste loisible de l'imaginer finie, et par suite d'intercaler entre ces points identiques d'autres points différant des premiers par leurs propriétés.

Rien ne nous empêche donc d'admettre que l'homogénéité, telle que nous la constatons et telle que nous l'entendons dans la définition du cristal donnée ci-dessus, disparaisse aux distances moléculaires ou simplement ultra-microscopiques. C'est ce que suppose naturellement toute théorie moléculaire. C'est aussi, nous le verrons, à quoi l'on est conduit lorsqu'on cherche à édifier, *même indépendamment de l'hypothèse moléculaire*, une théorie de la structure des cristaux.

Toute masse de matière cristallisée pouvant être considérée comme composée d'un nombre plus ou moins grand de parties homogènes ou cristaux, nous étudierons d'abord le cristal.

Dans l'étude du cristal, nous placerons en tête la description des propriétés qui sont absolument spéciales à la matière cristallisée, c'est-à-dire les propriétés vectorielles discontinues. Les propriétés vectorielles continues, qui appartiennent à toute matière anisotrope (cristalline ou amorphe), seront étudiées plus brièvement, en insistant seulement sur celles qui sont d'un usage courant dans la détermination des minéraux, et principalement sur les propriétés optiques.

PREMIÈRE PARTIE

Etude du cristal.

PREMIÈRE SECTION :
CRISTALLOGRAPHIE GÉOMÉTRIQUE

CHAPITRE PREMIER

Généralités.

*Propriétés vectorielles discontinues : Faces planes. Loi de Romé
de l'Isle ou loi de la constance des angles.*

Les cristaux, surtout lorsqu'ils se sont accrus librement dans
un milieu fluide, présentent souvent une surface extérieure
polyédrique composée de faces plus ou moins exactement planes. Ces faces restent parallèles à elles-mêmes dans la croissance du cristal ; elles ne sont donc pas déterminées en position,
en ce sens que tout plan parallèle à l'une des faces existantes
peut limiter le cristal aussi bien qu'elle ; mais elles sont déterminées *en direction*.

Etant donnés un certain nombre d'échantillons d'une espèce
cristallisée, ils peuvent être limités par des polyèdres différents.
Mais ces polyèdres appartiennent à un petit nombre de types,
qui peuvent d'ailleurs s'associer sur le même cristal. On constate alors que les angles dièdres que font entre elles les faces
correspondantes d'un même type, ou ceux que fait l'une d'elles
avec les faces d'un autre type sont *constants* pour une même

espèce. Cette constance se vérifie avec d'autant plus d'exactitude que les faces sont plus planes. On est conduit par suite à attribuer au *cristal parfait* des faces rigoureusement planes et des angles dièdres rigoureusement constants.

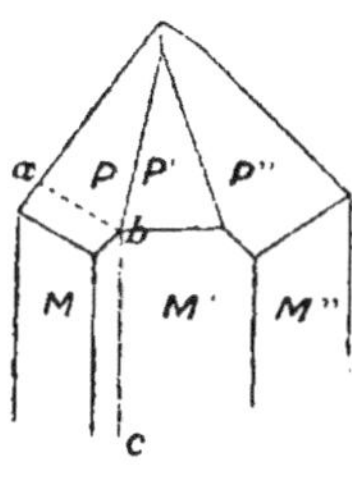

Fig. 1.

Exemple : Quartz. Forme habituelle, deux polyèdres distincts : prisme hexagonal MM'M'' et pyramide hexagonale P P'P''. Les dièdres MM', M'M'', etc., sont uniformément de 120°. Les dièdres MP, M' P', etc., uniformément de 141°47'. Les dièdres PP', P'P'', etc., uniformément de 133°44' (fig. 1). Si, comme il arrive souvent, les faces ne sont que grossièrement planes, ces valeurs des angles ne se retrouvent que grossièrement. Il est assez rare qu'elles soient suffisamment planes pour que les angles puissent être mesurés à 1' près. Mais quand cela a lieu, on retrouve à 1' près les valeurs des angles données ci-dessus. D'où la notion du cristal parfait de quartz qui aurait des faces exactement planes et des angles exactement constants.

Par contre, la position absolue des faces peut varier d'un cristal à un autre. Seule leur direction obéit à des lois déterminées. Ainsi quand nous parlerons de la face M du quartz, nous entendrons par là non pas un plan M de position définie, mais aussi bien tout autre plan parallèle tel que *abc* : non pas un plan mais une *direction de plan*.

Cette *loi de la constance des angles*, découverte par Romé de l'Isle en **1783** d'après des mesures d'angles grossières (à **1°** ou tout au plus 1/2° près) n'a pas été démentie depuis lors par les mesures plus précises (à **1'** près dans les cas favorables). Elle est, on le voit, entièrement d'accord avec la notion d'homogénéité du cristal, dont elle n'est que l'application à une propriété particulière, l'existence des faces planes.

Clivages. — Beaucoup de cristaux présentent une ou plusieurs directions de plans ou de droites que la cassure suit de préférence à toute direction voisine. La loi de la constance des angles s'applique à ces plans et droites aussi bien qu'à ceux qui limitent la forme extérieure.

De plus, les plans et droites de clivage sont parallèles à des faces et arêtes de la forme extérieure, ou tout au moins font partie d'un ensemble de plans et droites régis par les mêmes lois.

Autres propriétés discontinues. — Il existe encore d'autres propriétés discontinues dont nous parlerons plus tard (macles, glissements). Elles révèlent toujours, comme les précédentes, l'existence dans le cristal de directions de plans et droites qui jouissent de certaines propriétés à l'exclusion des directions voi sines. La loi de la constance des angles s'applique également aux plans et droites qui jouent un rôle dans ces propriétés. Et de plus ces plans et droites sont parallèles à des faces et arêtes de la forme extérieure, ou tout au moins font partie d'un ensemble de plans et droites régis par les mêmes lois.

De là résulte qu'il existe, passant par chaque point pris dans un milieu cristallin homogène, un faisceau de plans (et de droites qui sont leurs intersections) jouissant de certaines propriétés à l'exclusion des plans de directions voisines. Quand on passe d'un point du cristal à un autre physiquement distinct ce faisceau de plans est purement et simplement transporté parallèlement à lui-même.

Dans cet ensemble de plans (et droites) nous pouvons considérer séparément deux choses : 1° Les directions de ces plans ; 2° le détail des propriétés qui les mettent en évidence.

L'étude des directions des plans révélés par les propriétés discontinues constitue la *Cristallographie géométrique*. Nous nous en occuperons d'abord, en insistant surtout sur ce qui concerne les faces de la forme extérieure. Tout ce que nous en dirons s'applique aussi bien aux plans mis en évidence par les autres propriétés discontinues.

Nous étudierons ensuite au point de vue physique les propriétés qui distinguent les directions de plans définies par la cristallographie géométrique.

Mesure des angles

L'appareil couramment employé est le goniomètre à réflexion de Wollaston, modifié (Mallard) par l'addition d'un collimateur reportant à l'infini le point lumineux servant de mire, ainsi que son image dans le miroir plan M, laquelle sert de repère (fig. 2 et 3).

L'emploi du collimateur, c'est-à-dire d'une mire à l'infini, et d'un miroir donnant pour repère un point également situé à l'infini, supprime les erreurs pouvant provenir du déplacement de l'œil pendant la mesure ou du défaut de centrage de l'arête du dièdre dont on mesure l'angle. Il suffit de centrer grossièrement l'arête au moyen des deux mouvements rectilignes B. En agis sant sur les mouvements circulaires A, on amène l'image vue dans l'une des faces α à coïncider avec l'image repère. La face α

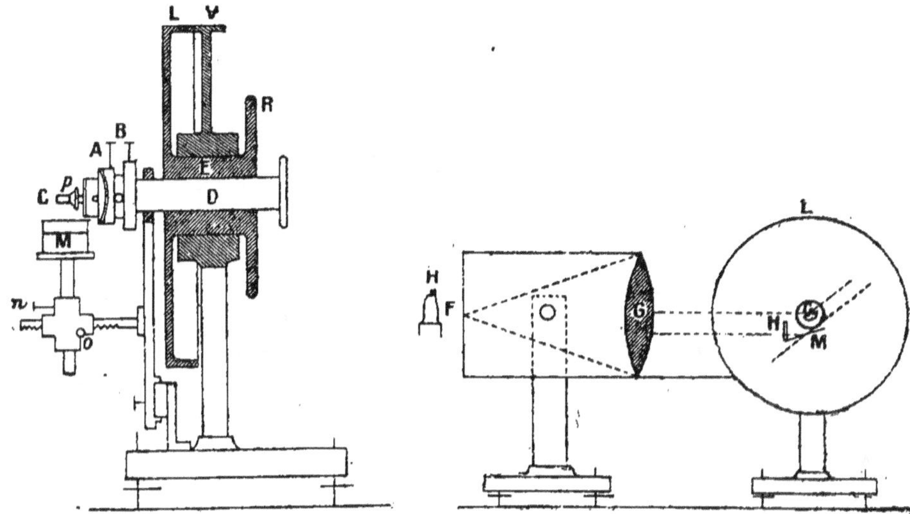

Fig. 2 et 3.

C, cristal fixé sur le plateau P par de la cire à modeler.

A, système de deux mouvements circulaires autour de deux normales à l'axe de l'appareil perpendiculaires entre elles.

B, système de deux mouvements rectilignes rectangulaires normaux à l'axe.

D, axe pouvant tourner librement pour le réglage, ou être fixé au manchon E par une vis de pression pour les mesures.

E, manchon portant le limbe gradué L, solidaire de l'axe pour les mesures, mû au moyen de la molette R ou, pour les petits déplacements, au moyen d'une vis lente fixée au bâti et qu'une vis de pression relie à volonté au manchon E.

V, vernier donnant en général le 1/3 de minute dans les grands instruments.

M, miroir plan fixé au bâti, parallèle à l'axe de l'appareil, et déplaçable parallèlement à lui-même au moyen de deux crémaillères n et o.

H, lampe. G, lentille du collimateur.

F, fente du collimateur, en forme de croix, placée au foyer de la lentille G.

H, verre coloré teintant l'image repère afin qu'elle ne puisse être confondue avec l'image vue dans la face du cristal.

est alors parallèle au miroir M. On en fait autant pour l'autre face β, puis on revient au réglage de la face α, et ainsi de suite jusqu'à ce que, par une rotation de l'axe, les images vues dans les deux faces α et β viennent successivement coïncider avec l'image repère. Ce réglage est de beaucoup accéléré si l'on s'arrange pour placer la face α à peu près parallèle au limbe de l'un des mouvements circulaires.

Il suffit ensuite de rendre l'axe solidaire du limbe, et de lire l'angle dont tourne celui-ci lorsqu'on fait coïncider successivement les deux images vues dans les faces α et β avec l'image

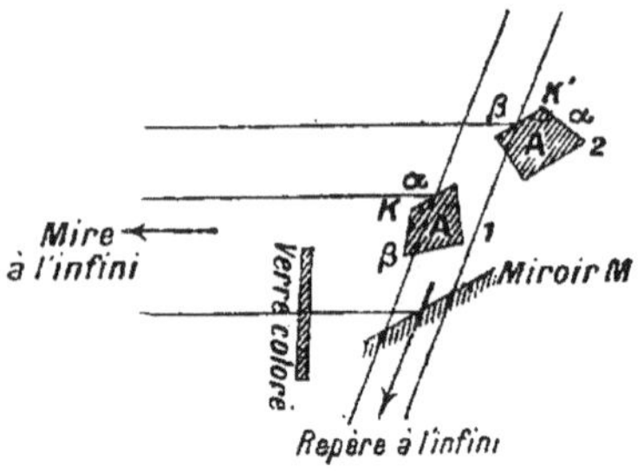

Fig. 4.

repère (fig. 4). L'angle lu est l'angle *des normales* aux deux faces. Grâce à la position à l'infini de la mire et du repère, il n'importe pas que l'arête soit exactement centrée.

Avoir soin, en mesurant un cristal :

1º De ne pas prendre pour des images réfléchies les images provenant de rayons ayant subi des réfractions et réfléchis à l'intérieur du cristal. Les images réfléchies sont blanches, les images réfractées dispersées en spectre.

2º De faire un croquis du cristal en donnant des notations quelconques aux faces, afin de ne pas confondre les angles mesurés.

3º De mesurer, quand une arête est placée, les angles de toutes les faces de la zone, c'est-à-dire de toutes les faces parallèles à cette arête.

4º De choisir de petits cristaux et des faces bien planes (donnant des images nettes), en négligeant, sauf nécessité, les mauvaises mesures fournies par les faces imparfaitement planes, qui sont très fréquentes.

Il existe des goniomètres à lunette ; d'autres à deux cercles rectangulaires, permettant de déterminer les positions de toutes les faces d'un cristal sans déplacement de celui-ci. Ces appareils plus compliqués ne procurent ni une plus grande précision ni aucun avantage notable. L'exactitude des mesures est limitée bien plutôt par le défaut de planitude des faces que par l'imperfection des goniomètres.

Romé de l'Isle et Haüy se servaient exclusivement du *goniomètre d'application*, limbe gradué muni de deux réglettes disposées suivant des rayons et dont l'une, fixe, est appliquée sur une des faces de l'angle à mesurer ; l'autre, mobile, s'appliquant sur l'autre face. On maintient tant bien que mal l'arête du dièdre normale au plan du limbe. L'exactitude des mesures atteint difficilement 1/2°. L'instrument peut encore rendre quelques services pour les gros cristaux à faces peu réfléchissantes ou engagés dans un échantillon que l'on ne veut pas briser.

Loi d'Haüy ou loi des troncatures rationnelles simples.

C'est la loi fondamentale de la cristallographie géométrique. Suggérée à Haüy, en **1801**, par des considérations théoriques sur la structure des cristaux, elle ne fut vérifiée d'abord qu'assez grossièrement, par des mesures au goniomètre d'application. Mais les mesures actuelles, beaucoup plus précises, la laissent intacte.

Soient XOY, YOZ, ZOX trois faces de la forme extérieure d'un cristal. Deux autres faces du même cristal coupent les arêtes OX, OY, OZ en A, B, C, A′, B′, C′. La loi de la constance des angles nous apprend que les longueurs OA, OB, OC, OA′, OB′, OC′ ne sont pas déterminées mais seulement leurs rapports OA : OB, OB : OC, OA′ : OB′, etc. (fig. 5). La loi des troncatures rationnelles établit entre ces rapports les relations suivantes :

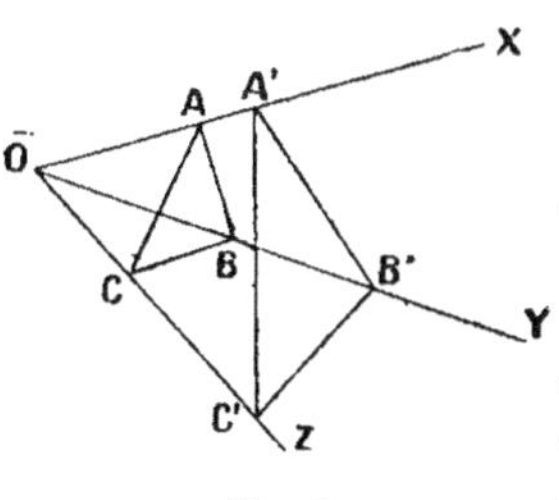

Fig. 5.

$$\frac{OA}{OB'} = \frac{g}{h} \cdot \frac{OA}{OB} \qquad \frac{OB'}{OC'} = \frac{h}{k} \cdot \frac{OB}{OC} \qquad \frac{OC'}{OA'} = \frac{k}{g} \cdot \frac{OC}{OA}$$

$g : h, h : k, k : g$ étant des nombres rationnels *simples*, c'est-à-dire g, h, k des entiers *petits*.

Cette loi est d'autant mieux vérifiée que les faces sont plus planes. Elle doit donc être considérée comme applicable en toute rigueur au cristal parfait.

Il va sans dire que les mesures, si précises qu'elles soient, comportent une erreur et sont incapables de prouver que les nombres $g : h, h : k, k : g$ soient rationnels. Elles fournissent pour ces nombres des valeurs qui ne diffèrent de fractions rationnelles *remarquablement simples* que de quantités inférieures aux erreurs de mesure que comportent soit les procédés goniométriques soit l'état des faces du cristal. En sorte que l'on a toujours le droit de choisir, pour représenter le résultat des mesures, ces nombres rationnels simples. C'est ce que l'on exprime en abrégé en disant que $g : h, h : k, k : g$ *sont* rationnels simples. Cela n'a aucun autre sens. Il est complètement inutile d'admettre que les rapports, si l'on pouvait les connaître rigoureusement, seraient égaux à ces nombres rationnels simples; des mesures plus précises pourraient venir un jour démentir cette affirmation gratuite. Tandis qu'il restera toujours vrai que, *dans les limites de précision des mesures actuelles*, on peut prendre pour ces rapports des nombres rationnels simples. Cela suffit d'ailleurs pour tirer de la loi d'Haüy toutes ses conséquences. Le fait que ces nombres rationnels sont remarquablement simples dans la grande majorité des cas constitue, à proprement parler, toute la loi.

La grandeur des nombres g, h, k dépend du choix des faces XOY, YOZ, ZOX, ABC, mais on peut toujours les choisir telles que g, h, k soient petits (habituellement 0, 1, 2, 3, 4 par exemple).

La loi des troncatures rationnelles simples est comparable de tous points à celle des proportions multiples *simples* en chimie.

De même qu'en chimie, il y a des cas assez nombreux où les rapports $g : h$, $h : k$, $k : g$ ne sont pas voisins de nombres rationnels très simples. Pour ces cas, en toute rigueur, la loi disparaît. Si l'on continue à l'admettre, et si l'on choisit alors pour g, h, k les entiers les plus petits possible dont les rapports approchent le mieux des nombres fournis par les mesures, c'est uniquement par analogie avec les cas, tellement nombreux qu'ils s'imposent en loi générale, où g, h, k sont remarquablement voisins de nombres entiers très petits. C'est ce que l'on fait constamment en chimie, où l'on continue à admettre les proportions multiples rationnelles alors même qu'elles ne sont plus assez simples pour que l'analyse les impose comme rationnelles.

Il est à remarquer que la loi d'Haüy implique l'existence des propriétés discontinues (et par suite de l'anisotropie), en sorte qu'elle contient implicitement la définition de la matière cristallisée ; et que d'autre part elle suppose la loi de la constance des angles, donc l'homogénéité, en sorte qu'elle contient implicitement la définition du cristal. Elle contient ainsi dans son énoncé toutes les propriétés que nous avons jusqu'à présent reconnues au cristal, en leur ajoutant d'ailleurs une propriété nouvelle importante.

Exemple de la loi d'Haüy (sur un cas où les calculs sont très simples). Idocrase. Prisme à base carrée mm' avec base p et nombreuses facettes connues, notamment une série de faces parallèles à l'arête de la base : a, b, c, d, e, f, et une autre série de faces également inclinées sur les deux faces mm' du prisme : g, h, k, l (fig. 6).

On mesure, à 1′ près, pour les angles des normales :

$$
\begin{aligned}
pa &= 14°13' & pg &= 15°2' & mq = m'q &= 45° \\
pb &= 20°48' & ph &= 28°14' & mm' &= 90° \\
pc &= 37°13' & pk &= 47°3' \\
pd &= 56°39' & pl &= 58°11' \\
pe &= 66°19' & pq &= 90° \\
pf &= 71°49' \\
pm &= 90°
\end{aligned}
$$

Prenons par exemple pour faces fondamentales p, m, m', qui sont ici trirectangulaires. Et considérons les faces g, h, k, l. Chacune d'elles coupe les trois arêtes pm, pm', mm' suivant

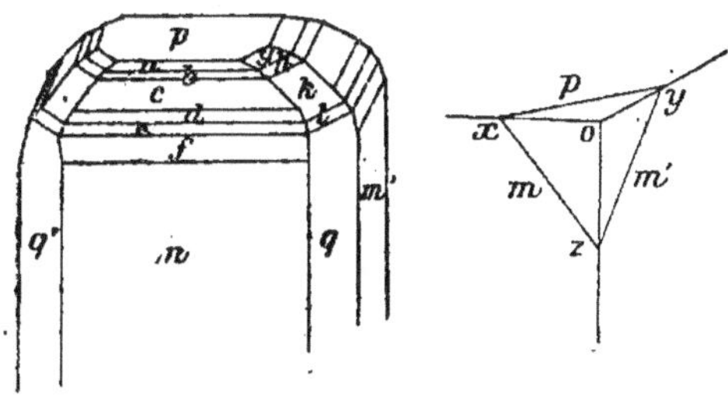

Fig. 6.   Fig. 7.

trois longueurs ox, oy, oz, et l'on a $ox = oy$ (fig. 7). On voit aisément que si l'on appelle α l'angle (normales) de chaque face avec la base p, l'on a aussi :

$$oz : ox = \frac{\sqrt{2}}{2}\, tg\alpha.$$

On calcule ainsi :

$$
\begin{aligned}
(oz : ox)_g &= 0,1899 \\
(oz : ox)_h &= 0,3797 \\
(oz : ox)_k &= 0,7596 \\
(oz : ox)_l &= 1,1397
\end{aligned}
$$

en remarquant, pour avoir une idée de l'approximation, qu'une différence de 1′ sur l'angle mesuré fait varier $(oz : ox)_k$ de $0,0004$ environ.

On voit immédiatement que si ces nombres ne sont pas simples, leurs rapports approchent remarquablement de nombres simples, et que l'on ne sort pas des limites des erreurs de mesure si l'on adopte pour les rapports ces nombres simples.

On trouve en effet, en prenant arbitrairement pour terme de comparaison $(oz : ox)_h$:

$$(oz : ox)_g : (oz : ox)_h = 0,2500, \text{ soit } \frac{1}{4}$$

$$(oz : ox)_h : (oz : ox)_h = 0,4998 \quad - \quad \frac{1}{2}$$

$$(oz : ox)_l : (oz : ox)_h = 1,5004 \quad - \quad \frac{3}{2}$$

Prenons de même les faces de la série $a\,b\,c...$ Pour chacune d'elles oy est infini et, en appelant α l'angle (normales) qu'elle fait avec p, l'on a :

$$oz : ox = tg\ \alpha$$

On calcule ainsi :

$$(oz : ox)_a = 0,2533$$
$$(oz : ox)_b = 0,3799$$
$$(oz : ox)_c = 0,7595$$
$$(oz : ox)_d = 1,5196$$
$$(oz : ox)_e = 2,2799$$
$$(oz : ox)_f = 3,0445$$

En remarquant qu'une différence de $1'$ sur l'angle mesuré fait varier $(oz : ox)_c$ de $0,0005$ environ.

Prenons toujours pour terme de comparaison $(oz : ox)_h$. On calcule :

$$(oz : ox)_a : (oz : ox)_h = 0,3335, \text{ soit } \frac{1}{3}$$

$$(oz : ox)_b : (oz : ox)_h = 0,5001 \quad - \quad \frac{1}{2}$$

$$(oz : ox)_c : (oz : ox)_h = 0,9999 \quad - \quad 1$$

$$(oz : ox)_d : (oz : ox)_h = 2,0005 \quad - \quad 2$$

$$(oz : ox)_e : (oz : ox)_h = 3,0014 \quad - \quad 3$$

$$(oz : ox)_f : (oz : ox)_h = 4,008 \quad - \quad 4$$

Les calculs sont moins simples si les faces fondamentales choisies ne sont pas rectangulaires ou les faces a, b..., moins symétriquement placées. Mais le principe reste le même.

Expression arithmétique de la loi d'Haüy. Caractéristiques.

Pour définir les directions de toutes les faces du cristal, adoptons arbitrairement quatre de ces faces : Les trois faces fondamentales XOY, YOZ, ZOX et une quatrième ABC qui ne soit parallèle à aucune des arêtes OX, OY, OZ. Soient $OA = a$, $OB = b$, $OC = c$. Ces longueurs a, b, c, qui ne sont pas définies en grandeur absolue, mais dont les rapports sont connus par les mesures d'angles, s'appellent les *paramètres* des trois arêtes OX, OY,

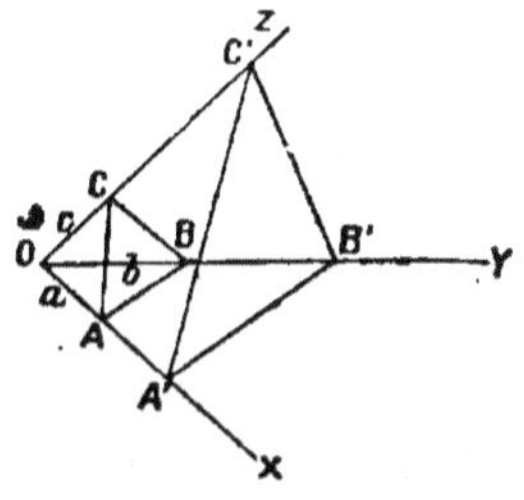

Fig. 8.

OZ (fig. 8). Pour toute autre face A'B'C' on aura, selon la loi d'Haüy :

$$OA' : OB' = \frac{g}{h} \frac{a}{b} \qquad OB' : OC' = \frac{h}{k} \frac{b}{c}$$

$$OC' : OA' = \frac{k}{g} \frac{c}{a}$$

g, h, k étant des entiers, d'ailleurs petits si les quatre faces initiales sont convenablement choisies.

La face A'B'C' n'étant pas déterminée en position, mais seulement en direction, nous pouvons prendre par exemple OA' $= ga$. Dès lors, on aura OB' $= hb$ et OC' $= kc$.

Ainsi, trois faces fondamentales étant choisies et une quatrième ABC déterminant sur leurs arêtes OX, OY, OZ les paramètres a, b, c, toute autre face du cristal sera définie en direction en prenant sur OX, OY, OZ des longueurs ga, hb, kc, multiples entiers simples des paramètres a, b, c.

Les nombres g, h, k mesurent les *longueurs numériques* (multiples du paramètre correspondant) à porter sur les arêtes OX, OY, OZ pour obtenir trois points de la face A'B'C'. Leurs inverses $p = \frac{1}{g}, q = \frac{1}{h}, r = \frac{1}{k}$, que l'on ramène à être entiers en les réduisant au même dénominateur, s'appellent les *caractéristiques* (ou indices) de la face A'B'C'.

Ainsi la face qui intercepte sur OX, OY, OZ des longueurs proportionnelles à **3**a, **6**b, **2**c, c'est-à-dire des longueurs numériques **3, 6, 2**, a pour caractéristiques $\frac{1}{3}, \frac{1}{6}, \frac{1}{2}$, ou ce qui revient au même **2, 1, 3**.

Les faces fondamentales ont pour caractéristiques : XOY : 0, 0, 1. YOZ : 1, 0, 0. ZOX : 0, 1, 0. ABC : 1, 1, 1.

La loi d'Haüy peut donc s'énoncer sous la forme suivante, qui ne diffère pas de celle que nous avons donnée ci-dessus : *Les faces d'un cristal sont parmi les plans dont les caractéristiques, rapportées à quatre de ces faces convenablement choisies, sont des nombres entiers simples* (c'est-à-dire inférieurs à un certain maximum, que la loi d'Haüy ne fixe d'ailleurs pas. Elle affirme seulement que ce sont des entiers petits).

Expression géométrique de la loi d'Haüy. Réseaux.

Considérons un parallélépipède construit sur trois arêtes OA, OB, OC (fig. 9). Construisons un *réseau* de parallélépipèdes contigus identiques à celui-là. Nous appellerons *nœuds* du réseau les sommets des parallélépipèdes. *Rangée* toute droite passant par deux nœuds. Il est aisé de voir que dans le réseau indéfiniment prolongé toute rangée contient une infinité de nœuds équidistants. *Plan réticulaire* tout plan contenant trois nœuds. Il est aisé de voir que dans le réseau indéfiniment prolongé tout plan réticulaire contient une infinité de nœuds placés aux sommets de parallélogrammes identiques et contigus. *Réseau plan* l'ensemble des nœuds contenus dans un plan réticulaire.

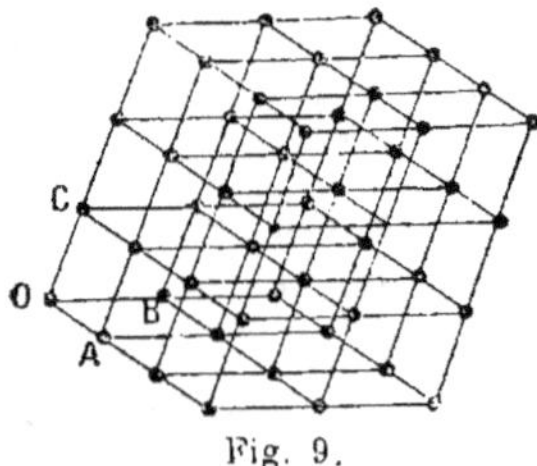

Fig. 9.

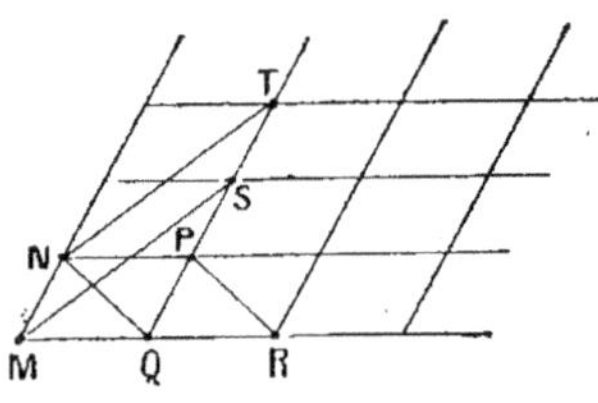

Fig. 10.

Considérons un plan réticulaire. Le parallélogramme MNPQ, défini par la condition de ne contenir aucun nœud autre que ceux qui forment ses sommets, s'appelle la *plus petite maille plane* du réseau de ce plan, ou simplement sa *maille plane*. On peut aussi bien définir le même réseau de nœuds par le moyen d'une autre maille plane, par exemple NPQR ou MNST (fig. **10**). Mais, un réseau plan de nœuds étant donné, l'*aire* de la plus petite maille de ce réseau est constante, quel que soit le parallélogramme choisi pour définir ce réseau.

En effet, sur une aire S du plan assez grande par rapport à la maille, le nombre des mailles est égal au nombre des nœuds, lequel est constant. L'aire *s* de la maille est donc constante quel que soit le parallélogramme choisi pour maille. On l'appelle l'*aire réticulaire* du plan. Son inverse est la *densité réticulaire* du plan. C'est une donnée caractéristique de chaque plan réticulaire ; elle dépend uniquement de la distribution des nœuds, non du choix du parallélépipède qui nous sert à définir leurs positions.

Deux rangées telles que MQ, MN, ou MQ, NQ, sur lesquelles se construit la plus petite maille sont dites *conjuguées*. MQ et

MS ne sont pas conjuguées. La maille construite sur deux rangées non conjuguées est dite *maille multiple*. Elle contient n nœuds autres que ses sommets et a une aire égale à $n + 1$ fois l'aire de la plus petite maille.

De même, dans l'espace, on appelle *plus petite maille* du réseau ou simplement *maille* du réseau le parallélépipède qui définit le réseau : ses sommets sont des nœuds et il ne contient aucun autre nœud, en sorte que répété indéfiniment il définit à ses sommets tous les nœuds du réseau.

On peut définir un réseau de nœuds au moyen de diverses mailles. Mais toutes ces mailles ont même *volume*. Un réseau de nœuds étant donné, le volume de sa plus petite maille est indépendant du choix du parallélépipède employé pour définir la position de ses nœuds. La démonstration est la même que pour les aires.

Il suit de là que l'aire d'un plan réticulaire est inversement proportionnelle à la distance de ce plan au plan réticulaire parallèle le plus voisin. Car le produit de ces deux quantités est égal au volume de la maille. On peut dire encore : la densité réticulaire d'un système de plans réticulaires est proportionnelle à l'espacement des plans de ce système.

Trois rangées sur lesquelles se construit la plus petite maille sont dites *conjuguées*. De même un plan réticulaire et une rangée sont conjugués si la rangée et la plus petite maille du plan définissent la plus petite maille du réseau.

Toute maille construite sur trois rangées non conjuguées est dite *maille multiple*. Elle contient n nœuds autres que ses sommets et a un volume égal à $n + 1$ fois celui de la plus petite maille.

Etant donné un réseau R et le réseau R' construit sur une de ses mailles multiples, le réseau R' est dit *réseau multiple* du réseau R. Les deux réseaux ont mêmes plans réticulaires et rangées.

Lorsque le nombre n est petit, la maille multiple est dite *maille multiple simple* et le réseau R' *réseau multiple simple* du réseau R. Les plans réticulaires denses du réseau R' sont alors aussi des plans réticulaires denses du réseau R.

Il est aisé de voir que, si l'on ne tient pas compte des dimensions absolues de la maille, le réseau R peut être considéré aussi bien comme un multiple du réseau R'. Par suite, on peut dire d'une manière générale : Deux réseaux sont dits *mul-*

tiples l'un de l'autre lorsqu'ils ont mêmes plans réticulaires (et par suite aussi mêmes rangées).

Si l'on prend pour axes de coordonnées trois rangées ox, oy, oz conjuguées, dont les paramètres sont a, b, c, tout nœud A aura pour coordonnées $x = ga$ $y = hb$ $z = kc$ g, h, k étant entiers.

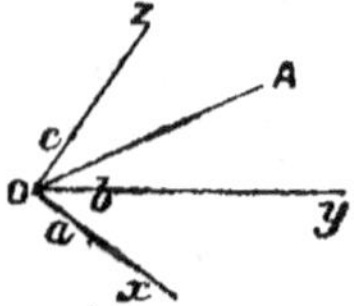

g, h, k sont les *coordonnées numériques* du nœud A.

La rangée OA a pour équations :

$$\frac{x}{ga} = \frac{y}{kb} = \frac{z}{kc}$$

Fig. 11.

g, h, k sont les *caractéristiques* de la rangée OA.

Un plan réticulaire passant par l'origine et par deux autres nœuds g, h, k — g', h', k' a pour équation :

$$\frac{x}{a}(hk' - kh') + \frac{y}{b}(kg' - gk') + \frac{z}{c}(gh' - hg') = 0$$

Ou par suite :

$$p\,\frac{x}{a} + q\,\frac{y}{b} + r\,\frac{z}{c} = 0$$

p, q, r étant entiers. p, q, r sont les *caractéristiques* du plan réticulaire.

Le plan parallèle à celui-là et passant par un nœud g'', h'', k'' a pour équation :

$$p\,\frac{x}{a} + q\,\frac{y}{b} + r\,\frac{z}{c} = pg'' + qh'' + rk'' = C$$

C étant entier. Ce plan coupe les trois axes à des distances de l'origine $C\,\frac{a}{p}$, $C\,\frac{b}{q}$, $C\,\frac{c}{r}$. Au facteur C près, les *longueurs numériques* interceptées par le plan sur les trois axes sont $\frac{1}{p}$, $\frac{1}{q}$, $\frac{1}{r}$. Les caractéristiques p, q, r sont les inverses de ces longueurs numériques.

Zones. — On dit que plusieurs plans réticulaires sont *en zone* quand ils sont parallèles à une même droite, appelée *axe de la zone*.

L'axe d'une zone est toujours une rangée. Ou, ce qui revient au même, deux plans réticulaires se coupent toujours suivant une droite parallèle à une rangée. Car l'intersection de deux

plans réticulaires dont les caractéristiques sont $p, q, r — p', q', r'$
est parallèle à la droite

$$\frac{x}{a\,(qr' - rq')} = \frac{y}{b\,(rp' - pr')} = \frac{z}{c\,(pq' - qp')}$$

qui est une rangée, puisque $qr' - rq'$, etc., sont entiers.

Condition pour que trois plans soient en zone :

Soient :

$$p\,\frac{x}{a} + q\,\frac{y}{b} + r\,\frac{z}{c} = 0$$

$$p'\,\frac{x}{a} + q'\,\frac{y}{b} + r'\,\frac{z}{c} = 0$$

$$p''\,\frac{x}{a} + q''\,\frac{y}{b} + r''\,\frac{z}{c} = 0$$

les équations de trois plans réticulaires ramenés à l'origine. Pour
qu'ils se coupent suivant une même droite, il faut qu'il y ait un
système de valeurs de x, y, z satisfaisant aux équations. Ce qui
donne pour la condition cherchée :

$$\begin{vmatrix} p & q & r \\ p' & q' & r' \\ p'' & q'' & r'' \end{vmatrix} = 0$$

Le déterminant des caractéristiques doit être nul.

En particulier, un plan est dit *tangent* sur l'arête de deux
plans réticulaires donnés $p', q', r' — p'', q'', r''$ lorsque, étant
en zone avec eux, il les coupe à des distances numériques égales de leur intersection. Ses caractéristiques p, q, r sont données
par les relations :

$$p = p' + p'', \qquad q = q' + q'' \qquad r = r' + r''$$

Ces définitions données, revenons à la loi d'Haüy.

Considérons le parallélépipède construit sur les trois arêtes
OA, OB, OC dont les trois faces fondamentales XOY, YOZ, ZOX
définissent les directions et dont la face ABC détermine les longueurs relatives. Nous appellerons ce parallélépipède la *forme
primitive* du cristal.

Construisons sur ce parallélépipède comme maille un réseau
de parallélépipèdes. Toute face A'B'C' du cristal se définissant,
selon la loi d'Haüy, par trois points A', B', C' situés sur les
arêtes OX, OY, OZ aux distances numériques g, h, k de l'origine (g, h, k étant des entiers) se définit donc par trois nœuds de
ce réseau. Toutes les faces du cristal sont donc des plans réticulaires du réseau défini par quatre d'entre elles.

D'autre part, comme nous l'avons vu, pour que la loi d'Haüy

ait un sens comme loi physique, il faut ajouter que, si les quatre faces initiales sont convenablement choisies, les longueurs numériques g, h, k ou, ce qui revient au même, les caractéristiques p, q, r qui sont leurs inverses, sont de *petits* nombres entiers. Cela revient à dire que les points A,′ B′, C′ sont distants de l'origine d'un petit nombre de paramètres, et par suite que l'aire du triangle A′B′C′ n'est pas très grande par rapport aux aires réticulaires des quatre faces initiales. Or cette aire est la moitié de celle d'une maille multiple du plan A′B′C′ (laquelle peut, comme cas particulier, se confondre avec sa plus petite maille). Par suite l'aire réticulaire du plan A′B′C′ n'est pas très grande par rapport à celles des quatre faces initiales.

On peut donc exprimer la loi d'Haüy sous la forme géométrique suivante, *exactement équivalente* à l'expression arithmétique tirée de la considération des caractéristiques :

Les faces d'un cristal sont parmi les plans réticulaires de grande densité dans un certain réseau de parallélépipèdes.

1re *Remarque.* — Nous pouvons nous représenter ceci d'une manière concrète en imaginant que le cristal contient effectivement un réseau de points distribués comme les nœuds d'un réseau dont la maille, identique à la forme primitive, serait assez petite pour rester inaccessible à nos moyens d'observation, et que les faces du cristal soient astreintes à être des plans réticulaires de ce réseau, et des plans dans lesquels la densité des nœuds soit grande. Une face étant ainsi définie, il y en a dans le cristal un grand nombre, parallèles, équidistantes et assez voisines pour que la distance entre deux de ces faces contiguës nous échappe. Ce réseau n'est ici qu'une image géométrique. Nous verrons à quelles conditions on peut en faire la base d'une hypothèse physique relative à la structure du milieu cristallin.

2e *Remarque.* — Dans l'expression de la loi d'Haüy par les caractéristiques, les paramètres OA, OB, OC restent, dans une certaine mesure, arbitraires en direction et en grandeur. Dans l'expression par le réseau, il en est de même de la forme primitive. La seule condition à remplir, dans le premier cas, est que pour toutes les faces connues du cristal les caractéristiques soient des nombres entiers petits ; et dans le second cas que pour toutes les faces connues l'aire réticulaire soit parmi les plus petites. Cela laisse encore assez indéterminé le choix des quatre faces fondamentales. Il en est exactement de même en chimie, tant que l'on n'a, pour choisir le nombre proportionnel, que la seule loi des proportions multiples simples.

Tant que la loi d'Haüy garde ce caractère d'imprécision, il peut paraître indifférent d'adopter l'une ou l'autre des deux expressions données ci-dessus, car elles sont équivalentes et expriment rigoureusement les mêmes faits. En réalité, comme on le verra plus loin, la loi d'Haüy peut être précisée bien davantage et remplacée par la loi suivante (loi de Bravais) : Les faces d'un cristal sont les plans réticulaires à densité maximum d'un certain réseau ; elles sont d'autant plus importantes que, dans ce réseau, leur densité réticulaire est plus grande. Il est intéressant de remarquer que cette loi, qui précise d'une manière remarquable le choix du réseau, est restée masquée aux yeux des cristallographes jusqu'à une époque récente par cette seule raison qu'ils avaient pris l'habitude d'exprimer la loi d'Haüy au moyen des caractéristiques. L'expression au moyen du réseau, strictement équivalente mais mieux adaptée aux faits, aurait conduit nécessairement à la loi de Bravais ; tandis que le détour des caractéristiques ne suggérait rien de semblable et n'a servi, lorsqu'on a tenté de préciser la loi d'Haüy, qu'à égarer les recherches. C'est un exemple remarquable de l'importance du choix des termes dans l'expression d'une loi physique.

L'expression par le réseau est la plus féconde et doit, au point de vue physique, être préférée. Néanmoins l'emploi des caractéristiques reste indispensable comme instruments de notation et de calculs.

Exemple. — Idocrase (voir p. 13). Prenons pour faces fondamentales m, m', p et par exemple k. Alors les paramètres de la forme primitive seront :

$$a : b : c = \mathrm{OA} : \mathrm{OB} : \mathrm{OC} = 1 : 1 : 0{,}7596.$$

Les longueurs numériques $\dfrac{\mathrm{OA}'}{\mathrm{OA}}$, $\dfrac{\mathrm{OB}'}{\mathrm{OB}}$, $\dfrac{\mathrm{OC}'}{\mathrm{OC}}$ seront, pour la face g : $4 : 4 : 1$, pour la face $h : 2 : 2 : 1$, pour la face $k : 1 : 1 : 1$, pour la face $l : 2 : 2 : 3$, pour la face $a : 3 : \infty : 1$, etc. Et les caractéristiques seront :

g	$1 : 1 : 4$	a	$1 : 0 : 3$	e	$3 : 0 : 1$
h	$1 : 1 : 2$	b	$1 : 0 : 2$	f	$4 : 0 : 1$
k	$1 : 1 : 1$	c	$1 : 0 : 1$	m	$0 : 1 : 0$
l	$3 : 3 : 2$	d	$2 : 0 : 1$	m'	$1 : 0 : 0$

p	$0 : 0 : 1$
q	$1 : 1 : 0$

Si l'on avait choisi pour face fondamentale par exemple h au lieu de k, les caractéristiques seraient :

g	1 : 1 : 2	a	2 : 0 : 3	e	6 : 0 : 1	p	0 : 0 : 1
h	1 : 1 : 1	b	1 : 0 : 1	f	8 : 0 : 1	q	1 : 1 : 0
k	2 : 2 : 1	c	2 : 0 : 1	m	0 : 1 : 0		
l	3 : 3 : 1	d	4 : 0 : 1	m'	1 : 0 : 0		

La loi d'Haüy serait à peu près aussi bien exprimée. Toutefois elle le serait nettement moins bien si l'on choisissait par exemple g. Car on aurait alors pour e les caractéristiques 12 : 0 : 1, pour f 16 : 0 : 1, etc. Certaines caractéristiques de faces assez communes cesseraient d'être des entiers très petits. C'est ainsi que, même sous sa forme la plus vague, la loi d'Haüy restreint déjà à un petit nombre les choix admissibles pour la forme primitive. Car pour qu'elle soit exprimée (et la forme primitive n'en est que l'expression) il faut avant tout que les caractéristiques de toutes les faces importantes soient assez petites.

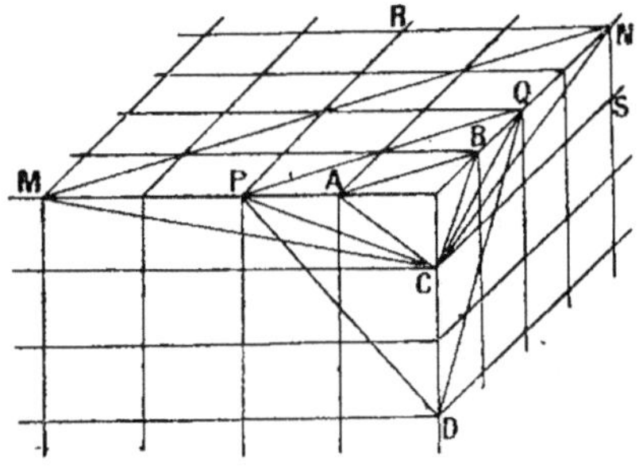

Fig. 12.

Quant à l'expression géométrique, la figure ci-contre, où la forme primitive a été supposée définie au moyen de la face k, en rend compte. MNC figure la face g, PQC la face h, ABC la face k, PQD la face l, RPCS la face a, etc. (fig. 12).

Hypothèse réticulaire de la structure du cristal.

Le réseau considéré ci-dessus n'est qu'un procédé géométrique d'expression de la loi d'Haüy, de même qu'en chimie l'atome n'est d'abord qu'un procédé d'expression de la loi des proportions multiples simples. Est-il possible, comme pour l'atome en chimie, d'en faire la base d'une théorie de la structure du cristal et de lui attribuer une réalité physique ?

Il faut pour cela que l'hypothèse soit d'accord avec tous les faits connus. Et en second lieu, pour que l'hypothèse soit non seulement possible mais utile, il faut encore qu'elle groupe en elle plusieurs lois d'observation indépendantes.

D'après la définition de l'homogénéité, étant donné un point quelconque d'un cristal, il existe dans ce cristal un grand nombre de points très voisins les uns des autres qui jouissent des mêmes propriétés. Nous les appelons points *analogues* au premier.

On pourrait édifier une théorie des milieux cristallins en supposant que les distances des points analogues sont infiniment petites. Une telle théorie impliquerait la continuité de la matière. En fait, la discontinuité de la matière rendant compte très simplement d'un grand nombre de faits de la physique et de la chimie, il est préférable d'en réserver au moins la possibilité. Nous admettrons comme l'hypothèse la plus convenable qu'un point du cristal est séparé des points analogues les plus voisins par des distances très petites, imperceptibles pour nous, mais finies. Il restera loisible d'imaginer la matière continue ou discontinue. Rien de ce qui suit, jusqu'à la p. 286 (polymorphisme) n'implique un choix entre ces deux hypothèses [1].

Soit A un point *quelconque* pris à l'intérieur du cristal ; A′ un point analogue à celui-là. Rien ne doit distinguer les propriétés de A′ de celles de A. En d'autres termes, la distribution de la matière doit être la même autour de A′ et autour de A. Mais elle peut l'être de deux façons, également compatibles avec l'homogénéité telle que nous la constatons. Cette identité peut avoir lieu seulement *en moyenne* [2], la répartition de la matière

---

[1] En fait, il résulte de considérations que nous ne pouvons développer ici que l'hypothèse des distances finies entre les points analogues ne se recommande pas seulement par son accord avec l'idée moléculaire. La cristallographie seule suffit à la justifier, comme il a été dit p. 5.

Nous établirons plus loin quels sont les types de symétrie possibles dans un milieu cristallin dont les points analogues sont séparés par des distances finies. On démontre que si ces distances étaient infiniment petites, les types de symétrie possibles seraient d'abord tous ceux qui sont possibles dans le premier cas, puis d'autres en plus. Or il se trouve précisément qu'on ne connaît dans les cristaux aucun exemple de ces symétries supplémentaires. C'est ce fait d'observation qui, en réalité, justifie au point de vue purement cristallographique l'hypothèse des distances finies. Et il est fort intéressant de constater ainsi que la cristallographie géométrique, par ses propres moyens, conduit à une supposition qui, sans impliquer nécessairement l'hypothèse moléculaire, est si bien d'accord avec elle.

Cela est à rapprocher de ce qui est dit p. 109 au sujet de la justification expérimentale de l'hypothèse du réseau à paramètres finis.

[2] Point négligé par Mallard qui de l'homogénéité seule croyait pou-

autour de deux points analogues étant alors irrégulière dans le détail, et n'étant la même que dans l'ensemble et en vertu d'une compensation de grands nombres. Elle peut aussi avoir lieu *exactement*. Nous admettrons que le premier cas est celui des substances amorphes (isotropes ou anisotropes) et que le second est celui des cristaux.

Ce n'est pas que par aucun moyen on puisse *démontrer* qu'il en est ainsi. Mais nous allons voir qu'en faisant cette seconde hypothèse on est conduit nécessairement pour les cristaux à une structure qui permet une interprétation simple de l'existence des propriétés discontinues et de la loi d'Haüy qui les régit, tandis que la première n'implique aucun résultat semblable et convient par suite pour les substances dépourvues de ces propriétés, c'est-à-dire pour les substances amorphes.

Supposons donc que la répartition de la matière autour des deux points analogues A et A′ est exactement la même. Choisissons A′ de telle sorte qu'il n'y ait entre A et A′, sur la droite AA′, aucun autre point analogue à A. Rien ne devant distinguer A′ de A, il y aura donc sur la droite AA′ un autre point analogue A″, placé par rapport à A′ comme A′ par rapport à A ; et de même, par suite, une série de points analogues équidistants sur cette droite. Aucun autre point analogue ne peut d'ailleurs exister sur cette droite, en vertu de la condition posée pour le choix de A′ (fig. 13). La droite est une *rangée* dont AA′ est le *paramètre*. Ce paramètre est fini, mais très petit.

Soit de même B un point analogue à A pris en dehors de la droite AA′, et tel qu'en déplaçant la droite AA′ parallèlement à elle-même dans le plan AA′B jusqu'en BB′ elle ne rencontre avant B aucun point analogue. Le même raisonnement

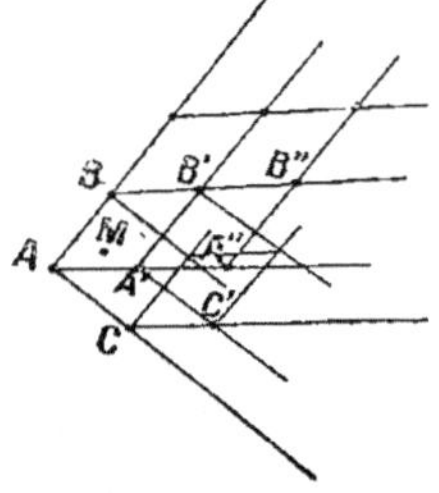

Fig. 13.

montre qu'il y a sur BB′, puis de même dans tout le plan AA′B, des points analogues à A répartis aux nœuds d'un réseau de parallélogrammes. Il ne peut d'ailleurs exister aucun autre nœud dans ce plan, en vertu de la condition posée pour le choix de B.

---

voir tirer comme conséquence nécessaire la structure réticulaire, sans introduire nulle part l'existence des propriétés discontinues et la loi d'Haüy. Nous suivons ici le mode de raisonnement de Mallard, mais en le modifiant sur ce point essentiel.

Le plan est un *plan réticulaire* dont AA′ BB′ est la plus petite *maille plane*.

De même enfin, en déplaçant le plan AA′B parallèlement à lui-même jusqu'à ce qu'il rencontre un premier point analogue à A, soit C, puis successivement tous les points analogues équidistants de la rangée AC, on voit que les points analogues de A sont répartis nécessairement dans l'espace aux nœuds d'un réseau de parallélépipèdes dont la plus petite *maille* est le parallélépipède construit sur les rangées AA′, AB, AC. Il ne peut en effet exister aucun autre point analogue à A que ceux qui sont ainsi définis, en vertu de la condition posée pour le choix de C.

Ainsi, dans un milieu homogène, la seule répartition possible pour les points analogues, *lorsqu'on admet* que la distribution de la matière est exactement la même autour de chacun d'eux, est celle des nœuds d'un réseau de parallélépipèdes.

Il faut se rappeler que A est un point *quelconque* du cristal. Tous les points compris dans la maille AA′BB′CC′.. sont différents de A. Mais prenons l'un d'eux M. Rien ne devant distinguer entre eux les points analogues à A, il y aura un point analogue à M placé par rapport à chacun des analogues de A comme M est placé par rapport à A. Il y a donc dans chaque maille un analogue de M et un seul. Toutes les mailles sont donc identiques entre elles non seulement quant à leur forme mais quant à la répartition de la matière contenue, quel que soit le point A choisi pour sommet et quel que soit le parallélépipède choisi comme plus petite maille pour définir le réseau. Le réseau n'est pas une sorte d'édifice fixe dans l'espace : C'est l'ensemble des points analogues à un point *quelconque* donné du cristal. Un point A étant donné, il faut, pour obtenir tous ses analogues, faire glisser le réseau parallèlement à lui-même jusqu'à ce qu'un de ses nœuds coïncide avec A.

Ceci s'exprime d'un mot : Le milieu cristallin, dans l'hypothèse réticulaire, est *périodique*. La maille du réseau est la *période* suivant laquelle est répartie la matière dans ce milieu.

On se fait une idée exacte de cette distribution périodique de la matière (du moins dans le plan, mais il est aisé d'imaginer la même chose dans l'espace) si on la compare au motif quelconque mais indéfiniment répété d'un papier de tenture. Quel que soit le motif, qu'il se compose de taches bien délimitées (matière discontinue) ou de teintes fondues (matière continue) et quelle que soit sa forme, du moment qu'il se répète identiquement ses points analogues sont répartis aux nœuds d'un réseau de parallélogrammes.

La maille du réseau isole un petit volume de matière essentiellement hétérogène qui, indéfiniment répété, constitue le cristal homogène. Elle contient un exemplaire et un seul non seulement de chacune des masses de nature, de position ou d'orientation diverses qu'on voudra imaginer dans la constitution du cristal, mais de tous les points non analogues entre eux, qu'on les imagine vides ou matériels. Ce petit volume est donc l'élément constitutif du cristal. Il n'est nullement nécessaire, mais seulement commode, de le limiter par des plans, toute autre surface passant par les quatre nœuds d'une de ses faces pouvant convenir aussi bien. Ce qui est supposé exister dans le cristal, ce ne sont pas les plans et droites qui nous servent à définir géométriquement la position relative des points analogues, ce sont ces points analogues seuls.

Comme dans toute chose périodique, il y aura dans le milieu cristallin deux choses à considérer : 1° La grandeur de la période ; c'est ici la *forme de la maille*. 2° Le contenu de cette période ; c'est ici la répartition de la matière hétérogène dans cette maille. Nous l'appellerons, en raison de la comparaison ci-dessus, le *motif* du cristal.

Il est à remarquer que rien de tout cela ne nous oblige à imaginer, comme on l'a fait parfois (Bravais), que le cristal se compose de molécules identiques distantes, identiquement orientées et placées chacune en un nœud du réseau. La matière peut être répartie d'une manière absolument quelconque dans la maille. Elle peut même être continue. L'hypothèse réticulaire n'est solidaire d'aucune hypothèse quelconque sur la structure de la matière, c'est-à-dire du motif. Elle ne suppose qu'une chose : c'est que cette structure, quelle qu'elle soit, se répète périodiquement, avec une période très petite mais finie.

L'hypothèse du réseau est-elle d'accord avec les faits que nous connaissons jusqu'à présent ?

Elle implique d'abord l'anisotropie. Car la répartition des points analogues sur les différentes rangées n'étant pas la même, les propriétés ne seront pas en général les mêmes pour les différentes directions.

Elle est, nous l'avons vu, d'accord avec l'homogénéité.

Elle conduit enfin à concevoir, dans le cristal, une répartition de la matière exprimée par un réseau, c'est-à-dire précisément par un édifice identique à celui que de simples considérations géométriques nous ont fait imaginer pour exprimer, conformément à la loi d'Haüy, les directions de plans et droites mises en évidence par les propriétés discontinues. Elle conduit ainsi à imaginer que le réseau défini par la loi d'Haüy (et mieux fixé par la forme plus précise que Bravais a donnée à cette loi) est celui que l'hypothèse réticulaire suppose existant dans le cristal et exprimant la périodicité de sa substance. Les faces du cristal seront ainsi des plans contenant un grand nombre de points analogues répartis en un réseau de parallélogrammes, et parmi ces plans ceux dont la densité réticulaire est grande. Ce qui rend bien compte du fait que ces plans correspondent à des propriétés discontinues, la densité réticulaire variant d'une manière essentiellement discontinue avec la direction.

L'hypothèse de la périodicité (ou du réseau) comprend, on le voit, deux suppositions distinctes :

1° La répartition de la matière est, dans le cristal homogène, rigoureusement la même autour de tous les points analogues (et non pas seulement en moyenne, comme on l'admet pour la matière amorphe).

2° Le réseau des points analogues n'est autre que le réseau défini par les directions des plans mis en évidence par les propriétés discontinues, conformément à la loi d'Haüy (ou mieux à la loi de Bravais).

Moyennant ces suppositions, elle est d'accord avec tout ce que nous savons jusqu'à présent du cristal : anisotropie, homogénéité, existence de propriétés discontinues régies par la loi d'Haüy. Il faut ajouter que, telle que nous l'admettons, elle comporte une troisième supposition, non nécessaire mais justifiée par des considérations relatives à la symétrie et par son accord avec les idées courantes sur la discontinuité de la matière :

3° Les distances des points analogues les plus voisins sont finies, quoique très petites.

La loi d'Haüy, à elle seule, suffisait, nous l'avons vu, à englober dans un énoncé unique tous ces faits. Il semblerait donc que l'hypothèse de la périodicité soit à la vérité possible, mais oiseuse : il suffirait de considérer le réseau comme un artifice de langage géométrique sans lui attribuer une existence physique qui, jusqu'à présent, paraît inutile. En réalité il n'en est pas ainsi. La structure réticulaire se trouve en effet être d'accord avec une autre loi d'observation, totalement indépendante de la loi d'Haüy, généralement méconnue malgré son importance et que nous indiquerons plus loin (p. 109). Unissant ainsi deux lois d'observation indépendantes, l'hypothèse de la périodicité du milieu cristallin acquiert une grande valeur. Il paraît si difficile d'en imaginer une autre que, sans la considérer bien entendu comme l'expression d'une réalité démontrée, on peut dire qu'elle s'impose presque comme la seule expression actuellement imaginable des propriétés fondamentales du cristal, autant que s'impose, par exemple, la périodicité du rayon lumineux.

Symétrie.

Un fait remarquable dans un grand nombre de cristaux est l'existence d'une symétrie. Cette propriété fournit une base à la classification des corps cristallisés.

1. *Un axe de symétrie d'ordre n* d'un cristal est une direction de droite telle que si l'on fait tourner le cristal d'un angle $\frac{2\pi}{n}$ autour d'une droite parallèle à cette direction, la nouvelle position du cristal ne se distingue en rien de la première.

En ce qui concerne par exemple les arêtes ou les faces, la rotation de $\frac{2\pi}{n}$ ne les amène pas nécessairement en coïncidence avec des arêtes ou faces de la position initiale, mais seulement dans des positions parallèles. Comme la position absolue des arêtes et des faces n'est pas déterminée, mais seulement leur direction, la nouvelle position ne diffère pas de la première au point de vue cristallographique. Exemple : Le prisme hexagonal ABCDEF a un axe d'ordre 6 si ses angles sont tous de 120° (fig. 14). Au point de vue cristallographique, c'est un prisme hexagonal régulier.

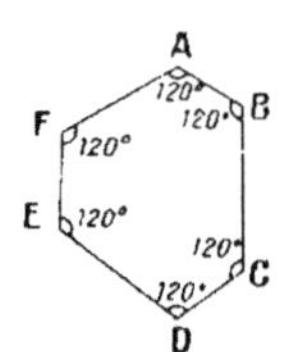

Fig. 14.

Pour qu'une direction soit un axe de symétrie d'ordre n du cristal, il faut que la rotation de $\frac{2\pi}{n}$ rétablisse non seulement les faces du cristal dans leur position primitive, mais *toutes* les propriétés sans exception.

En d'autres termes, un axe d'ordre n du cristal est, par définition, un axe d'ordre n pour toutes ses propriétés. Il est axe d'ordre n pour la propriété la moins symétrique. Il peut d'ailleurs parfaitement être un axe d'ordre supérieur à n pour d'autres propriétés. Nous noterons un axe d'ordre n L^n ou A^n.

2. *Un plan de symétrie* est une direction de plan telle que toutes les propriétés du cristal soient symétriques par rapport à un plan parallèle à cette direction.

En ce qui concerne les faces et arêtes, ici encore cette symétrie ne se rapporte qu'à leur direction, non à leur position absolue.

Comme ci-dessus, un plan n'est plan de symétrie pour le cristal que s'il l'est pour *toutes* ses propriétés.

Nous noterons un plan de symétrie P ou Π.

3. Un cristal possède *un centre de symétrie* si toutes ses propriétés sont symétriques par rapport à un point quelconque.

En ce qui concerne les formes extérieures, elles ont un centre si toutes les faces sont parallèles deux à deux. En ce qui concerne les propriétés quelconques, elles ont un centre si rien ne distingue une direction quelconque AB de la direction BA.

Par définition, le centre n'appartient au cristal que s'il appartient à *toutes* ses propriétés.

Nous noterons le centre C.

4. Un plan de symétrie alterne d'ordre n, ϖ^n, est une direction de plan telle que l'on rétablit le cristal dans une position identique à sa position primitive en le faisant tourner de $\dfrac{\pi}{n}$ autour d'une normale au plan, puis prenant le symétrique par rapport au plan. Mêmes remarques que ci-dessus [1].

La normale à un plan de symétrie alterne d'ordre n est un axe de symétrie d'ordre n. Car l'opération de symétrie alterne, deux fois répétée, revient à la rotation de $\dfrac{2\pi}{n}$ autour de cette droite.

En ce qui concerne en particulier les formes extérieures, toute face symétrique d'une autre par rapport à un axe, plan ou centre de symétrie du cristal jouit exactement des mêmes propriétés qu'elle. Elle a même éclat, même dureté, .. et notamment mêmes raisons de se produire dans telles conditions. De sorte qu'en général on voit exister ensemble, et développées à peu près également, toutes les faces symétriques d'une même face par rapport à tous les éléments de symétrie du cristal. Si l'une ou l'autre manque, c'est accidentellement, par exemple lors-

---

[1] La notion de plan alterne n'a pas grande importance en cristallographie. Elle n'introduit comme théoriquement possible qu'un seul type de symétrie (*tétartoédrie sphénoédrique du système quadratique*, pp. 56 et 97) qui n'est connu dans aucun cristal. Tous les autres types de symétrie s'établissent aussi bien sans elle.

qu'un obstacle a gêné la croissance du cristal ; mais un échantillon voisin présentera cette face manquante.

C'est ce que l'on a appelé improprement « loi de symétrie ». Il n'y a pas là une loi physique, mais une simple définition de la symétrie. Si des n faces symétriques par rapport à une direction, par exemple, une manquait régulièrement ou n'avait pas, à tous égards, mêmes propriétés que les autres, cette direction ne serait pas appelée axe d'ordre n. Le fait que beaucoup de cristaux ont des axes, plans ou centre de symétrie n'en est pas moins important et remarquable.

On appelle *forme simple* l'ensemble de toutes les faces symétriques d'une face donnée par rapport à tous les éléments de symétrie du cristal. Le polyèdre qui limite le cristal se compose d'une ou plusieurs de ces formes simples. Une forme simple peut comprendre de 1 à 48 faces.

Recherche des modes de symétrie possibles dans les cristaux.

Chaque propriété de la matière, considérée isolément, est susceptible d'un certain nombre de types de symétrie qui dépendent de sa nature propre. La matière qui est douée de cette propriété ne peut, par définition, avoir une symétrie supérieure à celle qui est possible pour la propriété considérée. Il est clair par exemple que si la symétrie sphérique (isotropie), définie par l'existence d'une infinité d'axes de révolution, est possible dans la matière amorphe, elle est impossible dans une matière pourvue de propriétés discontinues, c'est-à-dire dans les cristaux. De même l'existence d'un seul axe de révolution, possible dans la matière amorphe, est impossible pour les propriétés discontinues, donc pour les cristaux. Ces types de symétrie pourront se rencontrer, et se rencontrent en effet, dans *certaines* propriétés continues des cristaux, mais non dans les propriétés discontinues qui caractérisent le cristal. Un axe pourra bien être de révolution, par exemple, pour les propriétés optiques du cristal ; il ne pourra jamais être de révolution pour le cristal puisqu'il ne peut l'être pour les propriétés discontinues, par exemple pour les formes extérieures polyédriques.

Par suite, pour connaître toutes les symétries possibles dans les cristaux, nous devrons considérer successivement toutes les propriétés, et voir, dans chaque cas, quelles sont les symétries compatibles avec la propriété considérée. Nous nous adresserons naturellement en premier lieu à celle des propriétés des cristaux qui est le plus restrictive de la symétrie, c'est-à-dire à l'existence des plans à propriétés discontinues régis par la loi d'Haüy. Nous verrons qu'en réalité cette recherche suffit, en ce sens que toutes les propriétés continues peuvent avoir, au minimum, un des modes de symétrie qui sont possibles pour les propriétés discontinues.

Modes de symétrie compatibles avec l'existence des propriétés discontinues régies par la loi d'Haüy.

Les directions seules des faces, arêtes, plans et axes de symétrie étant à considérer, nous pouvons déplacer tous ces plans et droites parallèlement à eux-mêmes de manière à les faire passer par un même point.

Théorème fondamental. — Un milieu qui a des propriétés discontinues régies par la loi d'Haüy ne peut avoir d'autres axes de symétrie que ceux d'ordre **2, 3, 4** ou **6**.

Ou encore, un faisceau de plans et droites conforme à la loi d'Haüy ne peut avoir que des axes d'ordre **2, 3, 4** ou **6**.

1° Les axes d'ordre **2** sont possibles. Car soit trois axes ox, oy, oz dont l'un, oy par exemple, est normal au plan des deux autres ; leurs paramètres sont quelconques. A toute face [1] de caractéristiques p, q, r en correspond une autre de caractéristiques $-p$, q, $-r$, qui satisfait à la loi d'Haüy et qui résulte de la rotation de la première de **180°** autour de oy. En ajoutant à toute face p, q, r sa symétrique $-p$, q, $-r$, on réalise un faisceau de plans conforme à la loi d'Haüy et ayant oy pour axe binaire.

2° Les axes d'ordre **3** sont possibles. Car si l'on imagine de même l'ensemble des plans définis par la loi d'Haüy au moyen de trois paramètres égaux portés sur trois axes ox, oy, oz faisant entre eux des angles égaux, à chaque face p, q, r en correspondent deux autres q, r, p et r, p, q qui résultent de la rotation de la première de $\dfrac{2\pi}{3}$ autour de la droite $x = y = z$ et qui répondent à la loi d'Haüy. En ajoutant à toute face p, q, r ces deux symétriques, on réalise un faisceau de plans conforme à la loi d'Haüy et ayant la droite $x = y = z$ pour axe ternaire.

---

[1] Nous employons le mot *face* pour abréger. Il s'applique non seulement aux faces de la forme extérieure, mais à tous les plans mis en évidence par les propriétés discontinues.

3° Cas des axes d'ordre supérieur à 3. Soit O la trace d'un tel axe, normal au plan de la figure. Soit xoy (**1**) une face quelconque du cristal. En faisant tourner celle-ci n fois de $\dfrac{2\pi}{n}$ autour de l'axe, on obtient n faces : **1, 2, 3**, etc.., qui doivent être identiques à la première ($n \geqq$ **4**). Elles forment une pyramide régulière à n faces et se coupent suivant n droites également inclinées sur l'axe O (fig. 15). Trois de ces droites successives, ox, oy, oz, qui sont des arêtes du cristal, peuvent être prises pour arêtes de la forme primitive.

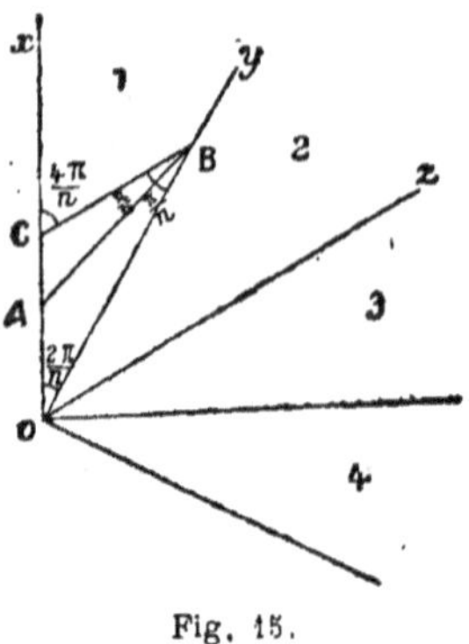

Fig. 15.

Pour définir les paramètres, nous devons prendre une quatrième face. Choisissons la face **3**. Un plan parallèle à cette face mené par un point B de oy coupe le plan **1** suivant une droite AB qui, en projection sur le plan du tableau, est parallèle à la bissectrice de l'angle yoz. Les longueurs OA, OB définiront les paramètres des arêtes ox, oy.

Considérons alors la face **4**. Peut-elle répondre à la loi d'Haüy ? Un plan parallèle à cette face mené par B coupe le plan **1** suivant une droite BC qui, en projection, est parallèle à oz. Si la face **4** répond à la loi d'Haüy, le rapport OA : OC (ou ce qui revient au même OA : AC) devra être rationnel. Or :

$$\frac{OA}{AB} = \frac{\sin\dfrac{\pi}{n}}{\sin\dfrac{2\pi}{n}} \qquad \frac{AB}{AC} = \frac{\sin\dfrac{4\pi}{n}}{\sin\dfrac{\pi}{n}} . \qquad \text{D'où} : \frac{OA}{AC} = 2\,\cos\frac{2\pi}{n}$$

Pour que l'axe d'ordre n soit compatible avec la loi d'Haüy, il faut donc que $\cos\dfrac{2\pi}{n}$ soit rationnel, avec n entier et $>$ **3**.

Or les seuls cosinus rationnels dont les angles soient des fractions rationnelles de π et inférieurs à $\dfrac{2\pi}{3}$ sont ceux des angles $o, \dfrac{\pi}{3}, \dfrac{\pi}{2}$. Le premier donne n infini, cas que suffit à éliminer l'existence même des propriétés discontinues. Restent : $\dfrac{\pi}{3}$ et $\dfrac{\pi}{2}$ qui donnent $n =$ **6** et $n =$ **4**.

Ainsi c'est une conséquence immédiate de la loi d'Haüy que les seules symétries possibles dans un milieu cristallin, du moment qu'il a des faces régies par cette loi, sont celles d'une figure qui n'a que des axes d'ordre **2**, **3**, **4** ou **6**. Toute symétrie correspondant à l'existence d'axes d'ordre 5 ou supérieur à 6 est impossible dans les propriétés discontinues des cristaux, donc dans les cristaux [1].

Cherchons donc quelles sont les symétries possibles pour un milieu homogène qui n'a que des axes d'ordre **2**, **3**, **4** ou **6**.

Théorèmes généraux relatifs à la symétrie.

Th. 1. — Toute figure qui a un axe L^{2n} d'ordre pair passant par un centre de symétrie C a un plan de symétrie P passant par le centre et normal à l'axe.

Car soit M un point quelconque de la figure, M′ son symétri-

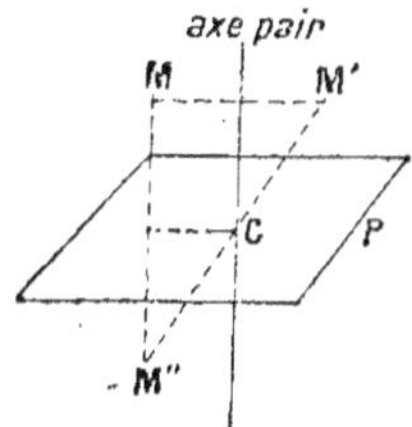

Fig. 16.

que par rotation de 180° autour de l'axe, M″ le symétrique de M′ par rapport au centre. A tout point M de la figure en correspond un autre M″ symétrique par rapport au plan P, qui est donc un plan de symétrie (fig. 16).

Th. 2. — Toute figure qui a un plan de symétrie P passant par un centre de symétrie C a un axe d'ordre pair L^{2n} passant par le centre et normal au plan. Même démonstration.

Th. 3. — Toute figure qui a un plan de symétrie P et un axe de symétrie d'ordre pair L^{2n} normal au plan P a un centre de symétrie C. Même démonstration.

Conséquence : Ces trois éléments de symétrie L^{2n}, P, C sont couplés de telle façon que si deux d'entre eux existent, le troisième existe par cela même.

Th. 4. — L'inverse a lieu, par suite, pour les axes d'ordre impair L^{2n+1}. Les trois éléments L^{2n+1}, P et C (l'axe étant normal au plan) sont couplés de façon que si deux d'entre eux existent, le troisième ne peut exister.

---

[1] On démontre aussi aisément que le réseau, qui est avant tout l'expression de la loi d'Haüy, ne peut avoir que des axes d'ordre 2, 3, 4 ou 6. Mais il a paru préférable de montrer que l'impossibilité des autres axes dans les cristaux résulte immédiatement du fait d'observation, sans passer par l'intermédiaire d'une hypothèse.

Th. 5. — Toute figure qui a un axe d'ordre impair L^{2n+1} passant par un centre de symétrie C a un plan de symétrie alterne d'ordre $2n+1$, ϖ^{2n+1}, passant par le centre et normal à l'axe.

Car, étant donné un point M de la figure, une rotation de $n\,\dfrac{2\pi}{2n+1}$ fournit un point M' qui est un point de la figure. D'autre part le symétrique M'' de M' par rapport au centre C peut s'obtenir par une rotation de π autour de l'axe suivie d'une symétrie par rapport au plan normal ϖ. On passe donc d'un point quelconque M de la figure à un autre point M'' de la figure par une rotation de $n\,\dfrac{2\pi}{2n+1} - \pi$, soit $\dfrac{\pi}{2n+1}$, suivie d'une symétrie par rapport au plan. C'est précisément l'opération qui définit un plan alterne d'ordre $2n+1$.

Th. 6. — Toute figure qui a un plan de symétrie alterne d'ordre impair ϖ^{2n+1} (et par suite un axe d'ordre $2n+1$ perpendiculaire) a un centre de symétrie.

Car l'opération de symétrie alterne d'ordre $2n+1$ répétée $2n+1$ fois revient à une rotation de $(2n+1)\,\dfrac{\pi}{2n+1}$, c'est-à-dire de π, suivie d'une symétrie par rapport au plan, ce qui revient à une symétrie par rapport au centre C.

De même, un axe d'ordre $2n+1$ et un centre entraînent un plan de symétrie alterne ϖ^{2n+1}.

Th. 7. — Une figure qui a un plan de symétrie alterne d'ordre pair ϖ^{2n} (et par suite un axe L^{2n} normal) ne peut avoir de centre. Car d'après le Th. 1, le plan serait plan de symétrie ordinaire.

Ainsi un plan alterne d'ordre impair entraîne un centre, et un plan alterne d'ordre pair est incompatible avec un centre.

Th. 8. — Les plans de symétrie alterne d'ordre 4 et 6 sont impossibles dans les cristaux.

Car appliquée à une face *considérée quant à sa direction seule*, et répétée $n-1$ fois, l'opération de symétrie alterne d'ordre n revient, quand n est pair, à une symétrie d'ordre $2n$ par rapport à l'axe normal au plan. Ce qui, pour $n = 4$ ou 6, est incompatible avec la loi d'Haüy.

Il ne peut donc y avoir dans les cristaux que des plans alternes d'ordre 3 (et alors il y a un centre), ou d'ordre 2 (et alors il n'y a pas de centre).

On voit de plus que, si l'on considère les faces au point de vue de leurs seules directions, lorsqu'il y a un plan alterne d'ordre 2 il y a nécessairement, pour les *directions* des faces, un axe d'ordre 4 normal au plan.

Th. 9. — Si une figure a q axes binaires et q seulement dans un même plan, ces axes font entre eux des angles égaux, donc égaux à $\dfrac{\pi}{q}$ (fig. 17).

Car si l'un d'eux, L^2, n'était pas bissecteur des deux plus voisins, L'^2, L''^2, la rotation de l'axe L'^2 de π autour de L^2 donnerait un nouvel axe ne coïncidant avec aucun des autres, ce qui est contraire à l'hypothèse.

Th. 10. — Si une figure a q plans de symétrie et q seulement passant par une même droite, ces plans font entre eux des angles égaux, donc égaux à $\dfrac{\pi}{q}$. Même raisonnement.

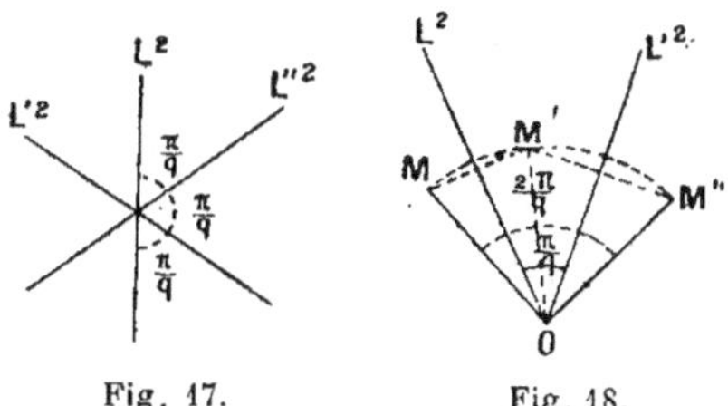

Fig. 17.   Fig. 18.

Th. 11. — Si une figure a q axes binaires dans un même plan, elle a un axe d'ordre q normal au plan (fig. 18).

Car un point M de la figure (au dessus du plan du tableau, par exemple) a pour symétrique par rapport à L^2 le point M' (au dessous), lequel a pour symétrique par rapport à l'axe contigu L^2 le point M'' (au dessus, et à la même cote que M). L'angle MOM'' est égal à $\dfrac{2\pi}{q}$. A un point quelconque M de la figure en correspond donc un autre M'' qui s'en déduit par rotation de $\dfrac{2\pi}{q}$ autour de l'axe O normal au plan. Cet axe est donc un axe d'ordre q.

Th. 12. — De même si une figure a q plans de symétrie se coupant suivant une droite, cette droite est un axe d'ordre q. Même démonstration.

Remarque : Les réciproques des théorèmes 11 et 12 ne sont pas vraies. Une figure peut avoir un axe d'ordre q sans avoir d'axes binaires perpendiculaires ou de plans de symétrie. Par contre :

Th. 13. — Si une figure a un axe d'ordre q et un axe binaire perpendiculaire à cet axe d'ordre q, elle a q axes binaires perpendiculaires à l'axe d'ordre q (fig. 19).

Car soit M un point de la figure, M' son symétrique par rapport à l'axe L^2, M'' son symétrique par rotation de $\dfrac{2\pi}{q}$ autour de l'axe O. Soit A

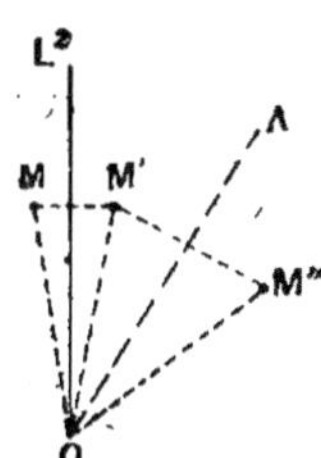

Fig. 19.

la bissectrice des droites OM', OM'' projetées sur le plan du tableau. On voit que l'angle L^2OA est égal à $\dfrac{\pi}{q}$, et que d'autre part les points M' M'' sont symétriques par rapport à A, qui est donc axe binaire. Il y a donc dans le plan du tableau des axes binaires faisant entre eux des angles de $\frac{\pi}{q}$. Il y en a donc q (Th. 9).

Th. 14. — De même, si une figure a un axe d'ordre q et un plan de symétrie passant par cet axe, elle a q plans de symétrie passant par cet axe. Même démonstration.

Ainsi, lorsqu'il y a un axe d'ordre q, il peut n'y avoir aucun axe binaire perpendiculaire. Mais s'il y en a un, il y en a q. Et la même chose est vraie pour les plans de symétrie passant par un axe d'ordre q : il y en a zéro ou q.

Remarque : Lorsqu'il y a q axes binaires dans un plan ou q plans de symétrie passant par une droite, *si q est impair*, on peut toujours, par des rotations de $\frac{2\pi}{q}$ qui ne changent rien à la figure, amener un quelconque des axes binaires ou des plans de symétrie en coïncidence avec un autre quelconque. Les axes binaires et plans de symétrie sont alors tous *de même espèce*. Par contre, dans ce cas, aucun multiple de $\frac{2\pi}{q}$ ne peut être égal à π, en sorte que les deux extrémités d'un même axe ou plan ne peuvent être amenées à coïncider ; elles ne jouent pas le même rôle dans

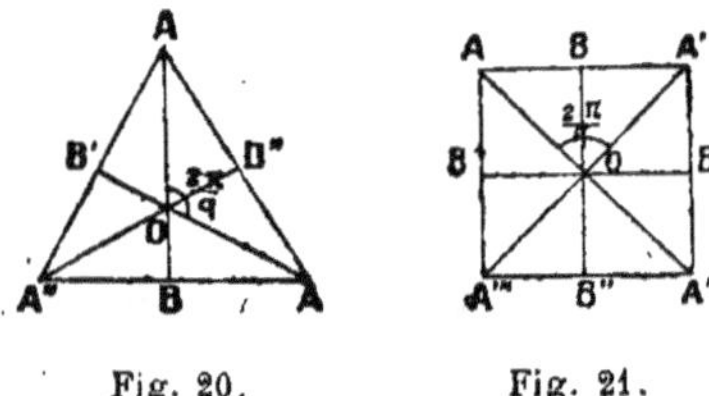

Fig. 20.   Fig. 21.

la figure. Exemple : prisme triangulaire ; trois axes binaires AB, A'B', A"B", de même espèce, mais dont les deux extrémités A et B sont distinctes (fig. 20).

Inversement, *si q est pair*, les rotations de $\frac{2\pi}{q}$ n'amènent les axes binaires ou plans de symétrie en coïncidence que de deux en deux. Il y a alors $\frac{q}{2}$ axes ou plans *d'une espèce* et $\frac{q}{2}$ *d'une autre espèce*, jouant des rôles différents dans la figure. Par contre, $\frac{q}{2}$ rotations de $\frac{2\pi}{q}$ donnent une rotation de π, ce qui exige que les deux extrémités d'un même axe binaire ou plan soient identiques. Exemple : Prisme carré ; deux axes binaires OA, OA' d'une espèce, deux axes binaires OB, OB' d'une autre espèce (fig. 21).

Th. 15. — Quand une figure a un seul axe de symétrie L, tout plan de symétrie ne peut qu'être normal à l'axe ou passer par lui.

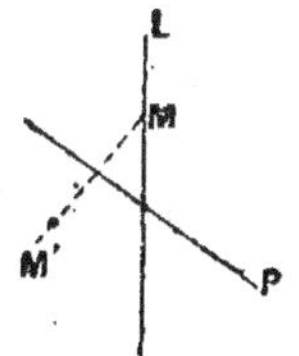

Fig. 22.

Car soit M un point sur l'axe, P un plan de symétrie. Le symétrique de M, devant lui être identique, doit être sur l'axe L (ou sur un axe identique, mais nous supposons qu'il n'y en a qu'un). Le plan P ne peut donc qu'être normal à L ou passer par L (fig. **22**).

Ces théorèmes établis, nous pouvons rechercher tous les types de symétrie compatibles avec des axes d'ordre 2, 3, 4 ou 6 seulement.

1° *Aucun axe.*

a. Pas de centre ni plan de symétrie.

$$oL \quad oC \quad oP$$

b. Un centre seul. Pas de plan, car en vertu du th. 2, CP entraîne un axe pair.

$$oL \quad C \quad oP$$

c. Un plan seul. Pas de centre, car CP entraîne un axe pair.

$$oL \quad oC \quad P$$

Pas de plan alterne possible en l'absence d'axe.

2° *Un seul axe binaire* L^2.

a. Un centre. Donc un plan normal à L^2 (th. 1). Aucun autre plan possible, car avec C il entraînerait un autre axe pair

$$L^2 \quad C \quad P$$

b. Pas de centre. Donc pas de plan normal à L^2. Trois cas : Pas de plans.

$$L^2 \quad oC \quad oP$$

Ou bien :

c. Des plans non normaux à L^2, donc (th. 15) passant par L^2, et au nombre de **2**, rectangulaires et d'espèces différentes (th. 14).

$$L^2 \quad oC \quad P' \quad P''$$

Ou bien :

d. Un plan alterne d'ordre **2** normal à l'axe.

$$A^2 \ oC \ \varpi^2$$

3° *Plus d'un axe binaire, sans axe d'ordre $> $ 2.*

Soient deux axes L^2, L'^2. Dans leur plan il ne peut en exister un troisième (th. 11). Donc il n'y en a que deux dans un plan et ils sont rectangulaires (th. 9). Donc (th. 11) il y en a un troisième normal à leur plan. Donc trois axes binaires L^2, L'^2, L''^2 trirectangulaires et en général d'espèces différentes. Aucun autre possible, car il ferait avec l'un d'eux un angle différent de $\frac{\pi}{2}$, ce qui exigerait que dans le plan de ces deux axes il y en eût d'autres, donc un axe d'ordre $>$ **2** normal.

a. Un centre. Donc trois plans normaux aux trois axes et d'espèces différentes.

$$L^2 \ L'^2 \ L''^2 \ C \ P \ P' \ P''$$

b. Pas de centre. Deux cas : Ou bien pas de plans.

$$L^2 \ L'^2 \ L''^2 \ oC \ oP$$

Ou bien :

c. Des plans non normaux aux axes. Soit A un point sur l'axe L^2, P un plan de symétrie. Le symétrique B de A par rapport au plan P devra être sur L^2 ou sur un axe de même espèce. Ce qui n'est possible que si P est normal à L^2 (cas exclu), ou passe par L^2, ou est bissecteur de L^2 et d'un autre axe de même espèce L'^2. La même chose étant vraie pour tout point des trois axes, il faut que le plan passe par un des axes et soit bissecteur des deux autres, qui sont de même espèce. Donc deux axes de même espèce L^2, un autre normal à leur plan, A^2, d'espèce différente, et deux plans de même espèce passant par A^2 et bissecteurs des axes L^2. Le plan normal à A^2 devient d'ailleurs plan alterne d'ordre **2**.

$$A^2 \ 2L^2 \ oC \ \varpi^2 \ 2P'$$

4° *Un axe d'ordre 4.*

A. Sans axe binaire.

a. Pas de centre. Deux cas : Pas de plan.

$$A^4 \ oC \ oP$$

Ou bien :

b. Un plan de symétrie. Il ne peut être normal à A^4, car il y aurait un centre (th. **3**). Donc il passe par Λ^4 (th. **15**). Donc (th. **14**) il y a **4** plans passant par Λ^4, deux à deux de même espèce.

$$\Lambda^4 \; o\mathrm{C} \; \mathbf{2P} \; \mathbf{2P'}$$

Pas de plan alterne possible (th. **8**).

c. Un centre. Alors un plan Π normal à Λ^4. Pas d'autre plan, car avec C il entraînerait (th. **2**) un autre axe pair

$$\Lambda^4 \; \mathrm{C} \; \Pi$$

B. Avec un axe binaire, donc quatre (th. **13**), normaux à Λ^4 et deux à deux de même espèce.

a. Pas de centre. Alors (th. **3**) pas de plan possible.

$$\Lambda^4 \; \mathbf{2L^2} \; \mathbf{2L'^2} \; o\mathrm{C} \; o\mathrm{P}$$

b. Un centre. Alors des plans normaux à tous les axes (th. **1**). Aucun autre plan possible, car il entraînerait (th. **2**) un autre axe pair

$$\Lambda^4 \; \mathbf{2L^2} \; \mathbf{2L'^2} \; \mathrm{C} \; \Pi \; \mathbf{2P} \; \mathbf{2P'}$$

Aucun autre axe binaire n'est possible, car s'il était dans le plan Π il entraînerait un axe d'ordre > 4 (th. **11**), et s'il n'était pas normal à Λ^4 la rotation autour de lui entraînerait un second axe d'ordre 4.

5° *Un axe d'ordre* **3**.

A. Sans axe binaire.

a. Pas de centre. Deux cas : Pas de plan de symétrie.

$$\Lambda^3 \; o\mathrm{C} \; o\mathrm{P}$$

Ou bien :

b. Un plan de symétrie, qui peut être normal à l'axe (axe impair).

$$\Lambda^3 \; o\mathrm{C} \; \Pi$$

Ou :

c. Passant par l'axe. Alors (th. **14**), trois plans de même espèce passant par l'axe.

$$\Lambda^3 \; o\mathrm{C} \; \mathbf{3P}$$

d. Un centre. Alors pas de plan de symétrie normal à l'axe (th. **4**) ni passant par l'axe (car il établirait un axe binaire, th. **2**). Par contre (th. **5**) le plan normal à l'axe devient plan alterne.

$$\Lambda^3 \; \mathrm{C} \; \varpi^3$$

B. Avec un axe binaire, donc 3 (th. **13**), normaux à Λ^3 et de même espèce.

a. Pas de centre. Deux cas : Pas de plan de symétrie.

$$\Lambda^3 \ 3L^2 \ oC \ oP$$

Ou bien :

b. Un plan de symétrie. Aucun plan possible normal à L^2, car (th. 3) avec L^2 il entraînerait C. Mais un plan Π possible normal à Λ^3 et contenant les axes L^2. Alors chaque axe L^2 entraîne un plan P′ passant par lui et par Λ^3 (th. **14**).

$$\Lambda^3 \ 3L^2 \ oC \ \Pi \ 3P'$$

c. Un centre. Alors trois plans normaux aux axes L^2 et passant par Λ^3. Le plan normal à Λ^3 devient plan alterne.

$$\Lambda^3 \ 3L^2 \ C \ \varpi^3 \ 3P$$

6° *Un axe d'ordre* 6.

(Mêmes raisonnements que pour l'axe d'ordre 4).

A. Sans axe binaire.

a. Pas de centre ni de plan.

$$\Lambda^6 \ oC \ oP$$

b. Un plan passant par Λ^6, donc six.

$$\Lambda^6 \ oC \ 3P \ 3P'$$

c. Un centre et un plan normal à Λ^6.

$$\Lambda^6 \ C \ \Pi$$

B. Avec un axe binaire, donc six, normaux à Λ^6 et trois à trois de même espèce.

a. Pas de centre ni de plan.

$$\Lambda^6 \ 3L^2 \ 3L'^2 \ oC \ oP$$

b. Un centre et des plans normaux à tous les axes.

$$\Lambda^6 \ 3L^2 \ 3L'^2 \ C \ \Pi \ 3P \ 3P'$$

7° *Plusieurs axes d'ordre supérieur à* 2.

Deux combinaisons d'axes sont seules possibles (voir la démonstration ci-après).

A. Combinaison $3\Lambda^2 \ 4\Lambda^3$.

a. Pas de centre. Deux cas : pas de plans de symétrie.

$$3\Lambda^2 \ 4\Lambda^3 \ oC \ oP$$

Ou bien :

b. Des plans. Soit A un point pris sur un des axes A^2. P un plan de symétrie. Le symétrique B de A par rapport à P doit être sur un axe A^2. Donc P doit être normal à A^2 (cas exclu), ou passer par A^2 ou être bissecteur de A^2 et d'un autre axe de même espèce. Cela étant vrai des trois axes A^2, qui sont identiques, tous les plans P passant par un axe A^2 et bissecteurs des deux autres sont plans de symétrie. Il y en a six.

$$3A^2\ 4A^3\ o\mathrm{C}\ 6\mathrm{P}$$

c. Un centre. Alors trois plans normaux aux axes A^2 (th. 1), et aucun autre possible sous peine d'établir d'autres axes pairs (th. 2). Les plans normaux aux A^3 sont plans de symétrie alterne (th. 5)

$$3A^3\ 4A^3\ \mathrm{C}\ 3\Pi\ 4\varpi^3$$

B. Combinaison $3A^4\ 4A^3\ 6L^2$.

a. Pas de centre. Pas de plan possible, car il ne pourrait être que normal à un axe A^4 ou bissecteur de deux axes A^4, et serait normal, dans les deux cas, à un axe pair, donc exigerait un centre.

$$3A^4\ 4A^3\ 6L^2\ o\mathrm{C}\ o\mathrm{P}$$

b. Un centre. Alors des plans de symétrie normaux aux axes pairs et des plans alternes normaux aux axes ternaires.

$$3A^4\ 4A^3\ 6L^2\ \mathrm{C}\ 3\Pi\ 4\varpi^3\ 6\mathrm{P}$$

Au total, l'existence des propriétés discontinues régies par la loi d'Haüy réduit donc à ces **32** types les symétries possibles pour un cristal. Cela est indépendant de toute hypothèse. En fait, aucune autre propriété jusqu'à présent connue ne s'oppose à l'existence de ces **32** types, et dès maintenant on connaît des exemples de la plupart d'entre eux.

Appendice.

Combinaisons d'axes possibles dans une figure qui a plus d'un axe d'ordre supérieur à **2**.

Ces axes concourent en un point, que nous prenons pour centre d'une sphère de rayon 1. Les axes seront représentés par leur pôle (trace sur la sphère).

Parmi les axes d'ordre supérieur à 2, il y en a toujours *plus de deux* de même ordre. Car considérons l'un d'eux L. En fai-

sant tourner la figure deux fois de $\frac{2\pi}{q}$ autour d'un autre axe A d'ordre $q > 2$, nous obtiendrons deux
autres axes semblables à L, forcément
distincts puisque $q > 2$.

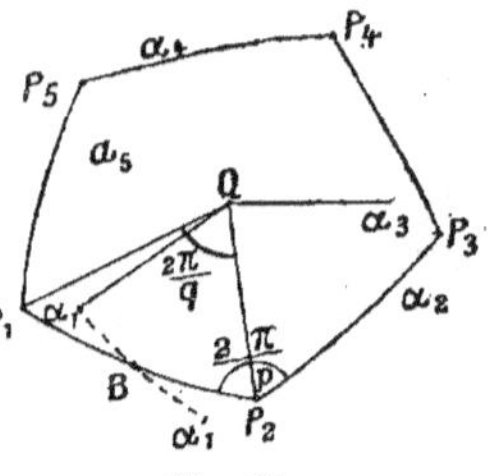

Fig. 23.

Parmi les axes d'un même ordre p,
choisissons-en deux P_1 P_2 faisant entre
eux le plus petit angle possible. Fai-
sons tourner la figure de $\frac{2\pi}{p}$ autour de
P_2. P_1 vient en P_3, qui est encore le
pôle d'un axe d'ordre p. De même, en tournant de $\frac{2\pi}{p}$ autour
de P_3, P_2 en fournit un autre P_4, et ainsi de suite. Les pôles P_1,
P_2, P_3.. sont sur un petit cercle dont le pôle est Q. Ils forment
les sommets d'un polygone régulier sphérique, car une dernière
rotation, sous peine de fournir un axe P_n faisant avec P_1 un
angle plus petit que P_1 P_2, devra amener P_n en coïncidence avec
P_1. Soit q le nombre des côtés du polygone. Son angle au centre
$P_1 Q P_2$ est $\frac{2\pi}{q}$.

Considérons un point quelconque de la figure, représenté par
la trace α_1, sur la sphère, de la droite qui le joint au centre. Ce
point, lié à l'arc de grand cercle $P_1 P_2$, vient en α_2 par la première
rotation de $\frac{2\pi}{p}$ autour de P_2, puis en α_3 par la rotation autour de
P_3, α_3 étant placé par rapport à P_3 comme α_1 par rapport à P_1.
L'angle $\alpha_1 Q \alpha_3$ est égal à $P_1 Q P_3$, soit $2.\frac{2\pi}{q}$, ou $\frac{2\pi}{\frac{q}{2}}$.

Une rotation de $\frac{2\pi}{\frac{q}{2}}$ ramène donc α_1 (et de même tous les points

de la figure) en coïncidence avec un autre point de la figure. Q
est donc la trace d'un axe. De quel ordre est cet axe ?

Deux cas : 1° Si q est impair, la dernière rotation autour de
P_q amène le point α (en α_5 de la figure) en un point placé par
rapport à P_q comme α_1 par rapport à P_1. Alors une rotation
de $\frac{2\pi}{q}$ autour de Q amène α_q sur α_1. Par suite l'axe est d'ordre q.

De plus, une nouvelle rotation de $\frac{2\pi}{p}$ autour de P_1 amène α_q (α_5 de
la figure) en α'_1, symétrique de α_1 par rapport à la bissectrice de

P_1 P_2. Donc dans ce cas, les bissectrices des axes P sont axes binaires.

2° Si q est pair, les rotations de $\dfrac{2\pi}{p}$ amènent α en un point (α_5 de la figure ci-contre) placé par rapport à P_{q-1} comme α_1 par rapport à P_1. L'axe q n'est donc astreint qu'à être d'ordre $\dfrac{q}{2}$ (fig. 24).

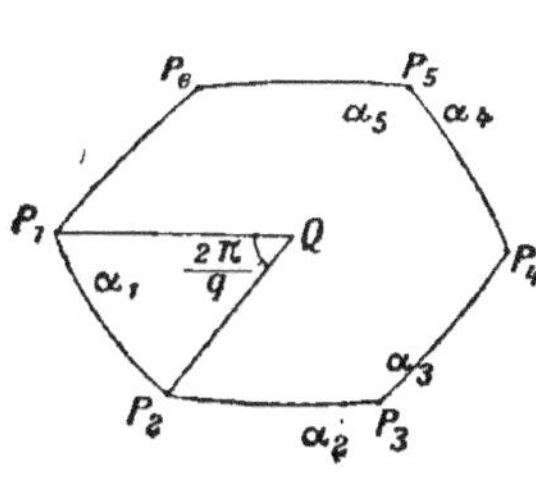

Fig. 24.

Il peut d'ailleurs être d'ordre q, et dans ce cas les bissectrices des axes P sont des axes binaires.

En faisant maintenant tourner le polygone entier autour de P_1, P_2... on obtient d'autres polygones contigus au premier, dont les sommets sont des axes d'ordre p et les pôles des axes d'ordre q ou $\dfrac{q}{2}$. On doit ainsi couvrir la sphère d'un réseau de polygones identiques et contigus, sous peine de trouver un axe P plus voisin de P_1 que P_2.

L'aire du polygone est :

$$S = q\left(\frac{2\pi}{q} + \frac{2\pi}{p} - \pi\right).$$

Elle doit être un sous-multiple de 4π, surface de la sphère. Le nombre N des polygones est donc donné par :

$$N.\,2\pi\,q\left(\frac{1}{p} + \frac{1}{q} - \frac{1}{2}\right) = 4\pi.$$

N, p, q sont entiers. De plus, par hypothèse, $p \geqslant 3$, et nous avons démontré que $q \geqslant 3$.

La formule exige que $\dfrac{1}{p} + \dfrac{1}{q} - \dfrac{1}{2} > 0$ (1).

Or on a $\dfrac{1}{p} \leqslant \dfrac{1}{3}$. D'où $\dfrac{1}{q} > \dfrac{1}{6}$. Le maximum de q est donc 5. De même pour p. Donc p et q ne peuvent être que 3, 4 ou 5. Une figure qui a plusieurs axes d'ordre supérieur à 2 ne peut avoir que des axes d'ordre 3, 4 et 5 (et 2).

Les combinaisons $p = 5$, $q = 5$, — $p = 5$, $q = 4$, — $p = 4$, $q = 5$, — $p = 4$, $q = 4$ sont impossibles comme ne satisfaisant pas à l'inégalité (1).

Les combinaisons $p = 5$, $q = 3$, — $p = 3$, $q = 5$ sont équivalentes et conduisent à la symétrie du dodécaèdre ou de l'icosaèdre réguliers. Elles sont impossibles dans les cristaux, où il n'existe pas d'axes quinaires.

Restent $p = 4, q = 3$, — $p = 3, q = 4$, — $p = 3, q = 3$.

1° $p = 4, q = 3$. On trouve N = 8. La sphère est couverte par 8 triangles trirectangles $\left(\dfrac{2\pi}{p} = \dfrac{\pi}{2}\right)$. Les sommets Q des triangles sont les traces de trois axes quaternaires trirectangulaires. Les pôles T des triangles sont les traces de quatre axes ternaires. Les bissectrices B des axes quaternaires, qui sont en même temps celles des axes ternaires, sont axes binaires. C'est la symétrie du cube.

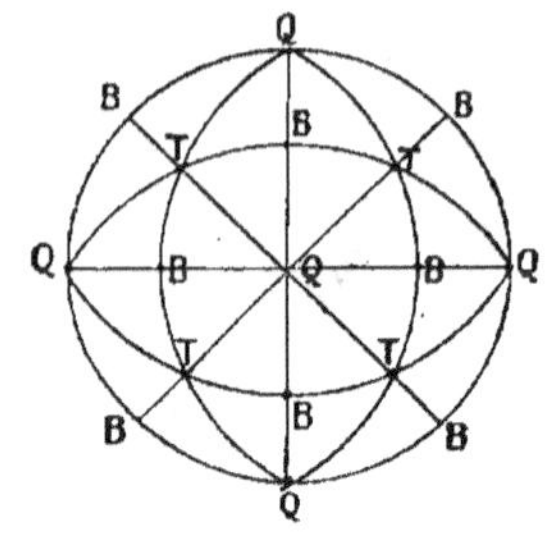
Fig. 25.

2° $p = 3, q = 4$. On trouve N = 6. Même disposition. Le polygone est le carré TTTT, dont les sommets sont les pôles d'axes ternaires. Mais q étant pair, les pôles Q des six carrés peuvent être les traces d'axes quaternaires, auquel cas on retombe sur la combinaison précédente ; ou bien ils peuvent être seulement les traces d'axes binaires $\left(\text{d'ordre } \dfrac{q}{2}\right)$. Alors les axes binaires B n'existent pas. Il y a simplement trois axes binaires trirectangulaires Q et quatre axes ternaires T. C'est, par exemple, la symétrie du tétraèdre régulier.

3° $p = 3, q = 3$. On trouve N = 4. Quatre triangles dont les sommets sont les pôles de quatre axes ternaires et dont les pôles correspondent aux autres extrémités des mêmes axes. Les bissectrices sont axes binaires. C'est la même combinaison que la précédente.

Il n'y a donc que deux combinaisons possibles :
$$3\,\Lambda^4, 4\,\Lambda^3, 6\,L^2 \text{ et } 3\,\Lambda^2, 4\,\Lambda^3.$$

(Plus la combinaison à axes quinaires, impossible dans les cristaux).

Les axes Λ^3 sont placés de la même manière dans les deux combinaisons (suivant les diagonales d'un cube), et les axes Λ^4 de la première sont placés comme les axes Λ^2 de la seconde (suivant les normales aux faces du même cube).

Symétrie du réseau. Holoédries et Mériédries.

Admettons l'hypothèse réticulaire. Quel sera, dans chacun des **32** cas de symétrie possibles pour un cristal, la symétrie du réseau ?

Si le réseau n'est qu'un artifice de langage géométrique, rien ne nous permet d'affirmer *a priori* qu'il doit avoir, comme toutes les propriétés physiques du cristal, au minimum la symétrie du cristal. Et l'on verra en effet (p. 109) que, le faisceau de plans réticulaires d'un réseau ayant une certaine symétrie, ce réseau peut parfaitement dans certains cas avoir une symétrie moindre.

Si au contraire nous faisons l'hypothèse de l'existence physique du réseau, nous devons lui attribuer, comme à toute propriété du cristal, au moins la symétrie du cristal. C'est ce que nous allons supposer. Mais il importe de bien se rendre compte qu'en le faisant nous introduisons l'hypothèse réticulaire. Il n'est pas évident que les résultats auxquels nous serons ainsi conduits seront toujours d'accord avec les faits. Et nous devrons revenir ensuite sur ce point (p. 109) afin d'examiner en quoi ces résultats diffèrent de ceux auxquels nous aurait conduits la simple considération du réseau géométrique qui n'est que l'expression de la loi d'Haüy.

Le réseau, c'est-à-dire dans l'édifice cristallin la seule répartition des points analogues, considérée indépendamment du motif, n'exprime qu'une seule propriété, savoir la *direction* des faces (et en général des plans qui jouent un rôle dans les propriétés discontinues). Deux faces peuvent être parfaitement symétriques quant à leurs directions sans pour cela posséder les mêmes propriétés à d'autres égards : elles pourront ne pas se produire dans les mêmes conditions, ne pas présenter même développement, mêmes figures de corrosion, bref se distinguer l'une de l'autre par quelque chose ; elles n'en seront pas moins symétriques quant à leurs directions, c'est-à-dire quant au réseau. L'élément de symétrie par rapport auquel elles sont symétriques n'appartient pas alors au cristal, mais au seul réseau. Le réseau peut ainsi, comme toute propriété considérée isolément, être plus symétrique que le cristal.

Or la nature même du réseau exige qu'il en soit ainsi dans un grand nombre de cas. Exemple :

Un réseau est un édifice essentiellement pourvu d'un centre. Car tout nœud en est un centre. Ce qui revient à cette notion que deux faces parallèles opposées d'un cristal ne sont pas distinctes quand on ne s'occupe que de leurs directions : au point de vue de la loi d'Haüy elles constituent une même face. Et cependant elles peuvent très bien n'être pas physiquement identiques ; auquel cas le cristal n'a pas de centre. Celles des

32 symétries qui ne comportent pas de centre sont donc impossibles pour un réseau. Le réseau d'un cristal qui possède une de ces symétries est nécessairement plus symétrique que le cristal.

Prenons pour exemple la symétrie $oL\ oC\ P$. Le réseau d'un cristal de ce type a un centre. Il a donc aussi (th. **2**) un axe binaire normal au plan P. Nécessairement le réseau du cristal aura au minimum la symétrie suivante, plus élevée : $L^2\ C\ P$. L^2 et C sont des éléments de symétrie *supplémentaires* qui n'appartiennent en aucune façon au cristal et peuvent ne jouer aucun rôle quelconque dans ses autres propriétés, mais qui appartiennent à son seul réseau, c'est-à-dire aux seules *directions* de ses faces.

La symétrie du réseau ne comporte que des axes d'ordre **2, 3, 4** ou **6**. Il est aisé de le démontrer directement. Mais cela résulte aussi de ce que l'ensemble des plans réticulaires du réseau répond à la loi d'Haüy. Par suite, la symétrie du réseau est toujours une des **32** symétries ci-dessus énumérées.

Il y a donc deux cas possibles : Ou bien le cristal a une symétrie possible pour un réseau. Alors rien n'exige que le réseau ait des éléments de symétrie supplémentaires. Le cristal et sa symétrie sont dits *holoèdres*.

Ou bien le cristal a une symétrie impossible pour un réseau. Alors, puisque nous supposons, en faisant l'hypothèse réticulaire, que le réseau a au minimum la symétrie du cristal, le réseau possède d'abord tous les éléments de symétrie du cristal. Il a ensuite des éléments de symétrie supplémentaires qui, ajoutés aux éléments de symétrie du cristal, définissent une symétrie de réseau, donc une symétrie holoèdre. Le cristal et sa symétrie sont dits *mérièdres*.

Les éléments de symétrie supplémentaires du réseau sont souvent appelés assez improprement éléments *déficients* (manquants), parce que si l'on part de la symétrie holoèdre, qui est celle du réseau, ils peuvent être considérés comme manquant à celle-ci pour donner la symétrie mérièdre, qui est celle du cristal.

Exemple : Supposons qu'une face M (fig. 26) existe dans un cristal ayant pour symétrie $oL\ oC\ P$. La face M', symétrique de M par rapport au plan P sera identique à M à tous égards. Mais les éléments L^2 et C appartenant au réseau, les deux faces M″M‴ symétriques de M et M' par rapport à ces deux éléments sont aussi des plans réticulaires, et des plans qui, en ce qui con-

cerne le réseau seul, ne se distinguent en rien de M et M′ [1].
Toutefois, puisque L² et C sont supposés ne pas appartenir au

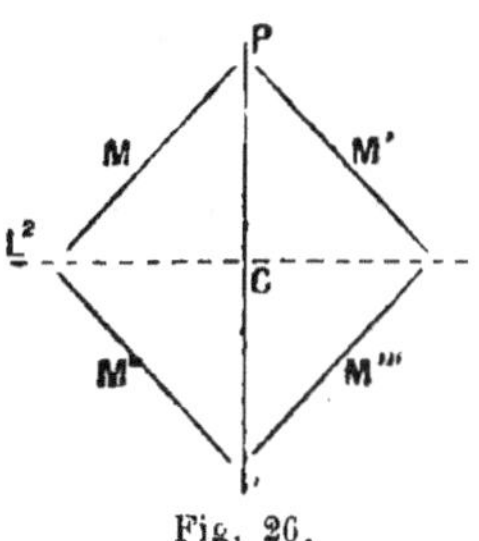

Fig. 26.

cristal, ces faces M″M‴ se distingueront par quelque chose des faces MM′. Elles pourront par exemple manquer régulièrement alors que MM′ existent, être régulièrement plus petites ou plus grandes, etc.

MM′ constituent une forme simple mérièdre ; M″M‴, une autre, symétrique de la première par rapport aux éléments supplémentaires du réseau.

Dans le cristal, ces deux formes simples sont physiquement distinctes. Mais quand elles coexistent, elles constituent ensemble, si l'on ne considère que leurs directions, une forme simple holoèdre M M′ M″ M‴, rigoureusement symétrique par rapport à tous les éléments de symétrie du réseau.

Au contraire un cristal ayant pour symétrie L² C P est holoèdre, son réseau n'ayant pas nécessairement une symétrie plus élevée. Les quatre faces M, M′, M″, M‴, constituant une forme holoèdre sont identiques à tous égards. Elles forment, au point de vue des directions, un polyèdre identique à celui du cas précédent, mais qui est une forme simple unique ; tandis que dans le cas de la mériédrie il se dédoublait en deux formes simples physiquement distinctes.

Lorsque les éléments de symétrie supplémentaires du réseau consistent en un seul élément binaire E, axe binaire, plan ou centre de symétrie, accompagné naturellement de ceux que les théorèmes généraux lient à lui et qui nécessairement existent ou disparaissent avec lui, une forme simple mérièdre comprend dans le cas général *la moitié* des faces de la forme holoèdre correspondante. Car en général à une face quelconque N en correspond une autre N′, symétrique par rapport à E, et qui n'appartient pas à la forme mérièdre, puisque E n'en est pas un élément de symétrie ; mais qui appartient à la forme holoèdre, puisque E en est un élément de symétrie. C'est pourquoi dans ce cas la mériédrie est dite *hémiédrie* (ou mériédrie d'ordre **2**). Le cristal et sa symétrie sont dits *hémièdres*. C'est le cas de l'exemple ci-dessus.

---

[1] Elles ont, en particulier, même aire réticulaire que MM′ ; en vertu de la loi de Bravais, elles doivent avoir à peu près même importance que MM′. C'est ce qui a lieu (voir p. **122**).

Deux formes simples hémièdres symétriques l'une de l'autre par rapport aux éléments supplémentaires du réseau composent ensemble une forme simple holoèdre. Elles sont dites *complémentaires* (MM′ et M″M‴ dans l'exemple ci-dessus).

Lorsque, outre un élément binaire E et ceux qui sont liés à lui, les éléments supplémentaires du réseau en comprennent un autre E′ (avec ceux qui lui sont liés) indépendant, c'est-à-dire qui n'existe ou ne disparaît pas nécessairement avec E, la forme simple mérièdre comprend en général le quart des faces de la forme holoèdre correspondante. Car en général à une face N en correspond une autre N′ symétrique par rapport à E, et deux autres N″N‴, symétriques de NN′ par rapport à E′. Ces trois dernières n'appartiennent pas à la forme mérièdre, mais à la forme holoèdre. Dans ce cas la mériédrie est dite *tétartoédric* (ou mériédrie d'ordre 4). Le cristal et sa symétrie sont dits *tétartoèdres*.

Dans le cas général, quatre formes simples tétartoèdres, symétriques les unes des autres par rapport aux éléments supplémentaires du réseau, composent ensemble une forme simple holoèdre.

S'il existe trois éléments binaires indépendants qui appartiennent nécessairement au réseau quoique manquant au cristal, la forme simple mérièdre a $\frac{1}{8}$ des faces de la forme holoèdre correspondante. La mériédric est dite *ogdoédrie* (ou d'ordre 8). Il n'en existe qu'un cas possible, et aucun de mériédries d'ordre supérieur à **8**.

Si l'on considère l'image que l'hypothèse réticulaire fournit de la structure du cristal, la mériédric s'interprète nécessairement ainsi : Un cristal holoèdre est un cristal dont le *motif* et le *réseau* ont la même symétrie. Un cristal mérièdre est un cristal dont le *motif* a une symétrie telle que le *réseau* a nécessairement une symétrie supérieure.

Il ne faudrait pas croire pour cela que la notion de mériédrie soit une conséquence de l'hypothèse réticulaire. Elle est un résultat immédiat de la loi d'Haüy et ne nécessite aucune hypothèse. La structure périodique en donne seulement une image commode. Sans aucune hypothèse, on dirait aussi bien : Un cristal mérièdre est celui qui a une symétrie telle que l'ensemble de ses faces, *considérées au point de vue de leurs seules directions* est nécessairement plus symétrique que le cristal. Le résultat serait légèrement différent (en ce sens que le système ternaire se fondrait dans le système sénaire, solution d'ailleurs fréquemment admise) mais le principe resterait le même.

Les trois cas d'hémiédrie.

Considérons une forme simple P d'un cristal tétartoèdre. Sa symétrique P′ par rapport à l'un E des deux éléments supplémentaires du réseau constitue avec P une forme simple PP′ à laquelle manque encore, pour arriver à la symétrie holoèdre, le second élément déficient indépendant E′. PP′ est donc hémièdre. Une tétartoédrie peut donc être considérée comme l'hémiédrie d'une hémiédrie. Pour classer les mériédries, il suffit donc d'examiner les cas possibles d'hémiédrie. Il y en a trois.

Les éléments binaires étant couplés par trois, axe, plan et centre, tels que si l'un existe, l'autre manquant, le troisième manque nécessairement, si le réseau a un élément de symétrie binaire supplémentaire il en a nécessairement deux (Sauf au cas particulier où il n'y a aucune symétrie ; car alors le centre est seul élément supplémentaire du réseau). On peut donc avoir comme éléments supplémentaires du réseau :

1° *Le centre et un plan, tous les axes binaires du cristal étant ceux d'une holoédrie.* Alors, en vertu du th. 11, les axes d'ordre > 2, comme les axes binaires, sont ceux de l'holoédrie. Par contre, il ne peut exister aucun plan de symétrie ; car les plans de symétrie de l'holoédrie sont chacun normal à un axe pair ; si donc l'un d'eux appartenait au cristal, avec l'axe normal il exigerait l'existence du centre. Il n'y a donc que des axes, et aucun plan de symétrie ni centre.

Ce type d'hémiédrie s'appelle *hémiédrie holoaxe.*

Remarque importante : Dans les hémiédries holoaxes, les deux formes simples complémentaires P′,P″ qui, réunies, constituent une forme simple holoèdre P ne sont en général pas superposables.

Si toutes les formes P′ du cristal étaient superposables à leur complémentaire P″, on pourrait amener P′ et P″ en coïncidence par rotation autour d'un axe A qui serait un axe de la forme holoèdre P. Cet axe ne peut, d'autre part, être un axe du cristal, car la rotation autour d'un axe du cristal amène P′ en coïncidence avec lui-même et non avec P″. La forme holoèdre aurait donc un axe n'appartenant pas au cristal, ce qui est contraire à l'hypothèse.

D'autre part, considérons un cristal de ce type portant une

forme simple P'. Il pourra exister un cristal symétrique de celui-là, pour toutes ses propriétés, par rapport au centre et aux plans de symétrie supplémentaires du réseau, et dans lequel P" jouera notamment le même rôle physique que P' dans le premier. Ces deux cristaux ne seront pas superposables. Ils constitueront deux formes dimorphes, identiques quant à leurs propriétés scalaires, symétriques quant à leurs propriétés vectorielles et notamment leurs formes extérieures, mais distinctes, non superposables, ayant entre elles la même relation qu'une main droite et une main gauche ou une vis droite et une vis gauche.

L'existence possible, sur un même cristal, de deux formes simples complémentaires non superposables, et l'existence possible de deux sortes de cristaux non superposables caractérisent les hémiédries holoaxes (Exemple : Quartz droit et gauche).

Deux figures non superposables symétriques entre elles par rapport à un point ou un plan sont dites *énantiomorphes*.

2° *Un axe binaire et le centre, le plan normal à l'axe appartenant au cristal*.

C'est l'*antihémiédrie*, caractérisée par l'absence de centre mais l'existence de plans de symétrie.

Dans ce cas, les deux formes complémentaires P' P" sont superposables. Car elles sont symétriques entre elles par rapport à l'axe supplémentaire du réseau, donc superposables.

3° *Un axe binaire et le plan perpendiculaire, le centre appartenant au cristal*.

C'est la *parahémiédrie* (ou hémiédrie à faces parallèles), caractérisée par l'existence d'un centre.

Comme pour l'antihémiédrie et pour la même raison, les deux formes simples sont superposables.

Caractères spéciaux de la symétrie des réseaux.

Th. I. — Toute parallèle à un axe de symétrie menée par un nœud est un axe de même ordre du réseau. Tout plan parallèle à un plan de symétrie mené par un nœud est un plan de symétrie du réseau.

Ce théorème permet de faire passer par un même point tous les axes et plans de symétrie du réseau, et par suite d'appliquer au réseau tout ce qui a été dit ci-dessus des symétries d'une figure dont les axes et plans de symétrie passent par un point. Toutes les symétries des réseaux se trouvent par suite parmi les **32** établies ci-dessus.

Soit O (fig. 27) un axe L^q normal au tableau, N un nœud du réseau Une rotation de $\frac{2\pi}{q}$ autour de O amène N en coïncidence

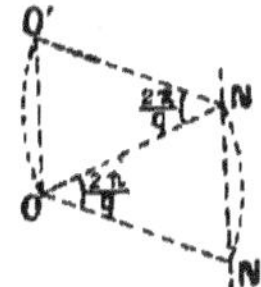

Fig. 27.

avec un autre nœud N'. NN' est donc une rangée dont la longueur NN' est le paramètre ou un multiple entier du paramètre. On ne change donc rien au réseau en le faisant glisser parallèlement à lui-même de NN' parallèlement à cette direction. Dans ce double mouvement qui n'a rien changé au réseau, O vient en O' tel que l'angle $ONO' = \frac{2\pi}{q}$. Il revient donc à une rotation de $\frac{2\pi}{q}$ autour de la parallèle à l'axe O menée par N, laquelle est donc un axe d'ordre q .

Une démonstration analogue s'applique au cas des plans de symétrie.

Th. II. — Tout axe de symétrie passant par un nœud est une rangée.

Car les rangées se composent entre elles comme des forces. La résultante de q rangées symétriques par rapport à un axe d'ordre q est dirigée suivant l'axe, qui est donc une rangée.

Th. III. — Tout plan mené par un nœud perpendiculairement à un axe du réseau est un plan réticulaire.

Car tout nœud N ayant son symétrique N' sur une normale à l'axe NN', il y a une infinité de rangées normales à l'axe.

Th. IV. — Un réseau a toujours un centre. Car tout nœud est un centre (et de même le centre de la maille, les centres des faces de la maille et les milieux de ses arêtes).

Th. V. — Si un réseau a un axe d'ordre q *supérieur à* 2, il a q axes binaires perpendiculaires à celui-ci.

Soit (fig. 28) un nœud N sur l'axe L^q, P le plan réticulaire nor-

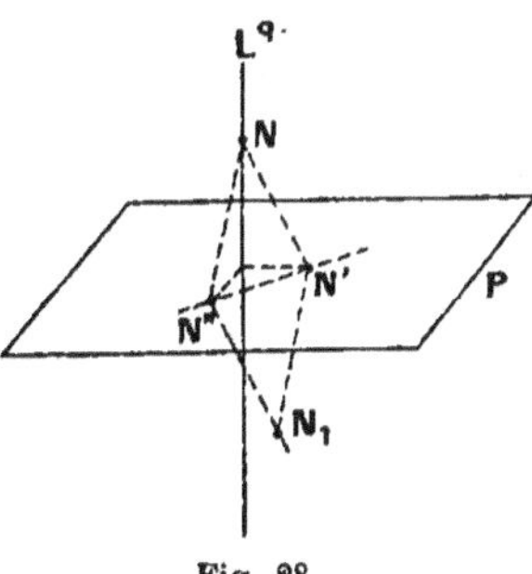

Fig. 28.

mal le plus voisin de N, tel qu'il n'en existe aucun autre parallèle entre P et N. Dans ce plan, un nœud N' le plus voisin de l'axe. N" le nœud obtenu en faisant tourner N' de $\frac{2\pi}{q}$ autour de l'axe. Complétons le losange NN'N"N₁. N₁ est un nœud. Il s'obtient par une rotation de N de 180° autour de N'N".

D'autre part, q étant égal à 3, 4 ou 6, on vérifie aisément que dans ces trois cas le réseau plan du plan P a N'N'' pour axe binaire. Or NN' est par construction conjuguée du plan P. La rotation de 180° autour de N'N'' rétablit un plan réticulaire et une rangée conjuguée ; elle rétablit donc tout le réseau en coïncidence avec sa position initiale. N'N'' est donc axe binaire. Dès lors, s'il y a un axe binaire, il y en a q et q seulement (th. 13).

C'est en vertu de ces deux derniers théorèmes seulement que les symétries des réseaux diffèrent de celles d'une figure quelconque n'ayant que des axes d'ordre 2, 3, 4, 6.

Nous pouvons dès lors reprendre chacun des **32** types de symétrie et établir la symétrie nécessaire du réseau dans chacun de ces cas.

Symétrie du cristal		Symétrie du réseau et type de mériédrie
$3\Lambda^4\ 4\Lambda^3\ 6L^2\ C\ 3\Pi\ 4\varpi^3\ 6P$	Holoédrie. Non seulement le réseau n'est pas nécessairement plus symétrique, mais il ne peut l'être. Car c'est la symétrie la plus élevée que puisse avoir une figure qui n'a que des axes d'ordre 2, 3, 4, 6. C'est la symétrie du cube.	**R Cubique.** Holoédrie.
$3\Lambda^4\ 4\Lambda^3\ 6L^2\ oC\ oP$.	Le réseau a un centre, donc 3Π, $4\varpi^3$, $6P$.	*R. Cubique.* Hémiédrie holoaxe.
$3\Lambda^2\ 4\Lambda^3\ C\ 3\Pi\ 4\varpi^3$ . .	Normalement aux Λ^3 le réseau a des axes binaires (th. V). Or il n'y a que deux combinaisons d'axes pour une figure ayant plusieurs axes d'ordre supérieur à 2. C'est $3\Lambda^2$, $4\Lambda^3$, sans axes binaires normaux aux Λ^3, ou $3\Lambda^4$, $4\Lambda^3$, $6L^2$. Avec le centre, cela exige aussi $6P$. Le réseau a toute la symétrie cubique.	*R. Cubique.* Parahémiédrie.
$3\Lambda^2\ 4\Lambda^3\ oC\ 6P$	Même raisonnement. Les $6L^2$ avec les $6P$ entraînent le centre, donc aussi les plans Π et ϖ^3.	*R. Cubique.* Antihémiédrie.
$3\Lambda^2\ 4\Lambda^3\ oC\ oP$ . . .	Même raisonnement. Le réseau a donc nécessairement $3\Lambda^4$, $4\Lambda^3$, $6L^2$. Mais en outre, le réseau a un centre. Il a donc aussi 3Π, $4\varpi^3$, $6P$.	*R. Cubique.* Tétartoédrie holoaxe.
$\Lambda^6\ 3L^2\ 3L'^2\ C\ \Pi\ 3P\ 3P'$	Holoédrie. Le réseau *ne peut* même avoir aucun élément de symétrie supplémentaire.	**R. Sénaire.** Holoédrie.
$\Lambda^6\ 3L^2\ 3L'^2\ oC\ oP$ . .	Le réseau a un centre, donc Π, $3P$, $3P'$.	*R. Sénaire.* Hémiédrie holoaxe.
$\Lambda^6\ C\ \Pi$	Le réseau a 6 axes binaires normaux à Λ^6 (th. V) Donc $3L^2$, $3L'^2$, et en vertu du centre $3P$, $3P'$.	*R. Sénaire.* Parahémiédrie.
$\Lambda^6\ oC\ 3P\ 3P'$	Le réseau a un centre, donc Π, et en vertu des plans $P\ P'$, $3L^2$ et $3L'^2$.	*R. Sénaire.* Antihémiédrie.
$\Lambda^6\ oC\ oP$	Le réseau a (th. V) six axes binaires normaux à Λ^6. De plus, il a un centre, donc Π, $3P$, $3P'$.	*R. Sénaire.* Tétartoédrie holoaxe.

Symétrie du cristal		Symétrie du réseau et type de mériédrie	
A^3 $3L^2$ C ϖ^3 3P.	Le réseau peut avoir cette symétrie, qui est holoèdre. Mais il peut aussi avoir A^3 pour axe sénaire, et a alors la symétrie sénaire holoèdre. La symétrie en question peut donc appartenir à deux sortes de cristaux : 1° A réseau ternaire, alors elle est holoèdre ; 2° A réseau sénaire, alors elle est parahémièdre. Les deux types existent.	**R. Ternaire.** Holoédrie.	R. Sénaire. Parahémiédrie.
A^3 $3L^2$ oC Π 3P'.	Le réseau a un centre, ce qui avec Π exige que A^3 soit axe pair, donc sénaire pour le réseau. Donc aussi $3L'^2$, 3P.	(R. Ternaire impossible).	R. Sénaire. Antihémiédrie.
A^3 $3L^2$ oC oP.	Le réseau a un centre. Donc 3P et ϖ^2. Deux cas : hémiédrie holoaxe avec réseau ternaire, ou tétartoédrie avec réseau sénaire.	R. Ternaire. Hémiédrie holoaxe.	R. Sénaire. Tétartoédrie holoaxe.
A^3 oC 3P.	Le réseau a un centre, donc $3L^2$ et ϖ^3. Deux cas : antihémiédrie avec réseau ternaire, ou tétartoédrie avec réseau sénaire.	R. Ternaire. Antihémiédrie.	R. Sénaire. Antitétartoédrie.
A^3 oC Π.	Le réseau a un centre, donc A^3 est axe pair du réseau, donc sénaire. De plus, il y a 6 axes binaires (th. V). donc 6 plans P P'. Le réseau est donc sénaire.	(R. Ternaire impossible).	R. Sénaire. Antitétartoédrie.
A^3 C ϖ^3.	Le réseau a $3L^2$ (th. V), donc 3P. Deux cas : parahémiédrie avec réseau ternaire, ou tétartoédrie avec réseau sénaire.	R. Ternaire. Parahémiédrie.	R. Sénaire. Paratétartoédrie.
A^3 oC oP.	Le réseau a un centre, donc ϖ^3. De plus, il a $3L^2$ (th. V), donc 3P. Deux cas : tétartoédrie holoaxe avec réseau ternaire, ou ogdoédrie avec réseau sénaire.	R. Ternaire. Tétartoédrie holoaxe.	R. Sénaire. Ogdoédrie.

Symétrie du cristal		Symétrie du réseau et type de mériédrie
Λ^4 2L^2 2L'^{2} C Π 2P 2P'.	Holoédrie. Le réseau n'est pas nécessairement plus symétrique.	**R. Quaternaire.** Holoédrie.
Λ^4 2L^2 2L'^{2} oC oP . .	Le réseau a un centre, donc Π, 3P, 3P'.	*R. Quaternaire.* Hémiédrie holoaxe.
Λ^4 C Π	Le réseau a 4 axes binaires (th. V), donc 4 plans 2P, 2P'.	*R. Quaternaire.* Parahémiédrie.
Λ^4 oC 2P 2P'	Le réseau a un centre, donc un plan Π et 2L^2, 2L'^{2}.	*R. Quaternaire.* Antihémiédrie.
Λ^4 oC oP	Le réseau a un centre, donc un plan Π. De plus il a (th. V) 4 axes binaires, donc 4 plans 2P, 2P'.	*R. Quaternaire.* Tétartoédrie holoaxe.
Λ^2 2L^2 oC ϖ^2 2P' . .	Le réseau a un centre, donc 2L'^{2} normaux aux plans P'. Donc (th. 11) Λ^2 est nécessairement axe quaternaire du réseau. Donc aussi ϖ^2 est plan de symétrie du réseau, et il y a 2P normaux aux axes L^2.	*R. Quaternaire.* Antihémiédrie.
Λ^2 oC ϖ^2	ϖ^2 exige que Λ^2 soit axe quaternaire pour le réseau (voir remarque du th. 8). Le réseau a un centre et en outre (th. V) 4 axes binaires. Donc aussi ϖ^2 est plan de symétrie du réseau, et il y a 2P, 2P'.	*R. Quaternaire.* Tétartoédrie.
L^2 L'^{2} L''^{2} C P P' P'' .	Holoédrie. Le réseau n'est pas nécessairement plus symétrique.	**R. Terbinaire.** Holoédrie.
L^2 L'^{2} L''^{2} oC oP . . .	Le réseau a un centre, donc trois plans P, P', P''.	*R. Terbinaire.* Hémiédrie holoaxe.
L^2 oC P' P''	Le réseau a un centre, donc un plan P et des axes L'^{2}, L''^{2}.	*R. Terbinaire.* Antihémiédrie.
L^2 C P	Holoédrie. Le réseau n'est pas nécessairement plus symétrique.	**R. Binaire.** Holoédrie.
L^2 oC oP	Le réseau a un centre, donc un plan P.	*R. Binaire.* Hémiédrie holoaxe.
oL oC P	Le réseau a un centre, donc un axe L^2.	*R. Binaire.* Antihémiédrie.
oL C oP	Holoédrie. Le réseau n'est pas nécessairement plus symétrique.	**R. Asymétrique.** Holoédrie.
oL oC oP	Le réseau a un centre.	*R. Asymétrique.* Hémiédrie.

Il y a donc 7 types de symétrie possibles pour un réseau, et 7 seulement, c'est-à-dire 7 types de symétrie holoèdres. Chacun d'eux, accompagné de ses mériédries, constitue un *système cristallin*.

Comme on l'a vu, en ajoutant à chaque forme simple mérièdre sa ou ses symétriques par rapport aux éléments de symétrie supplémentaires du réseau on obtient une forme simple holoèdre ayant 2, 4 ou 8 fois plus de faces. On obtiendra donc aussi toutes les formes possibles en étudiant d'abord, dans chaque système, les formes holoèdres ; puis les formes hémièdres en supprimant dans ces formes holoèdres la moitié des faces (celles qui sont symétriques de l'une d'elles par rapport à l'élément binaire supplémentaire du réseau) ; d'où l'on passera de même aux formes tétartoèdres. C'est la marche que nous suivrons.

Dans ce passage de la forme holoèdre aux formes mérièdres, on se servira utilement de la règle suivante :

Les formes simples non affectées par une hémiédrie (c'est-à-dire qui restent les mêmes dans l'hémiédrie que dans l'holoédrie) *sont celles dont les faces sont normales à un élément de symétrie du réseau déficient au cristal.*

Car dans ce cas la forme simple est à elle-même sa symétrique par rapport à l'élément déficient. En passant de l'holoédrie à la mériédrie, l'élément de symétrie disparaît ; toutes les faces de la forme simple subsistent. Au contraire une face M non normale à l'élément déficient a une symétrique M' par rapport à cet élément. MM' appartiennent toutes deux à la forme holoèdre ; M ou M' seule appartient à la forme hémièdre, qui a donc moitié moins de faces que la forme holoèdre.

Première remarque. — De ce que, pour abréger l'exposé, nous déduirons ci-après les formes mérièdres des formes holoèdres, par des suppressions d'éléments de symétrie (ce que rappellent les mots impropres, mais consacrés par l'usage, d'éléments déficients, mériédrie, hémiédrie, etc.), il ne faudrait pas tirer cette idée fausse et répandue qu'il *manque* quoi que ce soit à un cristal mérièdre. On a vu au contraire que les éléments dits déficients sont des éléments de symétrie *supplémentaires* du réseau, qui n'appartiennent qu'au réseau seul, c'est-à-dire aux directions des faces considérées indépendamment de toute autre propriété.

Le même fait se rencontrerait si, au lieu de baser la classification des symétries des cristaux sur les propriétés discontinues, on la fondait sur toute autre propriété. Exemple :

On verra que les variations de la vitesse de la lumière avec la direction dans les milieux anisotropes sont régies, pour une lumière de longueur d'onde donnée, par un certain ellipsoïde (de même que les variations des propriétés discontinues sont régies par un réseau) : L'indice de réfraction d'une vibration de direction donnée est égal au rayon vecteur parallèle à cette direction dans un certain ellipsoïde.

Considérons un cristal dont la symétrie est, par exemple, celle de l'holoédrie quaternaire. Son ellipsoïde optique devra avoir, en vertu de la définition même de la symétrie, au moins les éléments de cette symétrie, savoir A^4 $2L^2$ $2L'^2$ C Π $2P$ $2P'$. Mais par le fait même qu'il est un ellipsoïde, il ne peut avoir un axe quaternaire sans avoir suivant A^4 un axe de révolution, et par suite une infinité d'axes binaires perpendiculaires à cet axe, et une infinité de plans de symétrie passant par cet axe.

Une droite quelconque normale à A^4, autre que L^2 et L'^2, sera donc un axe binaire des propriétés optiques seules ; elle ne jouera en général aucun autre rôle dans le cristal. De même un plan quelconque passant par A^4. Ce sont des éléments de symétrie supplémentaires propres à une seule des propriétés du cristal et dont l'existence résulte de celle des éléments de symétrie du cristal en vertu des lois particulières à cette seule propriété. Si l'on classait les symétries des cristaux en se basant sur les propriétés optiques, ce seraient des éléments *déficients* au même titre que ceux qui ont été définis ci-dessus par le moyen des propriétés discontinues.

On voit bien par cet exemple combien il serait absurde de considérer une symétrie mérièdre comme une sorte de symétrie incomplète, et une symétrie holoèdre comme un type de symétrie plus parfait. On voit d'autre part qu'il n'y a aucune raison de croire que les éléments de symétrie « déficients » jouent un rôle quelconque dans la structure du motif cristallin.

2e Remarque. Pseudomériédrie. — Un cristal qui a exactement une certaine symétrie mérièdre a *nécessairement* un réseau plus symétrique, et cela aussi exactement. Mais on peut concevoir comme possible que, certaines propriétés physiques, et par suite le cristal, n'ayant qu'une symétrie A, le réseau ait, sans y être obligé nécessairement, une symétrie supérieure B.

Par exemple, un cristal ayant par ses autres propriétés une symétrie du type terbinaire pourrait, sans contradiction, avoir un réseau du type quaternaire. La maille, au lieu d'être un parallélépipède rectangle *abcd* dans lequel les paramètres *ab*, *bc*, *bd* ont des longueurs quelconques et différentes, serait telle que *ab* fût égal à *bc* (prisme droit à base carrée) sans que pour cela les propriétés autres que celles qu'exprime la maille, c'est-à-dire autres que les directions des faces, eussent une symétrie appartenant au système quaternaire. C'est ce que l'on a parfois, à tort, confondu avec la véritable mériédrie sous le nom de « mériédries d'ordre supérieur ».

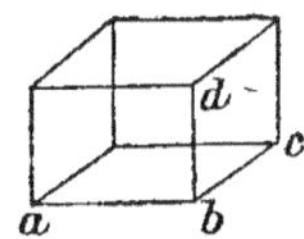

Fig. 29.

Il est à remarquer que si, dans le cas de la mériédrie, l'étude de *toutes* les propriétés connues ayant confirmé la symétrie A, on peut affirmer dès lors en toute rigueur que le réseau a aussi exactement la symétrie supérieure B, rien de semblable n'existe ici. Seules les mesures d'angles peuvent nous renseigner sur la valeur du rapport *ab : bc*. Or ces mesures ne peuvent être rigoureuses. Tout ce que l'on pourra affirmer, en pareil cas, c'est que *ab* est à peu près égal à *bc* et que la différence, le cas échéant, est inférieure aux erreurs de mesure.

Or il existe un assez grand nombre [1] d'espèces dans lesquelles, tout en étant nettement d'une symétrie A conforme à celle des autres propriétés, le réseau approche remarquablement d'une symétrie supérieure B. Exemple : Une espèce à symétrie terbinaire dans laquelle le rapport *ab : bc*, tout en différant de 1 d'une quantité supérieure aux erreurs de mesure, approche cependant de 1 d'une manière remarquable.

Mallard, qui a montré le rôle important que jouent ces symétries approchées du réseau dans les macles, le polymorphisme, etc... leur a donné le nom de *pseudo-symétries*. Le mot est défectueux, car la pseudo-symétrie du réseau n'implique en aucune façon que d'autres propriétés du cristal possèdent aussi cette symétrie supérieure approchée, et dans le cas général elles ne la possèdent point. Le cristal n'est en général nullement pseudo-symétrique, mais seulement son réseau. Il faut dire au moins « pseudo-symétrie du réseau », ou plus brièvement *pseudo-mériédrie*. De même qu'un cristal dont le réseau a rigoureusement une symétrie supérieure à celle des autres propriétés s'appelle mérièdre, de même un cristal dont le réseau a seulement à peu près une symétrie supérieure à celle des autres propriétés s'appelle pseudo-mérièdre. La notion de pseudo-mériédrie est

---

[1] Beaucoup moindre, à vrai dire, qu'on ne le croirait d'après les paramètres couramment admis par les auteurs modernes. Car le plus souvent ces paramètres ont été déterminés par le désir de satisfaire à cette condition même, en vertu d'idées erronées relatives aux macles, et faute d'une définition précise et objective du réseau.

importante dans l'étude de beaucoup de faits de la cristallographie.

On voit qu'en réalité les « mériédries d'ordre supérieur » ne pourraient être distinguées des pseudo-mériédries que par des mesures d'angles rigoureuses. C'est dire qu'elles ne peuvent en être distinguées. Ce sont simplement des pseudo-mériédries très approchées. Elles diffèrent essentiellement par là des véritables mériédries définies et énumérées ci-dessus [1].

Système de notation des faces.

Il existe divers systèmes de notation des faces cristallines. Le plus simple et le plus commode pour les calculs, et qui d'ailleurs est de plus en plus universellement répandu, est celui de Miller. On convient d'orienter la forme primitive d'une

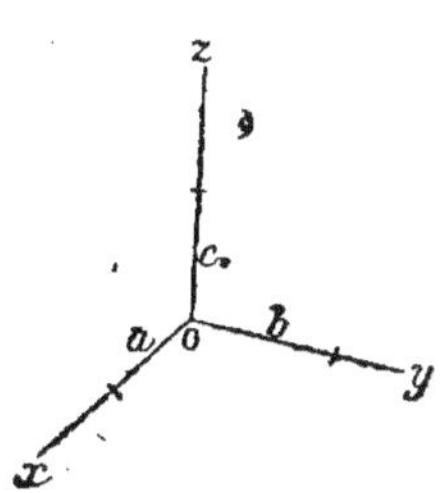

Fig. 30.

manière déterminée pour chaque système cristallin. ox, oy, oz étant les trois arêtes fondamentales choisies, a, b, c leurs paramètres (fig. 30), on désigne chaque face par ses caractéristiques mises entre parenthèses et affectées s'il y a lieu du signe — placé au-dessus, l'absence de signe signifiant +. Ainsi (012), ($\bar{1}$31). Se rappeler que ces caractéristiques sont les *inverses* des longueurs numériques à porter sur les trois axes ox, oy, oz pour obtenir trois points de la face.

Les rangées se notent de même par leurs caractéristiques entre crochets : [101], [$\bar{1}$32].

Le système de Miller permet de désigner séparément, en employant les signes — nécessaires, toutes les faces d'une même forme simple. Exemple : faces de la forme primitive dans le système cubique (100), (010), (001), ($\bar{1}$00), ($0\bar{1}0$), ($00\bar{1}$).

---

[1] On peut observer que si, en elle-même, l'existence de telles mériédries, supposées rigoureuses et distinctes des pseudo-mériédries, n'implique pas contradiction, elle exigerait cependant des conditions si particulières qu'on peut considérer cette existence comme bien invraisemblable. Notamment il faudrait (car dans les cristaux les dilatations varient avec la direction) que dans l'exemple ci-dessus non seulement les paramètres *ab* et *bc* fussent égaux rigoureusement, mais aussi leurs coefficients de dilatation, pour que leur égalité ne fût pas spéciale à une température. L'étude des surfaces d'accolement dans les macles confirme d'ailleurs que les prétendues mériédries d'ordre supérieur ne sont que des pseudo-mériédries très approchées. Voir l'exemple de la boracite, p. 256.

Il est utile cependant de disposer d'un système permettant de désigner brièvement, dans le langage, par une notation qui fasse image, tout l'ensemble des faces d'une même forme simple. Pour répondre à ce besoin on emploie en France, concurremment avec la notation Miller, celle dite de Lévy (due à Haüy en réalité).

La forme primitive étant placée comme ci-contre (fig 31), le prisme vertical, l'arête obtuse h en avant, on note a, e, i, o les sommets, b, c, d, f les arêtes de la base, g, h les arêtes du

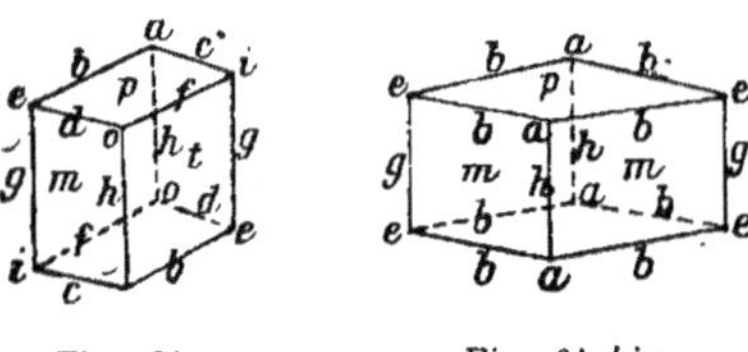

Fig. 31.   Fig. 31 *bis.*

prisme, p, m, t (*pri-mi-tif*) les faces, dans l'ordre où ces éléments sont indiqués sur la figure. Quand deux éléments sont identiques par symétrie, on leur donne même notation. Exemple : Prisme terbinaire (fig. **31** *bis*).

On note alors chaque face par les trois lettres représentant les arêtes aboutissant au sommet que tronque la face, chaque lettre étant affectée d'un exposant égal à la *longueur numérique* interceptée par la face sur l'arête. Exemples : $(d^3 f^1 h^2)$, $(c^1 f^1 g^1)$.

Si l'on n'avait conservé malheureusement l'habitude d'employer avec la notation Lévy une forme primitive différente de celle de Miller (ce qui exige des formules de transformation des caractéristiques, très simples mais incommodes) les exposants de Lévy seraient, au signe près, les inverses des caractéristiques de Miller.

Sous cette forme, le système ne présente aucun avantage sur celui de Miller. Son seul intérêt est dans les simplifications suivantes, en fait très fréquentes :

Une face pour laquelle les deux longueurs numériques à porter sur deux arêtes horizontales sont égales se note par la lettre du sommet qu'elle tronque, affectée d'un exposant ayant pour numérateur la longueur numérique à porter sur les deux arêtes et pour dénominateur la longueur numérique relative à l'arête verticale. Exemples dans le système terbinaire (fig. **32** à **35**) :

On convient de noter a_m une face pour laquelle les deux longueurs numériques égales appartiennent l'une à une arête horizontale l'autre à une arête verticale. Exemple a_2 système terbinaire (fig. 36).

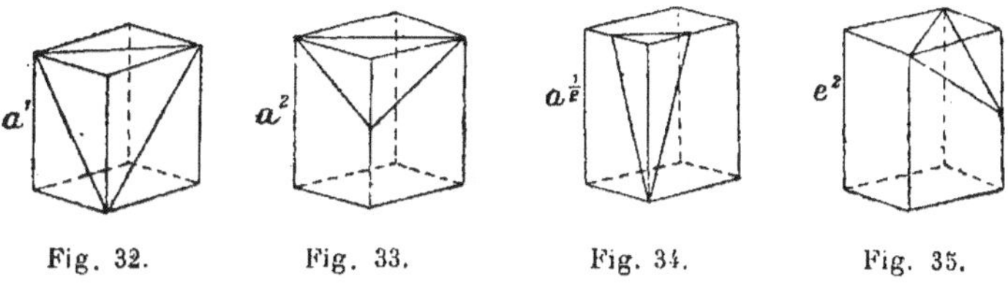

Fig. 32.   Fig. 33.   Fig. 34.   Fig. 35.

D'autre part, si l'une des caractéristiques est nulle, la face étant parallèle à une arête du primitif, on note cette face par la lettre de l'arête, affectée d'un exposant dont le numérateur est la longueur numérique à porter sur l'arête horizontale contiguë et le dénominateur la longueur numérique relative à l'arête

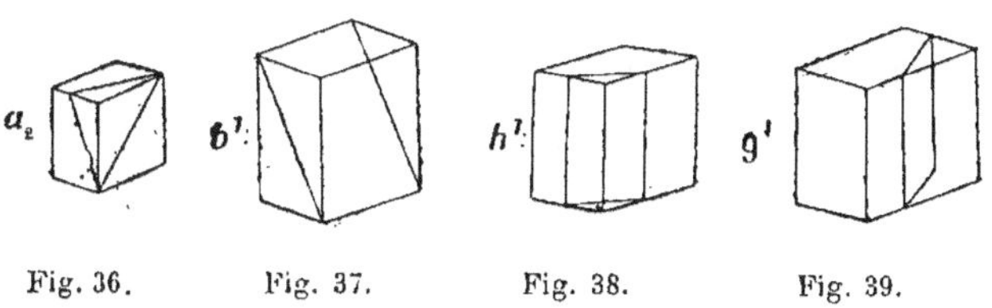

Fig. 36.   Fig. 37.   Fig. 38.   Fig. 39.

verticale (fig. 37 à 42). Quand la face est parallèle à l'arête verticale, cela laisse subsister une indétermination qui n'a d'ailleurs d'inconvénient que pour le système anorthique.

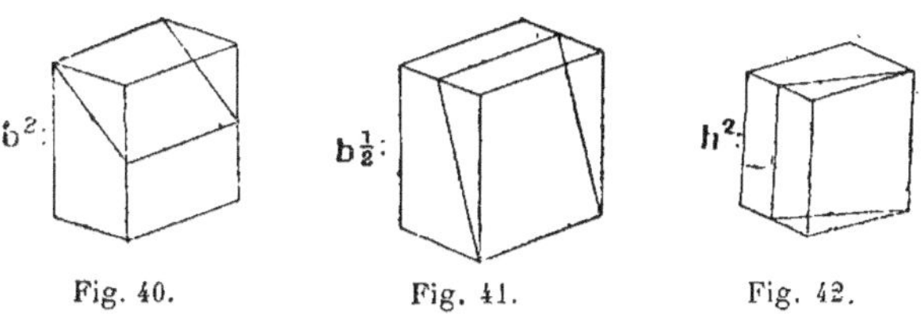

Fig. 40.   Fig. 41.   Fig. 42.

Pour lever cette indétermination et d'autres, on a imaginé des conventions particulières. Dès qu'elles deviennent incommodes à exprimer dans le langage, comme c'est le cas, elles perdent tout avantage sur la simple notation de Miller et n'ont plus aucun intérêt. Lorsque les simplifications indiquées ci-dessus ne sont pas applicables, le mieux est de désigner la face par la notation Miller. La notation de Lévy, employée d'une manière générale, serait très impratique. Elle tire toute sa commodité de l'extrême fréquence des simplifications ci-dessus.

Nous représenterons les cristaux en projection orthogonale. Pour les discussions, il est commode de figurer les faces par leur pôle sur une sphère, c'est-à-dire par la trace sur la sphère de la normale à la face menée par le centre de la sphère. La sphère se représente en projection stéréographique.

Etude des formes des cristaux appartenant aux 32 types de symétrie.

SYSTÈME CUBIQUE

1. Holoédrie.

$$\text{Symbole}: \quad \begin{matrix} 3A^4 \ 4A^3 \ 6L^2 \\ 3\Pi \ \ 4\varpi^3 \ 6P \end{matrix} \Big\} \ C$$

Il y a trois types de réseaux et trois seulement possédant cette symétrie [1].

1° Mode hexaédral. La plus petite maille est un cube (fig. 43).

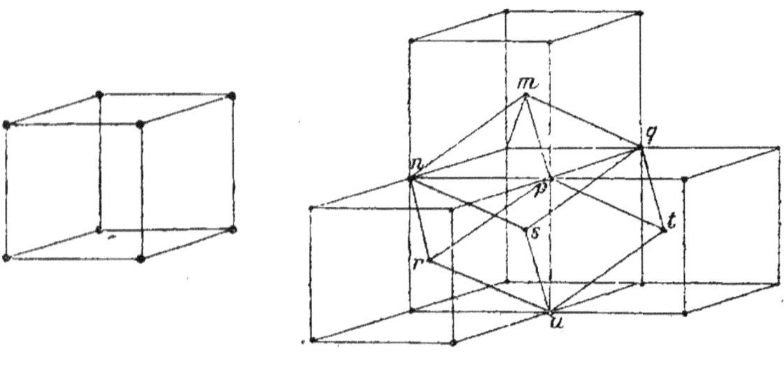

Fig. 43.   Fig. 44.

2° Mode dodécaédral. Le réseau peut être défini par une maille multiple cubique, à condition de centrer ce cube (c'est-à-dire de placer un nœud au centre). La plus petite maille n'a pas la symétrie cubique du réseau entier. C'est le rhomboèdre *mnpqrstu* dont le volume est la moitié de celui du cube (fig. 44).

[1] Voir par exemple la démonstration dans Mallard, *Traité de cristallographie.*

3° **Mode octaédral.** Le réseau peut être défini par une maille multiple cubique ayant toute ses faces centrées. La plus petite maille n'a pas la symétrie cubique du réseau. C'est encore un rhomboèdre, *abcdefgh*, dont le volume est le quart du volume du cube (fig. 45).

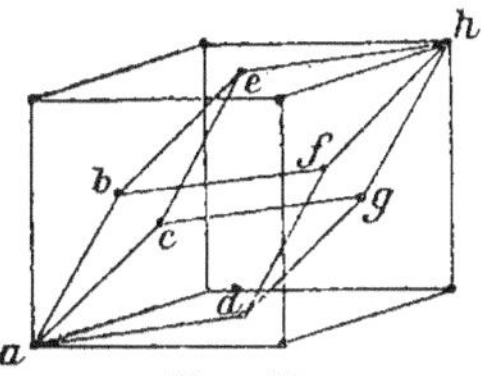

Fig. 45.

Dans les trois cas, on peut prendre pour forme primitive le cube, sauf à indiquer, le cas échéant, quel est le *mode* du réseau, c'est-à-dire si le cube est la plus petite maille, s'il doit être centré ou à faces centrées. Il importe peu en effet que la forme primitive soit ou non la plus petite maille, pourvu qu'elle permette, moyennant l'indication du mode, de retrouver le réseau. Il importe, au contraire, pour la simplicité des notations, qu'elle ait *toute la symétrie du réseau,* afin que toutes les faces d'une même forme simple aient, à l'ordre et au signe près, mêmes caractéristiques. Cette observation s'applique à tous les systèmes cristallins.

En prenant donc pour forme primitive le cube, les trois paramètres sont égaux. Les caractéristiques d'une face sont les inverses des longueurs réelles à porter sur les arêtes pour l'obtenir. Ce sont aussi les coordonnées du pôle de la face.

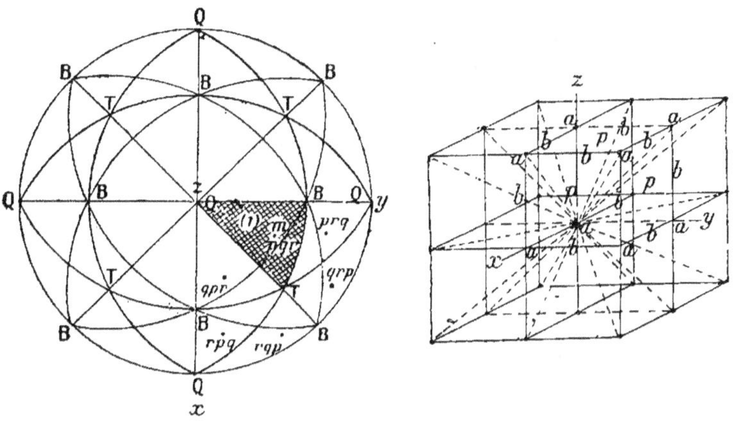

Fig. 46.   Fig. 47.

Axes quaternaires QQQ, trirectangulaires, parallèles aux arêtes du cube, pris pour axes de coordonnées *ax*, *ay*, *az* (fig. 46 et 47).

Axes ternaires TTTT, diagonales du cube.

Axes binaires BBBBBB, diagonales des faces du cube, bissectrices des axes Q deux à deux et des axes T deux à deux.

Plans II : faces du cube, se coupant suivant les axes Q et contenant chacun deux axes B

Plans P : plans diagonaux du cube, bissecteurs des plans II, et contenant chacun deux axes T, un axe Q et un axe B perpendiculaire.

Plans ϖ^3 : normaux aux axes T et contenant chacun trois axes B faisant entre eux des angles de 60°.

Forme la plus générale : Un pôle quelconque m (pqr) pris par exemple tel que $p < q < r$, c'est-à-dire dans le triangle sphérique (**1**) limité par les plans II et P, a un symétrique et un seul dans chacun des triangles QTB, au nombre de **48**. Donc, solide à **48** faces, appelé *hexoctaèdre*. Il y a autant d'hexoctaèdres que de valeurs possibles de pqr. En fait, on ne trouve guère que (**123**) (fig. **48**), (**124**), (**134**).

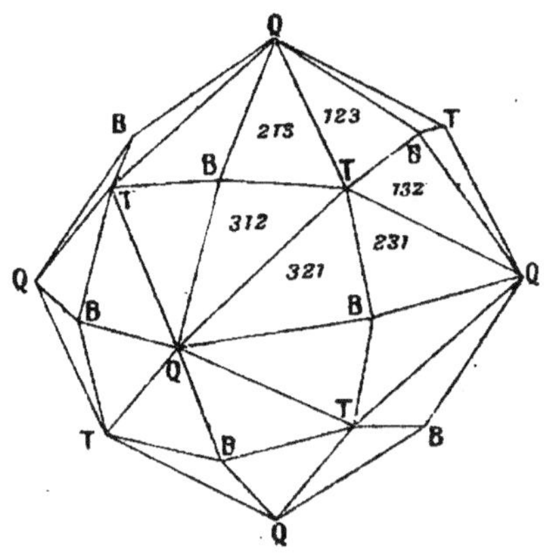

Fig. 48.

Cas particuliers : **1**. — Le pôle est sur un des côtés du triangle QTB, c'est-à-dire dans un des plans de symétrie. Deux pôles se confondent en un seul : le nombre des faces est alors de **24**. Trois cas :

a) Le pôle est dans un plan P, entre Q et T. Les faces (pqr) et (qpr) se confondent. Solide à **24** faces appelé *icositétraèdre* ou *trapézoèdre* (Les faces ne sont pas des trapèzes mais des quadrilatères irréguliers). Notation Miller : (ppr) avec toujours $p < r$.

Lévy : a^m avec $m = \dfrac{r}{p} > 1$. Exemple trapézoèdre a^2 (**112**) ou leucitoèdre, forme très importante du système cubique. Ses faces sont les plans bissecteurs des trois plans P passant par chaque axe ternaire. Son pôle est dans le plan ϖ^3 normal à l'axe

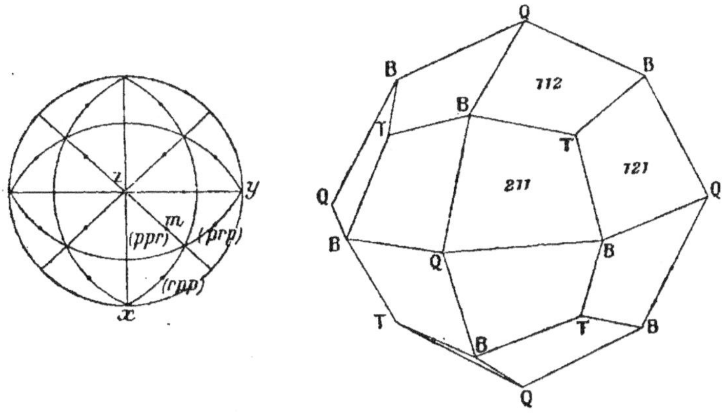

Fig. 49.   Fig. 50.

ternaire. a^3, plus rare, est encore assez fréquent (fig. 49 et 50).

b) Le pôle est dans un plan P, mais entre B et T. Les deux

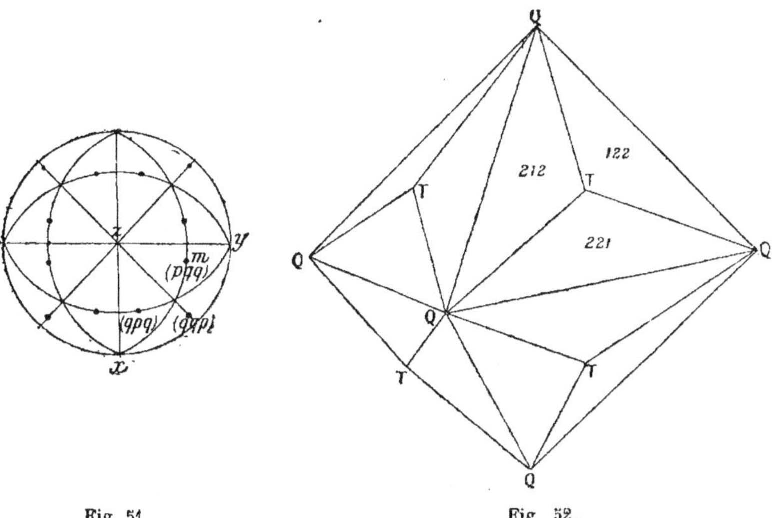

Fig. 51.   Fig. 52.

faces (pqr) et (prq) se confondent en une seule. Solide à 24 faces appelé *trioctaèdre*. Notation Miller : (pqq) avec $p < q$. Lévy :

a^m avec $m = \dfrac{p}{q} < 1$. Exemple : trioctaèdre $a^{\frac{1}{2}}$ (122) (fig. 51

et 52). $a^{\frac{1}{3}}$ est aussi assez fréquent.

c) Le pôle est dans un plan II, c'est-à-dire entre Q et B. La face est parallèle à l'arête du cube. Les faces (pqr) et $(\bar{p}qr)$ se confondent en une seule. Solide à **24** faces appelé *hexatétraèdre*. Notation Miller : $(0qr)$, q, r quelconques, les faces $(0qr)$ et $(0rq)$ appartenant au même hexatétraèdre. Lévy : b^m, avec $m = \dfrac{q}{r}$ ou $\dfrac{r}{q}$, b^m et $b^{\frac{1}{m}}$ représentant le même hexatétraèdre.

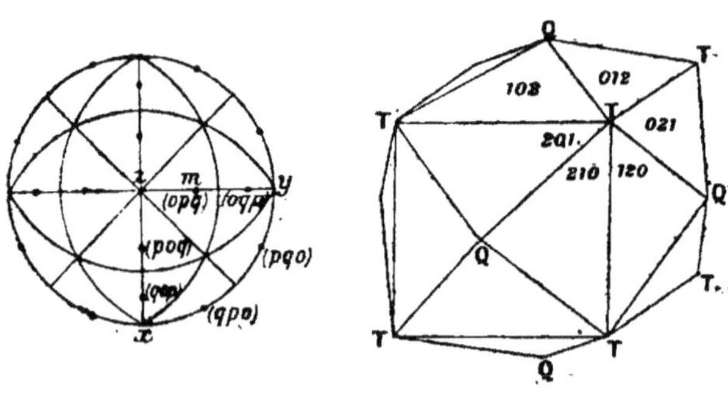

Fig. 53.   Fig. 54.

Exemple : hexatétraèdre b^2 (012) (fig. 53 et 54). Les plus fré-

sont b^2, b^3, $b^{\frac{3}{2}}$.

2. Le pôle tombe en l'un des sommets du triangle QTB. Trois cas :

a) Le pôle est en Q. Solide à 6 faces normales aux axes quaternaires, parallèles aux plans II. Forme unique : *Cube*. Notation Miller : (001). Lévy : p (Fig. 55). Le cube ou hexaèdre est la forme dominante dans les cristaux dont le réseau a le mode hexaédral (d'où le nom de ce mode).

b) Le pôle est en T. Solide à 8 faces normales aux axes ter. naires, parallèles aux plans ϖ^3.

Forme unique : *Octaèdre régulier*. Notation Miller : (111). Lévy : a^1. L'octaèdre est intermédiaire entre les trapézoèdres $a^{m>1}$ et les trioctaèdres $a^{m<1}$. Deux faces adjacentes font entre elles un angle des normales de **70°32′**. Les arêtes sont parallèles aux axes binaires (fig. 56).

L'octaèdre est la forme dominante dans les cristaux dont le réseau est du mode dit octaédral.

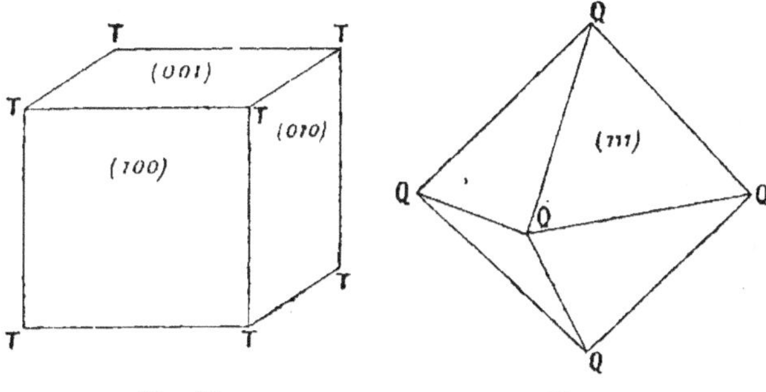

Fig. 55.   Fig. 56.

c) Le pôle est en B. Solide à **12** faces, normales aux axes binaires et parallèles aux plans P. Forme unique : *Dodécaèdre rhomboïdal.* Notation Miller : (011). Lévy : b^1. C'est un cas particulier des hexatétraèdres, t^m avec $m = 1$ (fig. 57 et 58).

Deux faces adjacentes font entre elles un angle (normales) de 60° en sorte que 6 faces parallèles à un même axe ternaire forment un prisme hexagonal régulier. D'autre part, deux faces opposées par le sommet font un angle de 90°, en sorte que 4 faces parallèles à un même axe quaternaire forment un prisme carré. Les faces sont des losanges (rhombes) dont l'angle est de 70°32', car les arêtes sont parallèles aux axes ternaires.

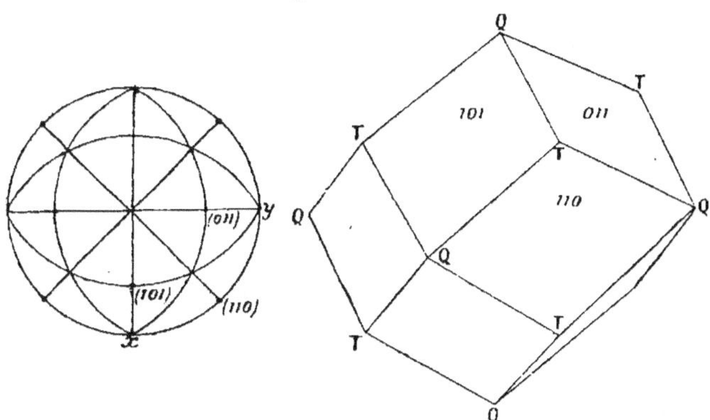

Fig. 57.   Fig. 58.

Résumé : Les formes simples holoèdres du système cubique se classent donc en 7 types :

1° Trois formes uniques : *cube p* (001), *octaèdre a¹* (111), *dodécaèdre rhomboïdal b¹* (011). Ce sont les plus importantes.

2° Trois types à 24 faces, pouvant comprendre chacun une infinité de formes d'angles différents :

Trapézoèdres $a^{m>1}$ (ppr) (a^2 encore très important).

Trioctaèdres $a^{m<1}$ (pqq)

Hexatétraèdres b^m $(0qr)$

3° Le type le plus général, à 48 faces, *hexoctaèdres* (pqr) [1].

Principales combinaisons de ces formes.

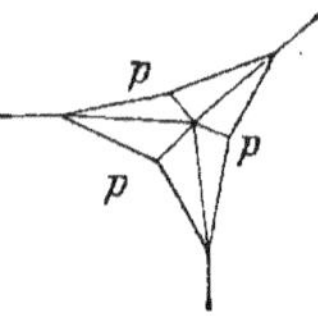

Fig. 59. Hexoctaèdre.

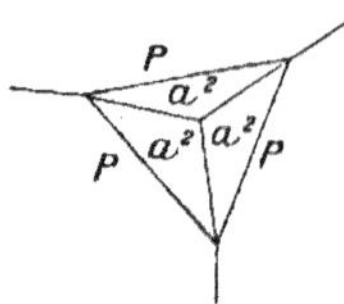

Fig. 60. Trapézoèdre.

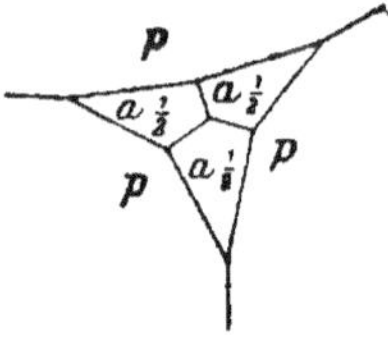

Fig. 61. Trioctaèdre.

Sur le cube : (tous les sommets ou arêtes sont identiques ; un seul est représenté ci-après) (fig. 59 à 64).

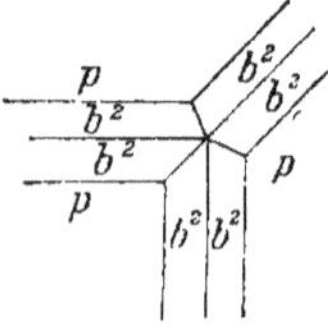

Fig. 62. Hexatétraèdre.

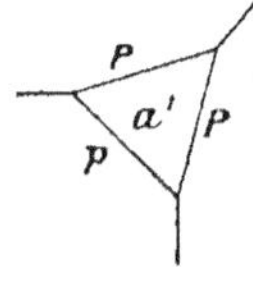

Fig. 63. Octaèdre.

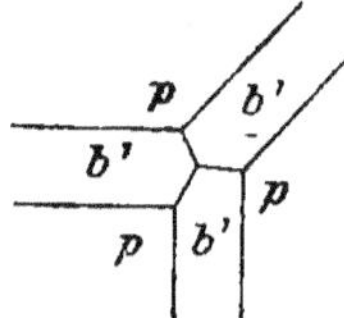

Fig. 64. Dodécaèdre rhomboïdal.

Remarque : Le dodécaèdre rhomboïdal est tangent sur l'arête du cube.

Sur l'Octaèdre (fig. 65 à 70) :

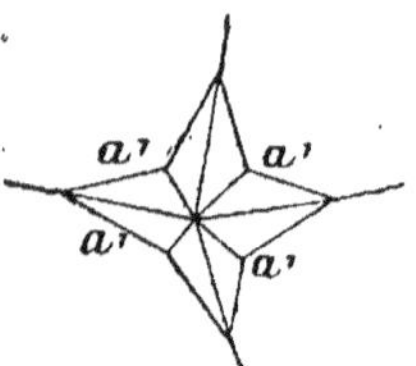
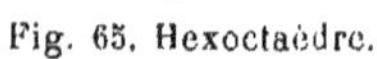

Fig. 65. Hexoctaèdre.

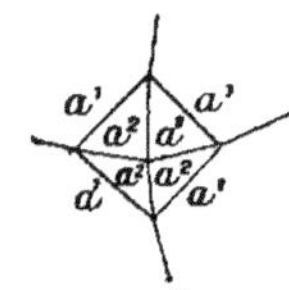

Fig. 66. Trapézoèdre.

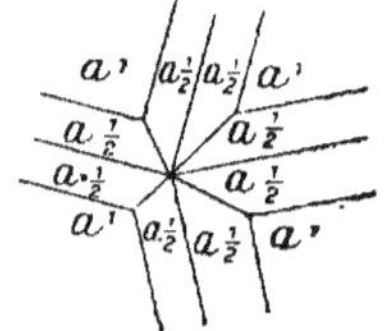

Fig. 67. Trioctaèdre.

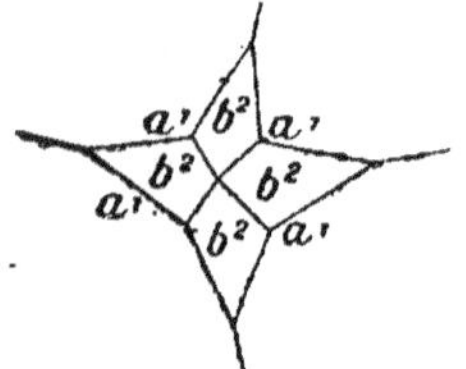

Fig. 68. Hexatétraèdre.

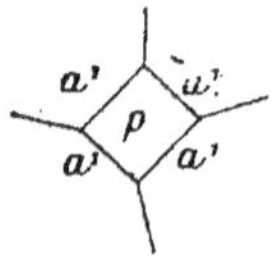

Fig. 69. Cube.

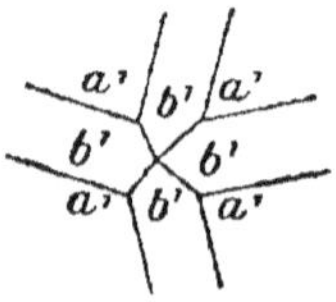

Fig. 70. Dodécaèdre rhomboïdal.

[1] On voit que dans le système cubique les seules formes pour lesquelles

Remarque : Le dodécaèdre rhomboïdal est également tangent sur les arêtes de l'octaèdre (les axes binaires, auxquels ses faces sont normales, étant bissecteurs des axes ternaires en même temps que des axes quaternaires). Lorsque le cube existe avec l'octaèdre, si leur développement est tel que les arêtes du cube et celles de l'octaèdre disparaissent, il en résulte un solide appelé cubo-octaèdre qui n'a ni les arêtes du cube ni celles de l'octaèdre (fig. **71**).

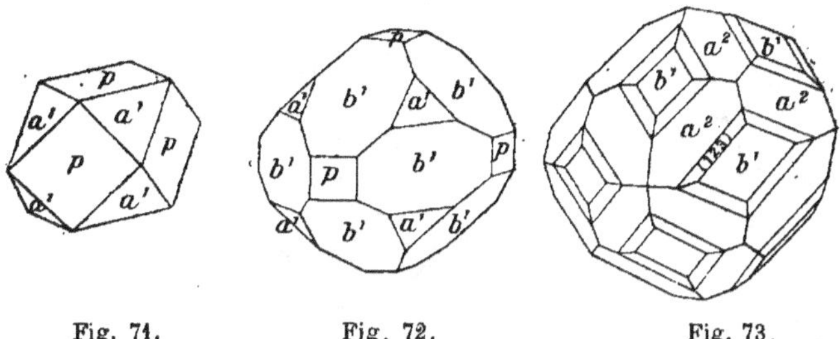

Fig. 71.   Fig. 72.   Fig. 73.

Sur le dodécaèdre rhomboïdal : Cube et octaèdre : (fig. **72**).

Trapézoèdre a^2 ou leucitoèdre : Il est tangent sur l'arête du dodécaèdre, car le pôle du trapézoèdre (ppr) qui est en zone entre deux pôles B adjacents (**011**) et (**101**) est donné par la relation.

$$\begin{vmatrix} p & p & r \\ 0 & 1 & 1 \\ 1 & 0 & 1 \end{vmatrix} = 0$$

D'où $r = 2p$. Le pôle est donc celui du leucitoèdre (**112**) ou a^2. L'hexoctaèdre (**123**) appartient à la même zone. La combinaison de b^1 avec a^2 et (**123**) est commune dans les grenats, par exemple (fig. **73**).

2. Hémiédrie holoaxe.

Symbole : $\begin{matrix} 3\text{A}^4 & 4\text{A}^3 & 6\text{L}^2 \\ o\Pi & o\varpi^3 & o\text{P} \end{matrix} \Big\} \, o\text{C}$

Selon la règle générale, si nous partons des formes holoèdres cette hémiédrie ne peut modifier aucune des formes dont les pôles sont dans les plans Π ou P. Elle n'affecte donc que les hexoctaèdres. Les autres formes restent les mêmes que dans l'ho-

la notation simplifiée de Lévy ne soit pas utile sont les hexoctaèdres, formes toujours assez rares. De là la commodité de cette notation, malgré son imperfection.

loédrie. Les hexoctaèdres étant des formes relativement rares, cette hémiédrie, connue dans quelques minéraux (Sylvine KCl, Cuprite Cu^2O) se manifeste peu dans les formes extérieures et apparaît surtout par l'étude d'autres propriétés, notamment des figures de corrosion. Les hémi-hexoctaèdres holoaxes ont la forme ci-après. Ils ne sont pas connus isolés, mais seulement à l'état de facettes sur le cube. Il y a, bien entendu, deux formes complémentaires non superposables (fig. 74, 75, 76).

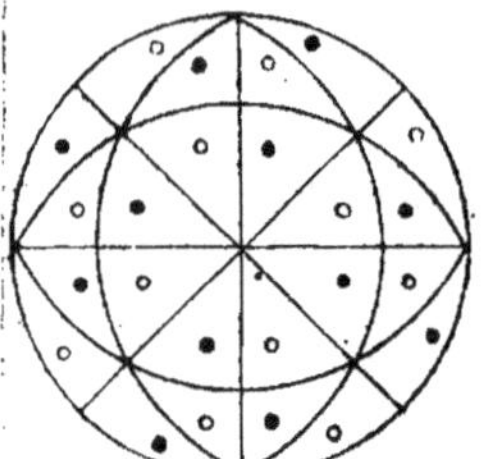

Fig. 74.

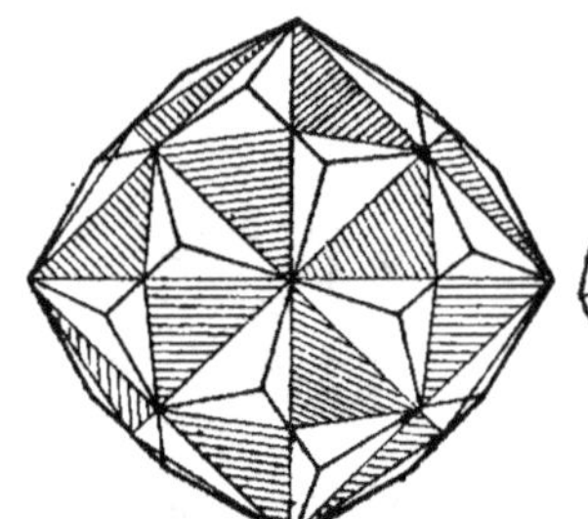

Fig. 75.

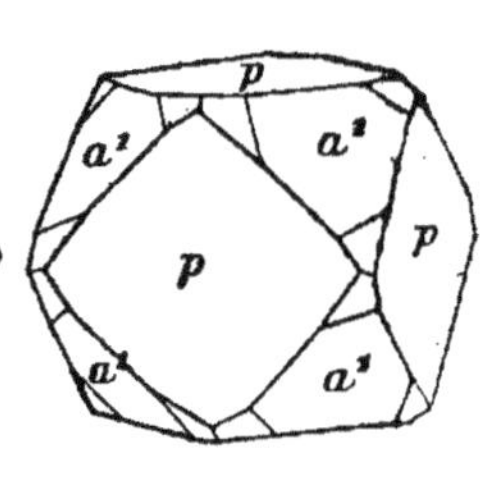

Fig. 76.

3. *Parahémiédrie*.

$$\text{Symbole :} \quad \left. \begin{array}{l} 3A^2 \ 4A^3 \ oL^2 \\ 3\Pi \ 4\varpi^3 \ oP \end{array} \right\} \ C$$

La parahémiédrie ne peut modifier les formes holoèdres dont les pôles sont dans les plans P. Elle n'affecte donc que les hexoctaèdres et les hexatétraèdres.

Parahémihexoctaèdres (fig. 77, 78 et 79) :

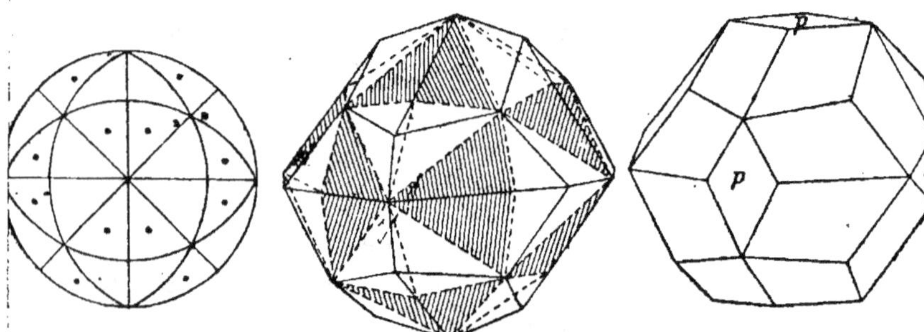

Fig. 77.   Fig. 78.   Fig. 79.— Parahémihexoctaèdre et cube.

Parahémihexatétraèdres : Ou *dodécaèdres pentagonaux*. Ils ont trois arêtes trirectangulaires parallèles aux arêtes du cube. Le dodécaèdre pentagonal b^2 (012) ou *pyritoèdre*, commun dans la pyrite, diffère assez peu, comme aspect, du dodécaèdre régulier qui, ayant des axes d'ordre 5, ne peut exister dans les cristaux (fig. 80 et 81). L'association du pyritoèdre avec l'octaèdre, quand les faces sont développées de manière à faire disparaître les arêtes de l'un et de l'autre, donne un solide à **20** faces triangulaires (dont **8** seulement équilatérales) qui rappelle l'icosaèdre régulier, également impossible dans les cristaux (fig. 82).

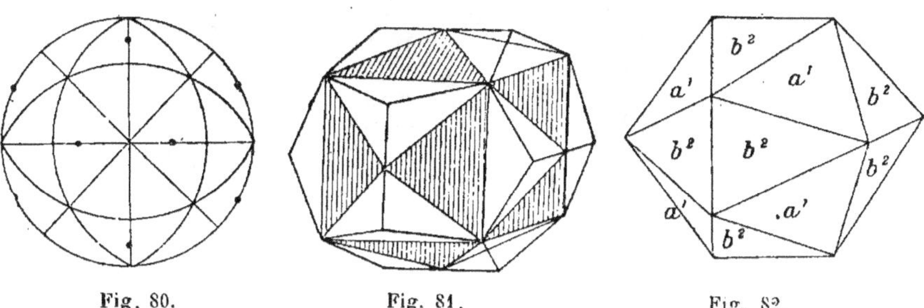

Fig. 80.   Fig. 81.   Fig. 82.

La parahémiédrie, remarquable surtout dans la pyrite (FeS^2), la cobaltine ($CoAsS$) et espèces voisines, se révèle encore parfois dans les formes extérieures par des stries sur les faces du cube, stries compatibles avec ce seul mode de symétrie (triglyphe) (fig. 84).

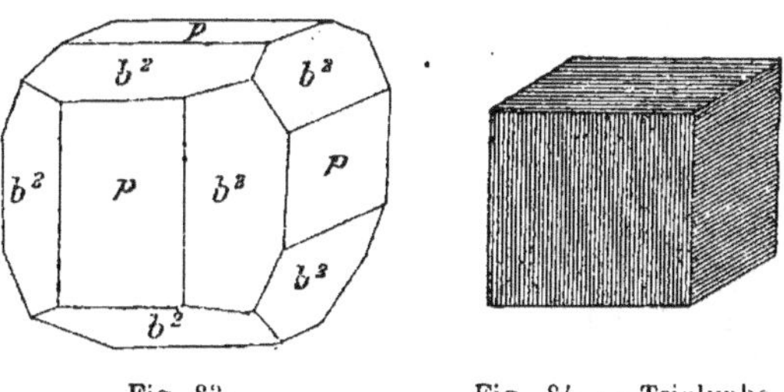

Fig. 83.   Fig. 84. — Triglyphe.

4. Antihémiédrie.

$$\text{Symbole :} \quad \left.\begin{array}{l} 3A^2\ 4A^3\ oL^2 \\ 3\varpi^2\ o\varpi^3\ 6P \end{array}\right\} oC$$

L'antihémiédrie ne peut modifier les formes holoèdres dont les pôles sont dans les plans Π. Elle n'affecte donc point les hexatétraèdres, le dodécaèdre rhomboïdal ni le cube, mais modifie les hexoctaèdres, trapézoèdres, trioctaèdres et l'octaèdre.

Antihémihexoctaèdres (fig. 85 et 86) :

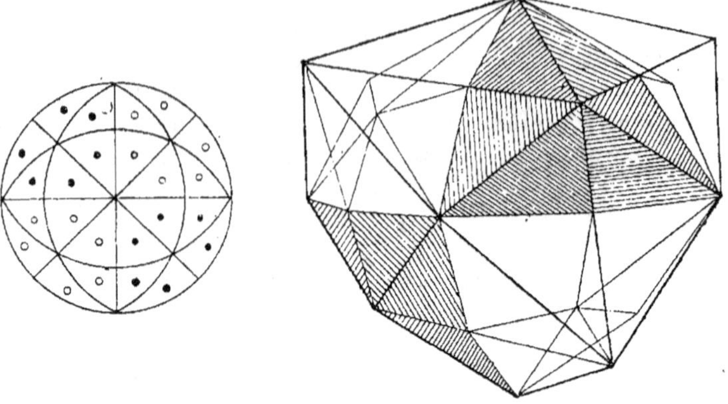

Fig. 85.   Fig. 86.

Antihémitrapézoèdres (fig. 87 et 88) :

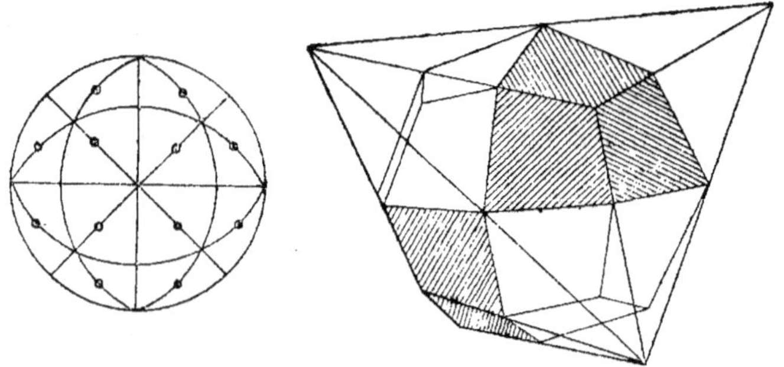

Fig. 87.   Fig. 88.

Antihémitrioctaèdres (fig. 89 et 90) :

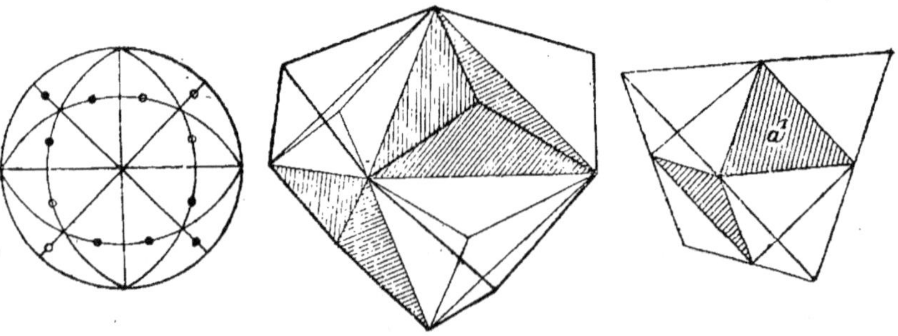

Fig. 89.   Fig. 90.   Fig. 91.

Antihémioctaèdre, ou *tétraèdre régulier* (fig. 91).

Combinaisons du tétraèdre : Le cube est tangent sur l'arête du tétraèdre. Le dodécaèdre et les trioctaèdres se placent sur les sommets, les trapézoèdres sur les arêtes (fig. 92 à 95).

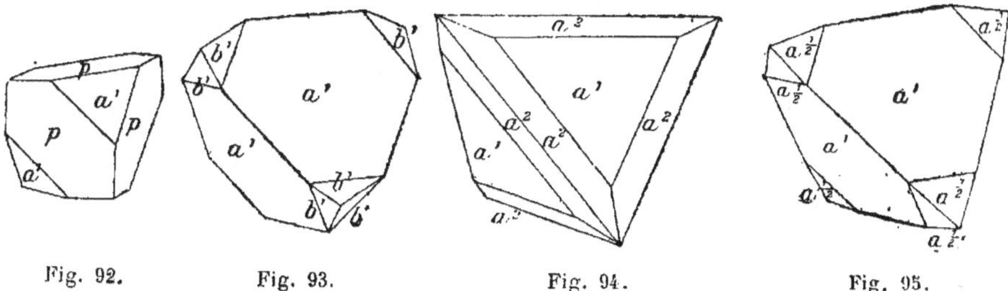

Fig. 92.   Fig. 93.   Fig. 94.   Fig. 95.

L'antihémiédrie cubique est très fréquente (blende ZnS, cuivres gris, etc.).

5. *Tétartoédrie.*

$$\text{Symbole :} \quad \left.\begin{array}{l} 3\Lambda^2 \ 4\Lambda^3 \ oL^2 \\ o\Pi \ o\varpi^3 \ oP \end{array}\right\} oC$$

Cette mériédrie holoaxe est connue dans le chlorate et le bromate de Na, les azotates de Pb, Ba et Sr, etc. Les cristaux qui présentent cette symétrie existent sous deux variétés énantiomorphes.

Les formes dont les pôles sont dans les plans P restent ce

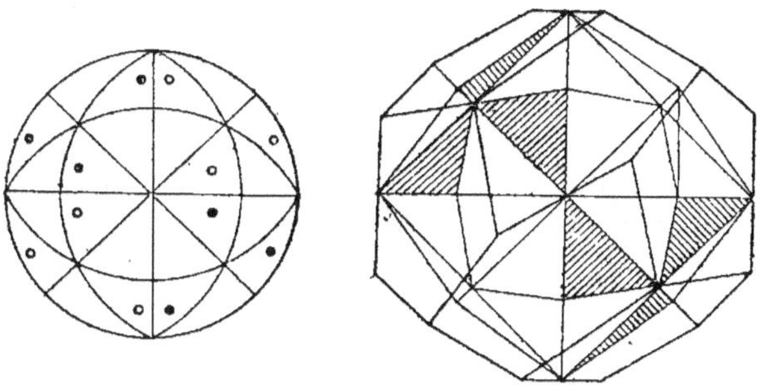

Fig. 96.   Fig. 97.

qu'elles sont dans l'antihémiédrie (car à partir de l'antihémiédrie les plans P sont déficients). Les formes dont les pôles sont dans les plans Π restent ce qu'elles sont dans la parahémiédrie (car à partir de la parahémiédrie les plans Π sont déficients). Seuls les hexoctaèdres, réduits à **12** faces, ont une forme spéciale à cette mériédrie (fig. 96 et 97).

En l'absence d'hexoctaèdres, la tétartoédrie est révélée par la coexistence de formes antihémièdres et parahémièdres : Tétraèdre, hémitrapézoèdres, hémitrioctaèdres d'une part, dodécaèdres pentagonaux de l'autre. Exemple dans le chlorate de Na, combinaison d'un même dodécaèdre pentagonal avec les deux tétraèdres complémentaires, donnant ainsi deux formes complexes non

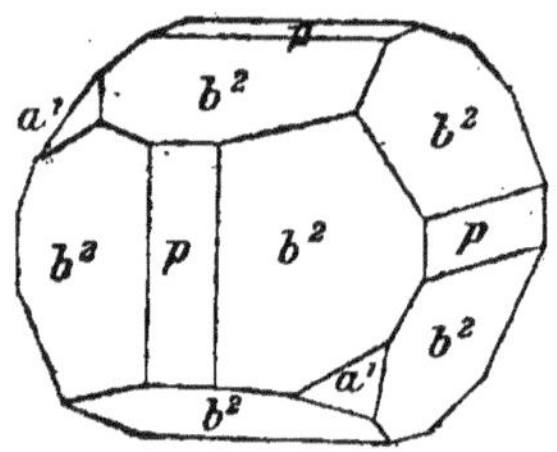

Fig. 98. — Chlorate de Na gauche.

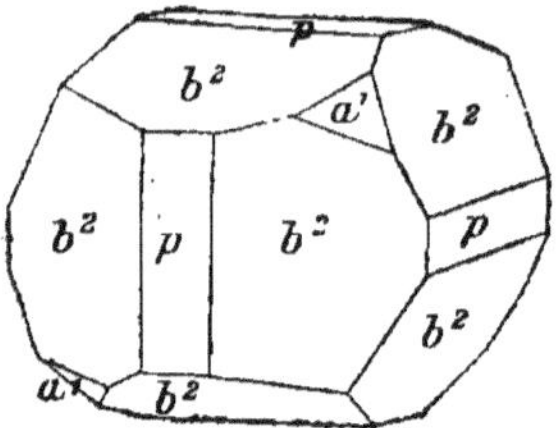

Fig. 99. — Chlorate de Na droit.

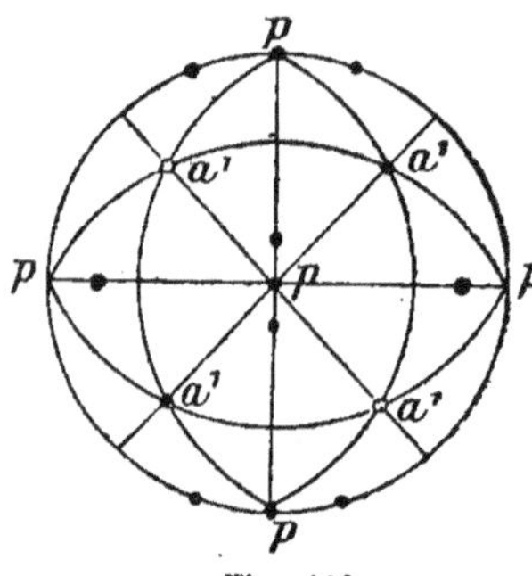

Fig. 100.

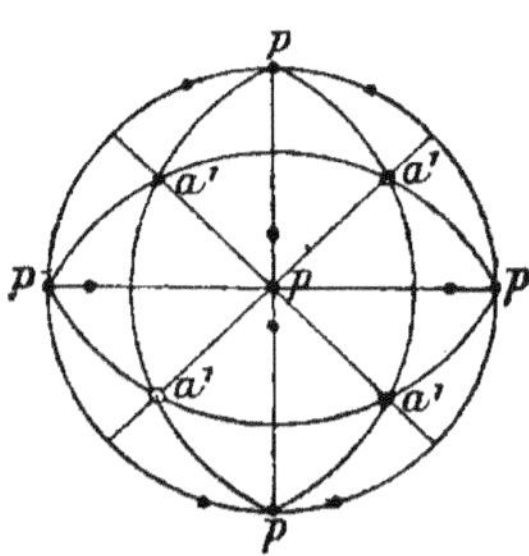

Fig. 101.

superposables qui s'observent dans deux sortes de cristaux énantiomorphes par toutes leurs propriétés, appelés chlorate gauche et chlorate droit.

SYSTÈME SÉNAIRE OU HEXAGONAL

1. Holoédrie.

$$\text{Symbole :} \quad \left.\begin{array}{ccc} A^6 & 3L^2 & 3L'^2 \\ \Pi & 3P & 3P' \end{array}\right\} C$$

Il n'y a qu'un seul type de réseau possédant cette symétrie. La plus petite maille est un prisme droit à base losange de **120°**, qui n'a pas à lui seul la symétrie sénaire. Pour mettre en évidence dans les notations toute la symétrie sénaire, on prend pour forme primitive la maille multiple *abcdef* (fig. 102) triple de la plus petite maille et ayant la forme du prisme hexagonal régulier. Le réseau complet s'obtiendra en centrant les bases de ce prisme.

Cette forme primitive est définie par un seul paramètre, qui est le rapport $c : a$ de l'arête verticale (paramètre de l'axe sénaire) à l'arête de base (paramètre de l'axe binaire L^2).

Les axes binaires L^2 parallèles aux arêtes de la base sont appelés axes binaires *de première espèce*. Les axes L'^2, normaux aux arêtes de la base, sont les axes binaires *de seconde espèce*. Nous

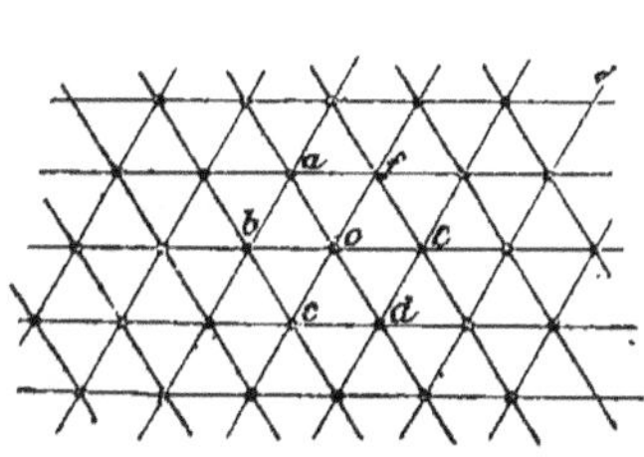

Fig. 102.   Fig. 103.

prendrons pour axes de coordonnées les axes de première espèce *ox*, *oy*, *ou* et l'axe A^6 pour axe des z (Système à quatre caractéristiques de Bravais). Si *pqrs* sont les caractéristiques d'une face, correspondant aux quatre axes *ox*, *oy*, *ou*, *oz*, on a toujours :

$$p + q + r = 0$$

La caractéristique r, introduite pour la symétrie des notations, est égale à la somme, changée de signe, des deux autres caractéristiques *pq*.

Si l'on voulait prendre pour axes de coordonnées les axes de deuxième espèce *ox'*, *oy'*, *ou'*, on passerait de l'un des systèmes à l'autre par les formules de transformation de caractéristiques :

$$\begin{aligned}
p' &= q - r & p &= q' - r' \\
q' &= r - p & q &= r' - p' \\
r' &= p - q & r &= p' - q' \\
s' &= s & s &= s'
\end{aligned}$$

Forme la plus générale : Un pôle quelconque m (*pqrs*) fournit 24 symétriques, 12 au-dessus et 12 au-dessous du plan Π. C'est le *didodécaèdre*, double pyramide dodécagone dont les dièdres sont égaux de deux en deux (fig. 104 et 105).

Cas particuliers : **1.** — Le pôle est sur un des côtés du triangle *oab*, c'est-à-dire dans un des plans de symétrie. Le nombre

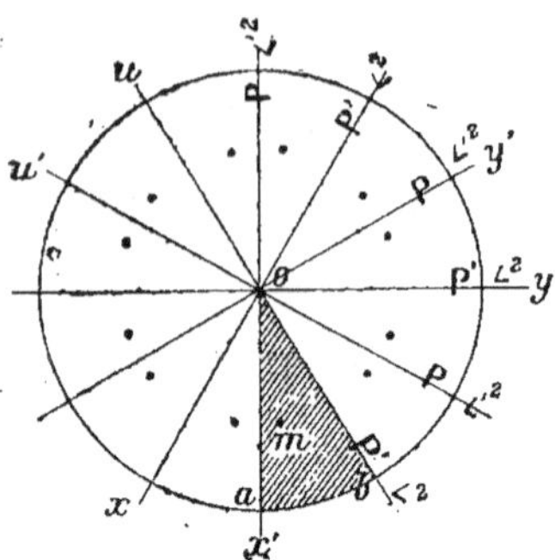

Fig. 104.

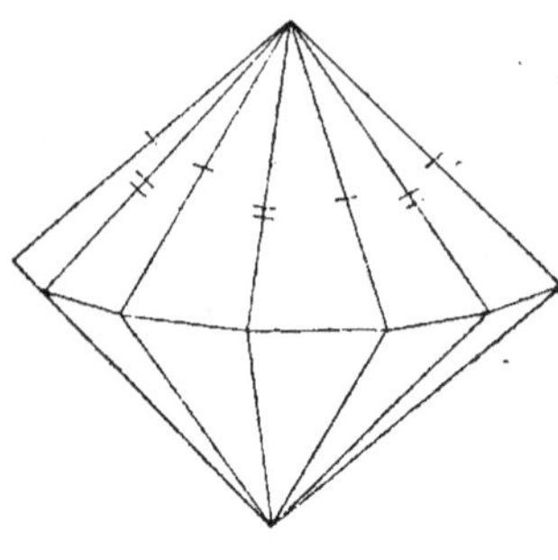

Fig. 105.

des faces se réduit à **12**, deux pôles se confondant en un seul. Trois cas :

a) Le pôle est dans un plan P. Double pyramide hexagonale régulière ou *isoscéloèdre* dont les faces sont parallèles aux arêtes de base du primitif. Ce sont les isoscéloèdres *de première espèce*. Notation Miller $(Oq\bar{q}s)$. Lévy $b^m \left(m = \dfrac{s}{q} \right)$ (fig. **106** et **107**).

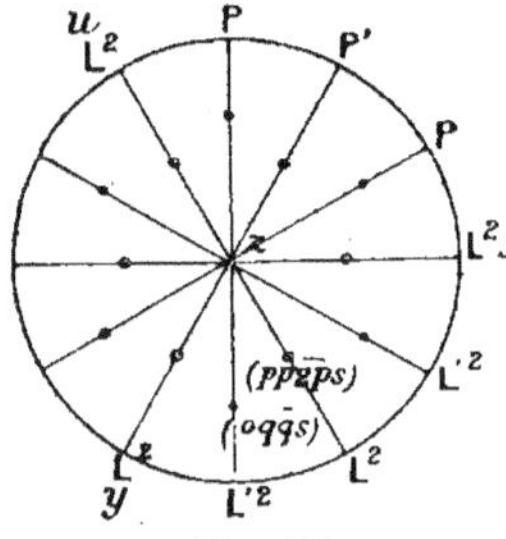

Fig. 106.

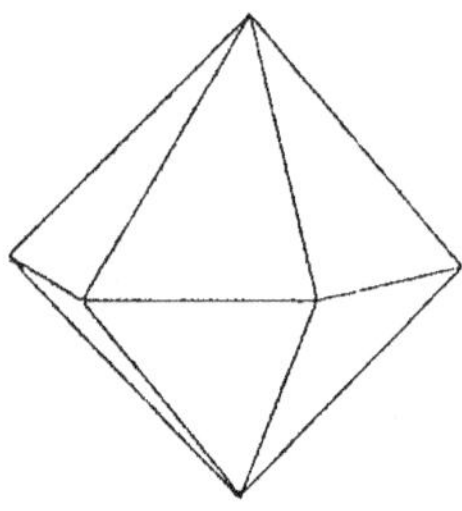

Fig. 107.

b) Le pôle est dans un plan P′. Même forme, mais tournée de 30° par rapport à la précédente autour de A^6. Les arêtes de base sont normales aux arêtes de base du prisme primitif. *Isoscéloèdres de seconde espèce.* Notation Miller $(pp\overline{2p}s)$. Lévy $a^m \left(m = \dfrac{s}{p} \right)$.

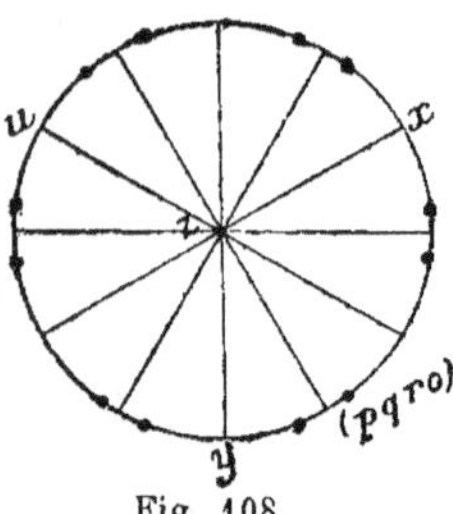

Fig. 108.

c) Le pôle est dans le plan H. *Prisme dodécagone*, dont les dièdres sont égaux de deux en deux. Notation Miller $(pqr0)$.

Lévy h^m ($m =$ indifféremment $\dfrac{p}{q}$ ou $\dfrac{q}{p}$, les faces h^m et $h^{\overset{1}{\overline{m}}}$ appartenant au même prisme) (fig. **108**).

2. — Le pôle vient en un des sommets du triangle, c'est-à-dire sur un axe de symétrie. 3 cas :

a) Le pôle est sur l'axe L'², dans le plan P. *Prisme hexagonal régulier de première espèce* ou prisme primitif. Notation Miller ($10\bar{1}0$). Lévy *m*.

b) Le pôle est sur l'axe L², dans le plan P'. *Prisme hexagonal régulier de seconde espèce*, identique au précédent mais tourné de 30° autour de Λ^6. Notation Miller ($11\bar{2}0$). Lévy *h¹*.

c) Le pôle est sur l'axe sénaire. La forme se réduit à deux plans parallèles ou *base*. Notation Miller (0001). Lévy *p*.

Principales combinaisons de ces formes.

Sur le prisme hexagonal de première ou de seconde espèce (fig. 109 à 114) :

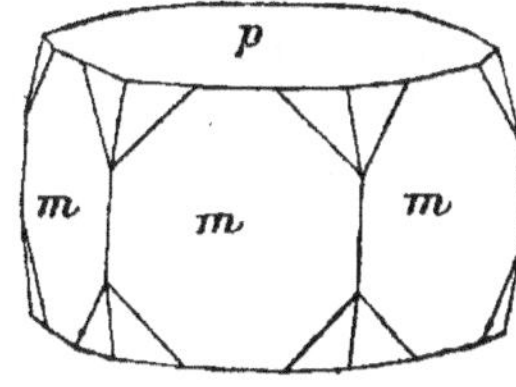

Fig. 109.
Didodécaèdre.

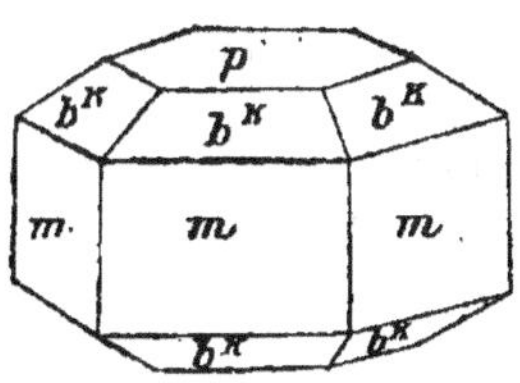

Fig. 110. — Isoscéloèdre de
1ʳᵉ espèce sur prisme de
1ʳᵉ espèce.

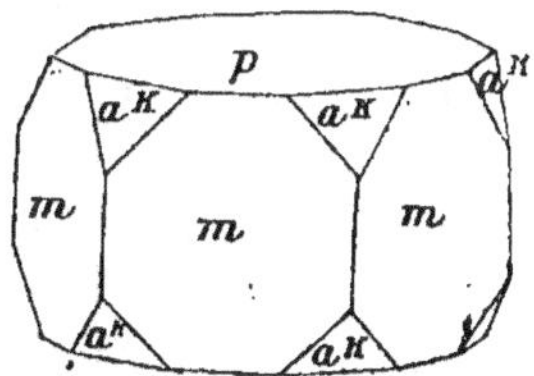

Fig. 111. — Isoscéloèdre de
2ᵉ espèce sur prisme de 1ʳᵉ espèce.

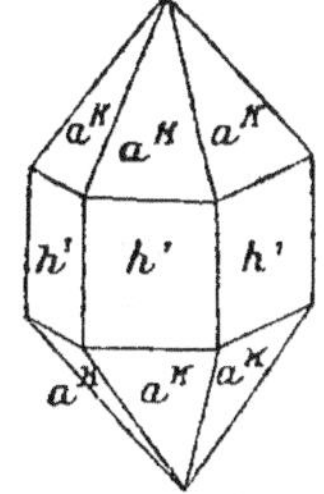

Fig. 112. — Isoscé-
loèdre de 2ᵉ espèce
et prisme
de 2ᵉ espèce.

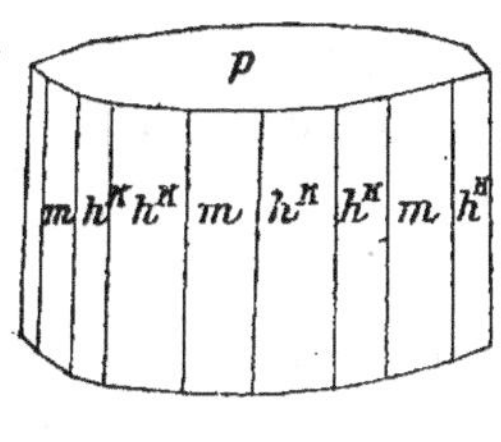

Fig. 113.
Prisme dodécagone.

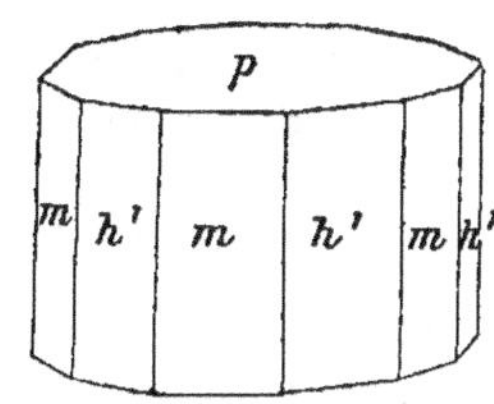

Fig. 114. — Prismes hexagonaux
de 1ʳᵉ et 2ᵉ espèces.

Le choix de l'un ou l'autre des deux prismes hexagonaux pour prisme de première espèce *m* reste, pour le moment, arbitraire. Seule la détermination exacte du réseau par la loi de Bravais décidera de ce choix.

2. — *Hémiédrie holoaxe.*

$$\text{Symbole :} \quad \left. \begin{array}{l} \Lambda^6\ 3L^2\ 3L'^2 \\ o\Pi\ oP\ oP' \end{array} \right\} oG$$

N'est connue dans aucun minéral mais seulement dans un tartrate complexe. Elle n'affecte que les didodécaèdres, réduits à **12** faces, **6** de chaque côté du plan et non symétriques par rapport à ce plan.

3. Antihémiédrie à axe sénaire.

$$\text{Symbole :} \quad \left. \begin{array}{l} \text{A}^6 \ o\text{L}^2 \ o\text{L}'^2 \\ o\text{II} \ 3\text{P} \ 3\text{P}' \end{array} \right\} o\text{C}$$

Les seules formes qui restent les mêmes que dans l'holoédrie sont celles dont les pôles sont dans le plan II, c'est-à-dire les prismes. Les didodécaèdres, isocéloèdres et la base sont réduits à la moitié des faces de la forme holoèdre, c'est-à-dire à celles qui sont situées d'un même côté du plan II. Les deux extrémités d'un prisme sont ainsi en général terminées par deux formes différentes. Symétrie connue dans la Greenockite (Cds), la Wurtzite (ZnS) (fig. **115**).

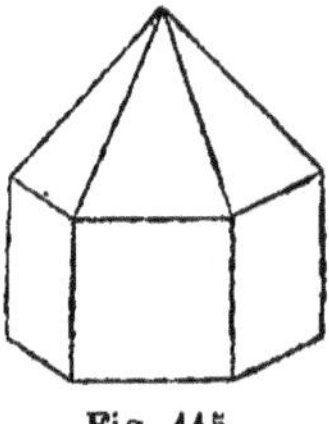

Fig. 115.

4. — Parahémiédrie à axe sénaire.

$$\text{Symbole :} \quad \left. \begin{array}{l} \text{A}^6 \ o\text{L}^2 \ o\text{L}'^3 \\ \text{II} \ o\text{P} \ o\text{P}' \end{array} \right\} \text{C}$$

Cette symétrie appartient à une importante série d'espèces, celle de l'apatite.

Les formes dont les pôles sont dans les plans P et P' restent ce qu'elles sont dans l'holoédrie : C'est-à-dire les isocéloèdres, prismes hexagonaux et la base. Par contre les didodécaèdres se transforment en isocéloèdres (identiques aux isocéloèdres

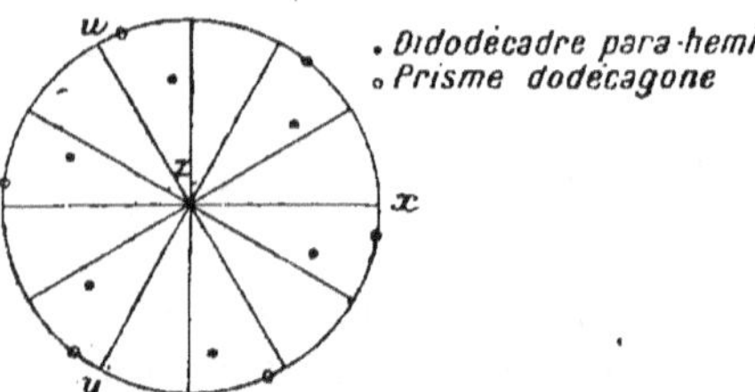

Fig. 116.

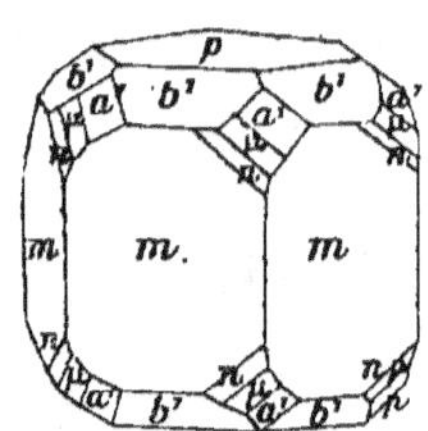

Fig. 117. — Apatite.

holoèdres, mais tournés d'une manière quelconque par rapport au primitif) ; les prismes dodécagones se transforment en prismes hexagonaux réguliers tournés d'une manière quelconque par rapport au primitif (fig. **116** et **117**).

5. — Tétartoédrie holoaxe à axe sénaire.

$$\text{Symbole :} \quad \left. \begin{array}{ccc} A^6 & oL^2 & oL'^2 \\ o\Pi & oP & oP' \end{array} \right\} oC$$

Les formes résultent de celles de la parahémiédrie précédente par suppression de toutes les faces situées d'un même côté du plan Π. Seuls les didodécaèdres distinguent cette symétrie de l'antihémiédrie à axe sénaire. Cette symétrie, inconnue dans les formes, paraît exister dans la néphéline d'après les figures de corrosion.

6. — Antihémiédrie à axe ternaire.

$$\text{Symbole :} \quad \left. \begin{array}{ccc} A^3 & 3L^2 & oL'^2 \\ \Pi & oP & 3P' \end{array} \right\} oC$$

Symétrie jusqu'à présent inconnue dans les cristaux [1].

7. — Antitétartoédrie à axe ternaire.

$$\text{Symbole :} \quad \left. \begin{array}{ccc} A^3 & oL^2 & oL'^2 \\ \Pi & oP & oP' \end{array} \right\} oC$$

Symétrie jusqu'à présent inconnue dans les cristaux.

On a vu que toutes les symétries du système ternaire peuvent être considérées comme des mériédries du système sénaire : l'holoédrie ternaire comme une parahémiédrie sénaire, les hémiédries ternaires comme des tétartoédries sénaires, etc. En d'autres termes, toutes les faces d'un cristal ayant une des symétries du système ternaire peuvent être, conformément à la loi d'Haüy, rapportées à une forme primitive sénaire : ce sont des plans réticulaires d'un réseau sénaire. C'est pourquoi beaucoup d'auteurs suppriment le système ternaire et le fondent dans le système sénaire. Cela est parfaitement légitime si l'on s'en tient à la seule considération des directions des faces telles que les définit la loi d'Haüy.

Si l'on fait, au contraire, l'hypothèse réticulaire, il y a lieu de distinguer, dans chacune des symétries du système ternaire, deux types de cristaux possibles : Les uns ont un réseau sénaire et n'ont une symétrie ternaire que par mériédrie, c'est-à-dire

---

[1] On remarquera que dans tous les types de symétrie à réseau sénaire qui ne comportent que trois axes binaires ou trois plans P, les axes binaires et plans de symétrie peuvent être soit ceux de première, soit ceux de deuxième espèce du réseau. D'où deux types de cristaux possibles (Mériédries 6, 8, 9, 10).

parce que leur motif n'a que la symétrie ternaire. Ils doivent être classés dans le système sénaire. Les autres, bien qu'ayant exactement la même symétrie, ont un réseau ternaire. Il existe bien toujours une maille multiple rigoureusement sénaire, mais la plus petite maille et l'ensemble du réseau n'ont pas la symétrie sénaire. Ces derniers cristaux appartiennent au système ternaire.

La différence entre ces deux types de cristaux est du même genre que celle qui existe entre les cristaux de même système et de *modes* différents : Les formes *possibles en vertu de la loi d'Haüy* y sont les mêmes. On pourrait aussi bien faire du système ternaire un *mode* spécial du système sénaire. L'important est de bien distinguer les deux types.

Ce qui, en effet, justifie et nécessite la séparation théorique de ces deux catégories de cristaux à symétries ternaires, c'est que la loi de Bravais établit une distinction généralement très nette entre les espèces appartenant à ces deux types. Bien que les formes *possibles* (en vertu de la loi d'Haüy) dans ces deux types soient les mêmes, l'ordre d'importance relative des formes *existantes* est tout différent. Ce qui correspond à ce fait que les plans réticulaires de même direction n'ont pas, dans le réseau ternaire, même aire réticulaire que dans le réseau sénaire. En sorte que, conformément à la loi de Bravais, l'observation des formes existantes permet de classer chaque espèce cristalline, en général sans hésitation possible, dans l'une ou l'autre catégorie. (De même qu'elle permet, dans les autres systèmes, de classer le réseau dans l'un ou l'autre des modes possibles).

Il y a intérêt d'ailleurs, même au seul point de vue de la simplicité des caractéristiques (et par conséquent de la loi d'Haüy sous sa forme habituelle) à faire cette distinction. Un cristal à réseau sénaire doit être rapporté aux axes sénaires ci-dessus indiqués ; un cristal à réseau ternaire, aux axes de coordonnées du système ternaire (arêtes du rhomboèdre) ; car les caractéristiques se trouvent ainsi simplifiées dans la grande majorité des cas.

Nous ne ferons qu'énumérer ici, comme mériédries du système sénaire, les symétries du système ternaire, leurs formes simples possibles étant les mêmes que celles des symétries identiques du système ternaire que nous étudierons ci-après.

8. Parahémiédrie à axe ternaire (holoédrie ternaire). Exemple : Gmélinite.

9. Tétartoédrie holoaxe à axe ternaire (hémiédrie holoaxe ternaire). Exemple : Quartz.

10. Antitétartoédrie à axe ternaire (antihémiédrie ternaire).
Exemple : Iodyrite (Ag I).

11. Paratétartoédrie à axe ternaire (parahémiédrie ternaire).
Exemple : Ilménite.

12. Ogdoédrie (tétartoédrie ternaire).

SYSTÈME TERNAIRE OU RHOMBOÉDRIQUE

1. Holoédrie.

$$\text{Symbole :} \quad \left.\begin{array}{c} A^3 \; 3L^2 \\ \varpi^3 \; 3P \end{array}\right\} C$$

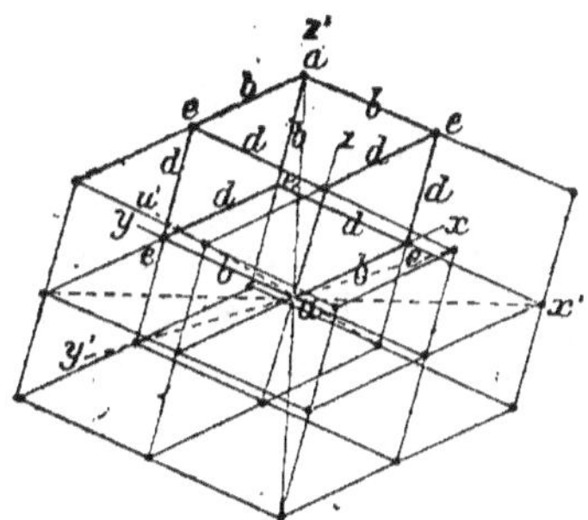

Fig. 118.   Fig. 119.

Il n'y a qu'un seul type de réseau possédant cette symétrie. La plus petite maille, qui possède d'ailleurs toute la symétrie du réseau, est un *rhomboèdre*. L'axe A^3 joint les sommets aa, dits sommets ternaires. Les sommets latéraux *eeeeee* forment un hexagone gauche. Les trois dièdres culminants b sont égaux, de même les dièdres latéraux d, supplémentaires des dièdres b. Les axes L^2 joignent les milieux des arêtes latérales d. Les plans P passent par l'arête ae et la diagonale de la face opposée. Toutes les faces sont des losanges égaux (fig. **118** et **119**).

La forme du rhomboèdre primitif est définie par une donnée : rapport $c : a$ du paramètre de l'axe ternaire (aa) à celui de l'axe binaire (ee, diagonale horizontale de la face), ou bien encore par l'angle dièdre de l'arête b (On dit souvent « un rhomboèdre de n degrés », n désignant la valeur de cet angle b).

Comme axes de coordonnées, on prend les arêtes du rhomboèdre primitif ax, ay, az, dont les trois paramètres sont égaux.

On peut aussi (et c'est ce que font les auteurs qui confondent en un seul le système ternaire et le système sénaire) adopter les coordonnées sénaires avec pour axes ax', ay', au' les trois axes L^2 et pour axe az' l'axe A^3. On passe de l'un des systèmes à l'autre par les formules suivantes : ghk étant les caractéristiques rapportées aux axes ox, oy, oz du système ternaire, et $pqrs$ les caractéristiques rapportées aux axes ox', oy', ou', oz' du système sénaire,

$$
\begin{aligned}
p &= g - h & g &= p - r + s \\
q &= h - k & h &= q - p + s \\
r &= k - g & k &= r - q + s \\
s &= g + h + k
\end{aligned}
$$

Forme la plus générale. — Un pôle quelconque m pris dans le triangle MON (fig. **120**) limité par les plans P et ϖ^3, donc tel que $g > h > k$, a un symétrique et un seul dans chacun de ces triangles, au nombre de **12**. Solide à **12** faces appelé *scalénoèdre*, formé de deux pyramides à 6 faces ayant les dièdres égaux de deux en deux et se coupant suivant un hexagone gauche dont les arêtes opposées sont parallèles (fig. **121**).

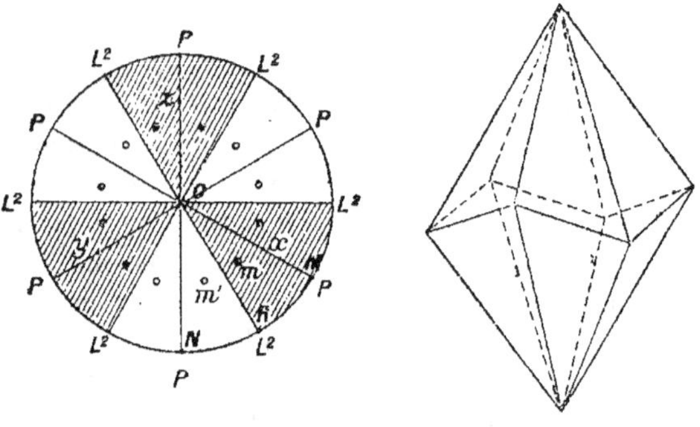

Fig. 120.   Fig. 121.

Si le pôle m se projette du même côté de l'axe L^2 que le pôle du primitif, *scalénoèdre direct* dont l'arête la plus aiguë se projette sur l'arête du primitif. Dans le cas contraire, *scalénoèdre inverse*, dont l'arête la plus obtuse se projette sur l'arête du primitif.

Notation Miller (ghk). Les caractéristiques étant placées dans l'ordre $g > h > k$, le scalénoèdre est direct si $g - 2h + k > 0$ et inverse si $g - 2h + k < 0$ (Voir ci-après).

Cas particuliers : **1**. — Le pôle se projette sur l'axe binaire L^2. Cela ne change pas le nombre des faces, mais les pôles mm' se confondent en projection. L'hexagone gauche devient plan et les dièdres égaux.

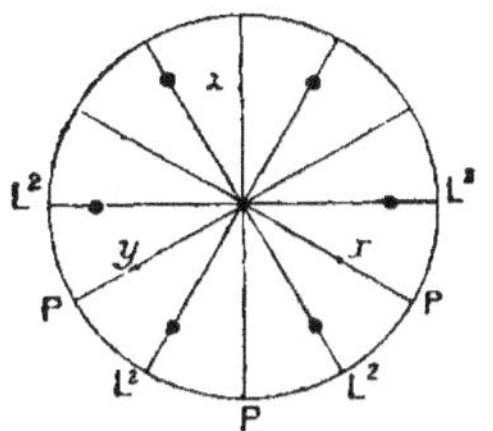

Fig. 122.

La forme devient un *isoscéloèdre* semblable à ceux du système sénaire. Mais il n'y a ici qu'une orientation possible pour les isoscéloèdres, et non deux comme dans le système sénaire. Les isoscéloèdres forment la transition entre les scalénoèdres directs et inverses.

Notation Miller : Pour que (ghk) soit une face d'isoscéloèdre, *les caractéristiques étant rangées dans l'ordre décroissant*, il faut que cette face soit en zone entre la face normale à l'axe A^3, notée (111) et la face normale à l'axe binaire OR (fig. **120**), notée ($1\bar{0}1$). D'où la condition

$$\begin{vmatrix} g & h & k \\ 1 & 1 & 1 \\ 1 & 0 & \bar{1} \end{vmatrix} = 0. \text{ C'est-à-dire } g - 2h + k = 0$$

Exemples (**321**), (**210**).

2. Le pôle vient dans un des plans P. Le nombre des faces se réduit à 6. La forme devient un *rhomboèdre*. Si le pôle est sur OM (fig. **120**) (c'est-à-dire dans le plan P du même côté que le pôle du primitif) le rhomboèdre est dit *direct*. Son arête se projette sur celle du primitif. Si le pôle est sur ON, c'est-à-dire dans le plan P du côté opposé au pôle du primitif, le rhomboèdre est dit *inverse*. Son arête se projette sur la diagonale de la face du primitif. Il est tourné de 60° par rapport au primitif.

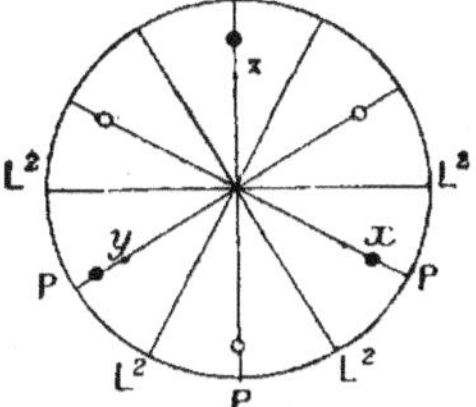

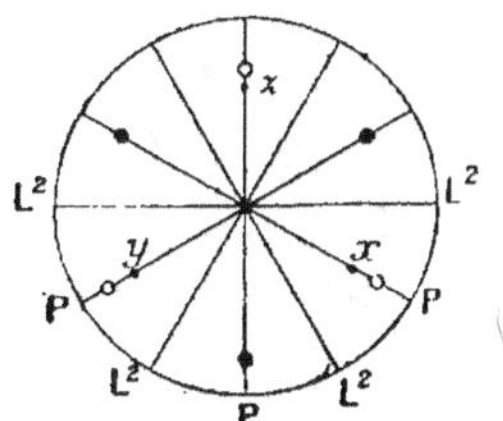

Fig. 123. — Rhomboèdre direct.   Fig. 124. — Rhomboèdre inverse.

Notation : Deux caractéristiques sont égales. Rhomboèdres directs (ghh) avec toujours $g > h$. Exemples : le primitif (**100**), ou (**211**), etc.. (fig. **123**).

: Rhomboèdres inverses (ggk) avec $g > k$. Exemples : (**110**), (**221**), etc.. (fig. **124**).

3. Le pôle vient sur l'axe ternaire. Forme réduite à deux plans parallèles, ou *base*. Notation (**111**).

Restent les cas particuliers où le pôle est dans le plan ϖ^3 normal à l'axe ternaire.

4. Cas général. *Prisme dodécagone* ayant, comme dans le système sénaire, ses dièdres égaux de deux en deux. Notation : Le plan $gx + hy + kz = 0$ doit être parallèle à l'axe ternaire $x = y = z$. D'où la condition $g + h + k = 0$. Ainsi ($2 1 \bar{3}$) (fig. **125**).

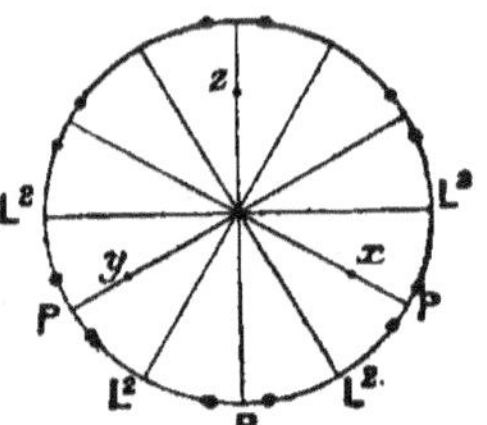

Fig. 125.

5. Le pôle est en M (fig. **120**), dans le plan P, c'est-à-dire dans la zone des rhomboèdres. *Prisme hexagonal régulier de première espèce*, dont les faces sont normales aux plans de symétrie et qu'on peut considérer comme un rhomboèdre infiniment allongé, transition entre les rhomboèdres directs et inverses. Notation (ghh) comme appartenant à la zone des rhomboèdres, avec la condition générale des prismes : $g + h + h = 0$, d'où $y = -2h$. Donc notation ($\bar{2}\bar{1}1$) (pôle M) ou ($11\bar{2}$) (pôle N) indifféremment (fig. **126**).

6. Le pôle est en R, sur l'axe binaire, c'est-à-dire dans la zone des isoscéloèdres. *Prisme hexagonal régulier de seconde espèce*, dont les faces sont parallèles aux plans de symétrie, que l'on peut considérer comme un isoscéloèdre infiniment allongé et qui est tourné de 30° par rapport au prisme de première espèce. Notation : ($10\bar{1}$) (fig. **127**).

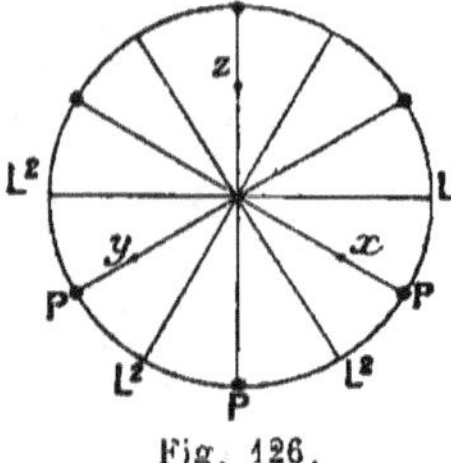

Fig. 126.

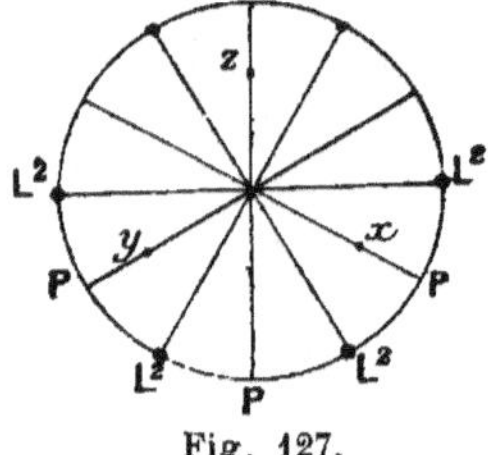

Fig. 127.

Combinaisons avec le primitif et notation Lévy de ces diverses formes. — Soient p p' p'' les pôles du primitif (fig. **128**).

A. Les formes dont les pôles sont dans le triangle sphérique

$p\,p'\,p''$ donnent des troncatures sur le sommet a. Condition : Trois caractéristiques de même signe.

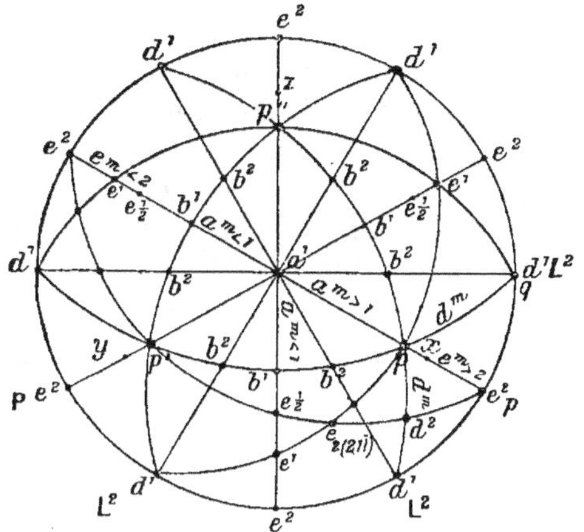

Fig. 128.

Cas général : scalénoèdres (fig. **129**). Isoscéloèdres si $g - 2h + k = 0$.

Rhomboèdres inverses si $g = h > k$, notés $a^{\frac{k}{g}<1}$, exemple $a^{\frac{1}{2}}$ (fig. **130**).

Rhomboèdres directs si $g > h = k$, notés $a^{\frac{g}{h}>1}$, exemple a^{2} (fig. **131**). Enfin base si $g = h = k$, notée a^{1} (fig. **132** et **133**).

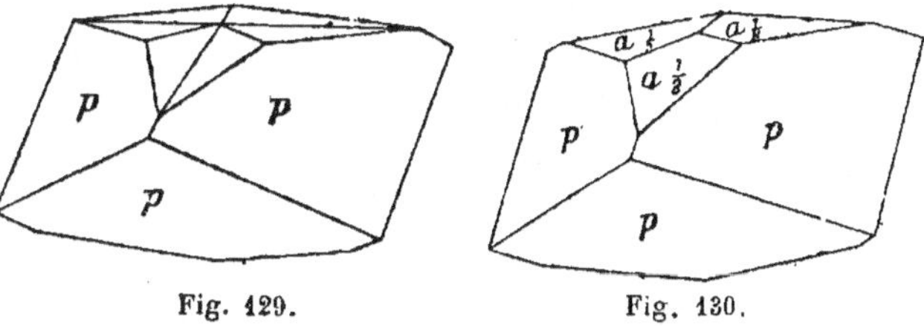

Fig. 129.   Fig. 130.

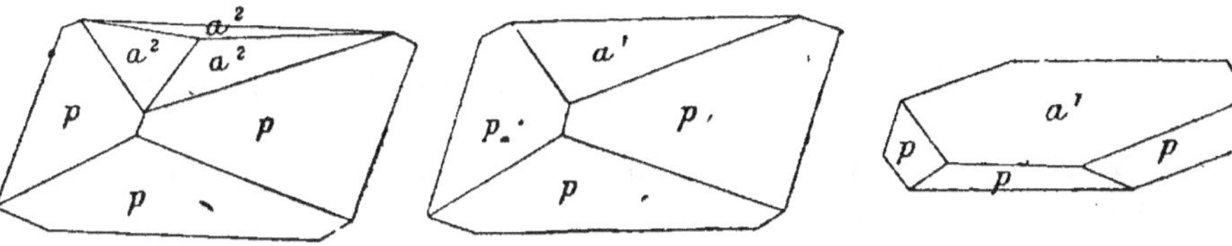

Fig. 131.   Fig. 132.   Fig. 133.

B. Si le pôle est sur les côtés du triangle $p\,p'\,p''$, troncatures sur les arêtes b. Condition : une caractéristique nulle, les deux autres de même signe.

Cas général, scalénoèdre $(gh0)$, noté $b^{\overset{g}{h}}$ ou $b^{\overset{h}{g}}$ indifféremment (fig. **134**). Si $g - 2h + k = 0$, d'où la notation unique (**210**), isoscéloèdre noté b^2. Si $g = h$, d'où la notation unique (**110**), rhomboèdre tangent sur l'arête b, noté b^1 (fig. **135**). (C'est, dans la calcite, par exemple, le rhomboèdre *équiaxe* d'Haüy). Si enfin $h = 0$, rhomboèdre primitif (**100**), noté p.

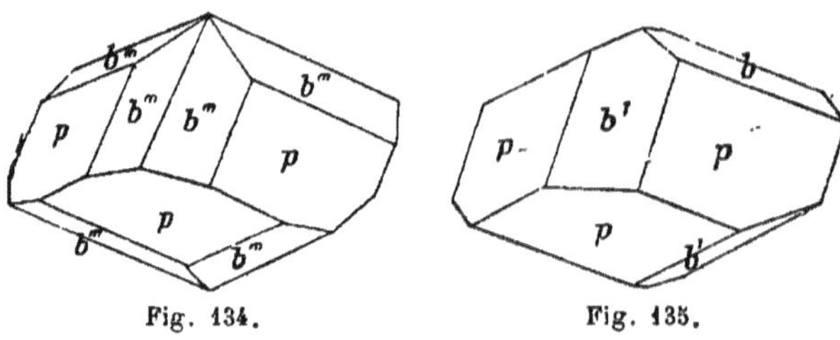

Fig. 134.   Fig. 135.

C. Si le pôle est en dehors du triangle $p\,p'\,p''$, troncatures sur les sommets latéraux e. Condition : Une caractéristique de signe différent des deux autres.

Cas général, scalénoèdres. Isoscéloèdres si $g - 2h + k = 0$ (fig. **136**).

Prismes dodécagones si $g + h + k = o$ (fig. **137**).

Si $g = h$, rhomboèdres inverses tant que $\dfrac{k}{g} < 2$, notés $e^{\overset{k}{g} < 2}$.

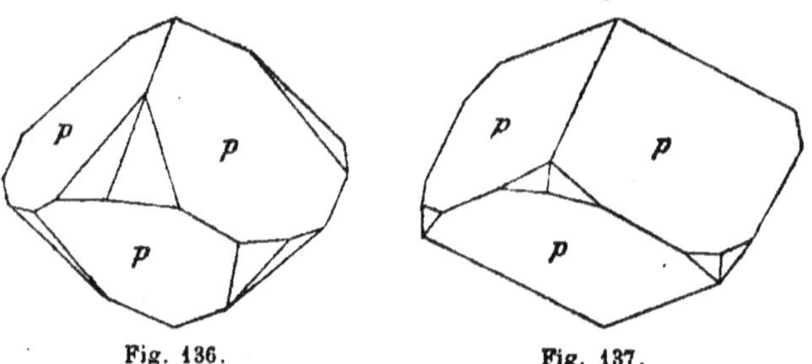

Fig. 136.   Fig. 137.

Exemples : e^1 (11$\bar{1}$), sur l'arête duquel le primitif est tangent (fig. **138**), ou $e^{\frac{1}{2}}$ (22$\bar{1}$) qui est identique au primitif, mais tourné de 60° autour de l'axe ternaire (fig. **139**).

g étant toujours égal à h, si $\dfrac{k}{g} = 2$, d'où la notation (11$\bar{2}$).

prisme hexagonal de première espèce, noté e^2 (fig. **140** et **141**).
Si enfin $\dfrac{k}{g} > 2$, rhomboèdres directs, notés $e^{\frac{h}{g}>2}$. Exemple e^s (fig. **142**).

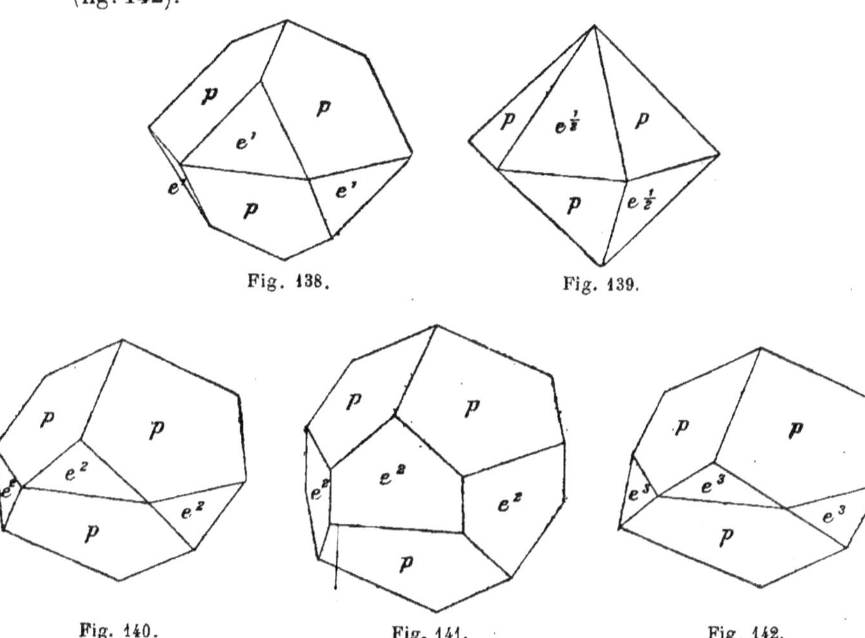

Fig. 138.   Fig. 139.

Fig. 140.   Fig. 141.   Fig. 142.

D. Si le pôle vient sur les prolongements des côtés du triangle $p\, p'\, p''$, troncatures sur les arêtes latérales d. Condition : Une

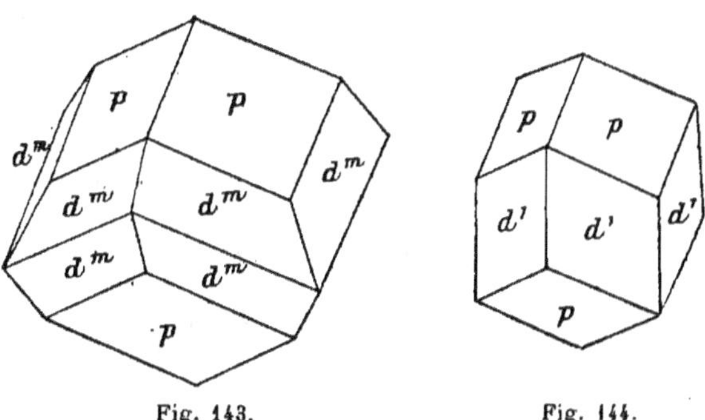

Fig. 143.   Fig. 144.

caractéristique nulle, les deux autres de signes contraires.
Formes dites *métastatiques*. Cas général : scalénoèdres notés

indifféremment $d^{\frac{h}{g}}$ ou $d^{\frac{g}{h}}$. Exemple $(20\bar{1})$ ou d^{2}. Ces scalénoèdres ont leur hexagone gauche parallèle à celui du primitif (fig. **143**).

Si $g = k$, soit $(10\bar{1})$, prisme hexagonal de seconde espèce, noté d^{1} (fig. **144**).

Formes birhomboédriques. — Toute forme (ghk) du système ternaire, tournée de 60° autour de l'axe ternaire, fournit une autre forme dont les caractéristiques sont :

$$g' = 2\,(g + h) - k$$
$$h' = 2\,(h + k) - g$$
$$k' = 2\,(k + g) - h$$

Si ghk sont entières, $g'h'k'$ le sont aussi. La forme $(g'h'k')$ satisfait donc à la loi d'Haüy et est une forme possible du cristal. La réunion des deux formes compose une forme simple sénaire. C'est ce que nous avons vu plus haut.

Ces deux formes ternaires qui, réunies, donnent une forme sénaire sont dites *birhomboédriques*. Exemples : p (100) et $e^{\frac{1}{2}}$ $(22\bar{1})$, dont la réunion constitue un isoscéloèdre sénaire. Ou b^{1} (110) et a^{1} (411), etc. Les densités réticulaires de deux formes birhomboédriques, identiques quand le réseau est sénaire, sont en général très différentes dans le cas du réseau ternaire. Ainsi

p a une densité réticulaire triple de celle de $e^{\frac{1}{2}}$, et b^{1} une densité réticulaire triple de celle de a^{1}. Dans les véritables cristaux ternaires, les deux formes birhomboédriques ne coexistent pas, ou, si elles coexistent, sont d'importance très inégale (Exemple : tourmaline, p. **121**. Exemple contraire : Quartz, réseau sénaire, formes birhomboédriques ayant presque la même importance,

ainsi $pe^{\frac{1}{2}}$).

2. Hémiédrie holoaxe.

Symbole : $\left. \begin{array}{c} \mathrm{A}^{3}\ 3\mathrm{L}^{2} \\ o\varpi^{3}\ o\mathrm{P} \end{array} \right\} o\mathrm{C}$

Les formes dont les pôles sont dans les plans P, c'est-à-dire les rhomboèdres, la base et le prisme e^{2}, restent les mêmes que dans l'holoédrie. Par contre les scalénoèdres se réduisent à un solide à 6 faces non parallèles deux à deux (fig. **145** et **146**). Les isoscéloèdres deviennent une double pyramide triangulaire dont les côtés de la base sont normaux aux axes binaires : *trigo-*

noèdre (fig. **147**)· Les prismes dodécagones deviennent des prismes hexagonaux non réguliers dont les dièdres sont égaux de deux en deux. Le prisme d^1 devient triangulaire.

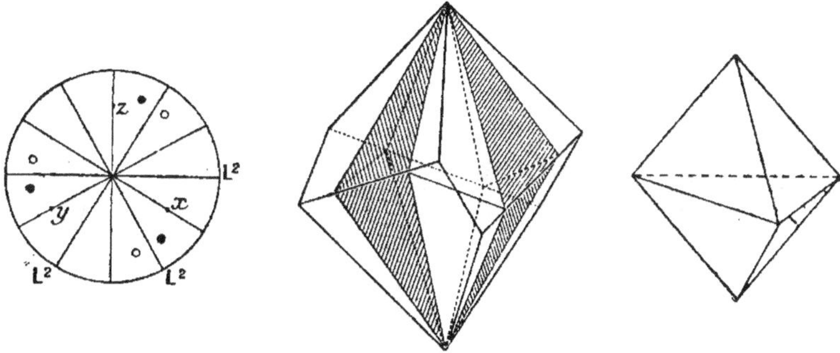

Fig. 145.

Fig. 146.
Hémiscalénoèdre holoaxe.

Fig. 147.

Cette symétrie appartient à plusieurs espèces sénaires (tétartoèdres) : Quartz, cinabre. Exemple : Quartz. Avec la notation ternaire, les formes principales sont p, $e^{\frac{1}{2}}$, e^2, non affectées par l'hémiédrie holoaxe. Puis $s\,(41\overline{2})$, hémi-isoscéloèdre ou trigonoèdre placé au croisement des zones pe^2 et $e^{\frac{1}{2}}\,e^2$. s est appelée *face rhombe*. Elle suffit à mettre en évidence l'hémiédrie, mais ne permet de distinguer le cristal droit du cristal gauche que si l'on a le moyen de distinguer p de $e^{\frac{1}{2}}$. Enfin une série de facettes de scalénoèdres dites *faces plagièdres*, notamment $x\,(\overline{41}\overline{2})$, situées

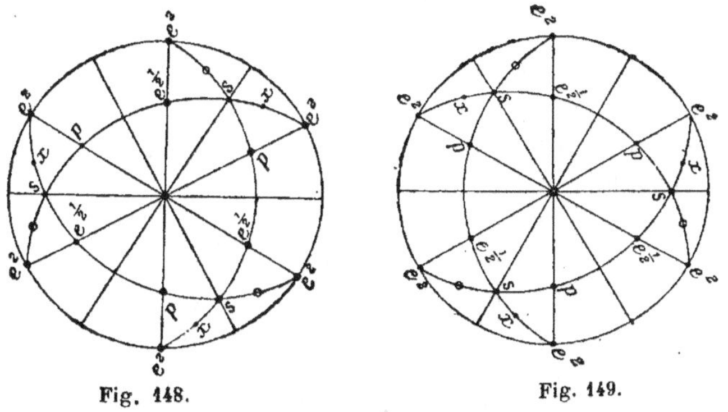

Fig. 148.

Fig. 149.

dans la zone $e^1e^{\frac{1}{2}}$. Des deux formes complémentaires de la face x, une seule existe habituellement, savoir celle qui est contiguë à p

et opposée à $e^{\frac{1}{2}}$. La forme x permet ainsi de distinguer immé-

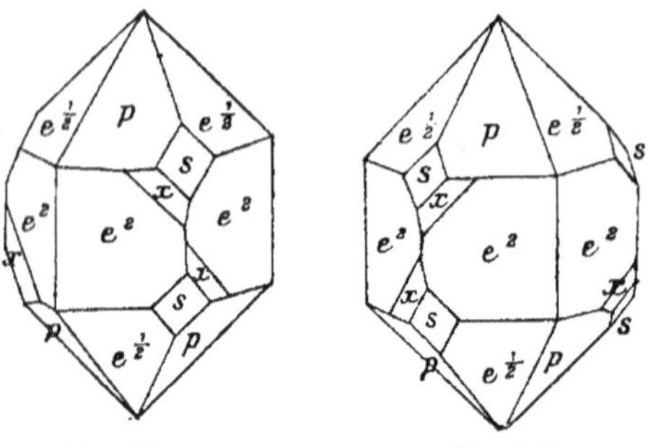

Fig. 150.   Fig. 151.

diatement un cristal droit (fig. 148 et 150) d'un cristal gauche (fig. 149 et 151) sans recourir à l'étude des autres propriétés (figures de corrosion, pouvoir rotatoire) [1].

3. Antihémiédrie.

$$\text{Symbole :} \quad \begin{matrix} \Lambda^3 & o\mathrm{L}^2 \\ o\varpi^3 & 3\mathrm{P} \end{matrix} \Big\} o\mathrm{C}$$

Seule la forme d^1, dont le pôle est sur l'axe L^2, reste ce qu'elle

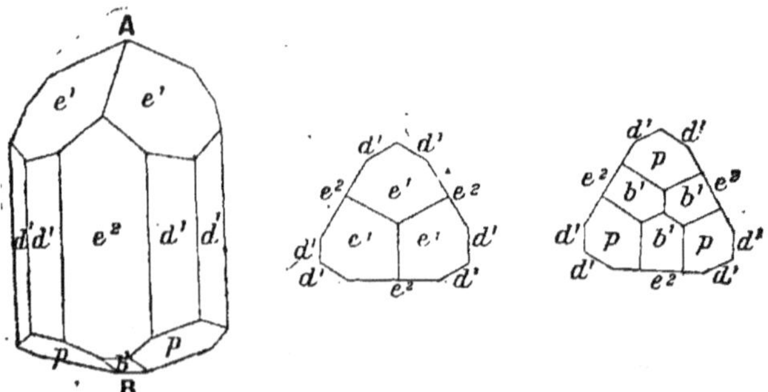

Fig. 152. — Tourmaline.   Fig. 153.
Extrémités d'un même prisme
de tourmaline.

est dans l'holoédrie. Le prisme e^2 devient triangulaire, tandis que d^1 reste hexagonal : C'est l'inverse de ce qui a lieu dans l'hé-

[1] Avec la notation sénaire, seule correcte pour le quartz dont le réseau est sénaire, $pe^{\frac{1}{2}}$ forment l'isoscéloèdre b^1 $(10\bar{1}1)$; $e^3 = m$ $(10\bar{1}0)$; $s = a^1$ $(11\bar{2}1)$; $x = (51\bar{6}1)$.

miédrie holoaxe. Toutes les formes se réduisent à ceux de leurs plans dont les pôles sont d'un même côté du plan normal à A^3. Les deux extrémités d'un prisme portent des formes en général différentes. Exemple : tourmaline (fig. 152 et 153), ou dans le système sénaire iodyrite.

4. *Parahémiédrie.*

$$\text{Symbole :} \quad \left. \begin{array}{cc} A^3 & oL^2 \\ \varpi^3 & oP \end{array} \right\} C$$

Les formes dont les pôles sont sur les plans P ou les axes L^2, savoir les rhomboèdres, la base et les deux prismes hexagonaux e^2 et d^1 restent ce qu'ils sont dans l'holoédrie. Les scalénoèdres se transforment en rhomboèdres tournés d'une manière quelconque par rapport au primitif. Les isocéloèdres deviennent des rhomboèdres tournés de 30° (ou 90°) par rapport au primitif. Exemples : dioptase, phénakite (fig. 154 et 155).

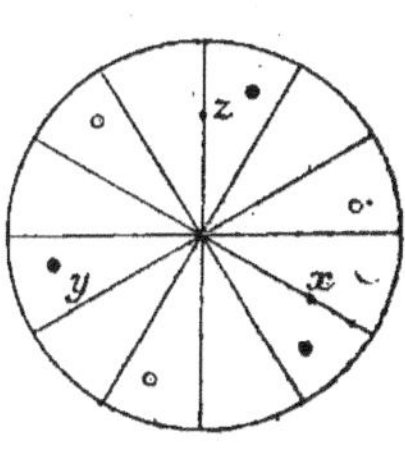

Fig. 154.   Fig. 155. — Dioptase.

5. *Tétartoédrie.*

$$\text{Symbole :} \quad \left. \begin{array}{cc} A^3 & oL^2 \\ o\varpi^3 & oP \end{array} \right\} oC$$

Symétrie inconnue dans les minéraux naturels. Existe dans le périodate de sodium.

SYSTÈME QUATERNAIRE OU QUADRATIQUE

1. *Holoédrie.*

$$\text{Symbole :} \quad \left. \begin{array}{ccc} A^4 & 2L^2 & 2L'^2 \\ H & 2P & 2P' \end{array} \right\} C$$

Il y a deux types de réseau possédant cette symétrie.

1° Mode hexaédral. La plus petite maille est un prisme droit à base carrée (fig. 156).

2° Mode octaédral. Le réseau peut être défini par une maille

ayant la forme du prisme à base carrée, à condition de centrer
ce prisme (fig. 157).

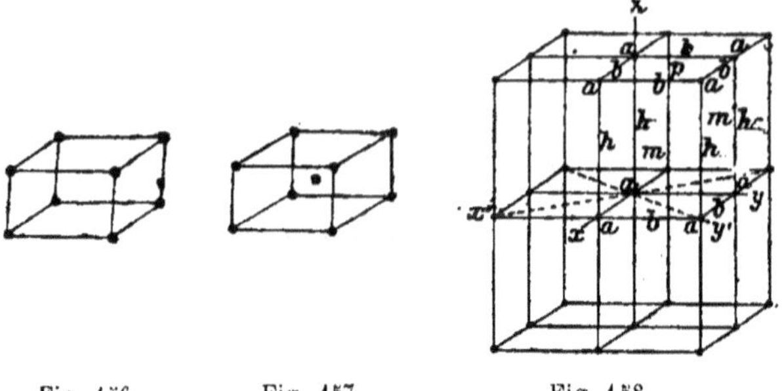

Fig. 156.   Fig. 157.   Fig. 158.

On peut donc prendre toujours pour forme primitive le prisme
à base carrée, sauf à indiquer si le réseau est du mode hexaédral ou du mode octaédral (en ce cas, le prisme est centré).

Cette forme primitive est définie par une seule donnée, qui
est le rapport $c : a$ du paramètre de l'arête verticale h (axe
quaternaire) au paramètre de l'arête de base b (l'un des axes
binaires) (fig. 158).

Les axes binaires L^2 parallèles aux arêtes de la base sont dits
axes binaires de première espèce.

Les axes L'^2, parallèles aux diagonales de la base, sont les *axes
binaires de seconde espèce.*

Nous prendrons pour axes de coordonnées les axes de première
espèce. Si l'on voulait passer de là aux axes de seconde espèce
pris pour axes de coordonnées, les formules de transformation
seraient :

$$p' = p + q \qquad p = \frac{p' - q'}{2}$$

$$q' = -p + q \qquad q = \frac{p' + q'}{2}$$

$$r' = r \qquad\qquad r = r'$$

Forme la plus générale : Un pôle quelconque m fournit
16 symétriques. Forme appelée *dioctaèdre*, double pyramide
octogonale dont les dièdres sont égaux de deux en deux (fig. 159
et 160).

Cas particuliers : **1.** — Le pôle est sur un des côtés du triangle limité par les plans PP'H. Trois cas :

a) Le pôle est dans le plan P. *Octaèdres quadratiques de pre-*

mière espèce, ayant leurs faces parallèles aux arêtes de base du primitif. Notation Miller (Oqr). Lévy $b^m \left(m = \dfrac{r}{q} \right)$ (fig. 161 et 162').

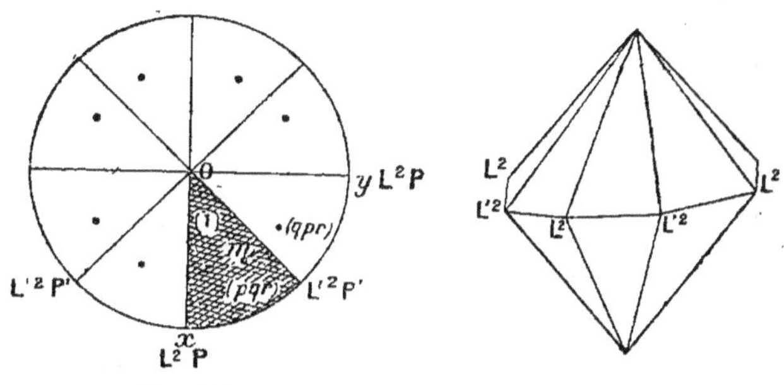

Fig. 159.   Fig. 160.

b) Le pôle est dans le plan P′. Même forme, mais tournée de 45° autour de l'axe quaternaire. *Octaèdres quadratiques de seconde espèce.* Notation Miller (ppr). Lévy $a^m \left(m = \dfrac{r}{p} \right)$.

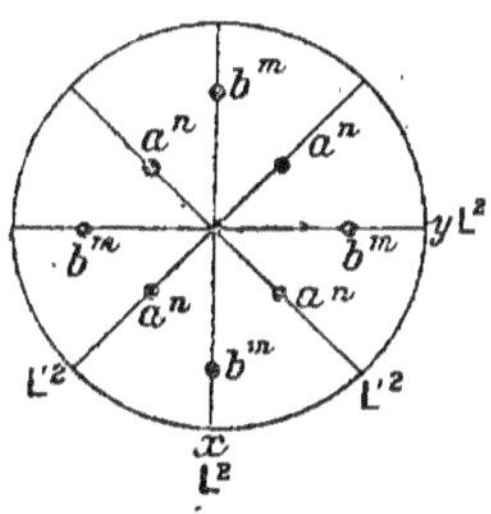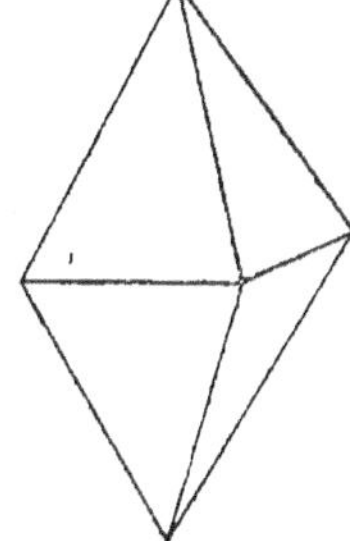

Fig. 161.   Fig. 162. — Octaèdre quadratique

c) Le pôle est dans le plan II. *Prismes octogonaux*, à dièdres égaux de deux en deux. Notation Miller (pqO). Lévy h^m $\left(m = \dfrac{p}{q} \text{ ou } \dfrac{q}{p} \text{ indifféremment} \right)$ (fig. 163 et 164).

2. Le pôle est en un des sommets du triangle, c'est-à-dire sur un axe de symétrie. Trois cas :

a) Le pôle est sur L². *Prisme quadratique de première espèce* ou prisme primitif. Notation Miller (100). Lévy m [1].

---

[1] En réalité on a l'habitude, par analogie avec le système orthorhombique, de prendre pour primitif de Lévy m le prisme (110) de Miller. C'est là une complication tout à fait inutile et qui peut être supprimée sans difficulté dans le système quadratique. Il est regrettable que l'on ne puisse aussi aisément modifier les habitudes en ce qui concerne les systèmes suivants.

b) Le pôle est sur L'². *Prisme quadratique de deuxième espèce.*
Notation Miller (**110**). Lévy h^1.

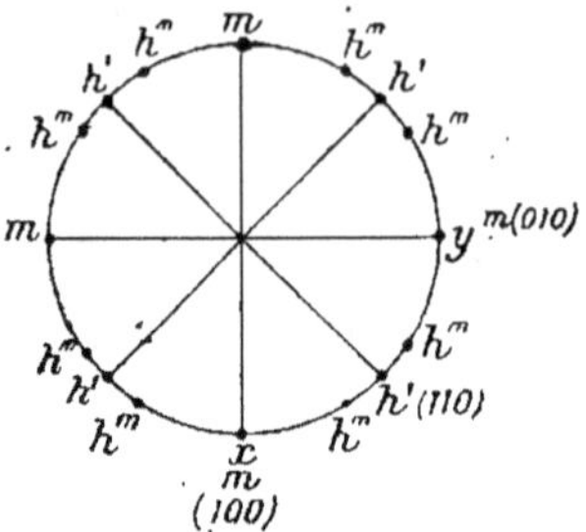

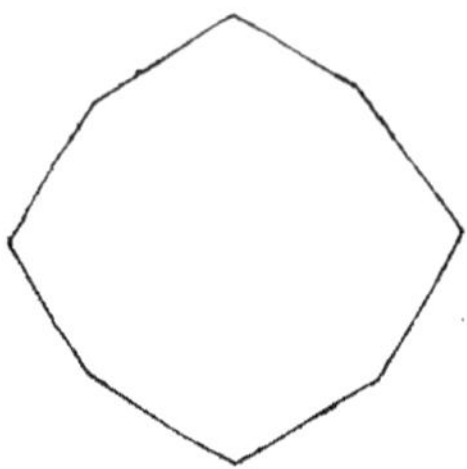

Fig. 163.   Fig. 164. — Prisme octogonal.

c) Le pôle est sur A⁴. Deux plans parallèles ou *base*. Notation
Miller (**001**). Lévy *p*.

Principales combinaisons de ces formes (fig. 165 à 170) :

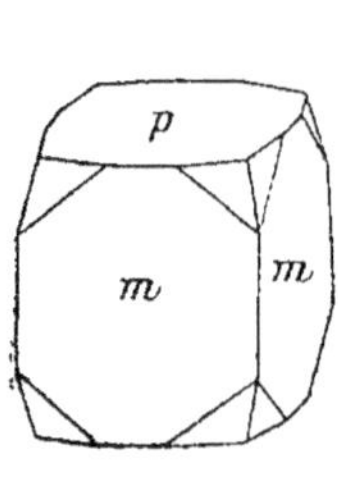

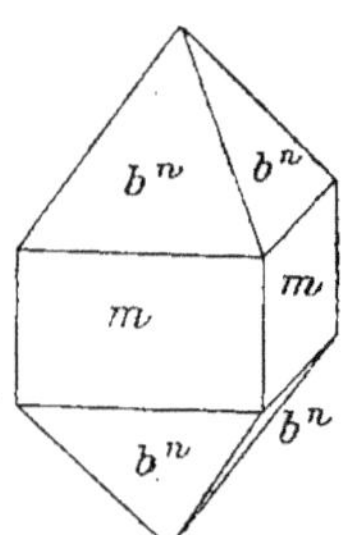

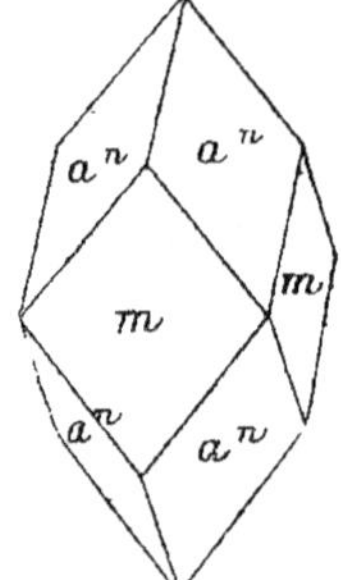

Fig. 165. — Dioctaèdre.   Fig. 166. — Octaèdre   Fig. 167. — Octaèdre
                            de 1ʳᵉ espèce sur *m*.   de 2ᵉ espèce sur *m*.

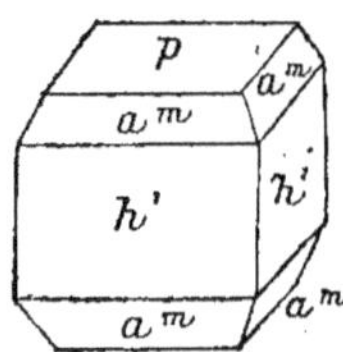

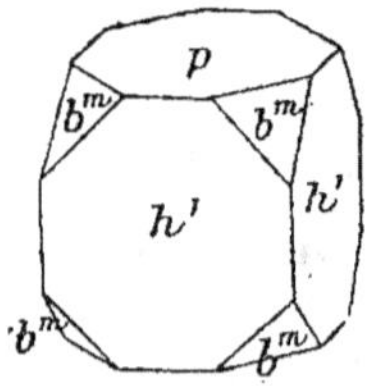

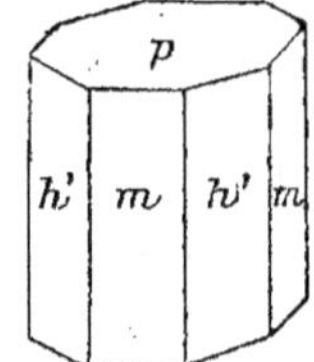

Fig. 168. — Octaèdre   Fig. 169. — Octaèdre   Fig. 170. — Les deux prismes
de 2ᵉ espèce sur h^1.   de 1ʳᵉ espèce sur h^1.   quadratiques.

2. Hémiédrie holoaxe.

Symbole : $\begin{matrix} \text{A}^4\ 2\text{L}^2\ 2\text{L}'^2 \\ o\Pi\ o\text{P}\ o\text{P}' \end{matrix} \Big\} oC$

Symétrie inconnue dans les minéraux naturels. Existe dans le sulfate de strychnine, le sulfate de Ni à 6 molécules d'eau, etc.

3. Parahémiédrie.

$$\text{Symbole :} \quad \left. \begin{array}{ccc} A^4 & oL^2 & oL'^2 \\ II & oP & oP' \end{array} \right\} C$$

Les octaèdres, prismes quadratiques et la base ne diffèrent pas de ce qu'ils sont dans l'holoédrie. Les dioctaèdres se transforment en octaèdres quadratiques tournés d'une manière quelconque par rapport au primitif, les prismes octogonaux en prismes quadratiques tournés d'une manière quelconque par rapport au primitif. Exemples : Schéelite (WO^4Ca) et espèces voisines (fig. 171).

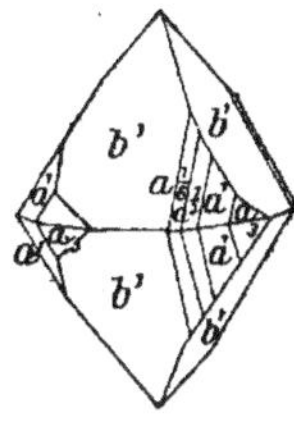

Fig. 171.
Schéelite.

4. Antihémiédrie à axe quaternaire.

$$\text{Symbole :} \quad \left. \begin{array}{ccc} A^4 & oL^2 & oL'^2 \\ oII & 2P & 2P' \end{array} \right\} oC$$

Symétrie connue dans quelques composés organiques et dans AgF, H^2O mais dans aucun minéral naturel.

5. Tétartoédrie holoaxe.

$$\text{Symbole :} \quad \left. \begin{array}{ccc} A^4 & oL^2 & oL^{2\prime} \\ oII & oP & oP' \end{array} \right\} oC$$

Les formes se déduisent de celles de la parahémiédrie en supprimant dans chacune toutes les faces dont les pôles sont d'un même côté du plan II. Deux formes non superposables dans les combinaisons. Cette symétrie existe dans quelques composés organiques et peut-être dans la wulfénite (MoO^4Pb) (fig. 172).

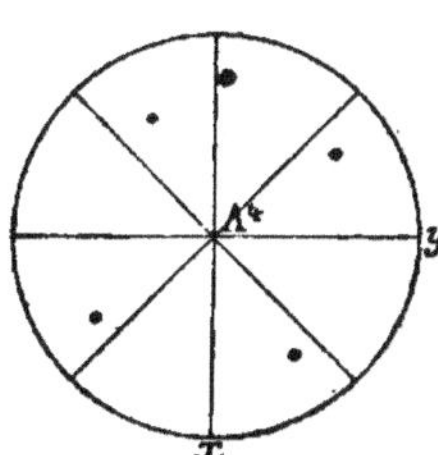

Fig. 172.

6. Antihémiédrie à axe binaire ou hémiédrie sphénoédrique.

$$\text{Symbole :} \quad \left. \begin{array}{ccc} A^2 & 2L^2 & oL'^2 \\ \varpi^2 & oP & 2P' \end{array} \right\} oC$$

Il y a deux cas possibles. Les axes binaires existants L^2 peuvent être ceux de première espèce (parallèles aux rangées de paramètre minimum de la base) ou ceux de seconde espèce.

Dans le premier cas, les octaèdres de première espèce (pôles dans le plan P déficient) restent tels quels, ainsi que les prismes (pôles dans le plan Π). Les dioctaèdres se réduisent à 8 faces, 4 au-dessus du plan Π et 4 au-dessous résultant des premières par symétrie alterne d'ordre **2**. Les octaèdres de seconde espèce se transforment en tétraèdres non réguliers ou *sphénoèdres* ayant leurs arêtes perpendiculaires à Λ^2 normales entre elles (fig. **173**, **174** et **175**).

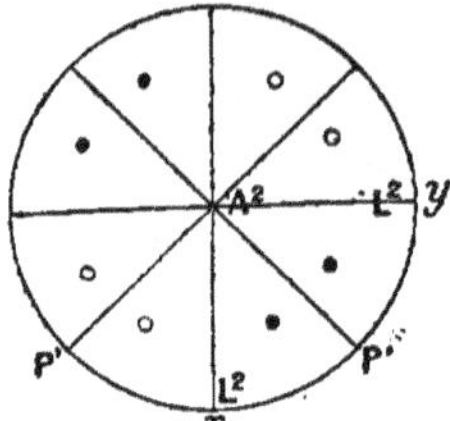

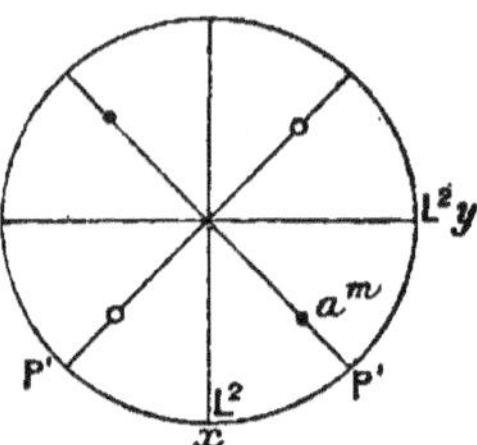

Fig. 173.   Fig. 174. — Dioctaèdre antihémièdre.   Fig. 175.

Dans le second cas, les formes sont les mêmes, mais ce sont les octaèdres de première espèce qui deviennent sphénoèdres, et ceux de seconde espèce qui restent tels quels.

Exemple : Chalcopyrite ($CuFeS^2$) (fig. **176**).

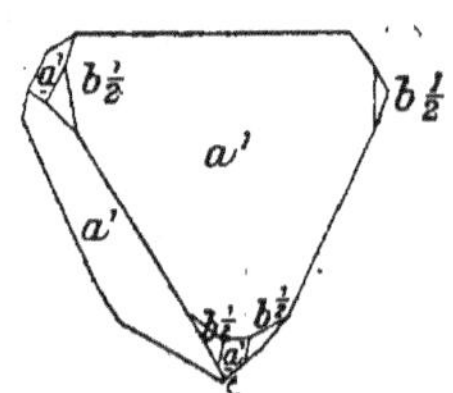

Fig. 176. — Chalcopyrite.

7. Tétartoédrie sphénoédrique.

$$\text{Symbole :} \quad \left. \begin{array}{ccc} \Lambda^2 & oL^2 & oL'^2 \\ \varpi^2 & oP & oP' \end{array} \right\} oC$$

C'est le seul mode de symétrie possible dans les cristaux qu'introduise la considération des plans de symétrie alterne et auquel on ne parviendrait pas en se bornant à tenir compte des plans de symétrie ordinaires.

Les formes sont celles de l'hémiédrie sphénoédrique, mais les dioctaèdres se transforment en sphénoèdres. Les deux formes

complémentaires sont superposables. Symétrie inconnue dans les cristaux (fig. 177, 178).

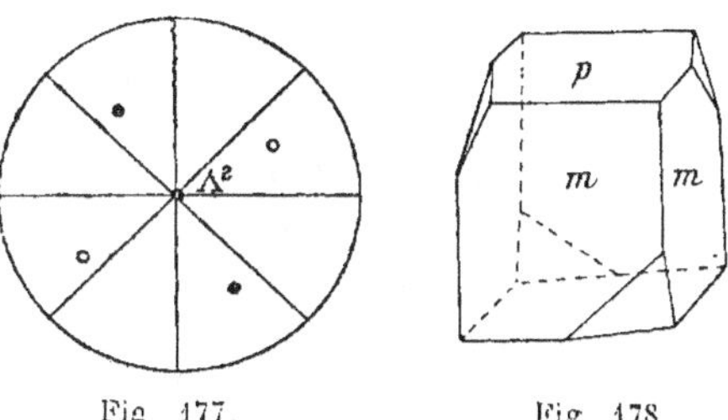

Fig. 177.   Fig. 178.

SYSTÈME TERBINAIRE OU ORTHORHOMBIQUE

1. Holoédrie.

$$\text{Symbole}: \quad \begin{matrix} L^2 \ L'^2 \ L''^2 \\ P \ \ P' \ \ P'' \end{matrix} \Big\} \ C$$

Il y a quatre types de réseaux possédant cette symétrie :

1° Mode hexaédral rectangle. La plus petite maille est un prisme droit à base rectangle dont les faces sont parallèles aux plans P P′P″ et les arêtes aux axes binaires. Ce qui peut se définir aussi par un prisme droit à base losange ou prisme *orthorhombique* dont la base est centrée (fig. 179).

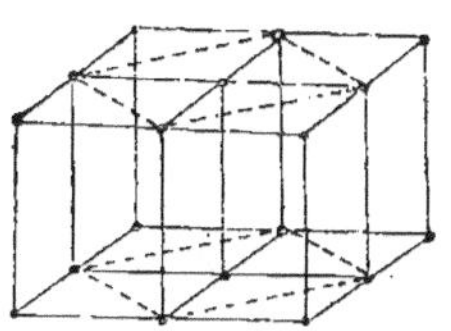

Fig. 179.

2° Mode hexaédral rhombique. Le réseau peut se définir par un prisme droit à base rectangle dont une des faces, par exemple la base, est centrée. La plus petite maille est un prisme orthorhombique (fig. 180).

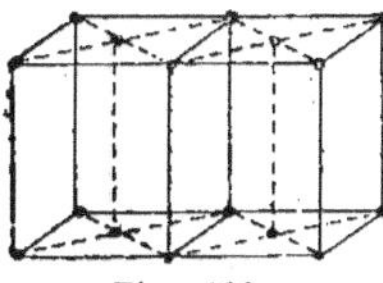

Fig. 180.

3° Mode octaédral rectangle. Le réseau se définit par un prisme droit à base rectangle centré. Ou, ce qui revient au même, par un prisme orthorhombique dont toutes les faces sont centrées (fig. 181).

4° Mode octaédral rhombique. Le réseau se définit par un prisme droit à base rectangle dont toutes les faces sont

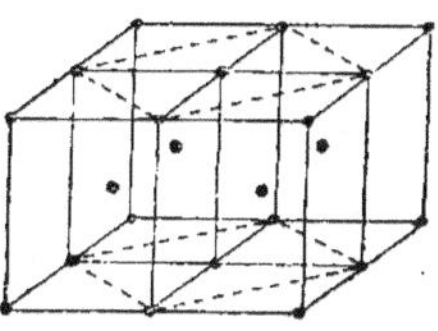

Fig. 181.

centrées. Ou ce qui revient au même par un prisme ortho-rhombique centré (fig. 182).

On voit qu'on peut dans tous les cas, sauf à indiquer le mode, définir le réseau soit au moyen du prisme droit à base rectangle, soit au moyen du prisme orthorhombique. Le prisme droit à base rectangle est tout indiqué dans le système de Miller, les axes rectangulaires étant beaucoup plus commodes pour les calculs. On a gardé malheureusement

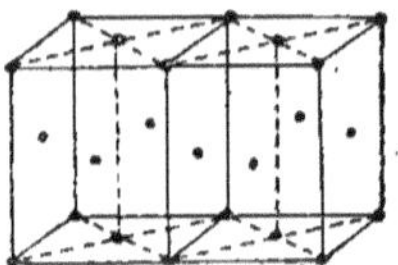

Fig. 182.

l'habitude d'employer pour la notation Lévy le prisme ortho-rhombique. De sorte que les caractéristiques de Miller ne sont plus ici les mêmes que celles de Lévy (fig. 183 et 184).

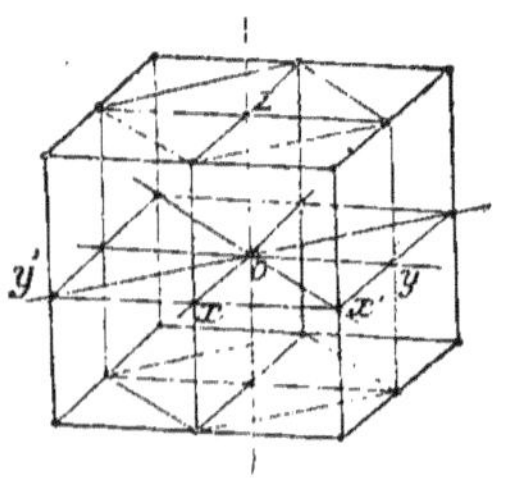

Fig. 183.   Fig. 184.

ox, oy, oz étant les axes de Miller, parallèles aux axes binaires, et ox', oy', oz ceux de Lévy (les deux premiers parallèles aux diagonales de la base, le troisième parallèle à l'arête verticale du prisme), on passe des caractéristiques de Miller à celles de Lévy par les formules :

$$p' = p + q \qquad p = \frac{p' + q'}{2}$$

$$q' = p - q \qquad q = \frac{p' - q'}{2}$$

$$r' = r \qquad r = r'$$

La forme primitive de Miller est définie par deux données : les rapports $c : b$ et $a : b$ des paramètres de deux des axes au troisième. Celle de Lévy par le rapport du paramètre c de l'axe vertical au paramètre $a' = \sqrt{a^2 + b^2}$ des arêtes horizontales du prisme orthorhombique et par l'angle que font entre elles ces arêtes, $\alpha = x'oy' \left(\operatorname{tg} \frac{\alpha}{2} = \frac{b}{a} \right)$.

On convient de prendre, des deux paramètres a et b, pour a le plus petit, de façon que le primitif de Lévy ait son angle obtus en avant. Quant au paramètre c, c'est habituellement le plus grand [1]. Toutefois dans le mode hexaédral rhombiqué on prend habituellement pour base la face centrée, quelle que soit la grandeur du paramètre perpendiculaire.

Forme la plus générale. — Un pôle quelconque m (pqr) four-

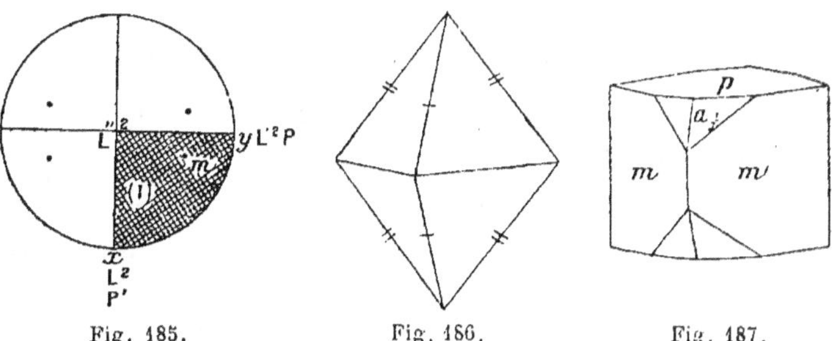

Fig. 185.   Fig. 186.   Fig. 187.

nit 8 symétriques constituant un *octaèdre rhomboïdal* (fig. 185 et 186). Ces octaèdres se placent sur l'angle m du primitif de Lévy lorsque p' et q' sont positifs, c'est-à-dire $p > q$ (en valeur absolue). Exemple :

Miller (**213**), noté dans le système de Lévy $(b^{\frac{1}{3}} b^1 h^{\frac{1}{3}})$ ou $a_{\frac{1}{3}}$ (fig. 187).

Ils se placent sur l'angle e quand p' est positif et q' négatif, c'est-à-dire $p < q$ (en valeur absolue). Exemple : Miller (**123**),

noté par Lévy $(b^{\frac{1}{3}} b^1 g^{\frac{1}{3}})$ ou $e_{\frac{1}{3}}$ (fig. 188).

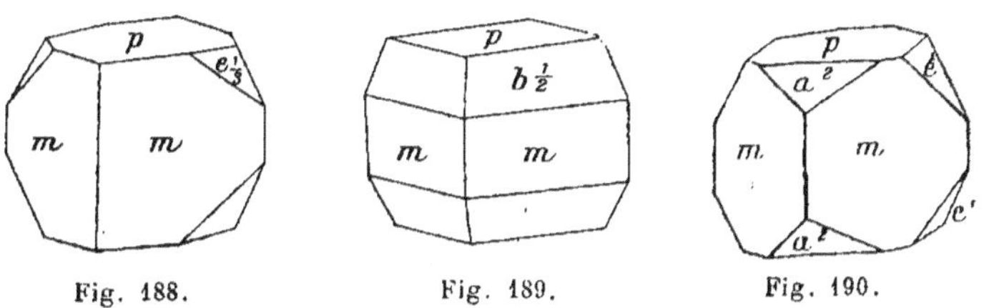

Fig. 188.   Fig. 189.   Fig. 190.

Dans le cas particulier où $p = q$, q' est nul et l'octaèdre est

<hr>

[1] En fait, cette convention est loin d'être toujours observée. Quand il y a un prisme dominant dans les formes, on le place verticalement. Or ce cas est précisément, d'après la loi de Bravais, en général celui où le paramètre de l'arête du prisme est petit. La seule convention constante est celle en vertu de laquelle $a < b$.

parallèle à l'arête b. Notation Miller (ppr), Lévy $b^{\overset{r}{p'}}$ $(p' = 2p)$.

Exemple : Miller (111), Lévy $b^{\frac{1}{2}}$ (fig. 189).

Cas particuliers. **1.** — Le pôle est dans l'un des plans de symétrie. La forme se réduit à un prisme à 4 faces à section rhombique. Trois cas :

a) Dans le plan P. *Dôme* (parallèle à la grande diagonale de la base, ou macrodôme). Notation Miller $(0qr)$. Lévy $e^{\overset{r}{\bar{q}}}$. Exemple (011) ou e^1 (fig. 190).

b) Dans le plan P′. *Dôme* (parallèle à la petite diagonale, ou brachydôme). Notation Miller $(p0r)$. Lévy $a^{\overset{r}{\bar{p}}}$. Exemple : (102) ou a^2.

c) Dans le plan P″. *Prisme rhombique.* Notation Miller $(pq0)$.

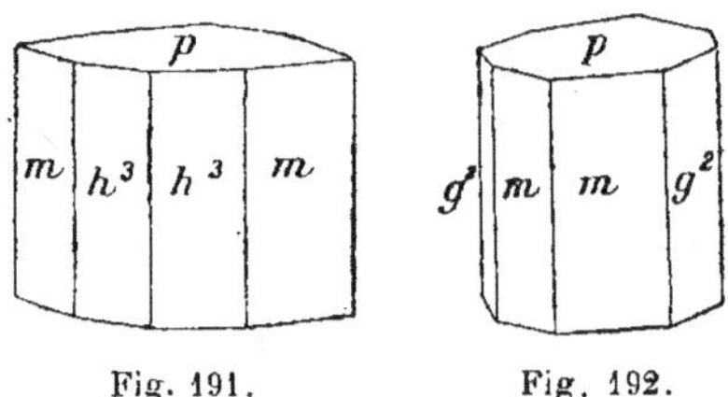

Fig. 191.   Fig. 192.

Lévy : Si $p > q$, le prisme se place sur l'arête h et se note h^m $\left(m = \dfrac{p'}{q'}\ \text{ou}\ \dfrac{q'}{p'}\ \text{indifféremment}\right)$. Si $p < q$, le prisme se place sur l'arête g et se note g^m $\left(m = \dfrac{p'}{q'}\ ,\ \text{ou}\ \dfrac{q'}{p'}\right)$. Exemples : Miller (210), Lévy h^3. Miller (130), Lévy g^2 (fig. 191 et 192).

Si $p = q$, on a le prisme primitif de Lévy. Notation Miller (110), Lévy m.

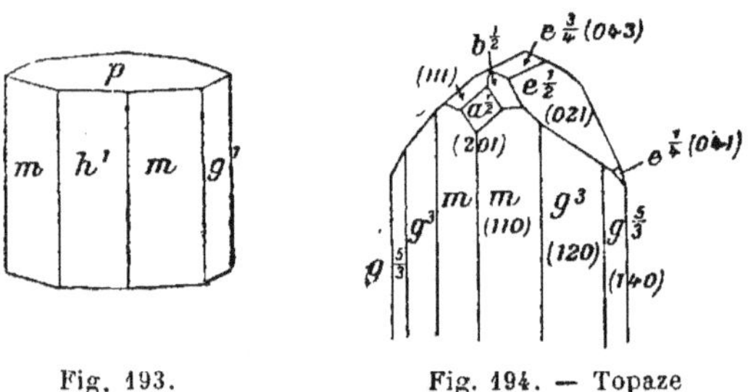

Fig. 193.   Fig. 194. — Topaze
                             (Exemple de combinaison).

2. Le pôle est sur un des axes binaires. Deux plans parallèles. Trois cas :

a) Sur L². *Pinacoïde* (ou macropinacoïde). Notation Miller (100). Lévy h^1.

b) Sur L'². *Pinacoïde* (ou brachypinacoïde). Notation Miller (010). Lévy g^1 (fig. 193).

c) Sur L''². *Base*. Notation Miller (001). Lévy p.

2. *Hémiédrie holoaxe.*

Symbole : $\left. \begin{array}{ccc} L^2 & L'^2 & L''^2 \\ oP & oP' & oP'' \end{array} \right\} oC$

Deux formes non superposables. Les dômes et prismes restent

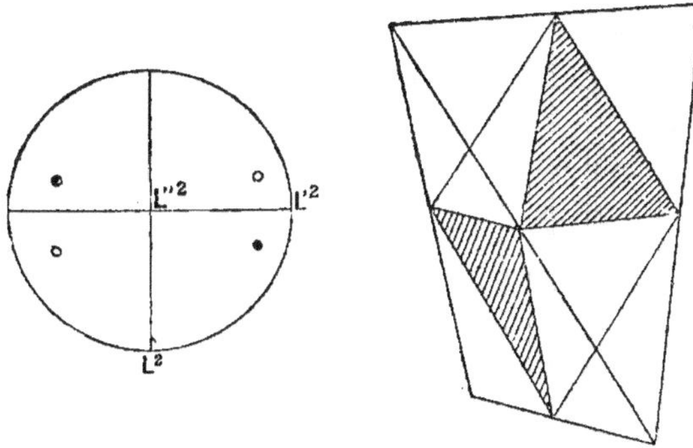

Fig. 195.   Fig. 196.

ce qu'ils sont dans l'holoédrie. Les octaèdres rhombiques se dédoublent en *sphénoèdres rhombiques*, forme analogue au sphénoèdre quadratique mais dans laquelle les deux arêtes normales à chaque axe font entre elles un angle quelconque (fig. 195 et 196).

Symétrie connue dans l'epsomite ($SO^4Mg, 7H^2O$) et beaucoup de substances organiques (**197** et **198**).

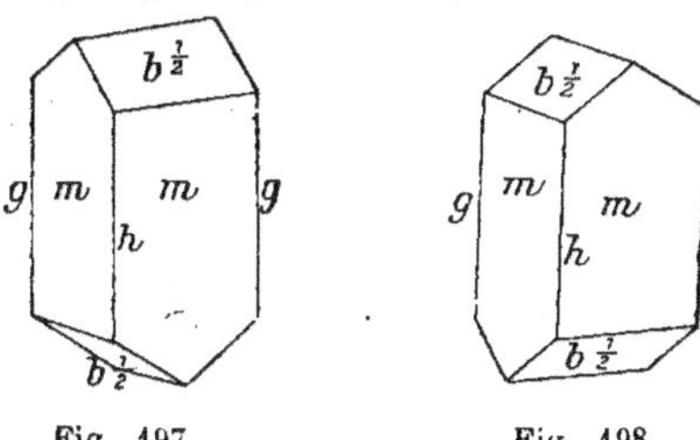

Fig. 197.   Fig. 198.

3. *Antihémiédrie.*

Symbole : $\left. \begin{array}{ccc} L^2 & oL'^2 & oL''^2 \\ oP & P' & P'' \end{array} \right\} oC$

Si par exemple l'axe existant est l'axe oz (paramètre c), les prismes et pinacoïdes restent ce qu'ils sont dans l'holoédrie. Les autres formes se réduisent à ceux de leurs plans qui sont d'un même côté du plan P. Le prisme porte deux terminaisons différentes. Exemples : Calamine (SiO^4Zn^2, H^2O), bertrandite ($2SiO^2$, $4GlO$, H^2O), topaze, struvite, etc. (fig. 199).

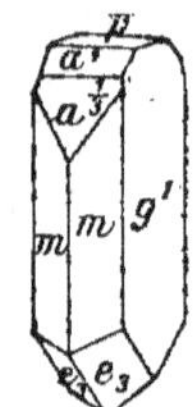

Fig. 199.
Calamine.

SYSTÈME BINAIRE OU CLINORHOMBIQUE

1. Holoédrie.

$$\text{Symbole :} \quad \left. \begin{array}{c} L^2 \\ P \end{array} \right\} \; C$$

Il y a deux types de réseaux ayant cette symétrie :

1. Mode hexaédral. La maille la plus petite est un prisme oblique à base rectangle dont l'une des deux faces est normale à l'autre et à la base. Le réseau peut aussi bien être défini par un prisme oblique à base losange ou prisme *clinorhombique* ayant deux de ses arêtes dans un même plan normal à la base, et dont la base est centrée (fig. **200**).

2. Mode octaédral. Le réseau est défini par un prisme oblique à base rectangle comme ci-dessus, mais ayant l'une des deux faces normales à la troisième centrée, par exemple celle qu'on prendra pour base. Il est aisé de voir que le centrage du

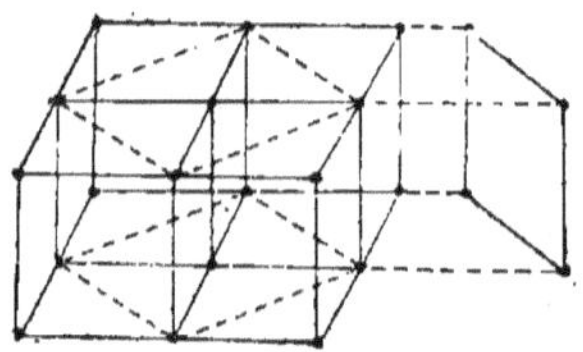

Fig. 200.

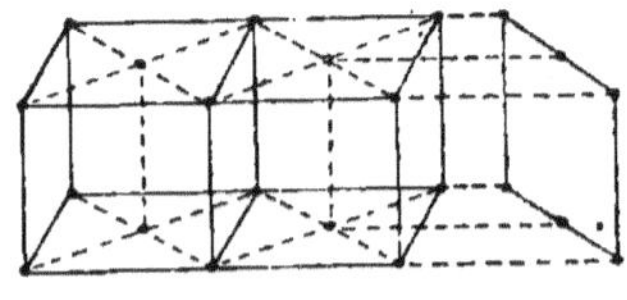

Fig. 201.

prisme ne fournit pas un mode différent. La plus petite maille est ici un prisme clinorhombique (fig. **201**).

On voit qu'on peut dans tous les cas, sauf à indiquer le mode du réseau, choisir pour forme primitive soit le prisme oblique à base rectangle, soit le prisme clinorhombique. Comme dans le système précédent, l'usage est d'appliquer la notation de Miller en prenant pour forme primitive le prisme à base rectangle, et de choisir le prisme clinorhombique pour la notation Lévy. Les formules de transformation sont les mêmes :

$$p' = p + q \qquad p = \frac{p' + q'}{2}$$

$$q' = p - q \qquad q = \frac{p' - q'}{2}$$

$$r' = r \qquad r = r'$$

La forme primitive de Miller est définie par trois données : Les rapports $a : b$ et $c : b$ de deux paramètres au troisième et l'angle aigu β que fait l'arête z avec le plan de la base. (Cet angle, supplément de zx, est aussi l'angle des normales aux faces p et h^1, qui mesure l'obliquité du prisme) (fig. **202**).

La forme primitive de Lévy se définit par le rapport du paramètre c au paramètre $a' = \sqrt{a^2 + b^2}$, l'angle des arêtes x' et y', diagonales de la base du primitif de Miller, et l'angle zx ou son supplément.

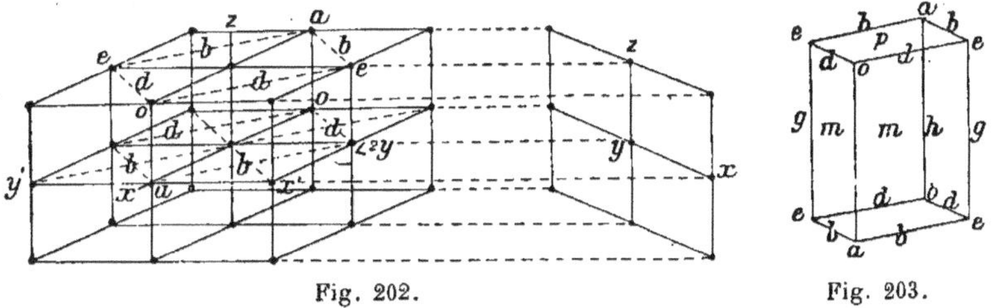

Fig. 202.　　　　Fig. 203.

On prend toujours pour axe y (paramètre b) l'axe binaire.

Forme la plus générale. — Prisme à 4 faces parallèles deux à deux ou prisme rhombique.

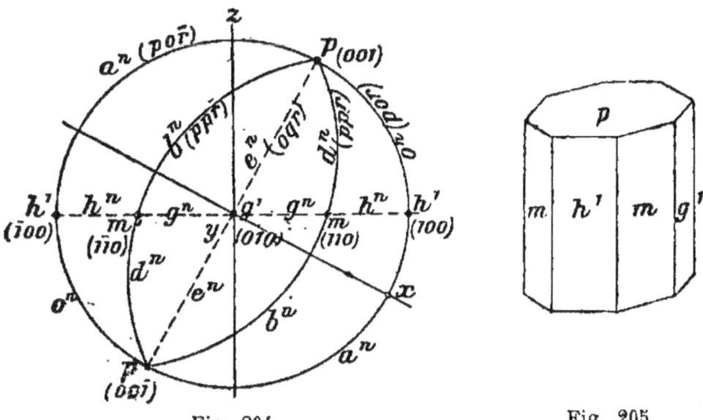

Fig. 204.　　　　Fig. 205.

Cas particuliers. — Lorsque le pôle est dans le plan P, la forme se réduit à deux plans parallèles ou *pinacoïde* (clinopinacoïdes). Lorsqu'il est sur l'axe L², *pinacoïde* unique dont les faces sont parallèles au plan de symétrie P (orthopinacoïde).

Notations de ces formes :

Les pôles sont projetés, dans la figure **204**, sur le plan de symétrie P. Le pinacoïde parallèle à ce plan se note $(010) = g^1$. La base se note $(001) = p$. Le pinacoïde parallèle à l'arête oz se note $(100) = h^1$. Ce sont les trois faces du primitif de Miller. Les faces du prisme primitif de Lévy se notent $(110) = m$ (fig. **205**).

Les faces de la zone pm sont des troncatures sur l'arête d.

Miller $(p\overset{\pm}{p}r)$ avec p et r de même signe. Lévy $d^{\overset{r}{2p}}$. Exemple : $(112) = d^1$ (fig. **206**).

Les faces de la zone pm' sont des troncatures sur l'arête b. Miller $(p\overset{\pm}{p}r)$ avec p et r de signes contraires. Lévy $b^{\overset{r}{2p}}$. Exemple : $(11\bar{2}) = b^1$ (fig. **207**).

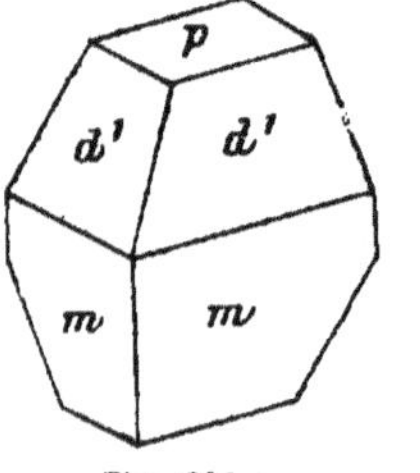

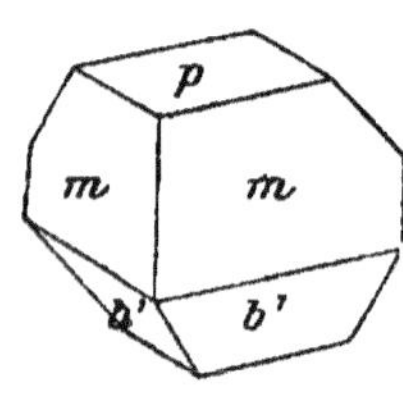

Fig. 206.   Fig. 207.

Les faces de la zone ph^1 (pinacoïdes) ont pour notation Miller $(p0r)$. Elles se placent sur le sommet o si p et r sont de même

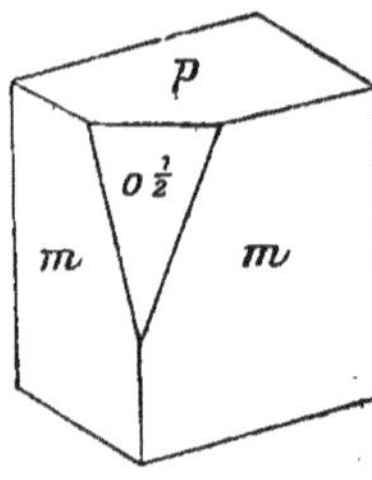

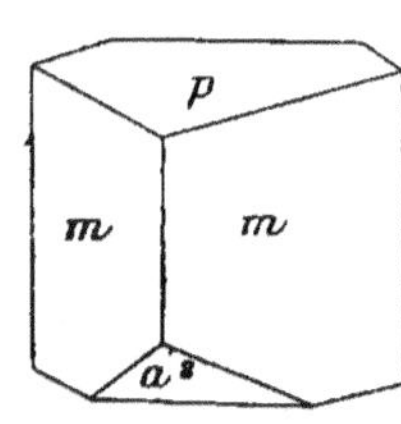

Fig. 208.   Fig. 209.

signe, et se notent $o^{\overset{r}{p}}$. Exemple : $(301)\ o^{\overset{1}{3}}$, $(102) = o^2$. Elles se placent sur a si p et r sont de signes contraires. Exemple $(30\bar{1}) = a^{\overset{1}{3}}$, $(10\bar{1}) = a^1$ (fig. **208, 209**)

Les faces de la zone mg^1h^1, appelées plus spécialement prismes, se notent $(pq0)$ dans le système Miller. Elles tronquent l'arête h lorsque $p > q$, et se notent alors h^m $\left(m = \dfrac{p'}{q'} = \dfrac{p+q}{p-q} \right)$. Exemple : $(310) = h^2$. Lorsque $p < q$, elles tronquent l'arête g et se notent g^m. Exemple : $(120) = g^3$ (fig. 210, 211).

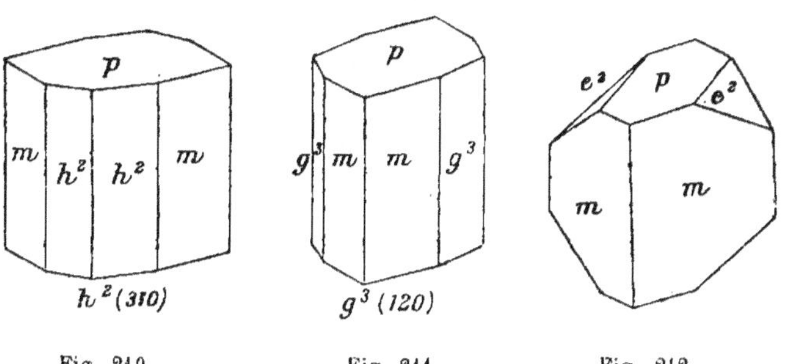

Fig. 210.   Fig. 211.   Fig. 212.

Les faces de la zone pg^1 sont des troncatures sur l'angle e, interceptant des longueurs égales sur les arêtes ox', oy' de Lévy, et parallèles à ox. Notation Miller $(0qr)$, Lévy $e^{\frac{r}{q}}$. Exemple : $(012) = e^2$, $(031) = e^{\frac{1}{3}}$ (fig. 212).

En dehors de ces cas particuliers, les pôles contenus dans les fuseaux limités par les zones pm, pm' du côté de g^1 sont ceux de faces tronquant les sommets e. Notation (pqr) avec $p < q$ en valeur absolue. Exemple (123) ou e_3 (fig. 213).

Les pôles contenus dans le triangle pmh^1 sont ceux de faces affectant le sommet o. Notation (pqr) avec $p > q$ en valeur absolue et r de même signe que p. Exemple : $(312) = o_2$ (fig. 214).

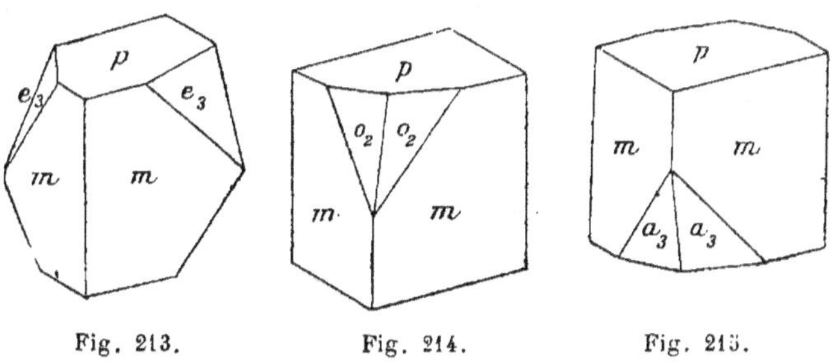

Fig. 213.   Fig. 214.   Fig. 215.

Enfin les pôles contenus dans le triangle $pm'h^1$ sont ceux de

troncatures sur le sommet a. Notation (pqr) avec $p > q$ et r de signe contraire à p. Exemple : $(2\overline{1}1)$ ou a_3 (fig. 215).

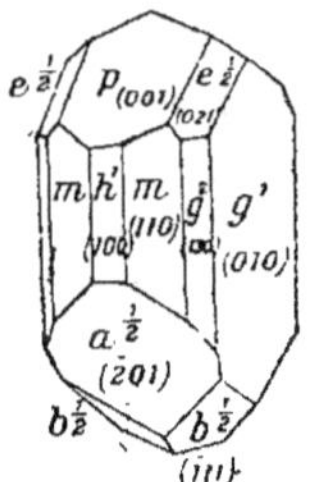

Fig. 216. — Orthose
(Exemple de combinaison).

2. *Hémiédrie holoaxe.*

Symbole : $\left.\begin{array}{c} \text{L}^2 \\ o\text{P} \end{array}\right\} oC$

Les formes se réduisent à deux plans, en général non paral-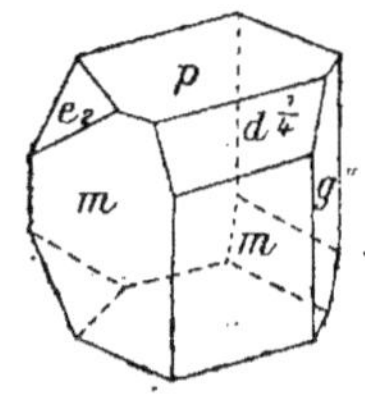lèles. Les pinacoïdes parallèles à l'axe binaire (pôles dans le plan P) restent seuls ce qu'ils sont dans l'holoédrie. Par contre le pinacoïde g^1 se réduit à un plan unique. Les combinaisons donnent deux formes complémentaires non superposables (fig. **217**).

Symétrie fréquente dans les composés organiques (acides tartriques droit et gauche,

Fig. 217.

sucre de canne, etc.). N'est connue dans aucun minéral naturel.

3. *Antihémiédrie.*

Symbole : $\left.\begin{array}{c} o\text{L}^2 \\ \text{P} \end{array}\right\} oC$

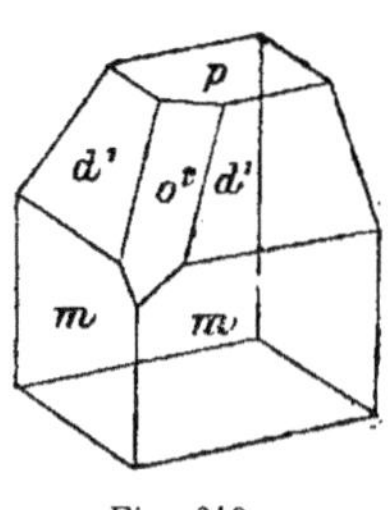Les formes se réduisent à deux plans en général non parallèles. Les pinacoïdes parallèles à l'axe binaire se réduisent à une face unique. Par contre le pinacoïde g^1 conserve ses deux faces de l'holoédrie (fig. **218**).

Symétrie connue dans la scolécite et quelques sels et substances organiques.

Fig. 218.

SYSTÈME ASYMÉTRIQUE OU ANORTHIQUE, OU TRICLINIQUE

1. *Holoédrie.*

Symbole :   C

Le réseau est quelconque. On peut toujours prendre pour

forme primitive la plus petite maille (Cependant il peut y avoir lieu d'en choisir une autre pour mettre en évidence des analogies de forme avec d'autres espèces. En ce cas on indiquera si telle face ou le prisme doivent être centrés. Tel est le cas aussi lorsqu'on veut faire ressortir une pseudo-symétrie du réseau).

Les formes primitives usitées dans les notations Miller et Lévy ont entre elles les mêmes rapports de position que dans les systèmes orthorhombique et clinorhombique. C'est ici surtout une complication inutile et regrettable. Les formules de transformation restent les mêmes (fig. 219).

Il faut ici cinq données pour définir la forme primitive. Ce sont les rapports $a : b$ et $c : b$ des paramètres, et les trois angles plans α, β, γ que font entre elles les arêtes ox, oy, oz du primitif (fig. 220).

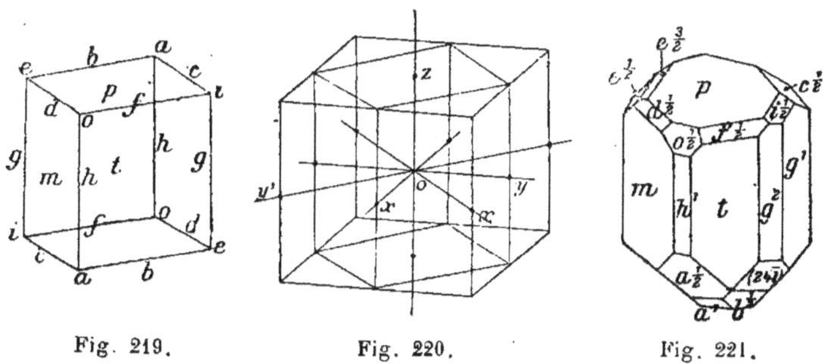

Fig. 219.　　　　　Fig. 220.　　　　　Fig. 221.

Toutes les formes se réduisent à deux plans parallèles.

p (001), h^1 (100), g^1 (010) sont toujours, comme dans les systèmes précédents, les faces du primitif de Miller. m ($1\bar{1}0$), t (110), p (001) celles du primitif de Lévy.

Exemple de combinaison de formes : anorthite (fig. 221).

2. Hémiédrie.

Symbole :　oC

Toutes les formes se réduisent à une face unique. Symétrie connue dans l'hyposulfite de Ca (S^2O^3Ca, $6\,H^2O$) et quelques composés organiques. Ce sont les seuls cristaux totalement dépourvus de symétrie.

Remarque. — Ce qui précède nous fait connaître toutes les formes que peut affecter un cristal homogène. Nous verrons plus loin qu'il existe des édifices cristallins plus complexes ou *macles* dont les formes sont constituées par des groupements réguliers des formes ci-dessus étudiées. Les macles ne pouvant être étudiées complètement qu'avec l'aide des propriétés optiques, figures de corrosion, etc., nous renvoyons leur description après l'étude de ces propriétés.

Seconde loi fondamentale de la cristallographie géométrique. Loi de rationalité des paramètres symétriques.

Nous avons vu que, sans aucune hypothèse, la loi d'observation d'Haüy s'exprime au moyen d'un réseau, simple artifice de langage géométrique. Mais en attribuant au réseau une existence physique dans le milieu cristallin supposé périodique, nous avons introduit une hypothèse dont les conséquences se mêlent, dans les résultats auxquels nous sommes parvenus, aux simples résultats déduits de la loi d'observation. Il est intéressant de faire, dans ces résultats, la part de l'hypothèse et des faits observés.

On s'aperçoit alors qu'en admettant l'existence physique du réseau on a admis implicitement un fait nouveau, totalement indépendant de la loi d'Haüy, et que d'ailleurs l'observation confirme. Ce fait constitue en réalité une *seconde loi fondamentale* de la cristallographie géométrique.

En admettant que le réseau n'est pas seulement une expression mathématique des directions des faces mais qu'il figure la période du milieu cristallin, nous avons admis par là-même qu'il a, comme toutes les propriétés du cristal, au minimum la symétrie du cristal. Nous avons donc, par là, éliminé comme impossibles les types de symétrie des cristaux qui ne seraient possibles pour aucun réseau à paramètres finis.

Or il existe des types de symétrie de ce genre, parfaitement compatibles avec la loi d'Haüy et qui cependant ne peuvent appartenir à aucun réseau à paramètres finis. S'il se rencontrait des cristaux pourvus d'un de ces types de symétrie, on pourrait bien toujours exprimer les directions de leurs faces par un réseau dont ces faces seraient des plans réticulaires, mais il serait impossible de déterminer ce réseau de façon qu'il eût au minimum la symétrie du cristal. Il serait impossible, par suite, d'attribuer au réseau une existence physique et l'hypothèse réticulaire serait inadmissible.

Il y a donc à la base de l'hypothèse réticulaire un fait indépendant de la loi d'Haüy, impossible à prévoir et qui est bien une loi d'observation autonome : C'est le fait qu'aucun cristal ne montre un de ces types de symétrie incompatibles avec la périodicité. L'hypothèse du réseau, qui réunit ainsi deux lois d'observation indépendantes, en acquiert une beaucoup plus grande valeur.

Voici sommairement en quoi consistent les types de symétrie en question :

On montre aisément, en partant de la seule loi d'Haüy, que si un faisceau de faces conforme à cette loi a un axe de symétrie d'ordre **2**, **4** ou **6**, l'axe a nécessairement des caractéristiques rationnelles (c'est-à-dire est une arête possible du faisceau) et le plan normal à l'axe a nécessairement aussi des caractéristiques rationnelles (c'est-à-dire est un plan possible du faisceau).

C'est l'équivalent des théorèmes II et III démontrés pour les réseaux. Mais tandis que ces propositions sont vraies pour tous les axes quand il s'agit des réseaux, elles sont en défaut pour les axes *ternaires* quand il s'agit d'un faisceau de faces conforme à la loi d'Haüy.

Soit un cristal ayant un axe ternaire T. Soient ox, oy, oz trois

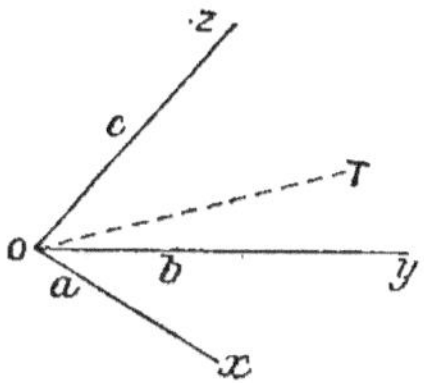

Fig. 222.

arêtes de ce cristal résultant l'une de l'autre par rotation de **120°** autour de T. Soient a, b, c les paramètres de ces trois arêtes, *que nous ne devons pas a priori prendre égaux*, sous peine d'attribuer au paramètre une existence physique, c'est-à-dire de faire l'hypothèse réticulaire.

Soient $l\ m\ n$ les caractéristiques d'une face du cristal. L'équation de la face est

$$\frac{lx}{a} + \frac{my}{b} + \frac{nz}{c} = 0.$$

Faisons-la tourner de **120°** autour de T. L'équation du nouveau plan sera :

$$\frac{mx}{b} + \frac{ny}{c} + \frac{lz}{a} = 0.$$

Ce doit être une face du cristal. Par suite son équation doit être, selon la loi d'Haüy, de la forme

$$\lambda\frac{x}{a} + \mu\frac{y}{b} + \nu\frac{z}{c} = 0$$

λ, μ, ν étant entiers.

On doit donc pouvoir trouver des valeurs entières de λ, μ, ν telles que

$$\frac{\lambda b}{ma} = \frac{\mu c}{nb} = \frac{\nu a}{lc}$$

Cela exige que $\dfrac{a^2}{bc}$, $\dfrac{b^2}{ac}$, $\dfrac{c^2}{ab}$ soient rationnels, ou encore que $\dfrac{a^3}{abc}$, $\dfrac{b^3}{abc}$, $\dfrac{c^3}{abc}$ soient rationnels. Il faut donc aussi que les rapports $a^3 : b^3 : c^3$ soient rationnels.

Si donc a, b, c sont les paramètres de trois arêtes symétriques par rapport à un axe ternaire, la loi d'Haüy n'exige pas que $a : b : c$ soient rationnels, mais elle exige que les rapports $a^3 : b^3 : c^3 : abc$ soient rationnels.

Cela est réalisé d'abord si les rapports $a : b : c$ sont rationnels. C'est le cas des axes ternaires réellement existants, et c'est le cas des réseaux. On peut alors toujours prendre $a = b = c$. Dans ce cas l'axe ternaire a des caractéristiques rationnelles et le plan qui lui est normal également : Ce sont des éléments possibles du faisceau de faces.

Mais cela peut être réalisé aussi sans que $a : b : c$ soient rationnels. Exemple :

$$a = 1, \quad b = \sqrt[3]{2}, \quad c = \sqrt[3]{4}.$$
$$a^3 : b^3 : c^3 : abc = 1 : 2 : 4 : 2$$

Dans ce cas l'axe ternaire ne peut être une arête ni le plan normal un plan du faisceau de faces du cristal. On peut bien toujours construire un réseau sur les trois paramètres a, b, c, et toutes les faces du cristal en seront des plans réticulaires, mais ce réseau ne pourra en aucun cas avoir l'axe T pour rangée, ni le plan normal à T pour plan réticulaire. L'axe T, en vertu des théorèmes II et III, ne peut donc être un axe du réseau.

On remarquera que l'impossibilité de prendre égaux les paramètres a, b, c des trois arêtes symétriques n'empêcherait nullement ces arêtes d'être physiquement identiques. Car on définit aussi bien le même faisceau de faces en portant sur les arêtes ox, oy, oz respectivement les paramètres a, b, c ou b, c, a ou c, a, b.

En donnant par exemple à $a\,b\,c$ les valeurs 1, $\sqrt[3]{2}$, $\sqrt[3]{4}$ on aurait, en portant a sur ox, b sur oy, c sur oz :

$$\frac{\lambda l}{\nu m} = \frac{a^3}{abc} = \frac{1}{2} \qquad \frac{\mu m}{\nu n} = \frac{b^3}{abc} = 1 \qquad \frac{\nu n}{\mu l} = \frac{c^3}{abc} = 2$$

Et en prenant par exemple $\dfrac{\lambda}{m} = 1$, $\quad \lambda = m$, $\mu = n$, $\nu = 2l$.

C'est-à-dire que les deux faces (lmn) et $(mn\,2l)$, et, on le verrait de même, la face $(n\,2l\,2m)$, sont symétriques par rapport à l'axe T. Mais on pourrait aussi bien porter par exemple b sur ox, c sur oy, a sur oz. On trouverait alors que les mêmes faces, prises dans le même ordre, se noteraient $(2l\,2m\,n)$, $(m\,n\,l)$, $(n\,2l\,m)$, c'est-à-dire, à l'ordre près, avec les mêmes caractéristiques. Les trois paramètres a, b, c appartiennent donc indifféremment à chacune des trois arêtes ox, oy, oz qui, par suite, ne se distinguent en rien l'une de l'autre et peuvent être identiques par toutes leurs propriétés [1].

S'il existait un axe ternaire de ce genre, dit *axe ternaire irrationnel*, incompatible avec l'hypothèse physique du réseau, mais compatible avec la loi d'Haüy et la notion de symétrie, il est aisé de voir que ce ne pourrait être que dans quatre des **32** types de symétrie, qui sont :

$$3\Lambda^2\ 4\Lambda_1^3\ C\ 3\Pi\ 4\varpi^3 \quad . \quad . \qquad \text{parahémiédrie cubique.}$$
$$3\Lambda^2\ 4\Lambda_1^3 \quad . \quad . \quad . \quad . \qquad \text{tétartoédrie cubique.}$$
$$\Lambda_1^3\ C\ \varpi^3 \quad . \quad . \quad . \quad . \qquad \text{parahémiédrie ternaire.}$$
$$\Lambda_1^3 . \quad . \quad . \quad . \quad . \quad . \qquad \text{tétartoédrie ternaire.}$$

Ce sont les seuls cas où l'axe ternaire n'est pas nécessairement une rangée et le plan normal un plan réticulaire.

Des cristaux des deux premiers types auraient des formes semblables, aux angles près, à celles de la parahémiédrie et de la tétartoédrie cubiques, mais il ne pourrait exister ni octaèdre (normal à l'axe ternaire) ni dodécaèdre rhomboïdal (arêtes parallèles à l'axe ternaire) ni trapézoèdres et trioctaèdres. Les angles des autres formes, sauf le cube, seraient différents de ceux des formes de même nature du système cubique ordinaire et tels qu'avec les trois paramètres égaux du système cubique habituel portés sur les trois axes Λ^2 on ne pourrait donner aux faces des caractéristiques rationnelles.

De même les deux autres types correspondraient à des formes du système ternaire, parahémièdres ou tétartoèdres, mais les prismes et la base ne pourraient exister, et les faces auraient toutes des caractéristiques irrationnelles si l'on prenait, comme de coutume, les paramètres des trois arêtes du rhomboèdre primitif égaux.

Il paraît certain que l'on peut considérer comme inexistants les cristaux de ces quatre types.

---

[1] Cette particularité des axes ternaires dans l'espace se retrouve, *dans le plan*, pour les axes binaires. Le réseau plan construit sur 2 droites ox, oy, avec des paramètres tels que $a^2 : b^2$ soit rationnel, par exemple $a = 1$, $b = \sqrt{2}$, est tel que la bissectrice de xoy est axe binaire pour l'ensemble des rangées, mais non pour le réseau. Chaque rangée (lm) a sa symétrique $(m\,2l)$ par rapport à cet axe. Et ici aussi ox et oy sont identiques, car on peut indifféremment, sans modifier le système de rangées, le définir en portant 1 sur ox et $\sqrt{2}$ sur oy ou inversement.

On peut donc poser comme seconde loi d'observation fondamentale, à défaut de laquelle l'hypothèse de la périodicité serait inadmissible, la loi suivante ou *loi de rationalité des paramètres symétriques :* Deux arêtes d'un cristal, symétriques par rapport à un axe de symétrie, et que par suite rien ne distingue entre elles, ont des paramètres en rapport rationnel (et que l'on peut donc prendre égaux ; ce qui permet de concevoir le paramètre comme un coefficient physique propre à chaque arête, et par suite de lui attribuer une réalité physique). Autre forme équivalente :

Parmi les réseaux que l'on peut choisir pour définir les faces d'un cristal, on peut toujours en trouver un ayant tous les éléments de symétrie du cristal au moins (ce qui est nécessaire pour qu'on puisse imaginer que ce réseau figure la répartition de la matière du cristal).

Détermination de la forme primitive.

Forme primitive provisoire. Principe des calculs cristallographiques.

La symétrie de la forme extérieure du cristal se reconnaît souvent au premier coup d'œil. Les formes étudiées ci-dessus ont chacune leurs caractères propres et leur connaissance donne au moins une première idée des types de symétrie possibles. Les mesures d'angles viennent ensuite préciser ce diagnostic, en permettant de constater l'égalité ou l'inégalité de certains angles, entraînant l'existence au moins approchée ou l'absence de tel ou tel élément de symétrie dans les formes.

Toutefois ces mesures n'étant qu'approchées et souvent même assez grossières, la symétrie ainsi déterminée devra toujours être confirmée par l'étude du plus grand nombre possible d'autres propriétés, et notamment par celle des propriétés qui révèlent avec le plus de sensibilité les dyssymétries (principalement propriétés optiques et figures de corrosion). On remarquera d'ailleurs que, d'après la définition même de la symétrie, on ne connaîtrait la symétrie d'un cristal qu'après en avoir étudié *toutes* les propriétés. On ne connaît donc jamais qu'un maximum de la symétrie d'une espèce cristalline. Lorsqu'on indique *la symétrie* d'une espèce, il est sous-entendu qu'on entend par là un maximum de symétrie basé sur les propriétés actuellement connues et que des propriétés nouvelles pourraient venir abaisser.

Connaissant ainsi la symétrie et par suite le système auquel appartient le cristal, on choisit d'abord une forme primitive provisoire conforme à la symétrie, en donnant arbitrairement les caractéristiques les plus simples (100), (010), (001) à trois faces ABC choisies parmi les plus importantes ou, selon les systèmes, parmi les plans de symétrie comme il a été indiqué pour chaque système. Ce seront les faces du primitif. On donne ensuite la notation arbitraire (pqr), par exemple (111), à une quatrième face coupant les arêtes du primitif, de manière à déterminer les paramètres a, b, c de ces arêtes. A défaut d'une telle face, on pourra prendre par exemple une face parallèle à l'arête AB, coupant les arêtes AC et BC et qu'on notera arbitrairement $(pq0)$, par exemple (110), puis une autre parallèle à l'arête BC et qu'on notera $(0qr)$, par exemple (011), de manière à déterminer successivement les rapports $a : b$ et $b : c$.

Ayant mesuré un nombre d'angles suffisant pour fixer les positions relatives de toutes les faces (et en général le plus grand nombre d'angles possible, pour vérifications), on calculera, si l'on ne les a mesurés directement, les angles que fait la face (pqr) choisie (ou que font les faces choisies) avec les trois faces du primitif. Cela se réduit à des calculs de triangles sphériques. Cela fait, on calculera aisément les rapports $\dfrac{a}{p} : \dfrac{b}{q} : \dfrac{c}{r}$ des longueurs interceptées par la face (pqr) sur les trois arêtes du primitif, et par suite les paramètres $a : b : c$.

Etant donnée alors une face quelconque, repérée par les angles qu'elle fait avec d'autres, et dont il s'agit de calculer les caractéristiques $p'q'r'$, on calculera de même pour elle $\dfrac{a}{p'} : \dfrac{b}{q'} : \dfrac{c}{r'}$, d'où $p' : q' : r'$.

On aura ainsi rapporté toutes les faces du cristal à une forme primitive provisoire, choisie de manière à donner des caractéristiques simples à ces faces, mais encore arbitraire dans une assez large mesure.

La détermination de la forme primitive provisoire, d'où il sera aisé de passer ensuite à celle que l'on aura choisie définitivement, soit par un changement d'axes soit en multipliant par des nombres simples les paramètres provisoires, exige dans le système anorthique 5 données, donc 5 mesures d'angles fondamentales, que l'on choisit parmi les meilleures. De même il faudra trois données, donc trois mesures d'angles fondamentales, pour définir une forme primitive clinorhombique, deux pour une forme orthorhombique, une seule pour les systèmes ternaire, quaternaire ou sénaire. Dans le système cubique, la forme primitive est toujours le cube et les formes simples de même notation ont les mêmes angles pour tous les cristaux.

Les calculs, simples et aisés à imaginer dans chaque cas pour les cristaux à symétrie élevée, ne deviennent un peu longs que dans les systèmes clinorhombique et surtout anorthique où l'on ne peut choisir des axes de coordonnées rectangulaires. Dans les cas où il ne se présente pas de simplification, les formules suivantes peuvent suffire à résoudre le problème :

Soient X Y Z les pôles, sur une sphère, des *normales* menées par le centre aux trois faces (100), (010), (001) de la forme primitive, et P le pôle de la *normale* à une face (*pqr*). On a (fig. **223**) :

$$\frac{\sin PXY}{\sin PXZ} = \frac{r}{q}\frac{b}{c} \qquad \frac{\sin PYZ}{\sin PYX} = \frac{p}{r}\frac{c}{a} \qquad \frac{\sin PZX}{\sin PZY} = \frac{q}{p}\frac{a}{b}$$

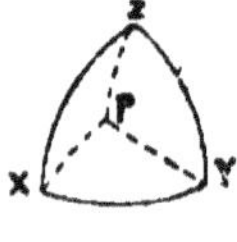

Fig. 223.   Fig. 224.

Si de même on appelle *xyz* les pôles des *arêtes* de la forme primitive, on a aussi (fig. **224**) :

$$\frac{\cos Px}{\dfrac{p}{a}} = \frac{\cos Py}{\dfrac{q}{b}} = \frac{\cos Pz}{\dfrac{r}{c}}$$

Les angles mesurés permettent de calculer soit les angles PXY, PXZ, etc. soit les angles P*x*, P*y*, P*z*. Par suite les rapports *a : b : c* sont connus si l'on a choisi arbitrairement *p : q : r* pour une face, et inversement les rapports *p : q : r* sont connus pour les autres faces lorsqu'on a ainsi déterminé *a : b : c*. Nous nous en tiendrons à ces notions sommaires. On trouve les procédés de calcul développés dans tous les traités de cristallographie (par exemple Mallard).

Choix définitif de la forme primitive par la détermination
du réseau. Loi de Bravais

La loi d'Haüy nous apprend quelle est la condition principale à laquelle répondent les plans qui jouent un rôle dans les propriétés discontinues du cristal : Ces plans sont avant tout des plans à grande densité réticulaire dans un certain réseau.

Dans l'hypothèse réticulaire, ce réseau est supposé exprimer la périodicité du milieu cristallin. La loi d'Haüy s'interprète alors ainsi : Les plans en question sont déterminés avant tout par la périodicité et non par la disposition du motif ; ils sont parmi les plans réticulaires les plus denses du réseau-période. Si la nature du motif cristallin intervient, ce ne peut être qu'accessoirement, pour déterminer le choix entre les directions en nombre relativement restreint définies par la condition précédente, qui est fondamentale et dominante.

On est donc conduit à se demander où est, dans la détermination des faces (et en général des plans à propriétés discontinues) la limite entre l'influence, certainement prépondérante, de la densité réticulaire, et celle, certainement secondaire, de la nature du motif.

Deux faits, d'abord, montrent avec évidence que la densité réticulaire ne peut à elle seule rendre compte de tout ce qui concerne les formes extérieures des cristaux. Si l'existence et l'importance relative des faces étaient fonction de leur aire réticulaire seule,

1° Les formes d'une même espèce cristalline seraient constantes dans toutes les conditions de cristallisation, puisque le réseau reste le même. Ce n'est pas ce que l'on observe. Au contraire, selon la nature du milieu ambiant, selon la température, etc. on voit souvent apparaître des formes diverses. On ne sait que fort peu de choses aujourd'hui sur cette influence des conditions extérieures et aucune loi n'a pu être encore formulée. Mais cette influence existe. L'importance des faces ne peut donc être fonction de la seule forme du réseau ; elle dépend nécessairement d'autre chose, c'est-à-dire du motif. Dans quelle mesure, c'est ce que l'observation seule peut nous apprendre. D'autre part :

2° Les *formes* mérièdres n'existeraient pas. Car dans les mériédries deux plans réticulaires A A′ symétriques par rapport à un élément de symétrie supplémentaire du réseau et appartenant ainsi à deux formes mérièdres complémentaires ont même aire réticulaire, et plus généralement ne se distinguent en rien l'un de l'autre en ce qui concerne le réseau. Si l'existence et le développement des faces était fonction du réseau seul, un cristal pourrait bien avoir, par d'autres propriétés, une symétrie mérièdre, mais ses formes extérieures ne la manifesteraient pas. A et A′ existeraient toujours ensemble, auraient même développement, et les formes extérieures seraient par suite toujours holoèdres. Ce n'est pas ce qui a lieu. Les deux formes complémentaires n'ont pas en général même importance. On le constate sans avoir pu d'ailleurs, ici encore, découvrir aucune loi du phénomène. Cette importance des faces n'est donc pas fonction seulement de la forme du réseau ; elle dépend aussi du motif. Dans quelle mesure, c'est encore à l'observation seule que nous pouvons le demander.

On voit qu'il ne saurait être question de découvrir une loi rigoureuse et absolue rattachant au seul réseau l'ordre d'importance des diverses formes simples d'une même espèce cristalline. Mais le fait remarquable est qu'une telle loi, bien que partiellement masquée par l'intervention d'autres facteurs, ressort cependant avec évidence de l'étude des formes des cristaux. Les autres facteurs interviennent aussi, *et sans loi jusqu'à présent connue*, mais seulement à titre d'influences perturbatrices qui, dans la grande majorité des cas, sont tout à fait secondaires et ne suffisent pas à masquer la loi principale suivante :

Loi de Bravais. — *Les faces d'un cristal sont d'autant plus importantes* (c'est-à-dire d'autant plus fréquentes et d'autant plus développées), *que leur densité réticulaire est plus grande dans un certain réseau.* C'est, on le voit, la loi d'Haüy, mais précisée et exprimée avec plus de rigueur. Cette rigueur, on vient de le voir, n'est pas absolue. Elle est cependant beaucoup plus grande que ne le comportait la loi d'Haüy sous sa forme habituelle.

Il est à remarquer que cette loi, déjà entrevue par Haüy, n'a pas été présentée par Bravais, puis par Mallard, comme une loi d'observation, mais comme une théorie rationnelle du genre cartésien, déduite par des raisonnements plus que contestables d'une hypothèse aujourd'hui insuffisante relative à la structure des cristaux. Inacceptable sous cette forme, la loi est restée sans influence sur la cristallographie. On ne s'est avisé que récemment qu'elle est en réalité une loi d'observation fondamentale, qui précise et remplace la loi d'Haüy, qui ne dépend d'aucune théorie et à laquelle au contraire toute théorie à venir devra se plier.

Dans un certain nombre de cas, qui seraient à eux seuls démonstratifs, la loi de Bravais classe les formes connues dans un ordre rigoureusement conforme à celui qu'établit l'observation.

Exemple : *Wapplérite* ($2AsO^4CaH, 3H^2O$).

Symétrie clinorhombique holoèdre. Paramètres $a : b : c = 0,456 : 1 : 0,266$. $\beta = 84°35'$. Mode octaédral : la face *yz* (100) est centrée.

Classement des plans réticulaires par ordre de densités réticulaires décroissantes (S, aire réticulaire) :

$$\begin{array}{cccccccccc}
010 & 100 & 120 & 011 & 11\overline{1} & 140 & 111 & 031 & 110 & 13\overline{1} \\
\underline{4} & \underline{4,85} & \underline{8,85} & \underline{15,3} & \underline{18,5} & \underline{20,8} & \underline{21,7} & \underline{23,3} & \underline{23,4} & \underline{26,5}
\end{array}$$

$$\begin{array}{cccccccccc}
131 & 21\overline{1} & 211 & 031 & 23\overline{1} & 160 & 15\overline{1} & 151 & 231 & 320 & 31\overline{1} \\
\underline{29,7} & \underline{31,5} & \underline{37,8} & 39,3 & 39,5 & 40,8 & 42,5 & \underline{45,7} & 45,8 & 47,6 & 54,2
\end{array}$$

$$\begin{array}{ccccccccccc}
130 & 25\overline{1} & 001 & 10\overline{2} & 340 & 251 & 33\overline{1} & 12\overline{2} & 071 & 311 & 102 \\
55,4 & 55,5 & 57,0 & 58,7 & 59,6 & 61,8 & 62,2 & 62,7 & 63,3 & 63,6 & 65,0
\end{array}$$

$$\begin{array}{ccccc}
17\overline{1} & 180 & 122 & 171 & 10\overline{1}, \quad \text{etc.} \\
66,5 & 68,8 & 69,0 & 69,7 & 70,2
\end{array}$$

Les formes connues sont soulignées.

Cet exemple, grâce au fait que les paramètres a et c sont très différents de b, est particulièrement typique. On voit en effet des formes à caractéristiques très simples, telles que (001), ($10\overline{2}$), ($10\overline{1}$), occuper un rang très éloigné sur cette liste. D'autres, telles que (101), ($12\overline{1}$), (012), ne figurent même pas parmi ces **37** premières formes. Au sens de la loi des caractéristiques rationnelles simples, ce devraient être des formes aussi *simples* et ayant autant de raisons d'exister que (010), (120), etc).

La liste ci-dessus est donc aussi différente que possible de celle que l'on imaginerait pour l'ordre d'importance des faces en vertu de la loi des troncatures rationnelles simples.

Or voici ce qu'on observe : La wapplérite a un seul clivage, qui est en même temps face constante et la plus développée, parallèlement à laquelle les cristaux sont aplatis, c'est (010). Elle porte constamment les faces prismatiques (100) et (120). Les formes les plus fréquentes et les plus développées après celles-là sont (011), ($11\overline{1}$), (140), (111), et toutes les formes connues, à part (151) qui est sans importance, occupent les **13** premiers rangs de la liste (fig. 225).

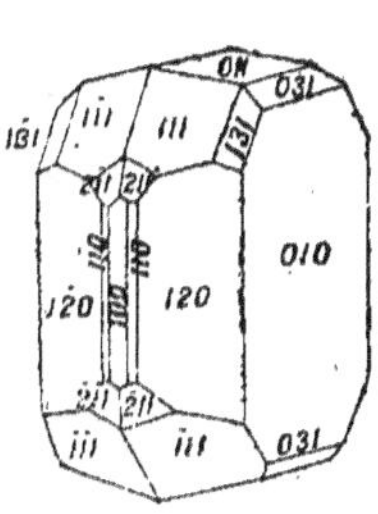

Fig. 225. — Wapplérite.

On voit que si les paramètres sont déterminés par la seule loi des caractéristiques simples, donner ces paramètres revient à ne donner presque aucune indication sur les formes existantes, c'est-à-dire sur *la seule chose que les paramètres ont pour mission d'exprimer*. Au contraire, si l'on sait que le réseau (paramètres et mode) a été déterminé conformément à la loi de Bravais, on peut d'avance, avec ces simples données et *sans rien savoir sur le motif du cristal*, qui ici n'intervient pas sensiblement, prévoir toutes les formes de l'espèce presque sans exception, prévoir que les cristaux sont aplatis suivant g^1 (010), allongés suivant (100) et (120) qui viennent ensuite, en un mot, dessiner le cristal. Il est impossible de douter, sur de tels exemples qui fournissent d'un seul coup un grand nombre de vérifications de la loi de Bravais, que la densité réticulaire soit le facteur principal de l'importance des faces. L'action du motif est ici sensiblement nulle.

Dans la majorité des cas, l'influence du motif, sans masquer celle prédominante du réseau, est plus importante. Exemple d'un cas ordinaire :

Soufre orthorhombique. — Symétrie orthorhombique holoèdre. Paramètres : $a : b : c = 0,813 : 1 : 1.903$. Mode octaédral rhombique (toutes les faces du primitif centrées). Ces paramètres adoptés de tout temps sont rendus presque obligatoires par l'extrême importance de l'octaèdre noté (111).

Ordre des densités réticulaires décroissantes :

001	111	010	113	011	100	101	012	115	110
$S^2 =$ 4	10,1	14,5	18,1	18,5	21,9	25,9	30,5	34,1	34,6
102	131	133	013	112	311	103	117	313	021	135
37,9	39,1	47,1	50,5	52,4	53,9	57,9	58,1	61,9	61,9	63,1
315	014	120	331	121	104	137	119	201	023	122
77,9	78,5	79,8	82,9	83,8	85,9	87,0	90,1	91,7	93,9	95,8
151	114	317	210	153	211	335	015	123	212	139
97	100,4	101,9	102,2	105	106	107	114	116	118	119
155 etc...									
121									

Les deux premières formes (001) et (111) sont constantes. Ce sont des plans de clivage (imparfaits, le soufre n'ayant pas de clivage parfait), et nettement les formes les plus importantes de l'espèce. (010), (113), (011) sont extrêmement communes, et cela est remarquable en particulier pour (113), dont les caractéristiques ne feraient pas prévoir ce rang en vertu de la loi des caractéristiques simples. Toutes les autres formes sont seulement

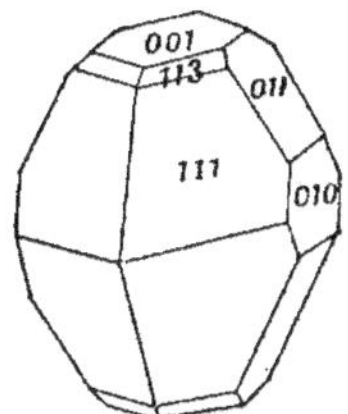

Fig. 226.

accessoires. (100), (101), (115), (110) se rencontrent encore souvent, et cela est remarquable surtout pour (115) qui, ainsi qu'en rend compte la loi de Bravais, est beaucoup plus commune que (112) ou (114). La loi ressort donc avec une grande netteté. Ce qui n'empêche pas qu'à partir du huitième rang de la liste, l'influence du motif se fait sentir nettement par l'absence de (012) puis de (102) et de (021), alors que d'autres formes moins denses sont assez communes (fig. 226).

C'est ainsi que se passent les choses dans la majorité des espèces : Les anomalies déterminées par l'influence du motif cristallin ne masquent pas la loi pour les formes les plus importantes : la détermination du réseau n'est pas rendue ambiguë par elles ; mais l'action du motif se fait sentir de plus en plus lorsqu'on arrive aux formes peu denses et peu importantes, comme on doit d'ailleurs s'y attendre.

On peut caractériser d'une manière assez frappante, sur un tel exemple moyen, l'avantage qu'il y a à baser la détermination des paramètres sur la loi de Bravais. En laissant de côté quelques formes très rares ou incertaines, les 28 formes connues du tableau ci-dessus représentent toutes les formes de quelque importance de l'espèce. On voit que les caractéristiques employées vont jusqu'à un maximum de 9. Si, comme on le fait d'habitude, on ne considère d'autre criterium de l'importance des faces que la simplicité des caractéristiques, que sait-on sur les formes du soufre quand on vous donne les paramètres ? On sait seulement que les 28 formes simples connues sont parmi celles dont les caractéristiques sont inférieures à un maximum, qu'on ne fixe d'ailleurs généralement pas, mais qui ici est égal à 9. Il y a exactement 805 de ces formes. Tandis que si l'on prend pour base la densité réticulaire on voit les 28 formes se grouper dans une liste de 44 formes seulement, et qui d'ailleurs comprend en tête toutes celles qui ont quelque importance et influent sur le facies général des cristaux. Au lieu de ne donner presque aucune indication sur les formes qu'ils sont censés résumer, les paramètres permettent de prévoir toutes les plus importantes et, à quelques erreurs près seulement, la plupart des autres.

Il y a enfin quelques cas exceptionnels où, soit parce que les formes connues sont trop peu nombreuses, soit parce que réellement l'influence du motif détermine des perturbations trop importantes jusque dans l'ordre des faces de grande densité, la détermination du réseau par la loi de Bravais permet d'hésiter entre plusieurs solutions. Même dans ces cas il est possible cependant de mettre en évidence l'influence de la densité réticulaire par un examen détaillé des formes. Nous ne pouvons entrer ici, même sommairement, dans cette étude.

Pour bien mettre en évidence combien, dans les cas habituels, l'action du réseau domine sur celle du motif dans la détermination des formes, nous donnerons encore ci-après l'exemple d'une espèce mérièdre et celui d'une espèce pseudo-mérièdre. Ils sont instructifs à beaucoup d'égards.

Exemple de mériédrie : *Tourmaline.*

Symétrie ternaire antihémièdre. Réseau ternaire avec $c : a = 0{,}4477$.

Ordre des formes par densités réticulaires décroissantes :

$$
\begin{array}{ccccccccccc}
10\bar{1} & 100 & 11\bar{1} & 11\bar{2} & 20\bar{1} & 110 & 21\bar{2} & 11\bar{3} & 21\bar{3} & 21\bar{1} \\
\end{array}
$$

$S^2 = \;$ 6 $\quad$ 9,48 $\quad$ 15,5 $\quad$ 18 $\quad$ 21,5 $\quad$ 31,9 $\quad$ 33,5 $\quad$ 39,5 $\quad$ 42 $\quad$ 43,9

$$
\begin{array}{ccccccccccc}
30\bar{2} & 30\bar{1} & 22\bar{3} & 31\bar{3} & 111 & 31\bar{2} & 21\bar{4} & 210 & 31\bar{4} & 11\bar{4} & 40\bar{3} \\
\end{array}
$$

45,5 $\quad$ 55,9 $\quad$ 57,5 $\quad$ 63,5 $\quad$ 67,4 $\quad$ 67,9 $\quad$ 69,5 $\quad$ 73,4 $\quad$ 78 $\quad$ 79,9 $\quad$ 81,5

$$
\begin{array}{cccc}
22\bar{1} & 31\bar{1} & 32\bar{3} & 32\bar{4} \quad \text{etc..} \\
\end{array}
$$

85,4 $\quad$ 91,4 $\quad$ 91,9 $\quad$ 93,5

Les vingt premières formes sont toutes connues. $(10\bar{1})$ et (100) sont les seuls clivages (imparfaits d'ailleurs). $(10\bar{1})$ est le prisme constant dans tous les cristaux, qui détermine la forme prismatique de la presque totalité d'entre eux. (100) est constante *malgré l'hémiédrie*, par ses deux formes complémentaires. $(11\bar{1})$ est constante au pôle antilogue, fréquente au pôle analogue. Le prisme $(11\bar{2})$ est constant par une de ses deux formes complémentaires, déterminant la forme triangulaire de la section, et fréquent par l'autre. $(20\bar{1})$ et (110) sont très communes au pôle analogue, et existent parfois au pôle antilogue. Ces six premières formes sont nettement les plus importantes de l'espèce, et classées dans un ordre parfaitement conforme aux faits.

Les six formes suivantes $(21\bar{2})$, $(11\bar{3})$, $(21\bar{3})$, $(21\bar{1})$, $(30\bar{2})$, $(30\bar{1})$ sont encore communes, mais accessoires, et presque toujours connues par une seule de leurs deux formes complémentaires. $(11\bar{3})$, $(21\bar{1})$, $(30\bar{2})$ n'existent guère qu'au pôle antilogue, $(30\bar{1})$ au pôle analogue. Toutes les suivantes sont encore moins importantes. Après la 20ᵉ seulement, une première anomalie consiste dans l'absence de $(40\bar{3})$, puis les formes connues, toutes rares, s'espacent de plus en plus.

Il n'y a guère d'espèce où la mériédrie affecte plus nettement et plus constamment les formes extérieures que dans la tourmaline. En d'autres termes, l'influence du motif cristallin sur l'existence et le développement des formes y apparaît au premier coup d'œil. Et malgré cela l'influence du réseau est, même ici, tellement prépondérante que le classement des formes par ordre de densités réticulaires n'est pas sensiblement troublé. On observe seulement ceci, qui est constant dans les cas de mériédrie et qui est une excellente confirmation de la loi de Bravais :

Parmi les formes qui, dans la mériédrie, se dédoublent en deux formes complémentaires de même aire réticulaire, les premières de la liste, celles dont l'aire est très petite, ne sont pas sensiblement affectées par la mériédrie. Leurs deux formes complémentaires, qui cependant n'ont de commun que leur réseau, ont sensiblement même importance et sont toutes deux constantes. C'est le cas de (100). Viennent ensuite des formes qui sont constantes par une de leurs formes complémentaires, et seulement communes par l'autre. Ce sont ici $(11\bar{1})$, $(11\bar{2})$: l'influence du motif commence à se manifester par une petite différence dans les fréquences des deux demi-formes. Puis des formes communes à l'un des pôles, rares à l'autre. Ce sont $(20\bar{1})$, (110), $(21\bar{2})$: l'influence du motif s'accentue. Enfin des formes qui ne sont connues qu'à l'un des pôles. Ainsi l'action du motif cristallin sur les formes du cristal, insensible quand la densité réticulaire est grande, va croissant régulièrement à mesure que cette densité diminue. C'est ce que l'on devait prévoir.

D'autre part on sait qu'au point de vue de la symétrie un cristal ternaire ne se distingue pas d'un cristal à réseau sénaire qui n'est ternaire que par hémiédrie. Nous avons dit (p. 81) que la loi de Bravais établit entre ces deux cas une différence très nette. La tourmaline en est un exemple.

On vient de voir comment, malgré l'antihémiédrie, le réseau ternaire classe ses formes dans un ordre conforme aux faits. Supposons que le réseau soit sénaire. Les formes se classeraient ainsi par densités réticulaires décroissantes :

$$S^2 = \begin{array}{ccccccccc} 11\overline{2} & 10\overline{1} & 111 & 100\text{-}22\overline{1} & 41\overline{2} & 41\overline{5} & 22\overline{5}\text{-}11\overline{1} & 20\overline{1}\text{-}24\overline{5} \\ 2 & 6 & 7{,}48 & 9{,}48 & 13{,}5 & 14 & 15{,}5 & 21{,}5 \end{array}$$

$$\begin{array}{cccc} 33\overline{7}\text{-}44\overline{5} & 52\overline{7} & 71\overline{5} & 411\text{-}110 \text{ etc.} \\ 25{,}5 & 26 & 31{,}5 & \overline{31{,}9} \end{array}$$

Les formes birhomboédriques sont réunies par un trait.

Un tel classement n'est nullement conforme aux faits. $(11\overline{2})$ est certainement moins important que les clivages $(10\overline{1})$, (100). (111) est insignifiante. $(41\overline{2})$ manque, etc. Et notamment aucun des groupes de deux formes birhomboédriques, de même aire dans le réseau sénaire, n'est connu sauf deux, qui sont d'ailleurs typiques : Car (100) est extrêmement importante et $(22\overline{1})$ rare, et de même (110) importante et (411) rare. Il n'y a rien là qui ressemble à la faible influence constatée précisément dans la même espèce, pour la mériédrie, c'est-à-dire pour la dyssymétrie du motif. L'exemple est, par là, particulièrement frappant.

Lorsqu'au contraire le réseau est sénaire les choses se passent comme dans les cas de mériédrie : les deux formes birhomboédriques de même aire ont d'abord sensiblement même importance, tant que la densité réticulaire est grande, puis se différencient de plus en plus à mesure que la densité réticulaire diminue. On distingue aisément à ce caractère les espèces qui ont un réseau sénaire des espèces réellement ternaires, à réseau rhomboédrique, comme la tourmaline.

Exemple de pseudo-mériédrie. *Épidote* (Voir aussi wapplérite p. 118).

Symétrie clinorhombique holoèdre. Paramètres $a : b : c = 1{,}579 : 1 : 3{,}259$. $\beta = 89°26'$. Mode hexaédral. Mais avec les paramètres ci-dessus, choisis pour mettre en évidence la pseudo-symétrie, la face xz (010) doit être centrée. Le réseau a donc une pseudo-symétrie orthorhombique très approchée, qui d'ailleurs ne se retrouve dans aucune autre propriété de l'espèce. C'est un type de pseudo-mériédrie.

Classement des formes par densités réticulaires décroissantes :

$$S^2 = \begin{array}{ccccccccccc} 001 & 10\overline{1}\text{-}101 & 010 & 10\overline{3}\text{-}103 & 012 & 111\text{-}11\overline{1} & 100 & 11\overline{3}\text{-} \\ 0{,}38 & 0{,}49 & 0{,}50 & 1 & 1{,}24 & 1{,}26 & 1{,}38 & 1{,}49 & 1{,}50 & 1{,}61 & 2{,}24 \end{array}$$

$$\begin{array}{ccccccccc} 113 & 014 & 210 & 10\overline{5}\text{-}105 & 21\overline{2}\text{-}212 & 10\overline{2}\text{-}102 & 30\overline{1}\text{-}301 & 11\overline{5}\text{-} \\ 2{,}26 & 2{,}50 & 2{,}61 & 2{,}74 & 2{,}78 & 2{,}97 & 3{,}00 & 3{,}08 & 3{,}15 & 3{,}69 & 3{,}72 & 3{,}74 \end{array}$$

$$\begin{array}{c} 115 \\ 3{,}78. \end{array}$$

Toutes ces formes sont connues, sans exception. Les 14 premières sont nettement les formes dominantes de l'espèce. (001) est clivage parfait, $(10\bar{1})$ clivage imparfait et il n'y en a point d'autre. Les trois formes constantes sont (001), $(10\bar{1})$, (101). Elles déterminent l'allongement en prismes parallèles à la zone de l'axe binaire, allongement caractéristique de l'espèce. Dans tous les détails, ce classement est conforme à l'ordre d'importance réel des faces de l'épidote.

Le point à remarquer ici est le suivant :

Nous avons vu dans la mériédrie (tourmaline) deux formes complémentaires d'aire réticulaire identique présenter presque même importance tant que leur densité réticulaire est grande, et mettre en évidence, de plus en plus, la dyssymétrie propre au motif à mesure que leur densité réticulaire décroit. Exactement de même ici, où le réseau, sans être rigoureusement plus symétrique que le motif, offre cependant une pseudo-symétrie très approchée, et bien que le milieu ne possède à aucun autre point de vue cette pseudo-symétrie, toutes les formes de grande densité réticulaire A sont accompagnées de leur pseudo-symétrique A'. Ces deux formes AA', *bien que nullement symétriques quant à toutes les autres propriétés*, ont une chose et une seule en commun : C'est leur aire réticulaire, qui est à peu près la même. Cela suffit pour qu'elles aient aussi à peu près même importance dans les propriétés discontinues. Ce n'est que lorsque la densité réticulaire devient très faible qu'on voit apparaître une différence notable entre elles (Ces groupes sont unis par un trait dans le tableau ci-dessus). Il faut arriver jusqu'à $(31\bar{1})$, pour laquelle $S^2 = 4,69$, pour trouver un groupe pseudo-symétrique dont l'une seule des deux faces soit connue.

Ces quelques exemples suffisent pour bien mettre en lumière le degré d'exactitude qui doit être attribué à la loi de Bravais. On peut dire en résumé :

L'importance des formes simples (mesurée par leur fréquence et leur développement) est fonction de la densité réticulaire dans un certain réseau : elle croit avec cette densité. D'autre part elle est fonction aussi d'autre chose, c'est-à-dire de la nature même du motif cristallin. Mais cette seconde variable n'est que secondaire et ne masque pas en général l'action prépondérante de la première ; et sur cette seconde variable on ne sait encore rien qui ait pu être réduit en lois. Il est évident par suite qu'il y a grand avantage, pour exprimer d'un seul coup non pas tous les faits observés, mais du moins le plus grand nombre possible d'entre eux, à déterminer le réseau conformément à la loi de Bravais.

On gagne aussi à cette définition objective du réseau de savoir ce que l'on veut dire quand on parle *du réseau d'une espèce*, et de pouvoir énoncer des lois précises lorsque ce réseau intervient, comme nous le verrons, dans les macles, dans l'isomorphisme, le polymorphisme, etc. ; ce n'est pas ce qui a lieu pour les réseaux ou formes primitives habituellement en usage aujourd'hui, déterminés avec plus d'arbitraire et de fantaisie individuelle que ne l'ont jamais été les anciens équivalents chimiques.

Une fois connue la forme primitive provisoire, ou si l'on veut le réseau provisoire, multiple simple du réseau définitif, la détermination de ce réseau définitif se fait en général aisément en recherchant, par tâtonnements, les modifications, le plus souvent très simples, qu'il faut faire subir à ce réseau provisoire pour que la ou les formes dominantes de l'espèce en soient les plans réticulaires de plus grande densité. On voit alors les autres formes se classer aussi conformément à la loi de Bravais. Nous conviendrons d'appeler toujours *réseau du cristal* celui qui est ainsi défini. Dans l'hypothèse réticulaire, c'est ce réseau qui devra figurer la répartition périodique de la matière du cristal.

DEUXIÈME SECTION :

CRISTALLOGRAPHIE PHYSIQUE

CHAPITRE II

PROPRIÉTÉS VECTORIELLES DISCONTINUES

Dans tout ce qui précède, nous ne nous sommes occupés que des *directions* des plans mis en évidence par les propriétés discontinues (à cela près que, dans la définition de la mériédrie, nous avons admis que deux plans géométriquement symétriques peuvent n'avoir pas mêmes propriétés). Nous avons à nous demander maintenant ce que sont en elles-mêmes ces propriétés discontinues.

En laissant de côté les macles et glissements, dont il sera parlé plus tard, ces propriétés discontinues se rapportent à deux ordres de considérations :

1° Formes extérieures (Faces planes, figures de corrosion) ;
2° Cohésion (Clivages).

Formes extérieures.

Faces planes.

Selon les conditions de cristallisation, nature du dissolvant, présence de matières étrangères, température, etc., les formes simples peuvent varier dans une même espèce.

Exemple : L'alun (cubique) en solution dans l'eau pure cristallise en octaèdres avec facettes peu développées de cube et de dodécaèdre rhomboïdal. En présence d'azotate de Na, les cristaux ne présentent que l'octaèdre. En présence de AzO^3H, ils ont la forme du cube avec facettes peu développées d'octaèdre. En présence de HCl, le cubo-octaèdre s'additionne de facettes d'un hexatétraèdre, etc. Le tout sans que la présence de ces substances étrangères change en rien la composition des cristaux déposés.

Les exemples connus de telles variations sont nombreux. Les cristaux naturels, dont les formes changent souvent d'un gisement à un autre, sans que ces variations, le plus souvent, puissent être attribuées à des modifications de la composition chimique ou de la structure du cristal, donnent ainsi de nombreuses preuves de l'influence des conditions de cristallisation sur les formes cristallines.

Les lois expérimentales du phénomène restent inconnues. On peut toutefois essayer de le mieux comprendre en le ramenant à certaines notions simples.

Que signifie d'abord cette tendance qu'a le cristal, dans sa croissance, à se limiter par des plans ?

Supposons qu'un cristal (fig. **227**) limité par une surface courbe *ab* s'accroisse par exemple dans sa solution. Si AB est la direction d'une face plane qui tend à se produire, nous verrons, au point M où la surface a cette direction, le dépôt être nul ou

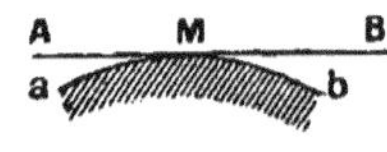

Fig. 227.

très lent, tandis que la matière se dépose rapidement aux points voisins où la direction de la surface est un peu différente. Au bout de peu de temps la surface aura pris ainsi, autour de M, la forme plane et la direction AB, et le dépôt aura cessé de s'y faire ou ne se fera plus qu'avec une vitesse considérablement ralentie. En d'autres termes, la solution, non saturée ou à peine saturée pour toute portion du cristal limitée par une surface parallèle à AB, dépasse notablement la saturation pour celles dont la surface a toute autre direction voisine. Une direction de face apparaît ainsi comme une direction telle que, lorsque le cristal est limité par elle, sa solubilité est brusquement *plus grande* que pour toute direction voisine. La formation des faces cristallines planes, dans la cristallisation par dissolution, est donc en rapport immédiat avec ce fait que la solubilité, dans le cristal, varie, et varie d'une manière discontinue, avec la direction de la surface. Les faces correspondent à des maxima relatifs de solubilité.

Le fait que les faces ne sont pas toujours planes, et aussi le fait que plusieurs formes simples coexistent très souvent, bien que leurs solubilités ne soient vraisemblablement pas identiques, semblent montrer que ces variations de la solubilité avec la direction sont généralement assez petites.

En rapprochant cela de la loi d'Haüy-Bravais, on voit que les directions des maxima relatifs de solubilité sont aussi les directions de grande densité réticulaire.

On remarquera que les cristaux peuvent se former aussi par sublimation ou par solidification après fusion, et que dans ces cas ils prennent également des faces planes répondant aux lois de la cristallographie géométrique. On peut en conclure, comme ci-dessus, que la tension de vapeur et la fusibilité varient avec la direction de la surface qui limite le cristal ; que ces variations, d'ailleurs faibles, sont discontinues ; et que les plans de grande densité réticulaire correspondent à la fois à des maxima relatifs de solubilité, de tension de vapeur et de fusibilité.

On voit aussi qu'en toute rigueur les mots de solution saturée, vapeur saturée, point de fusion, lorsque l'une des phases en présence est cristalline, n'ont un sens précis que si l'on spécifie quelle est la forme extérieure des cristaux que déposent la solution, la vapeur ou le corps fondu.

Dans quelques cas, d'ailleurs rares, on a pu obtenir, dans la croissance d'un cristal, la formation momentanée de faces qui ne se produiraient pas spontanément, en taillant grossièrement une surface se rapprochant de la face en question et plaçant le cristal dans la solution saturée. Il se produit alors, suivant le mécanisme indiqué ci-dessus, une *cicatrisation* rapide (Pasteur) qui habituellement rétablit les faces spontanées correspondant aux conditions de cristallisation ; mais qui parfois remplace la surface artificielle inégale par une véritable face cristalline unie et exactement parallèle à une forme simple différente. Cette face disparaît ensuite au profit des faces spontanées, si l'on laisse le cristal s'accroître.

Il est à remarquer que la phase fluide existant autour du cristal ne peut être rigoureusement homogène. S'il s'agit d'une solution, par exemple, elle s'appauvrit au contact du cristal par le dépôt de matière solide, et elle s'appauvrit inégalement puisque le dépôt ne se fait pas avec la même activité aux divers points. La solution saturée se renouvelle à la fois par diffusion et (surtout) par les courants de convection que déterminent les changements de densité dûs au dépôt. Ce renouvellement n'est pas instantané. On comprend ainsi que la formation de faces exactement planes n'est qu'un cas limite ; et aussi que, surtout si la croissance est rapide, l'homogénéité de la solution au contact du cristal, constamment détruite par le dépôt, n'ayant pas le temps de se rétablir au fur et à mesure, les formes peuvent présenter de nombreuses irrégularités.

Notamment, quand la croissance est rapide, le voisinage des arêtes a une tendance à croître plus vite que le centre des faces, parce qu'un point d'une arête a autour de lui un champ plus large où il puise la substance dissoute, et aussi parce que les courants de convection circulent plus librement au voisinage d'une arête que vers le centre d'une face. De même les sommets tendent à croître plus vite que les arêtes. D'où les cristaux en « arborescences », en « squelettes », en « chapelets » (neige, métaux natifs refroidis rapidement après fusion, etc.). Quand la cristallisation est assez lente pour que les courants de convection ou la diffusion renouvellent la solution sans retard sensible d'un point par rapport à un autre, les différences ci-dessus s'atténuent et disparaissent.

Les notions précédentes permettent de s'expliquer assez bien pourquoi le cristal tend à se limiter par des faces planes et pourquoi cette tendance n'est pas toujours strictement satisfaite. Elles ne rendent pas compte cependant de la formation simultanée de plusieurs formes simples. Il semblerait au contraire que, par exemple dans la cristallisation par dissolution, une seule forme, celle qui correspond au maximum absolu de solubilité, dût tendre à exister aux dépens de toutes les autres.

On peut préciser davantage, et comprendre comment la forme stable dans des conditions données de cristallisation peut être une combinaison de plusieurs formes simples. L'idée est due à Curie. La voici, mise sous une forme un peu plus précise et plus générale (M. Jouguet) :

Un cristal est en équilibre en présence de sa solution. Quelles sont les conditions pour que cela ait lieu ?

Soient M_1 la masse du solide dissous, M_2 celle du liquide, μ celle du cristal.

Le potentiel thermodynamique de l'ensemble comprend des termes proportionnels à la masse, et en outre des termes proportionnels à l'aire de la surface séparative des deux milieux, termes dont les coefficients sont les constantes capillaires au contact des faces du cristal et de la solution. Soient $A_1 A_2$.. ces constantes, $S_1 S_2$.. les aires des faces correspondantes. Le potentiel thermodynamique P sera de la forme :

$$P = M_1 F_1 + M_2 F_2 + \mu \Phi + A_1 S_1 + A_2 S_2 + A_3 S_3 + \ldots$$

Écrivons qu'il y a équilibre, c'est-à-dire que P est minimum.

$$F_1 \delta M_1 + \Phi \delta \mu + A_1 \delta S_1 + A_2 \delta S_2 + \ldots = 0$$

D'ailleurs $\delta \mu = - \delta M_1$.

Soient $x_1 x_2..$ (fig. 228) les distances des faces $S_1 S_2..$ à un point intérieur du cristal. On a, d étant la densité du cristal :

$$\frac{3}{d} \delta\mu = \delta \, (S_1 x_1 + S_2 x_2 + ..) = S_1 dx_1 + S_2 dx_2 + ...$$

$$+ x_1 \left(\frac{dS_1}{dx_1} dx_1 + \frac{dS_1}{dx_2} dx_2 + ... \right)$$

$$+ x_2 \left(\frac{dS_2}{dx_1} dx_1 + \frac{dS_2}{dx_2} dx_2 + ... \right) + ..$$

Fig. 228.

D'où :

$$\frac{d}{3} (\Phi - F_1) \left(S_1 + x_1 \frac{dS_1}{dx_1} + x_2 \frac{dS_2}{dx_1} + ... \right) + \left(A_1 \frac{dS_1}{dx_1} + A_2 \frac{dS_2}{dx_1} + ... \right) = 0$$

$$\frac{d}{3} (\Phi - F_1) \left(S_2 + x_1 \frac{dS_1}{dx_2} + x_2 \frac{dS_2}{dx_2} + ... \right) + \left(A_1 \frac{dS_1}{dx_2} + \Lambda_2 \frac{dS_2}{dx_2} + ... \right) = 0$$

Etc...

Equations où les A n'entrent que par leurs rapports à la constante $\frac{d}{3} (\Phi - F_1)$. Si l'on pose $\Lambda_1' = \dfrac{\Lambda_1}{\frac{d}{3} (\Phi - F_1)}$, $A_2' = \dfrac{\Lambda_2}{\frac{d}{3} (\Phi - F_1)}$,

Etc...

on a :

$$(1) \quad \begin{aligned} & S_1 + x_1 \frac{dS_1}{dx_1} + x_2 \frac{dS_2}{dx_1} + ... + A_1' \frac{dS_1}{dx_1} + \Lambda_2' \frac{dS_2}{dx_1} + ... = 0 \\ & S_2 + x_1 \frac{dS_1}{dx_2} + x_2 \frac{dS_2}{dx_2} + ... + A_1' \frac{dS_1}{dx_2} + A_2' \frac{dS_2}{dx_2} + ... = 0 \end{aligned}$$

Etc...

Telles sont les équations d'équilibre. Il est aisé de voir d'ailleurs qu'elles reviennent à écrire que la quantité $A_1 S_1 + A_2 S_2 + ..$ qui représente l'énergie de surface est minimum à masse constante (C'est la forme que Curie donnait à sa théorie).

Des équations d'équilibre on peut, dans chaque cas particulier, tirer les valeurs de $x_1 x_2 ...$ et par suite toute la forme du cristal connaissant seulement pour chaque face la valeur du coefficient A, qui est sa constante capillaire en présence de la solution. Si l'on connaissait, pour des conditions de cristallisation données, les valeurs de A pour chaque face du cristal, on saurait prévoir la forme d'équilibre complète du cristal (Tout au moins sa forme limite en supposant la solution homogène).

On n'a pas jusqu'ici de moyen de mesurer ces constantes capillaires. Il n'en est pas moins intéressant de se rendre compte que ce sont elles qui régissent les formes du cristal, tout comme la constante capillaire détermine la forme d'une goutte liquide isotrope, et de savoir comment. Prenons un exemple :

Dans le système cubique, quelles sont les conditions de stabi-

lité de la forme complexe constituée par le cube et le dodécaèdre associés?

Soient $A_1 A_2$ les constantes capillaires du cube et du dodécaèdre. $a\,b$ les longueurs des arêtes conformément à la figure 229.
On trouve pour les conditions d'équilibre (1) :

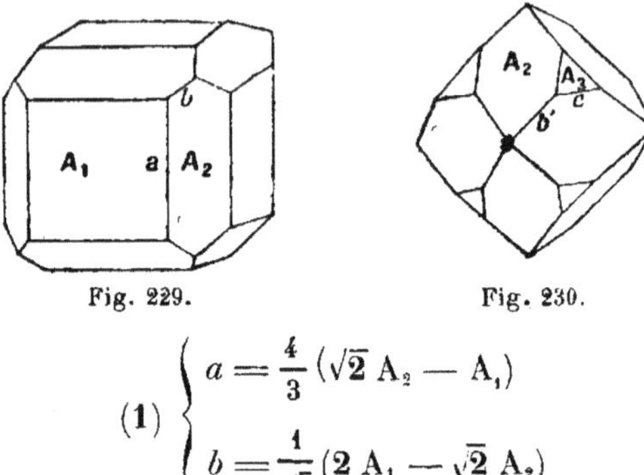

Fig. 229.   Fig. 230.

$$(1)\ \begin{cases} a = \dfrac{4}{3}\,(\sqrt{2}\,A_2 - A_1) \\[2ex] b = \dfrac{1}{\sqrt{3}}\,(2\,A_1 - \sqrt{2}\,A_2) \end{cases}$$

D'où résulte que : Si $\dfrac{A_1}{A_2} \lessgtr \dfrac{1}{\sqrt{2}}$, le cube est seul stable. Si les

faces du dodécaèdre existent, il croît à leurs dépens et les fait
disparaître.

Si $\dfrac{A_1}{A_2}$ est entre $\dfrac{1}{\sqrt{2}}$ et $\sqrt{2}$, la forme stable est un cubo-dodécaè-

dre dont les relations (1) définissent les arêtes.

Si $\dfrac{A_1}{A_2} \geqq \sqrt{2}$, le dodécaèdre est seul stable, il détruit le cube.

De même, conditions de stabilité de l'octaèdre-dodécaèdre
(fig. 230). On trouve :

$$(1')\ \begin{cases} c = \dfrac{4}{\sqrt{3}}\,(\sqrt{3}\,A_2 - \sqrt{2}\,A_3) \\[2ex] b' = 4\,\sqrt{3}\,(\sqrt{3}\,A_3 - \sqrt{2}\,A_2) \end{cases}$$

D'où résulte que si $\dfrac{A_3}{A_2} \lessgtr \sqrt{\dfrac{2}{3}}$, l'octaèdre seul est stable.

Si $\dfrac{A_3}{A_2}$ est entre $\sqrt{\dfrac{2}{3}}$ et $\sqrt{\dfrac{3}{2}}$, la forme stable est un octaè-

dre-dodécaèdre défini par les relations (1').

Si $\dfrac{A_3}{A_2} \geqq \sqrt{\dfrac{3}{2}}$, le dodécaèdre seul est stable.

Le cas du cubo-octaèdre se discute aussi aisément, et de
même celui des trois formes cube-octaèdre-dodécaèdre réunies.

On peut résumer cela graphiquement ainsi, pour les trois formes par exemple [1] :

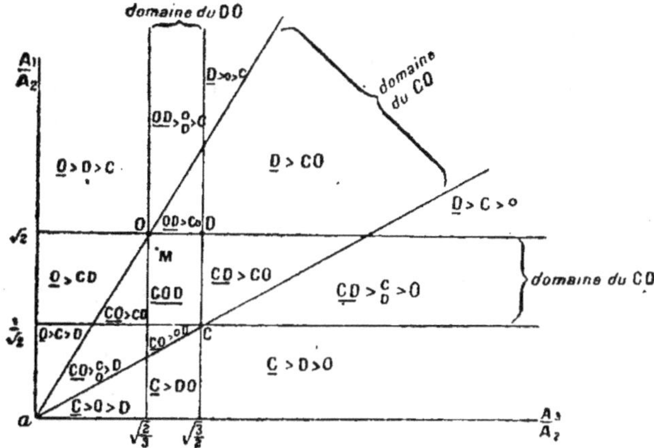

Fig. 231.

Exemple : Alun en solution aqueuse. Octaèdre avec petites
facettes de cube et de dodécaèdre. Le point représentatif sera
vers M dans le rectangle COD. L'addition de AzO³Na fait passer
ce point dans le domaine situé à gauche de aO, etc..

On voit aussi que les formes dominantes étant celles pour
lesquelles la constante capillaire est *petite*, les mêmes directions ont à la fois une grande densité réticulaire, une petite
constante capillaire, une grande solubilité, une grande tension
de vapeur et une grande fusibilité. Toutes ces propriétés sont
ainsi liées entre elles étroitement. En particulier la loi de Bravais établit un lien entre la constante capillaire et l'aire réticulaire. Bien entendu, la constante capillaire ne dépend pas
seulement de l'aire réticulaire ; elle dépend aussi du liquide
(en général du milieu) et, dans le cristal lui-même, du motif.
Mais elle en dépend peu, la loi de Bravais nous l'indique.
Elle est fonction surtout de l'aire réticulaire et varie dans
le même sens qu'elle. L'exemple ci-dessus fait comprendre

---

[1] O > D > C signifie : le cube peut exister seul, métastable. Si le dodécaèdre coexiste avec lui, il le fera disparaître. Si l'octaèdre coexiste avec le
cube ou le dodécaèdre, il les fera disparaître tous deux. L'octaèdre est la
forme *stable*.

OD > $\frac{o}{D}$ > C indique de même que la forme stable est un octaèdre-
dodécaèdre, plus stable que l'octaèdre ou le dodécaèdre seuls, plus stables
eux-mêmes que le cube, etc..

comment l'examen des formes des cristaux, sans donner une mesure exacte des constantes capillaires des diverses faces (en raison des irrégularités de forme déterminées par le manque d'homogénéité des solutions), fixe cependant des limites à leurs rapports. On constate ainsi que les constantes capillaires ne varient certainement pas proportionnellement à l'aire réticulaire S, mais tout au plus proportionnellement à $\sqrt{S}$. Leurs variations, d'une face existante à une autre, sont assez faibles.

Figures de corrosion.

Au point de vue de la détermination de la symétrie, les observations relatives à la *décroissance* des cristaux dans un liquide qui les dissout ou les attaque sont de grande importance.

La croissance d'un cristal ne constitue pas un phénomène strictement réversible. Lorsqu'un cristal est placé dans une solution capable de l'attaquer ou de le dissoudre, ses faces ne se corrodent pas en général uniformément. Elles ne restent pas planes, mais se parsèment au début de petites corrosions distribuées irrégulièrement. Si l'attaque est prolongée, les formes s'arrondissent et les faces disparaissent complètement. Mais si l'on arrête l'attaque à temps, on constate que les petites corrosions initiales dessinent des figures plus ou moins régulières, de forme variable selon les conditions de l'opération et selon la nature du dissolvant. La forme des figures de corrosion, constante dans les mêmes conditions, est toujours régie par la symétrie de la face attaquée, et peut par suite donner d'utiles indications sur celle du cristal. Les petits polyèdres creux ainsi gravés dans le cristal sont quelquefois limités par des faces à peu près planes ; beaucoup plus souvent ces faces sont nettement courbes, et l'on conçoit bien qu'il doit en être ainsi.

En effet, dans les formes convexes du cristal, les faces qui tendent à s'élargir dans la cristallisation sont, on l'a vu, celles dont la solubilité est maxima. La solution, saturée pour

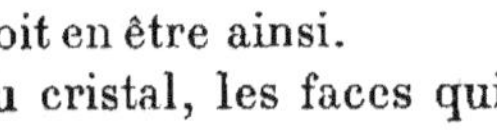

B′ A′ C′

Fig. 232.

les directions voisines, ne dépose rien sur A (fig. 227), qui s'étend ainsi aux dépens des surfaces voisines moins solubles et les fait disparaître. Ici, dans les formes concaves, si de plusieurs directions A B′C′.. (fig. 232) c'est A′ qui présente la solubilité maxima, la dissolution de matière sur A′ tend au contraire à augmenter B′C′.. aux dépens de A′. Les faces parallèles aux directions de solubilité maxima, qui sont, comme nous le savons, les plans à caractéristiques entières simples, les plans réticulaires à grande densité, tendent à disparaître. Les surfaces de corrosion sont donc, au contraire, des surfaces de solubilité faible, et s'écartent autant que possible des plans réticulaires simples. Ce sont en général des surfaces courbes, ou si elles sont accidentellement à peu près planes, ce sont des plans très différents des plans réticulaires simples.

On conçoit aussi que les figures de corrosion, limitées ainsi par des surfaces très différentes des faces simples du cristal, soient très sensibles à la mériédrie, alors que beaucoup des formes simples convexes ne peuvent la mettre en évidence. Beaucoup de formes simples, en effet, étant normales à des éléments de symétrie déficients, ne peuvent être affectées par la mériédrie ; et parmi les autres, toutes celles dont la densité réticulaire est très grande n'en sont affectées que faiblement, ainsi que nous l'avons vu. Aucune de ces deux raisons n'est valable pour les figures de corrosion, qui sont en général un indice très sensible de l'existence des mériédries.

Les figures de corrosion ont servi dans beaucoup de cas à mettre en évidence des dyssymétries mériédriques que la forme extérieure des cristaux, pour l'une ou l'autre des deux raisons ci-dessus, ne suffisait pas à révéler. Toutefois, pour tirer de leur étude des résultats certains, il faut observer certaines précautions souvent négligées.

Lorsqu'on polit artificiellement une face d'un cristal, de manière à la remplacer par une surface très légèrement différente, cette opération change parfois beaucoup la symétrie des figures de corrosion qu'on peut faire apparaître sur cette face. En d'autres termes les figures de corrosion sont un réactif très sensible non pas tant de la symétrie du cristal que de celle de la face corrodée, laquelle ne possède un plan de symétrie que si elle est *rigoureusement* normale à un plan de symétrie du cristal, ou un axe de symétrie que si elle est rigoureusement normale à un axe du cristal. Bien que le cristal puisse posséder tel élément de symétrie, si la face soumise à la corrosion n'est pas exactement plane et si par suite elle ne coïncide pas rigoureusement avec le plan réticulaire normal à l'axe ou au plan de symétrie, il se peut parfaitement que l'on voit apparaître dans les figures de corrosion une dyssymétrie que l'on attribuerait à tort au cristal. On doit donc, pour tirer des conclusions sûres de l'examen des figures de corrosion, opérer sur des échantillons divers dans des conditions variées et ne conclure à une dyssymétrie que si elle se manifeste d'une manière évidente et constante.

Sous ces réserves, l'étude des figures de corrosion fournit des renseignements très précieux.

On peut dire d'une manière générale que pour obtenir des figures nettes il vaut mieux une attaque rapide et peu prolongée qu'une attaque lente poursuivie pendant longtemps.

Exemples : *quartz droit et quartz gauche* attaqués par H F (attaque très lente à froid) (fig. **233**).

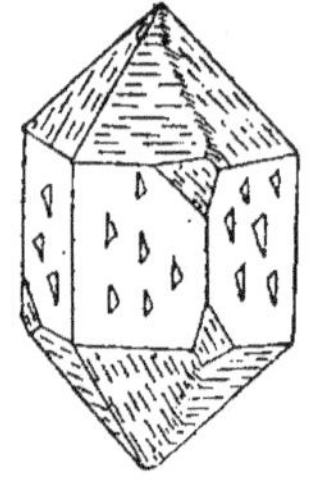
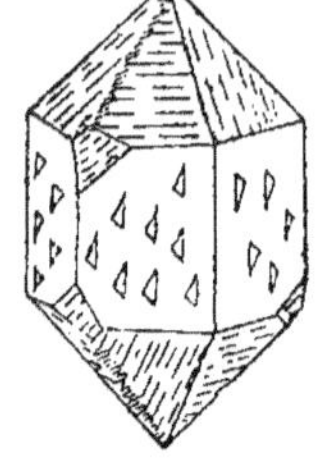

Fig. 233.   Quartz droit.   Quartz gauche.

Calcite attaquée un instant par H Cl, faces p et a^1 (fig. **234**).

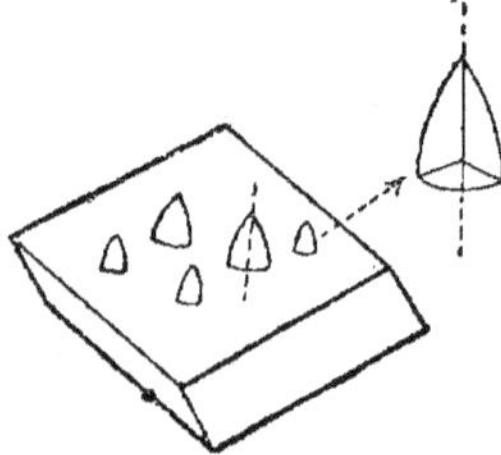
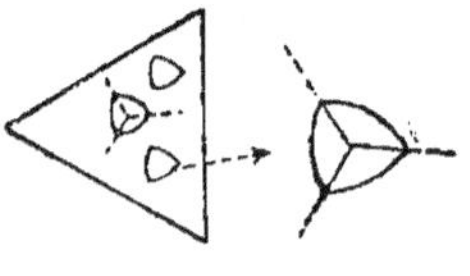

Fig. 234. — Face p.   Calcite. Face a^1.

Mica muscovite, face p (fig. **235**). Ici, les corrosions prouvent qu'il n'y a qu'un plan de symétrie AB normal à la face p, et se

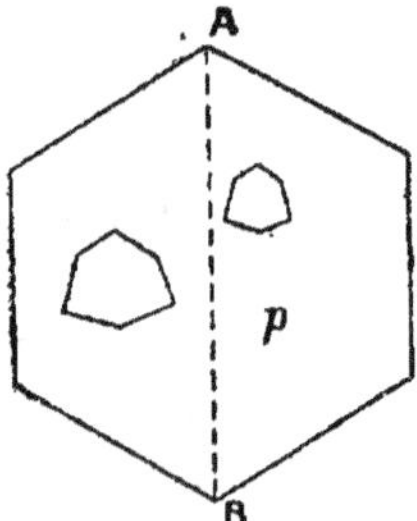

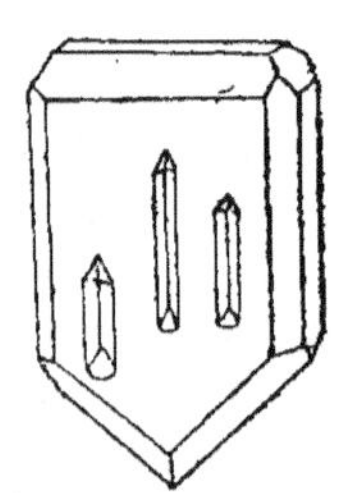

Fig. 235.   Fig. 236.

montrent ainsi plus sensibles que les propriétés optiques elles-mêmes, car celles-ci sont presque rigoureusement orthorhombiques.

Calamine (fig. **236**) : figures mettant en évidence l'antihémiédrie du système orthorhombique.

Cohésion.

Clivages.

La cohésion varie avec la direction d'une manière essentiellement discontinue : cette discontinuité se manifeste par le *clivage*. Ce caractère des milieux cristallins est très important et plus constant que l'existence des faces extérieures, car il se manifeste aussi bien sur un fragment quelconque que sur un cristal entier et ne dépend point des conditions de cristallisation.

Un *plan de clivage* est une direction de plan que la cassure suit de préférence à toute autre direction voisine.

Un véritable plan de clivage ne doit pas être confondu avec les *plans de séparation* de position définie que détermine parfois l'existence de matières interposées, par exemple de poussières déposées sur les faces à certains moments de la croissance du cristal. L'essentiel du clivage est de pouvoir continuer à se produire suivant la même direction si petit que soit le fragment que l'on brise. Il peut y avoir doute lorsque les plans de séparation sont très rapprochés. Mais en général ce doute est levé par l'examen d'échantillons de diverses provenances, le clivage étant constant dans une même espèce et les plans de séparation au contraire accidentels.

Il arrive souvent que la cassure ne se compose pas d'un seul plan mais d'une surface irrégulière formée de facettes parallèles au clivage et de surfaces quelconques appartenant, par exemple, à un autre clivage. Le clivage est dit *interrompu*. On en constate alors l'existence en faisant miroiter la cassure.

Une *ligne de clivage* est une direction de droite que la cassure suit de préférence à toute direction voisine, de telle sorte que la cassure prend en général la forme d'une surface cylindrique quelconque ayant pour génératrice cette direction. Il est assez rare qu'une ligne de clivage facile ne soit pas simplement l'intersection de deux clivages plans faciles. Cependant cela a lieu parfois. Exemple : anthophyllite. Deux lignes de clivage déterminent une cassure plane, donc un plan de clivage. Exemple : gypse.

Les plans de clivage sont toujours parallèles à des faces très simples de la forme extérieure. Dans la grande majorité des cas, ce sont les plans les plus importants du réseau, ceux dont la densité réticulaire est maximum. C'est-à-dire que lorsqu'on détermine le réseau par la loi de Bravais appliquée aux formes extérieures, les clivages se trouvent être, *dans ce même réseau*, toujours des plans de grande densité, et presque toujours les plans les plus denses. Ce sont par suite aussi ceux dont l'équidistance est la plus grande. Voir notamment les exemples donnés à propos de la loi de Bravais. De même, les lignes de clivage sont toujours des rangées de petit paramètre, et dans la grande majorité des cas les rangées les plus denses.

Il y a cependant quelques cas où le réseau déterminé par cette condition que les clivages les plus faciles en soient les plans réticulaires les plus denses n'est pas identique au réseau déterminé par les formes extérieures, mais en est un multiple très simple.

Il est clair que cet accord remarquable de deux propriétés indépendantes, formes extérieures et cohésion, qui s'expriment par un même réseau (parfois à un multiple simple près) est un fort argument à l'appui de l'hypothèse réticulaire.

Un clivage peut être plus ou moins *facile*. On entend par clivage facile celui qui se produit même quand on brise le cristal au hasard, sans prendre la précaution d'exercer l'effort dans une direction déterminée. Exemples : clivage p de la calcite, du mica, de la galène. Certaines clivages très difficiles n'apparaissent que lorsque la cassure est produite dans des conditions tout à fait spéciales. Exemple : quartz, clivages b^1 $(10\bar{1}1)$; calcite, clivages b^1 et d^1.

Un clivage peut, d'autre part, être plus ou moins *net* ou *parfait*. On entend par clivage net ou parfait celui qui présente, par rapport aux directions voisines, un minimum de cohésion très accentué, de sorte que la cassure le suit très exactement et est bien plane et réfléchissante.

Un clivage peut être facile et parfait : calcite p, mica p, gypse g^1.

Il peut être difficile et parfait : calcite b^1 (110), d^1 $(10\bar{1})$.

Il peut être facile et imparfait : gypse $e^{1\cdot}$

Il peut être, naturellement, difficile et imparfait.

La planitude des clivages révèle souvent la parfaite régularité de la structure réticulaire dans des cristaux dont les faces extérieures ne sont pas planes (Exemple : diamant). Elle m ntre ainsi que ce n'est pas le réseau, et plus généralement la structure interne, qui dans ces cristaux sont déformés, mais que c'est la surface externe qui suit imparfaitement les plans réticulaires.

Quand il existe un plan de clivage, toutes les faces de la même forme simple sont des plans de clivage identiques au premier, également nets et également faciles. Cela résulte de la définition même de la symétrie et de la forme simple. Exemples de quelques cas :

Cristaux cubiques : Blende, 6 clivages b^1 (dodécaèdre rhomboïdal) également parfaits et faciles. Fluorine, 4 clivages parfaits et faciles a^1 (octaèdre). Galène, sel gemme, 3 clivages parfaits et faciles p (cube).

Cristaux sénaires : Wurtzite, 3 clivages assez faciles m, un autre imparfait et difficile p.

Cristaux ternaires : Calcite, 3 clivages très parfaits et faciles p, 3 autres parfaits et difficiles b^1, 3 autres parfaits et encore plus difficiles d^1. Arsenic, 1 clivage parfait et facile a^1, trois autres imparfaits a^2.

Cristaux quadratiques : Apophyllite, 1 clivage parfait et facile p, 2 autres imparfaits m. Anatase, 1 clivage parfait et facile p, 4 autres parfaits et à peine moins faciles $b^{\overline{\frac{1}{2}}}$ (111).

Cristaux orthorhombiques : Anhydrite, 3 clivages trirectangulaires bien différents : p parfait, g^1 un peu moins, h^1 imparfait, tous trois faciles. Barytine, 1 clivage parfait et facile p, 2 autres un peu moins parfaits et faciles m, normaux à p et non perpendiculaires entre eux. Topaze, un seul clivage parfait et facile p. Anthophyllite, un clivage linéaire parfait et facile suivant l'arête mm, [001], 2 clivages à peine distincts m.

Cristaux clinorhombiques : Amphibole, 2 clivages parfaits et faciles m. Orthose, 2 clivages rectangulaires différents : L'un p facile et parfait, l'autre g^1 moins facile et moins parfait. Mica un clivage extraordinairement facile p. Gypse, 1 clivage linéaire suivant l'arête pg^1 [100], un autre un peu moins facile et parfait suivant l'arête g^1 h^1 [001], un plan de clivage extraordinairement parfait et facile g^1 (010) déterminé par ces deux lignes de clivage, enfin 2 clivages faciles très imparfaits e^1 (011) se coupant suivant la première ligne de clivage pg^1. Wollastonite, 5 clivages différents dans une même zone : h^1, p, a^1, a^2, o^1, tous parallèles à l'axe binaire.

Cristaux anorthiques : Albite, 2 clivages différents, p parfait,

g^1 moins, disposés comme ceux de l'orthose mais non exactement rectangulaires. Etc..

Les macles produites par action mécanique (voir p. 259) déterminent souvent, suivant la surface d'accolement, des cassures planes qui se comportent comme de véritables clivages. Le clivage b^1 de la calcite est dans ce cas. Lorsqu'il y a un axe binaire de macle et accolement suivant la section rhombique (v. p. 238) il semble possible qu'une cassure plane se produise suivant cette section bien qu'elle ne soit pas un plan réticulaire. Certains clivages anomaux s'expliqueraient ainsi.

Figures de choc ou de compression. — Les lignes ou plans de clivage difficiles ne se manifestent parfois que dans des conditions d'expérience très particulières, comme celle des macles mécaniques, par exemple. Autres cas : Lorsqu'on appuie avec un poinçon ou une pointe mousse sur une face cristalline, on y détermine souvent des fissures étoilées autour du point de contact, fissures tantôt planes tantôt simplement astreintes à passer par une rangée de la face. Ce sont en général de véritables clivages, qui souvent diffèrent de ceux que l'on observe en brisant le cristal. Ils peuvent n'être pas les mêmes selon que l'on opère par choc ou pression lente, ou encore selon que la lame cristalline est plus ou moins mince, ou étant mince est posée sur un support rigide ou élastique. Exemples :

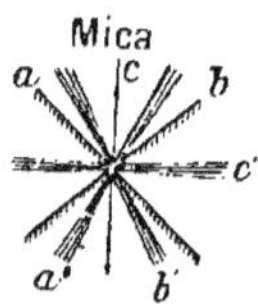

Fig. 237.

Le sel gemme, cubique, avec clivages parfaits cubiques, frappé avec un poinçon sur une face p du cube, se fissure suivant les deux plans b^1 normaux à la face p, et non pas suivant les deux faces p. Il en est de même si l'on comprime une lame taillée parallèlement à b^1 et en général quand il y a effort de cisaillement suivant b^1 (fig. 237).

Le mica, clinorhombique avec un clivage extrêmement facile et parfait p, placé sur un support rigide et frappé au moyen d'un poinçon sur la face p, montre un étoilement de trois lignes abc (fig. 237), dont l'une, c, parallèle à la trace du plan de symétrie g^1, correspond à la trace d'une fissure nette et plane normale à p, les deux autres, symétriques par rapport à la première, à des fissures imparfaitement planes obliques sur p. Sur un support élastique (lame de caoutchouc) on obtient trois brisures grossières, très imparfaitement rectilignes a' b' c' à peu près normales aux précédentes et qui ne paraissent pas être analogues à des clivages mais plutôt à des pliages comparables à ceux du carton (une lame p de mica, pliée, garde le pli comme fait le carton, sans que les deux parties se séparent).

Ces phénomènes se rattachent probablement aux déformations en rapport avec la structure cristalline (voir p. 261).

CHAPITRE III

Généralités.

D'après tout ce qui précède, il existe dans les cristaux un certain nombre de propriétés connexes (cohésion, constantes capillaires, solubilité, etc.) qui présentent des minima ou des maxima pratiquement discontinus suivant un nombre restreint de directions. Et ces directions sont définies en vertu de la loi d'Haüy, dans l'hypothèse réticulaire, par cette condition que la répartition périodique de la matière, dans ces directions, est exprimée par une période (plane ou linéaire) qui est un petit multiple des dimensions de la maille. Les directions pour lesquelles la période dépasse cette dimension (plans et rangées à faible densité réticulaire) ne diffèrent pas, pour ces propriétés, de celles pour lesquelles la période est infiniment grande (plans et droites non réticulaires). C'est donc que, pour ces propriétés, le rayon d'activité moléculaire est de l'ordre d'un petit nombre de fois le paramètre.

Allons à l'extrême opposé : Pour l'attraction newtonienne, le cristal, quelle que soit son asymétrie, quelle que soit sa structure et si différents que soient entre eux ses paramètres, est isotrope. L'attraction newtonienne qui s'exerce entre un cristal et une masse quelconque est totalement indépendante de l'orientation cristallographique du cristal. Car le poids d'un cristal ne dépend point de son orientation par rapport à la verticale. La surface représentative du phénomène, lieu des extrémités des vecteurs qui mesurent l'attraction dans chaque direction, est une sphère. Or, pour l'attraction newtonienne, le rayon d'activité est infiniment grand par rapport à la maille.

Entre ces deux extrêmes, faisceau de plans correspondant au cas où le rayon d'activité est très petit et sphère correspondant au cas où ce rayon est infiniment grand, on conçoit qu'il puisse exister tous les intermédiaires pour les formes des surfaces représentatives des diverses propriétés.

Pour certains phénomènes (ex. dureté) la surface représentative, encore continue, est très différente de la sphère. Pour d'autres (ex. propriétés optiques), elle s'écarte peu de la forme sphérique ; pour ces derniers, le cristal s'écarte peu de l'isotropie.

Il va de soi que la forme de la surface représentative dépend du choix de la quantité qui sert de mesure au phénomène. On se rappellera aussi que, par définition, cette surface a au minimum toute la symétrie du cristal.

Lorsque, pour une propriété déterminée, le cristal s'écarte peu de l'isotropie, il arrive parfois qu'en choisissant convenablement la quantité qui mesure cette propriété la surface représentative quasi-sphérique ait sensiblement la forme d'un ellipsoïde. Pour les propriétés optiques, par exemple, cela a lieu dans les limites, fort étroites cependant, des erreurs de mesures actuelles. En pareil cas, dans les cristaux du système cubique, l'ellipsoïde, étant astreint à avoir notamment quatre axes ternaires, sera nécessairement une sphère. Pour cette propriété donc, un cristal cubique sera isotrope, bien qu'il ne le soit nullement pour d'autres. Il sera isotrope non pas d'une manière absolue, mais avec une approximation plus ou moins grande ; sa surface représentative approchera d'une sphère ni plus ni moins que celle des autres cristaux approche d'un ellipsoïde.

Du fait que les cristaux cubiques, par certaines de leurs propriétés, sont sensiblement isotropes et que les autres cristaux, par ces mêmes propriétés, s'éloignent assez peu de l'isotropie, on a souvent tiré des conclusions hâtives contre lesquelles il est bon de se mettre en garde. On répète notamment que puisque, pour ces propriétés, les cristaux cubiques sont isotropes et les autres quasi-isotropes, les cristaux non cubiques doivent avoir une structure quasi-cubique. L'argument a servi notamment à Mallard pour étayer cette idée, aujourd'hui insoutenable, que tous les cristaux ont des réseaux pseudo-cubiques et en général des structures résultant de celle d'un cristal cubique par une très petite déformation.

L'exemple de l'attraction newtonienne montre assez combien ce raisonnement est peu convaincant. Du fait que pour cette propriété tous les cristaux sont isotropes, il ne viendra à l'idée de personne de conclure qu'ils ont tous la structure cubique. Il n'y a pas plus de raison de conclure, par exemple, de la quasi-isotropie des propriétés optiques, à la quasi-cubicité de tous les cristaux. Ce qui paraît vraisemblable, au contraire, c'est qu'il y a là une simple question de dimension du rayon d'activité.

Il y a d'abord des propriétés pour lesquelles les cristaux sont tous isotropes, si diverses que soient leurs structures (ex. attraction newtonienne). Et cet exemple tend à nous montrer que ce sont celles pour lesquelles le rayon d'activité est infiniment grand par rapport aux dimensions de la maille.

Il y a ensuite des propriétés (ex. propriétés optiques) pour lesquelles le cristal, nettement anisotrope, est assez peu éloigné de l'isotropie. Ce sont vraisemblablement celles pour lesquelles le rayon d'activité est encore très grand par rapport aux dimensions de la maille. Pour celles-là, la surface représentative, peu différente de la sphère dans les cristaux asymétriques, quelle que soit d'ailleurs leur structure, se rapproche nécessairement plus encore de la sphère pour les cristaux cubiques, parce que la symétrie exige l'égalité des rayons vecteurs dans plusieurs directions. Et si notamment cette surface se confond sensiblement, pour les cristaux asymétriques, avec un ellipsoïde elle se confondra sensiblement avec une sphère pour les cristaux à symétrie cubique.

Il y a ensuite des propriétés pour lesquelles la surface représentative, encore continue, s'écarte plus ou moins fortement de la sphère, sans approcher du tout d'un ellipsoïde. Pour celles-là, les cristaux cubiques ne sont nullement isotropes (ex. magnétisme, dureté).

Il y a enfin des propriétés pour lesquelles la surface représentative est pratiquement un faisceau de plans (propriétés discontinues). C'est alors un faisceau de plans pour les cristaux cubiques comme pour les autres. Et ici le rayon d'activité se réduit à un petit nombre de fois le paramètre de la maille.

On voit qu'il n'y a aucune conclusion générale à tirer de là relativement à la structure des cristaux.

On remarquera aussi que si nous avons basé la définition de la matière cristallisée sur l'existence des propriétés discontinues qu'elle possède toujours et qui manquent toujours à la matière amorphe, cependant certaines propriétés continues (celles pour lesquelles, selon l'ébauche de théorie ci-dessus, le rayon d'activité n'est pas très grand) peuvent présenter, dans les cristaux, des caractères particuliers qui ne se retrouveront pas dans la matière amorphe. Un corps amorphe isotrope légèrement déformé reste, en général, par toutes ses propriétés, voisin de l'isotropie. Il ne diffère pas d'un cristal pour les propriétés de celui-ci qui sont voisines de l'isotropie. Il pourra en différer beaucoup par celles pour lesquelles cette condition n'est pas remplie. C'est ce qui a lieu pour la dureté, par exemple, dont les variations, bien que continues, sont caractéristiques de l'état cristallin. Il serait donc exagéré de croire que si les propriétés discontinues n'existaient pas et si les continues existaient seules la matière cristallisée ne différerait *en rien* de la matière amorphe. Cela est vrai pour beaucoup de propriétés continues, non pour toutes. Il resterait, en réalité, des différences, portant, il est vrai, sur des propriétés médiocrement définies (dureté), ou spéciales à certains cristaux très particuliers (magnétisme), ou difficiles à étudier, mais enfin des différences sensibles.

Nous ne décrirons des propriétés continues que ce qui est utile pour la minéralogie.

Dureté.

Propriété très importante en pratique pour la détermination des minéraux. Un minéral A est dit plus dur qu'un autre B lorsque, pris sous la forme d'une pointe aiguë, il est capable de *rayer* le minéral B.

Ne pas confondre la dureté avec la ténacité sous ses divers aspects (résistance à la traction, à la compression, au choc). Le jade, par exemple, est à la fois beaucoup moins dur et plus tenace que le diamant.

Précautions à prendre pour faire l'essai de dureté :

1^0 Ne faire l'essai que sur une surface lisse et homogène, non sur une cassure raboteuse ou sur une agglomération de petits cristaux, afin de ne pas prendre pour une rayure un arrachement des parties saillantes de cette cassure ou une désagrégation des cristaux de cette agglomération ;

2^0 Employer un angle aigu du minéral rayant ;

3^0 Après l'essai, nettoyer la rayure et l'examiner à la loupe pour s'assurer que le corps A a tracé un sillon dans le corps B et ne pas prendre pour une rayure une trace laissée par le cristal A, plus tendre, sur le cristal B.

On peut essayer la dureté relative d'une poudre et d'un fragment en frottant la poudre sur celui-ci au moyen d'un objet tendre, un morceau de bois, par exemple, nettoyant la rayure et examinant à la loupe ou au microscope.

La dureté varie beaucoup d'une espèce à une autre. Elle varie aussi, en général, dans un même cristal selon les faces ; dans une même face, selon la direction ; et dans une même direction MN, suivant que la pointe traçante va de M en N ou de N en M. Néanmoins, au point de vue de la simple reconnaissance des espèces, on peut se contenter d'une approximation grossière qui fait abstraction des variations de la dureté selon les directions, quand elles ne sont pas trop grandes. On peut ainsi classer les minéraux par ordre de duretés en se servant d'une échelle type dite *échelle de Mohs.* Ce classement est rendu possible par l'observation suivante, constamment vérifiée : Si A raie B, et si B raie C, A raie toujours C.

Echelle de Mohs :

Rayés par l'acier ordinaire (canif)	Rayés par le verre ordinaire	Rayés à l'ongle	1. Talc cristallisé 2. Gypse 3. Calcite
		. . . .	4. Fluorine 5. Apatite
Rayé par les aciers très durs.			6. Orthose.

7. Quartz
8. Topaze
9. Corindon.
10. Diamant.

Chacune de ces espèces est rayée par les suivantes et raie les précédentes. On convient de dire que la dureté d'un minéral est de 4 1/2, par exemple, s'il raie la fluorine et est rayé par l'apatite. Il va sans dire que ces chiffres mesurent mal la dureté et ne sont que des repères pratiques. On ne peut d'ailleurs, en raison de la grossièreté de l'essai, augmenter utilement le nombre des degrés de l'échelle.

Cependant, même avec cette échelle grossière, il y a des cas où la dureté d'un minéral s'exprime par des chiffres différents selon les directions. Exemple : disthène (anorthique), dureté 5 au plus (rayé au couteau) sur h^1 (**100**) dans le sens de l'arête $g^1 h^1$, dureté 7 sur g^1.

Pour étudier la dureté avec plus de détail, on peut la mesurer par le poids dont il faut charger une pointe déterminée, de diamant, par exemple, pour que, promenée sur le minéral, elle commence à y produire une rayure appréciable. On a imaginé diverses définitions d'allure plus scientifique ; elles ne conduisent à rien de plus précis.

Scléromètre : Le minéral à rayer est placé sur un chariot mobile qui peut se déplacer horizontalement dans une direction déterminée. Ce chariot porte un plateau tournant à volonté dans tous les azimuts. Le minéral est placé sur ce plateau par l'intermédiaire de vis calantes permettant de régler l'horizontalité de la face à essayer. La pointe traçante, mobile dans le sens vertical seulement, est équilibrée par un contrepoids, ainsi que sa monture. Elle porte un plateau sur lequel on ajoute des poids jusqu'à observer une rayure en déplaçant le chariot.

Quelques résultats :

1° Comparaison de l'échelle de Mohs avec l'échelle sclérométrique (Franz) :

	Dureté sclérométrique	
Echelle de Mohs	Pointe d'acier rayée par le diamant sous la charge de 23 gr.	Pointe de diamant.
—	—	—
1. Talc . . .	inappréciable	inappréciable
2. Gypse. . .	1 gr. 5	—
3. Calcite . .	9 »	—
4. Fluorine. .	36 »	—
5. Apatite . .	163 »	12 gr.
6. Orthose . .	260 »	20
7. Quartz. . .	— »	34
8. Topaze . .	— »	43
9. Corindon. .	— »	51

La remarque que, dans les limites d'erreurs admissibles, le rapport des duretés de l'apatite et de l'orthose est le même pour les deux pointes d'acier et de diamant tendrait à faire attribuer aux duretés sclérométriques une valeur absolue, indépendante de la pointe rayante, et à établir comme suit la valeur sclérométrique approximative des degrés de l'échelle de Mohs :

1	Dureté sclérométrique voisine de	0
2	—	1
3	—	6
4	—	24
5	—	110
6	—	180
7	—	310
8	—	390
9	—	460
10	—	?

Ce ne peut être qu'une approximation grossière.

2° Variation des duretés selon les directions. Lois :

1° Cette variation est continue.

2° La dureté est, par définition, la même pour des faces et directions symétriques.

3° Elle varie peu avec la direction pour les minéraux qui n'ont pas de clivages faciles. Elle varie beaucoup, au contraire, pour ceux qui ont des clivages faciles.

4° Elle est *minima* sur les faces de clivage facile.

5° Quand il n'y a qu'un clivage facile, la dureté varie peu ou pas avec la direction dans ce plan.

6° Dans le même cas, la dureté, sur un plan normal au clivage, est minima parallèlement à la trace du clivage, maxima normalement à cette direction.

7° Sur une face oblique par rapport à un clivage, la dureté, dans une direction normale à la trace du clivage, est plus grande quand la pointe va vers l'angle obtus que lorsqu'elle va vers l'angle aigu en *rebroussant* pour ainsi dire les clivages. Sur la calcite, par exemple, cela est assez marqué pour être très sensible à la main lorsqu'on promène une lame de canif suivant la petite diagonale de la face p : l'effet est le même que sur la tranche oblique d'un livre ouvert ; la pointe, quand elle va du sommet ternaire a au sommet latéral e, glisse au lieu de pénétrer : la dureté est relativement grande ; suivant la même ligne, de e en a, la pointe accroche et pénètre : la dureté est beaucoup plus faible.

On voit en résumé que les variations de la dureté avec la direction paraissent dépendre de la même cause que l'existence des clivages ; il y a une relation évidente entre les deux phénomènes. Et les variations de dureté ne révèlent la symétrie du milieu qu'autant qu'il existe des clivages faciles qui la révèlent aussi bien. Elles ne sont donc pas un indice bien utile de la symétrie.

Exemples : Calcite, face p (100) (fig. 238). Courbe obtenue en portant sur chaque direction à partir du centre de la face une longueur proportionnelle à la dureté sclérométrique évaluée au moyen d'une même pointe.

Sur la face a^1 normale à l'axe ternaire, la courbe a la symétrie ternaire, avec des rayons vecteurs maxima et minima de 3,63 et 4,89. Sur e^2 la dureté atteint son maximum 9,70 (égal à 10 fois le minimum de la face p) parallèlement à l'axe ternaire, et en allant dans le sens de l'arête du rhomboèdre primitif.

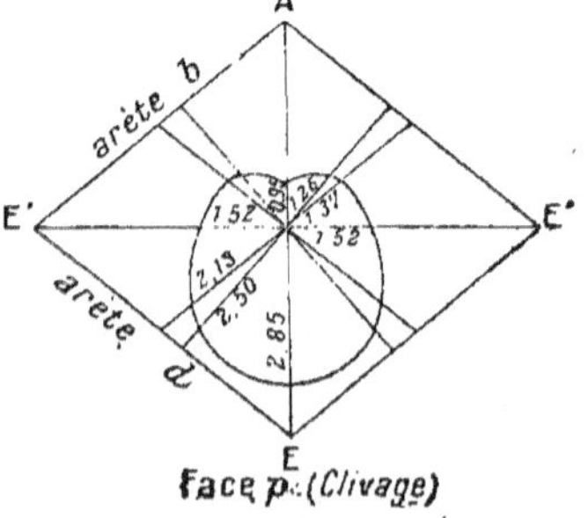

Fig. 238.

Sel gemme, cubique avec clivages *p* (fig. **239**).
Fluorine, cubique avec clivages octaédriques *a¹* (fig. **240**).

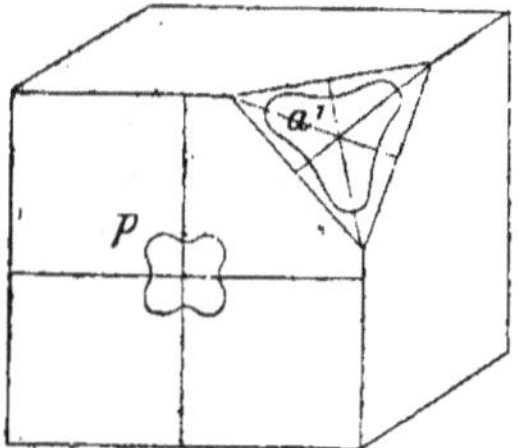
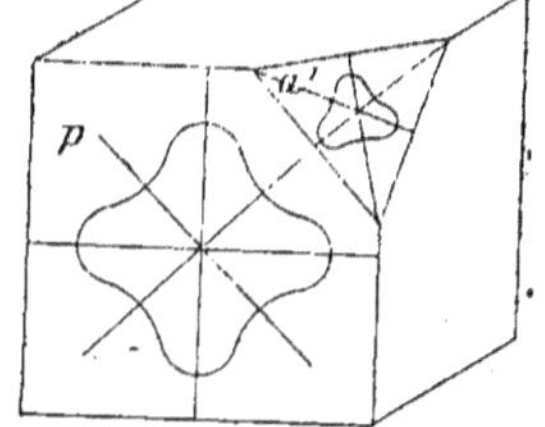

Fig. 239. — Sel gemme.   Fig. 240. — Fluorine.

Il semble aussi que *pour une même espèce* la dureté doit varier avec la direction en raison inverse du frottement (Mallard). Soit en effet P le poids dont est chargé la pointe traçante pour produire la première rayure appréciable. P mesure la dureté sclérométrique. Soit α le coefficient de frottement, l la longueur et ω la section de la rayure. Si l'on écrit que le travail de désagrégation Q de l'unité de volume du cristal est indépendant de la direction de la rayure, ce qui paraît *a priori* vraisemblable, on aura : $P\alpha\, l = Q\, l\omega$. ω étant la section de la première rayure appréciable, est constant. D'où $P\alpha =$ constante. La dureté sclérométrique est inversement proportionnelle au frottement.

Dilatation thermique.

La dilatation varie, dans les cristaux, selon les directions (Mitscherlich). Cette variation est continue et telle que le cristal garde son homogénéité, sa structure réticulaire et sa symétrie (abstraction faite, bien entendu, des changements d'état brusques dont il sera parlé à propos du polymorphisme). Il est aisé de voir qu'il résulte de là qu'une sphère taillée dans le cristal à une température déterminée se transforme, à toute autre température, en un ellipsoïde dont la forme et l'orientation sont régies naturellement par la symétrie du cristal. Dans le cas le plus général, celui du système anorthique, on peut définir la dilatation par la déformation des axes de l'ellipsoïde (en grandeur et direction, soit 6 coefficients distincts) ou encore par la déformation des 3 paramètres et des 3 angles qui définissent la maille.

Dans le système clinorhombique, le nombre des coefficients distincts se réduit à **4** : l'ellipsoïde relatif à chaque température a l'un de ses axes en coïncidence avec l'axe binaire du réseau, les deux autres dans le plan de symétrie du réseau et les variations d'un seul angle définissent leur position. Dans le système orthorhombique, les trois axes de l'ellipsoïde coïncident avec les axes binaires du réseau et leurs trois dilatations suffisent à définir celle du cristal. Dans les systèmes à axe principal, l'ellipsoïde est de révolution autour de l'axe principal, les dilatations sont les mêmes pour toutes les directions faisant le même angle avec cet axe, et la dilatation du cristal se définit par deux coefficients, dilatation suivant l'axe et dilatation normalement à l'axe. Dans le système cubique enfin, l'ellipsoïde, astreint à avoir plusieurs axes d'ordre supérieur à **2**, est une sphère, et la dilatation est isotrope comme dans les substances amorphes.

Remarque : De l'inégalité des dilatations dans les différentes directions résulte que les angles dièdres varient en général avec la température. Ces variations sont assez faibles pour être négligeables quand la température s'écarte peu de la température ordinaire. Il résulte de là aussi que la forme primitive varie d'une manière continue avec la température. En général ces variations sont sans importance. Toutefois elles peuvent jouer un rôle dans certains phénomènes : ainsi elles peuvent influer notablement sur la position de la surface d'accolement de certaines macles, dite section rhombique, surface dont l'orientation, définie par la forme du réseau, varie beaucoup pour de très petits changements de la forme primitive (Voir p. **238**).

Il y a des cristaux pour lesquels un ou deux des trois coefficients de dilatation principaux (dirigés suivant les axes de l'ellipsoïde) sont négatifs. Ils se contractent dans une direction tandis qu'ils se dilatent dans une autre. Exemples :

Un coefficient principal négatif :

		Coef. de dil. linéaires.	Coef. de dil. en volume. $(\alpha + \alpha' + \alpha'')$
Emeraude (sénaire)	α axe sénaire.	$- 1,1.10^{-6}$	$+ 1,7 \ 10^{-6}$
	$\alpha' \ \alpha''$ normal.	$+ 1,4$	
Jodure d'argent (sénaire)	α axe sénaire.	$- 3,97$	$- 2,67$
	$\alpha' \ \alpha''$ normal.	$+ 0,65$	Contraction en vol.

Deux coefficients principaux négatifs :

		Coef. de dil. linéaires.	Coef. de dil. en volume.
Calcite (ternaire)	α axe ternaire.	$+ 26,21.10^{-6}$	$+ 15,4.10^{-6}$
	$\alpha' \ \alpha''$ normal.	$- 5,4$	
Orthose (clinorhombique)	α axe binaire.	$- 2,00$	
	α' dans g^1.	$+ 19,07$	$+ 15,59$
	α'' dans g^1.	$- 1,48$	

Conductibilité thermique.

En ce qui concerne la conductibilité thermique, nous signalerons seulement qu'elle varie nettement suivant les directions, et d'une manière continue. On peut s'en assurer en enduisant d'une mince couche de cire une lame taillée dans le cristal, puis en introduisant une tige métallique chauffée (par exemple, par le passage d'un courant électrique) dans un trou percé au milieu de la lame. La cire fond autour du point de contact, et la limite de la partie fondue reste, après refroidissement, marquée par un bourrelet qui trace une ligne d'égale température. Cette ligne a toujours la forme d'une ellipse, dont la disposition est régie par la symétrie du cristal. L'essai est aisé à faire avec des lames de clivage de gypse.

En général, la conductibilité paraît être en rapport avec la position des clivages ; quand il n'y a qu'un clivage facile, elle est généralement maxima parallèlement au clivage facile, minima dans le sens perpendiculaire. Mais il y a d'assez nombreuses exceptions et il est impossible de formuler à ce sujet des lois aussi générales que pour la dureté.

Exemples numériques :

Quartz : conductibilité suivant

l'axe ternaire . . 1,576 Normalement : 0,937

Calcite : conductibilité suivant

l'axe ternaire . . 0,576 Normalement : 0,472

La conductibilité électrique, les propriétés magnétiques varient aussi d'une manière continue avec la direction. Nous les laisserons de côté.

Pyroélectricité. Piézoélectricité.

Pyroélectricité. — Certains cristaux diélectriques, chauffés assez lentement pour que la température de toute leur masse reste sensiblement uniforme, présentent une direction particulière, dite *axe de pyroélectricité,* aux deux extrémités de laquelle se manifestent, lors des variations de température, des charges électriques égales et de signes contraires. L'extrémité qui, par une élévation de température, se charge positivement, est dite *pôle analogue ;* celle qui se charge négativement *pôle antilogue.* Un abaissement de température produit l'effet inverse.

On admet qu'à toute température le cristal est dans un état de polarisation analogue à celui d'un diélectrique placé dans un champ de force électrique, la couche électrique superficielle, invariablement liée au cristal, étant à l'état ordinaire équilibrée par une couche externe étrangère due à ce que la surface (qui condense, par exemple, de la vapeur d'eau) est toujours un peu conductrice. Les variations de température modifient cet état de polarisation, en sorte que pour ramener le cristal à l'état initial de neutralité apparente il faut fournir une certaine charge à la couche externe étrangère. Cela ne veut pas dire qu'on ramène le cristal à l'état neutre, en ce sens que la polarisation subsiste ; mais tout se passe comme si une certaine charge électrique positive était apparue à l'un des pôles et une charge égale et contraire à l'autre.

Quelles sont les symétries possibles pour un cristal dans lequel ce phénomène se manifeste, étant bien spécifié que la température de toute la masse reste uniforme ?

En raison de l'homogénéité du cristal, puisque tous ses points sont supposés à une température uniforme s'il y a un axe de pyroélectricité il y en aura un de même direction passant par tout point de la masse. Une sphère taillée dans le cristal, par exemple, se chargera positivement sur tout un hémisphère, négativement sur l'autre, avec un grand cercle neutre entre eux. Il ne peut donc y avoir, si l'échauffement est uniforme, *qu'un seul axe de pyroélectricité*.

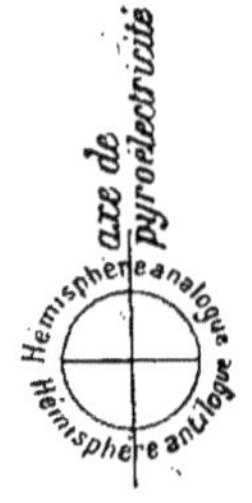

Fig. 241.

En second lieu (et ceci est vrai que l'échauffement soit uniforme ou non) la pyroélectricité ne peut exister que dans un cristal *dépourvu de centre*. Car pour qu'il puisse se manifester une charge positive à l'extrémité A d'une droite et une charge négative à l'extrémité B de la même droite, il faut que les directions AB et BA ne soient pas identiques. La pyroélectricité, en tout état de cause, suffit à démontrer l'absence de centre.

Enfin le cristal, si l'échauffement est uniforme, ne peut avoir au plus qu'un seul axe de symétrie. En effet, s'il existe un axe de symétrie, l'axe de pyroélectricité doit coïncider avec lui. Car autrement la rotation de $\frac{2\pi}{n}$ autour de l'axe exigerait qu'il y eût un second axe de pyroélectricité, ce qui est impossible. Il ne peut donc y avoir qu'un seul axe de symétrie, et s'il y en a un, l'axe de pyroélectricité coïncide avec lui.

Par suite, la pyroélectricité par échauffement ou refroidissement uniformes révèle nécessairement une symétrie caractérisée par l'absence de centre et l'existence de 0 ou 1 axe de symétrie. Ces types de symétrie, qu'on réunit parfois sous le nom d'*hémimorphies*, sont les suivants :

Systèmes à axe principal : Les trois antihémiédries $A^6\,3P\,3P'$, $A^4\,2P\,2P'$, $A^3\,3P$ (exemples dans les cristaux naturels : Iodyrite, tourmaline, antihémiédrie ternaire). Puis les trois tétartoédries correspondantes : A^6, A^4, A^3.

Dans le système orthorhombique, l'antihémiédrie $L^2P'P''$ (calamine, topaze).

Dans le système clinorhombique, l'holoaxie L^2 (inconnue dans les minéraux naturels) et l'antihémiédrie P (scolécite). On remarquera que dans ce dernier cas l'axe de pyroélectricité est astreint à être dans le plan P.

Dans le système anorthique enfin, l'hémiédrie oC.

Tout cristal présentant la pyroélectricité par échauffement uniforme a nécessairement un de ces 10 types de symétrie. Bien entendu, cela ne nécessite pas qu'inversement tout cristal ayant, par ses autres propriétés, une de ces symétries, possède la pyroélectricité ; elle peut y être insensible ou même nulle. En fait elle y existe à peu près toujours et est un caractère généralement très sensible de l'existence de ces symétries.

Remarque. — Les huit premières symétries ci-dessus, plus spécialement appelées hémimorphies, sont celles pour lesquelles les deux extrémités de l'axe unique de symétrie portent en général des formes simples différentes. On a remarqué que le pôle analogue coïncide constamment avec l'extrémité qui porte les faces les plus aplaties (base normale à l'axe ou formes surbaissées) et le pôle antilogue avec celui qui porte des formes aiguës. Exemples : Calamine, le pôle analogue porte la base p, le pôle antilogue généralement l'octaèdre e_3. Tourmaline, le pôle analogue porte les rhomboèdres p et b^1, le pôle antilogue p et e^1.

On remarquera que l'échauffement uniforme est pratiquement irréalisable en toute rigueur. On l'obtient en fait d'une manière suffisante (fig. **242**) en plaçant par exemple sur une lame mince, taillée dans le cristal normalement à l'axe de pyroélectricité présumé, une masse métallique (demi-sphère) chauffée. La lame cristalline est placée sur une lame métallique en communication avec la terre, et la masse

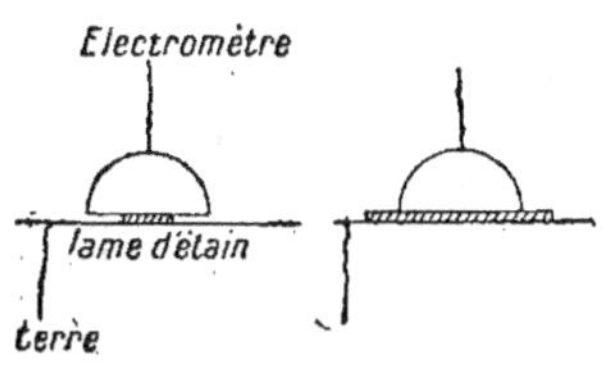

Fig. 242.

chaude est en relation avec l'électromètre. Si la demi-sphère métallique dépasse assez largement les dimensions de la lame cristalline, l'échauffement est suffisamment uniforme pour que la pyroélectricité ne se manifeste que dans les cas de symétrie indiqués ci-dessus.

Lorsque l'échauffement n'est pas uniforme, lorsque par exemple avec le dispositif ci-dessus la demi-sphère ne couvre pas complètement la lame, le raisonnement en vertu duquel il ne peut exister qu'un axe de pyroélectricité et qu'un axe de symétrie n'est plus valable. Le phénomène est alors beaucoup plus complexe. Aux effets de la simple variation de température s'ajoutent ceux des tensions internes déterminées par les inégales dilatations des divers points de le masse, c'est-à-dire des effets de piézoélectricité. On peut alors observer de la pyroélectricité dans des cristaux appartenant à d'autres types de symétrie que les hémimorphies. L'absence de centre reste toujours nécessaire. Mais il peut exister plusieurs axes. On démontre que l'échauffement non uniforme peut développer de l'électricité dans tous les cas de symétrie non centrée, sauf dans l'hémiédrie holoaxe du système cubique. Ce sont toutes les symétries compatibles avec la piézoélectricité.

Exemples : blende (cubique antihémièdre), lame taillée normalement à un axe ternaire. Quartz (sénaire, tétartoèdre holoaxe), lame taillée normalement à un axe binaire.

L'échauffement ou le refroidissement rapides d'un cristal anguleux, et non plus d'une sphère ou d'une lame, déterminent des phénomènes encore plus complexes où interviennent les formes extérieures plus ou moins irrégulières qui influent naturellement sur la distribution des températures. Il se produit alors des charges électriques (apparentes) inégalement réparties à la surface du cristal et qui, sans permettre une étude détaillée des propriétés du minéral, mettent du moins en évidence le fait de la pyroélectricité par échauffement non uniforme, et par suite l'absence de centre. Si le cristal n'est pas trop irrégulier de forme, la symétrie de la distribution des charges est en rapport avec sa symétrie interne et celle de sa forme. Ainsi un cristal de quartz chauffé, ramené à l'état neutre et qu'on laisse ensuite refroidir à l'air se charge positivement sur les arêtes du prisme qui ne portent pas de faces s et négativement sur celles qui portent des faces s. En saupoudrant le cristal d'une poudre fine formée d'un mélange de soufre et de litharge, on voit les régions à charges positives se couvrir de soufre jaune et les zones négatives de litharge rouge. Cet essai grossier, mais frappant, peut être utilisé parfois pour déceler l'absence de centre.

Piézoélectricité (Curie). — Une pression exercée sur les bases d'un cylindre découpé dans un cristal, et plus généralement une déformation mécanique quelconque y déterminent des variations de l'état de polarisation électrique intérieure. Dans les cristaux dépourvus de centre (sauf ceux ayant l'hémiédrie holoaxe cubique, pour lesquels on peut démontrer que la symétrie est incompatible avec ce phénomène) ces variations de l'état de polarisation se manifestent par des charges apparentes égales et de signes contraires sur les deux bases du cylindre.

Dans les cristaux pyroélectriques par échauffement uniforme, la compression dirigée suivant l'axe de pyroélectricité développe une charge négative au pôle analogue et positive au pôle antilogue. Elle agit comme le refroidissement. Une traction produit l'effet inverse et agit comme l'échauffement.

Les quantités d'électricité dégagées sont égales et de signes contraires pour des déformations égales et de sens inverses. Elles sont sensiblement proportionnelles aux pressions (forces par unité de surface) et aux déformations. Elles ne dépendent pas de l'épaisseur comprise entre les faces sur lesquelles s'exerce la pression. Enfin elles sont proportionnelles à l'aire sur laquelle on recueille l'électricité.

Exemple : quartz. Un parallélépipède taillé dans un cristal de quartz (fig. 243) et ayant une arête parallèle à l'axe ternaire, une

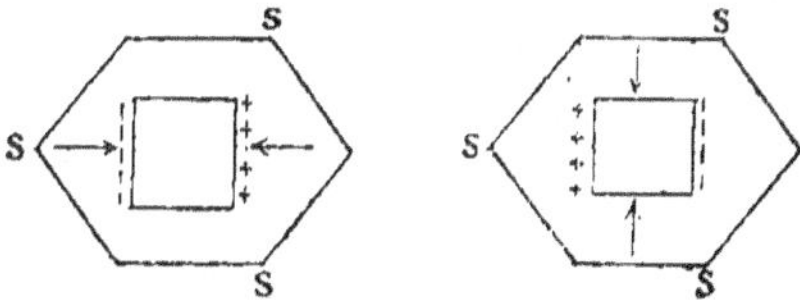

Fig. 243.

autre parallèle à un axe binaire et la troisième perpendiculaire, comprimé par une pression parallèle à l'axe binaire, se charge positivement sur la face située du côté de l'arête du prisme qui ne porte pas de faces *s*, et négativement sur la face située du côté des faces *s*. Une compression normale à l'axe binaire produit l'effet inverse. Un tel parallélépipède de quartz peut servir par exemple, en exerçant sur lui des efforts connus, à produire des quantités d'électricité exactement déterminées.

Phénomène inverse (Lippmann). — Lorsqu'une compression longitudinale d'un cylindre taillé dans un cristal fait naître de la piézoélectricité positive sur la face A, négative sur la face B ; si inversement on amène sur la face A une charge positive au moyen d'une armature conductrice appliquée sur elle, l'armature de la face B étant au sol, le cylindre s'allonge. Il se contracte si l'on charge en sens inverse.

Ainsi un prisme de tourmaline, chargé positivement au pôle analogue, se raccourcit. Chargé positivement au pôle antilogue, il s'allonge.

Propriétés optiques.

Les propriétés optiques sont parmi les plus importantes et les plus faciles à constater. Elles rendent de grands services non seulement dans l'étude des minéraux, mais aussi dans celle des roches dont elles permettent de déterminer rapidement les éléments cristallins.

Il est à remarquer que ce qui sera dit des propriétés optiques n'est pas spécial à la matière cristallisée, mais s'applique aussi à la matière amorphe anisotrope.

Transmission de la lumière par les milieux cristallisés.
Application du principe d'Huygens.

Nous ignorons ce que c'est que la lumière. Mais nous savons sur elle des choses très importantes. En particulier, nous savons qu'elle constitue une perturbation périodique qui se propage de proche en proche, et que cette perturbation a une direction, en sorte qu'on peut la figurer par un vecteur. Elle est ainsi comparable à une vibration. Ce n'est sans doute qu'une image grossière, mais qui suffit pour pousser très loin l'étude des phénomènes lumineux, et dont nous pouvons nous contenter.

Nous nous représenterons conventionnellement la perturbation d'un corps qui transmet de la lumière comme une vibration transversale analogue à celle d'une corde tendue. Pour le but que nous nous proposons, peu importe si c'est le corps lui-même qui vibre ou non.

Pour que cette image soit acceptable, il faut admettre, sauf à vérifier les conséquences, que la transmission de la perturbation lumineuse se fait comme celle d'une vibration, de proche en proche. Tous les points atteints simultanément par une même perturbation lumineuse issue d'une source O, et qui sont ainsi dans une même période de leur perturbation, sont dits être sur une même *onde* lumineuse AB. Pour savoir ce que sera la perturbation des points situés au delà, on peut raisonner comme si la perturbation partait, non de la source O, mais de l'une quelconque des ondes AB dont chaque élément agirait sur les points extérieurs C comme s'il était lui-même une source lumineuse.

Rappel du principe d'Huygens. — La position CD de l'onde issue de O au bout d'un temps T est l'enveloppe des ondes élé-

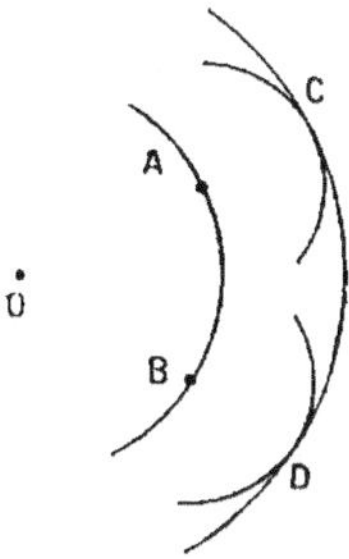

Fig. 244.

mentaires issues de tous les points d'une position antérieure AB au temps t et correspondant à la durée de propagation $T - t$. Il n'est pas nécessaire même, pour obtenir la position CD de l'onde, que la surface AB soit une onde. Ce peut être une surface quelconque. Mais alors les ondes élémentaires issues de chacun des points de AB et dont CD est l'enveloppe correspondront à des durées de propagation variées $T - t$, t étant le temps au bout duquel la perturbation issue de O a atteint chaque point de la surface AB.

En particulier, si une onde plane, issue de n'importe où, se propage dans un milieu *isotrope*, prenons une de ses posi-

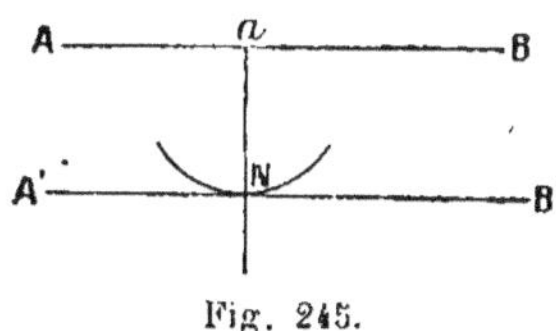

Fig. 245.

tions AB (fig. 245). Chacun des points du plan AB peut être considéré comme une petite source lumineuse qui envoie dans toutes les directions de la lumière avec une égale vitesse, en sorte que, s'il était seul, il fournirait au bout du temps 1 une *onde élémentaire sphérique*. D'après le principe d'Huygens, l'onde au bout du temps 1 sera en A'B', encore plane et parallèle à AB. Sa distance à AB représente la vitesse de la lumière dans le milieu isotrope. De plus, la perturbation semble s'être propagée suivant aN, normale à AB. C'est-à-dire que, abstraction faite de la diffraction, un écran placé en avant de AB et percé d'un trou en face de a ne laisse passer qu'un pinceau de lumière cylindrique dirigé suivant aN.

Nous savons que dans les cristaux les propriétés varient en général avec la direction. Il n'y a plus de raison pour que la vibration issue d'un point pris dans un milieu cristallin s'y propage avec la même vitesse dans toutes les directions. Dans le cas général, *l'onde élémentaire issue d'un point ne sera pas sphérique*. Le principe d'Huygens continuant à s'appliquer, on sait que, pourvu que le milieu soit *homogène* (c'est-à-dire que les ondes élémentaires issues de ses divers points soient identiques entre elles) l'onde plane AB reste plane, en A'B', et parallèle à AB (fig. 246). Mais la perturbation issue de a semble se propager, non plus suivant la normale au plan AB, mais suivant la direction aM qui joint le centre a de l'onde élémentaire au point de

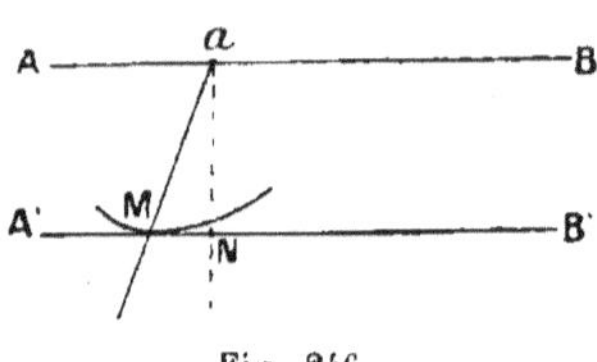

Fig. 246.

contact M de l'onde plane enveloppe. Un écran placé comme précédemment laisse passer un pinceau de lumière aM qui, dans le cas général, n'est plus normal à l'onde plane AB. On appelle donc aM *direction du rayon lumineux* ou *direction de propagation effective*. La direction aN, normale à l'onde plane et sur laquelle se mesure le trajet minimum de l'onde, est dite *direction de propagation normale*. aM mesure la vitesse du rayon ou vitesse effective de la lumière ; aN mesure la vitesse de propagation normale.

La connaissance de la forme de l'onde élémentaire particulière à chaque cristal, et qui est la même pour tous les points du cristal, fait connaître la direction de propagation effective correspondant à une onde plane ou direction de propagation normale donnée. Et en même temps chaque vitesse normale v_n est liée à la vitesse effective v_e correspondante par la relation $v_n = v_e \cos u$, u étant l'angle des deux directions.

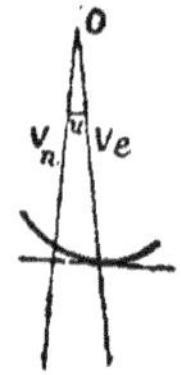

Fig. 247.

Que devient une onde plane issue d'un milieu isotrope et qui pénètre dans le cristal par une face plane ?

Au bout du temps 1, l'onde plane, dans le milieu extérieur, est venue de AB en CD (fig. 248). Qu'est-elle devenue dans le cristal ? Appliquons le principe d'Huygens. Au bout du temps 1, la perturbation issue de A est sur l'onde élémentaire de centre A. Au bout du temps $t < 1$, la perturbation issue d'un point N est sur la surface, en M. Au bout du temps 1, elle sera sur l'onde élémentaire issue de M, semblable à celle du point A, mais réduite dans le rapport de similitude $\frac{1-t}{1}$. Comme $\frac{NM}{PC} = \frac{t}{1}$ et $\frac{AM}{AC} = \frac{NM}{PC}$, on voit que $\frac{MC}{AC} = \frac{1-t}{1}$, rapport de similitude des deux ondes élémentaires. Par suite l'enveloppe des ondes élé-

mentaires, c'est-à-dire l'onde lumineuse au bout du temps 1,
est le plan RC, passant par la droite C et tangent à l'onde élémentaire issue de A. L'onde reste plane, et la construction

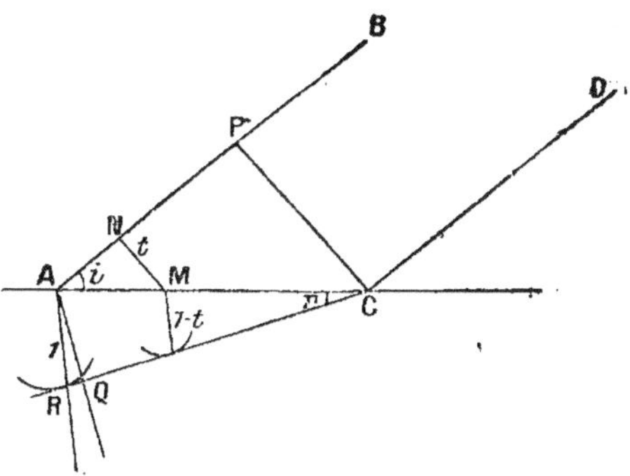

Fig. 248.

d'Huygens s'applique comme dans le cas des milieux isotropes. Seulement, AR n'est plus normal à l'onde plane, et la
vitesse normale AQ n'est plus constante.

Dans les milieux isotropes, V étant la vitesse de la lumière
dans le milieu extérieur, on a $\dfrac{\sin i}{\sin r} = \dfrac{PC}{AR} = \dfrac{V}{v}$ (v, vitesse de la
lumière dans le second milieu). Ce rapport $\dfrac{\sin i}{\sin r} = n$, ou *indice
de réfraction*, est donc constant et égal au rapport des inverses
des vitesses de la lumière dans les deux milieux. Dans les cristaux, le rapport des sinus des angles d'incidence et de réfraction n'est plus égal au rapport des vitesses si l'on considère les
directions et vitesses de propagation effectives. Par contre, si
l'on considère les directions de propagation et vitesses *normales*,
le rapport $\dfrac{\sin i}{\sin r}$ reste égal au rapport inverse des vitesses *normales* $\dfrac{PC}{AQ}$. On continue à lui donner le nom d'*indice de réfraction*. Mais ce n'est plus une constante comme dans les milieux
isotropes : il varie avec la direction.

En résumé : L'onde plane pénétrant dans un cristal par une
face plane reste plane ; chaque direction d'*onde plane* a, en
général, son indice spécial (l'indice étant défini par $n = \dfrac{\sin i}{\sin r}$, i et
r étant les angles que font les ondes planes avec la surface) ;
et cet indice est inversement proportionnel à la *vitesse normale*
de l'onde plane.

On voit que si de la lumière parallèle (faisceau d'ondes planes) traverse une lame à faces parallèles taillée dans un cristal, comme la même construction s'appliquera en sens inverse au sortir de la lame, la lumière ressortira sans déviation, comme s'il s'agissait d'une lame isotrope. En particulier, si le rayon incident est normal à la lame, c'est-à-dire l'onde parallèle à la lame, elle reste parallèle à la lame dans la traversée du cristal, mais le *rayon* est dévié. A la

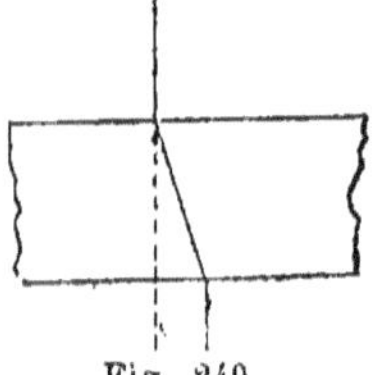

Fig. 249.

sortie, le rayon reprend sa direction et est déplacé sur le côté d'une quantité proportionnelle à l'épaisseur de la lame et variable selon la direction de celle-ci (fig. **249**).

Voilà ce qu'on peut déduire du principe d'Huygens appliqué à un milieu homogène et anisotrope. Nous allons voir que cela se vérifie, mais qu'il s'introduit dans le phénomène quelque chose de plus, et qui est essentiel.

Double réfraction. — Prenons un cristal de calcite limpide ou *spath d'Islande*. Il se brise suivant des clivages rhomboédriques. Taillons une lame qui ne soit ni parallèle ni normale à l'axe ternaire, par exemple une lame de clivage (qui fait 45°23' avec l'axe). Regardons directement un point lumineux A. Puis introduisons la lame sur le trajet OA (O, œil), de façon qu'elle soit normale à OA (fig. **250**). Si ce qui vient d'être dit est exact. nous devrons voir le point A déplacé en O'A' d'une longueur AA' proportionnelle à l'épaisseur de la lame. C'est bien ce qui a lieu en effet. Seulement, il se produit ce phénomène, observé dès **1669** par

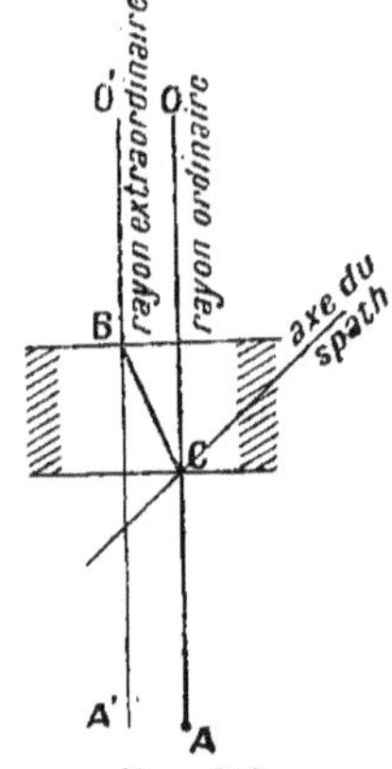

Fig. 250.

Erasme Bartholin, qu'une partie seulement de la lumière issue du point A suit ce trajet. Il se fait en réalité non plus un mais deux rayons réfractés. A l'entrée dans le cristal, le rayon AC se dédouble : une partie suit un trajet tel que ACBO', comme nous l'avions prévu ; l'autre se comporte comme ferait un rayon pénétrant dans une matière isotrope, et suit le trajet rectiligne ACO.

Si l'on incline la lame de manière à modifier l'angle d'incidence, ce second rayon suit en toute circonstance la loi des sinus. On l'appelle pour cette raison le *rayon ordinaire*. L'autre, qui ne suit pas la loi des sinus, est dit *rayon extraordinaire*. Ainsi, un point lumineux vu à travers une lame de spath paraît en général double, on en voit deux images.

En chaque point du spath passe un axe ternaire. On appelle *plan principal* de la lame cristalline la direction de plan passant par l'axe ternaire et normale à la lame. Dans une lame de spath recevant de la lumière sous forme d'ondes parallèles à sa surface, le rayon extraordinaire est toujours dans le plan principal, et fait avec l'axe un angle plus grand que le rayon ordinaire. En sorte que les deux images d'un point P, vues à travers la lame, sont disposées comme l'indique la figure 251, l'image extraordinaire E située, par rapport à l'image extraordinaire O, sur une parallèle à la projection de l'axe sur la lame et plus loin du sommet ternaire A. Quand on fait tourner la lame dans son plan, l'image O reste fixe, et l'image E tourne autour d'elle.

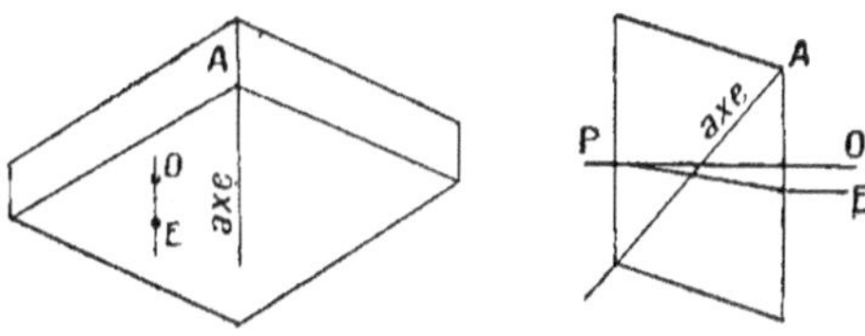

Fig. 251.

Que le rayon ordinaire suive la loi des sinus, cela signifie, nous l'avons vu, que l'onde élémentaire correspondant à la portion de la lumière qui suit ce trajet est sphérique. Et que le rayon extraordinaire ne suive pas la loi des sinus, cela signifie que l'onde élémentaire correspondante n'est pas sphérique. A l'entrée dans le cristal, la lumière se divise en deux parties : l'une se propage par ondes sphériques, c'est-à-dire avec la même vitesse dans toutes les directions, comme si elle était dans un milieu isotrope ; l'autre se propage par ondes non sphériques, c'est-à-dire avec des vitesses variables selon les directions.

A quoi peut correspondre cette séparation ? Et si nous avons prévu l'existence d'un rayon extraordinaire, comment peut-il exister dans un milieu anisotrope un rayon ordinaire ?

Examinons ces deux rayons à travers un analyseur. Nous constaterons que tous deux sont *totalement polarisés*, et que leurs plans de polarisation sont *rectangulaires*. Les deux vibrations sont donc rectilignes et rectangulaires. Le rayon ordinaire a pour plan de polarisation le plan principal. C'est-à-dire que, selon la convention habituelle que nous adopterons, celle de Fresnel, la vibration est perpendiculaire au plan principal, donc *normale à l'axe ternaire*. Le rayon extraordinaire, au contraire, a sa vibration dans le plan principal.

Si l'on a reçu sur la lame cristalline de la lumière naturelle, l'intensité de l'image ordinaire O et celle de l'image extraordinaire E sont égales. Si l'on a reçu de la lumière totalement polarisée vibrant suivant la section principale, elle passe tout

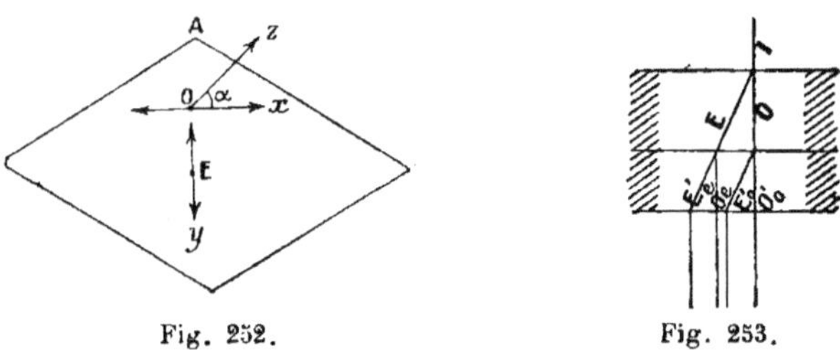

<table>
<tr><td>Fig. 252.</td><td>Fig. 253.</td></tr>
</table>

entière dans le rayon extraordinaire : l'image ordinaire O disparaît. L'inverse a lieu si la lumière incidente, totalement polarisée, vibre normalement à l'axe du cristal. Et d'une manière générale si la lumière incidente d'intensité I, totalement polarisée, vibre suivant Oz faisant un angle α avec Ox (fig. **252**), le rayon ordinaire a pour intensité I $\cos^2\alpha$ et le rayon extraordinaire I $\sin^2\alpha$, conformément à la loi de Malus. Ces deux intensités sont complémentaires. Leur somme est égale à l'intensité incidente.

A défaut d'analyseur, on peut vérifier ces faits simplement en superposant deux lames de spath sur le trajet d'un rayon de lumière naturelle d'intensité I (fig. **253**). Le premier spath dédouble ce rayon en deux autres O et E d'intensités égales $\dfrac{I}{2}$. Si le second est orienté de telle façon que les deux sections principales fassent un angle α, chacun des deux rayons totalement polarisés O et E fournira deux rayons dont les intensités seront (fig. **254**) :

$$O'_o = \frac{I}{2}\cos^2\alpha \quad O'_e = \frac{I}{2}\sin^2\alpha \quad E'_o = \frac{I}{2}\sin^2\alpha \quad E'_e = \frac{I}{2}\cos^2\alpha$$

D'où $O'_o = E'_e$, complémentaires de $O'_e = E'_o$. En faisant tourner l'un des spaths par rapport à l'autre, on verra par exemple pour $\alpha = O$ (fig. **255**), les deux images O'_o et E'_e égales à $\dfrac{I}{2}$, les deux autres O'_e et E'_o annulées. Et pour $\alpha = 90°$,

$$O'_o = E'_e = O \text{ et } O'_e = E'_o = \frac{I}{2}.$$

En résumé, une vibration incidente quelconque se décompose, en pénétrant dans le cristal, en deux *composantes* rectilignes

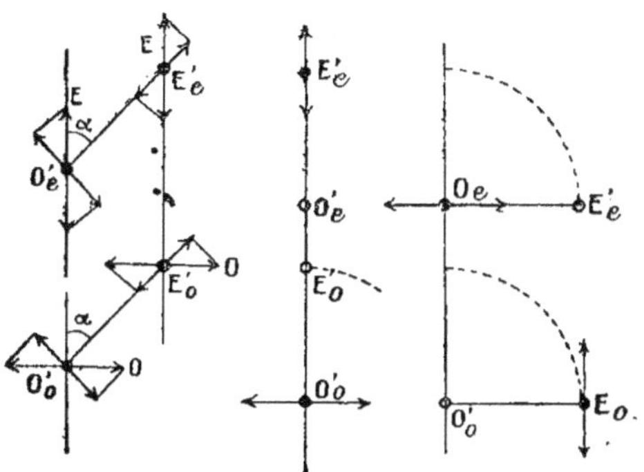

Fig. 254.   Fig. 255.

rectangulaires. Et ces deux composantes, qui ont des directions différentes, ne se transmettent pas de la même manière dans le cristal : elles se séparent. L'une, toujours normale à l'axe ternaire, a une vitesse constante quelle que soit sa direction de propagation, et suit par conséquent la loi des sinus ; elle a un indice constant. L'autre, qui est dans le plan principal, perpendiculaire à la première, a une vitesse variable suivant les directions.

La séparation du rayon incident en deux rayons réfractés dans le spath n'est pas autre chose, par suite, que la séparation du mouvement vibratoire en deux composantes vibrant dans des directions différentes (rectangulaires), qui pour cette raison (en vertu de l'anisotropie) n'ont pas même vitesse, et qui par suite (conformément à la construction d'Huygens) ne se réfractent pas de la même manière.

Il n'y a qu'une direction, dans le spath, qui ne donne pas lieu

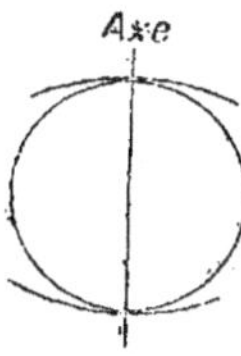

Fig. 256.

à la double réfraction. C'est celle de l'axe ternaire. Une lame taillée normalement à l'axe ternaire, recevant normalement de la lumière naturelle, la transmet sans dédoublement ni polarisation dans cette direction particulière, comme ferait une lame isotrope. C'est-à-dire que toutes les vibrations qui se propagent suivant l'axe ternaire ont même vitesse. En d'autres termes, la surface d'onde élémentaire des vibrations ordinaires, qui est une sphère, et celle des vibrations extraordinaires dont nous ne connaissons pas encore la forme, se confondent sur l'axe ternaire (fig. 256).

Les cristaux ne se comportent pas tous comme le spath. Il y en a d'abord assez peu qui écartent les deux rayons réfractés autant que le fait le spath, c'est-à-dire dans lesquels la surface d'onde élémentaire ordinaire s'écarte aussi fortement de la surface d'onde extraordinaire. Mais en outre tous ne montrent pas, même qualitativement, des propriétés semblables à celles du spath. On peut les diviser en trois groupes :

1° Cristaux ayant plusieurs axes de symétrie d'ordre supérieur à **2**, c'est-à-dire cristaux du *système cubique*. Ils sont isotropes (au point de vue optique seulement, bien entendu).

2° Cristaux ayant un axe d'ordre supérieur à **2**, ou un axe d'ordre **2** avec **2** plans P de même espèce : c'est-à-dire cristaux des systèmes *sénaire*, *quaternaire* et *ternaire*. Ils sont dits, au point de vue optique, cristaux *uniaxes*. Ils se comportent comme le spath, à cela près que tantôt le rayon extraordinaire est plus écarté de l'axe que le rayon ordinaire, comme dans le spath (cristaux *négatifs*), tantôt moins écarté (cristaux *positifs*).

3° Tous les autres cristaux : c'est-à-dire cristaux des systèmes *orthorhombique*, *clinorhombique*, *anorthique*. Ils sont dits cristaux *biaxes*. Ces cristaux divisent encore la lumière en deux composantes rectilignes rectangulaires, mais aucune des deux ne suit la loi des sinus. Il n'y a plus de rayon ordinaire.

Avant d'aller plus loin, nous allons rechercher la cause de la double réfraction. Cela nous conduira à préciser les propriétés des cristaux des deux premiers groupes. Nous généraliserons ensuite ces résultats et pourrons ainsi prévoir les propriétés des cristaux biaxes, moyennant des hypothèses simples et quitte à vérifier les résultats. Il ne s'agit en aucune façon de faire une théorie rationnelle, mais de bien concevoir et grouper les faits.

Causes de la double réfraction.

Nous savons qu'une vibration lumineuse tombant sur un cristal ne peut pas en général s'y propager telle quelle. Elle se dédouble en deux composantes rectilignes d'orientation déterminée. Une direction de propagation normale ne peut donc pas transmettre indifféremment toutes les vibrations qui lui sont perpendiculaires, comme le fait une droite quelconque d'un milieu isotrope. Nous ne savons même pas si une direction peut toujours, comme direction de propagation normale, transmettre des vibrations polarisées rectilignes. Mais je dis qu'étant donnée une direction de propagation normale dans un cristal, cette direction *ne peut transmettre plus de deux vibrations* polarisées rectilignes différemment orientées et *de vitesses différentes*.

Supposons que la direction O (fig. 257) puisse transmettre les vibrations OA, OB. C'est-à-dire que si l'une de ces vibrations existe à un moment donné, elle se transmet sans changer de forme ni d'orientation, avec O pour direction de propagation normale, c'est-à-dire encore le plan AOB de la figure pour plan d'onde. En général, OA et OB, étant différemment orientées, auront des vitesses de propagation différentes suivant O, puisque le milieu est anisotrope. Supposons ce cas général réalisé : OA et OB ont des vitesses normales différentes. Une troisième vibration OC

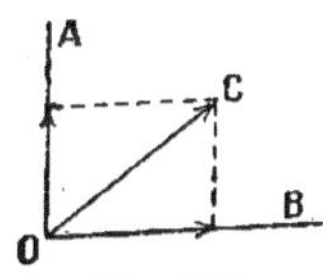

Fig. 257.

pourra-t-elle aussi se transmettre sans altération suivant O ? Evidemment non, car une vibration OC qui se transmettrait suivant O sans changer de forme ni d'orientation équivaudrait à deux composantes OA, OB, *de même vitesse* et sans différence de phase. Or ces deux composantes, en lesquelles on peut toujours imaginer que l'on décompose l'amplitude OC d'une vibration, ont ici par hypothèse des vitesses différentes. Donc OC ne peut se transmettre telle quelle, et se dédouble forcément en deux composantes OA, OB de vitesses différentes.

Par contre, si OA et OB ont même vitesse normale, toute vibration OC sera stable et se propagera aussi suivant OC avec la même vitesse. En sorte que dans ce cas particulier la direction O pourra transmettre, et cela *avec la même vitesse normale*, toutes les vibrations de forme quelconque qui lui sont perpendiculaires, comme le font toutes les directions dans les milieux isotropes.

Il n'y a donc que trois cas possibles. Dans un milieu cristallin, une direction de propagation normale peut :

1° Ne transmettre que deux vibrations rectilignes d'azimuts déterminés, avec des vitesses différentes. C'est le cas général. Car l'expérience montre que la plupart du temps la propagation de vibrations rectilignes est possible ; et d'autre part l'anisotropie cristalline détermine en général des vitesses différentes pour les vibrations de directions différentes.

2° Transmettre avec même vitesse normale toutes les vibrations de forme quelconque qui lui sont perpendiculaires. C'est le cas particulier de l'axe du spath et plus généralement des axes optiques.

3° La direction peut enfin être incapable de transmettre aucune vibration rectiligne. C'est un cas que nous éliminons pour le moment (voir pouvoir rotatoire).

Telle est la cause de la double réfraction : C'est qu'en général, et à part les cas particuliers 3°, une direction peut transmettre des vibrations rectilignes, ce que nous admettons comme fait d'expérience ; que ces vibrations étant de directions différentes n'ont pas généralement même vitesse, sauf les cas particuliers 2°, puisque le milieu cristallin est anisotrope ; et qu'alors il n'est pas possible qu'il en existe plus de deux pour une même onde plane ou direction de propagation normale.

On conçoit d'ailleurs (ce qui suit n'a pas la prétention d'être une *démonstration*) que ces deux vibrations rectilignes que peut en général transmettre une direction d'onde plane dans un cristal doivent être rectangulaires. Une vibration polarisée a en effet deux plans de symétrie rectangulaires OA, OB. Ces deux plans sont d'espèces différentes, ils ne jouent pas le même rôle, mais nous n'avons aucune raison décisive pour porter le vecteur qui figure l'amplitude de la vibration sur OA plutôt que sur OB. Si nous comparons la lumière à la vibration d'un corps élastique, il est clair que, pour que cette vibration puisse rester dirigée suivant OA en se propageant, il faut que la résultante des réactions élastiques du milieu pour un déplacement dirigé suivant OA soit dirigée suivant OA. Il faut qu'au point de vue de la lumière, le milieu se comporte comme s'il était symétrique par rapport à OA. Mais ce que nous disons de OA, nous pouvons le dire avec autant de raison de OB, qui est aussi bien plan de symétrie de la vibration. De sorte que si le milieu est capable de transmettre la vibration OA, ce qui exige qu'il réagisse symétriquement par rapport à OA *et OB*, il pourra transmettre aussi la vibration OB, perpendiculaire, qui a les mêmes plans de symétrie.

Surface d'onde élémentaire des cristaux uniaxes. — La surface d'onde élémentaire, étant le lieu des points où parvient au bout du temps 1 la perturbation lumineuse issue d'un point, s'obtient en portant sur tous les vecteurs issus de ce point des longueurs proportionnelles à la vitesse effective des vibrations ayant chaque vecteur pour direction de rayon. Ou aussi bien, en portant sur chaque vecteur les vitesses nor males des vibrations ayant ce vecteur pour direction de propagation normale, et cherchant l'enveloppe des ondes planes ainsi obtenues. Comme il y a en général deux vibrations de vitesses différentes pour chaque direction de propagation normale (la même chose est vraie évidemment, par suite, pour chaque direction de propagation effective), la surface d'onde élémentaire est une surface à 2 nappes. Elle est rencontrée 4 fois par une droite, et est donc au moins du 4e degré. L'hypothèse la plus simple, en première approximation, est de la supposer du 4e degré. L'une des nappes correspond, dans les cristaux uniaxes, à la composante dite ordinaire, l'autre à la composante perpendiculaire, dite extraordinaire.

Soit un cristal appartenant à l'un des systèmes sénaire, quaternaire ou ternaire. Il a un axe d'ordre supérieur à 2 ou (hémiédrie sphénoédrique) un axe binaire par lequel passent deux plans P de même espèce. Supposons que cet axe puisse transmettre une vibration rectiligne A qui lui soit normale. En raison soit de l'existence de l'axe d'ordre supérieur à 2 soit des plans P, il y aura toujours au moins une seconde vibration symétrique de A, donc identique, que l'axe pourra aussi transmettre, et cela avec la même vitesse que A. Donc l'axe d'un cristal uniaxe, s'il peut transmettre une vibration rectiligne, ce qui est le cas général en fait, transmet avec même vitesse toutes les vibrations qui lui sont normales. Il leur sert en même temps de direction de propagation normale et de rayon. Une telle direction s'appelle un *axe optique*. Elle transmet la lumière naturelle sans modification. Les cristaux qui ont un tel axe sont dits *uniaxes*.

Pour les directions obliques à l'axe, trois cas sont à considérer :

1° Il y a des plans de symétrie passant par l'axe.

Soit (fig. 258) un rayon R dans un des plans de symétrie passant par l'axe. Le milieu étant symétrique à tous égards par rapport au plan P, le rayon R devra transmettre sans altération les deux vibrations OC, OB, symétriques par rapport à ce plan. L'une, OC, perpendiculaire au plan P, l'autre, OB, dans ce plan. C'est, nous le savons, ce que confirme l'observation. OC, c'est la composante ordinaire, OB la composante extraordinaire.

Faisons varier la direction R dans le plan P. La vibration OC a ceci de remarquable qu'elle conserve toujours la même direction. Pour cette vibration, la réaction élastique du milieu, quelle que soit sa nature, reste la même quelle que soit l'inclinaison de R par rapport à l'axe. Si nous admettons, par analogie avec les vibrations élastiques, que c'est cette réaction qui détermine la vitesse de propagation, il est tout naturel que la vitesse de cette vibration OC, quand elle se transmet suivant une droite quelconque du plan P, reste constante. La nappe correspondante de la surface d'onde sera alors coupée par le plan P suivant un cercle, et il en est de même pour les 2, 3, 4 ou 6 plans de symétrie passant par l'axe.

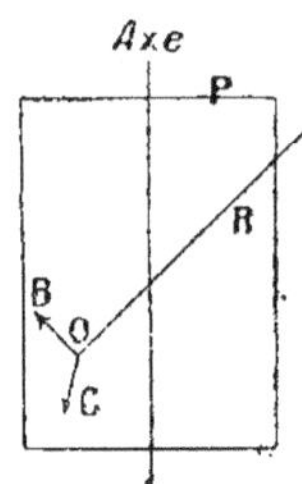

Fig. 258.

D'ailleurs toutes les vibrations normales à l'axe se transmettent avec la même vitesse suivant cet axe. Celles qui sont en dehors des plans de symétrie P déterminent donc la même réaction élastique que celles qui sont dans ces plans. Si, comme nous en faisons l'hypothèse, c'est cette réaction élastique seule qui détermine la vitesse de propagation, on voit que toutes les vibrations normales à l'axe, c'est-à-dire toutes les vibrations ordinaires, auront même vitesse. Chacune d'elles peut se transmettre, et toujours avec même vitesse, suivant toutes les droites qui lui sont perpendiculaires, comme le font les vibrations dans les milieux isotropes. La nappe correspondante de la surface d'onde élémentaire est une *sphère*. C'est bien, nous le savons, ce qui a lieu : Toute vibration tombant sur un cristal uniaxe se décompose, dans le cristal, en deux composantes rectilignes dont l'une, dite ordinaire, vibre normalement à l'axe et suit la loi des sinus.

Si alors la surface d'onde est du 4ᵉ degré, au moins dans une première approximation, la nappe correspondant à la composante extraordinaire est un *ellipsoïde*. Cet ellipsoïde doit avoir un axe d'ordre supérieur à 2 ou deux plans de symétrie de même espèce : il est donc de révolution. De plus, quand R vient se confondre avec l'axe, la vibration extraordinaire OB devient une vibration ordinaire. L'ellipsoïde est donc tangent à la sphère surface d'onde ordinaire au point où ces deux surfaces sont rencontrées par l'axe.

2° Il y a un plan de symétrie normal à l'axe. Mêmes résultats, avec raisonnement analogue. Considérons un rayon R (fig. 259) dans le plan H. Le rayon R, par symétrie, transmet nécessairement les vibrations OC et OB parallèle et normale au plan de symétrie. Pour toutes les directions R, OB garde même direction : la section équatoriale de la nappe correspondante est un cercle. La section de la nappe correspondant à OC est donc une ellipse, mais qui en raison de la symétrie est nécessairement un cercle. Par suite les vibrations ordinaires OC déterminent toutes la même réaction élastique. La surface d'onde ordinaire est donc une sphère, et par conséquent l'autre un ellipsoïde si la surface d'onde est, au total, du 4ᵉ degré.

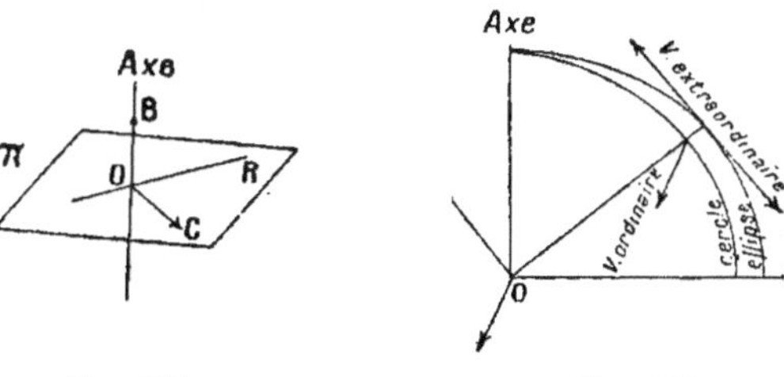

Fig. 259.   Fig. 260.

3° Il n'y a aucun plan de symétrie. C'est le cas des *mériédries holoaxes*. Dans ce cas, l'axe ne peut en général transmettre aucune vibration rectiligne (Voir pouvoir rotatoire). Nous écartons ce cas pour le moment.

En résumé, dans les cristaux uniaxes (fig. 260), la surface d'onde élémentaire se compose d'une sphère et d'un ellipsoïde de révolution tangents sur l'axe. L'axe optique, qui n'est qu'un axe d'ordre 2, 3, 4, 6 pour d'autres propriétés, est un axe de révolution pour les propriétés optiques. La nappe sphérique correspond aux vibrations ordinaires, c'est-à-dire normales à l'axe. La nappe ellipsoïdale correspond aux vibrations extraordinaires, c'est-à-dire ayant toute autre direction. Et toute vibration pénétrant dans le cristal se décompose en ces deux composantes.

Dans le spath, l'ellipsoïde est extérieur à la sphère. Les vibrations ordinaires ont une vitesse moindre que les vibrations extraordinaires, ou encore un indice (constant) plus grand que l'indice (variable) des vibrations extraordinaires. Un tel cristal

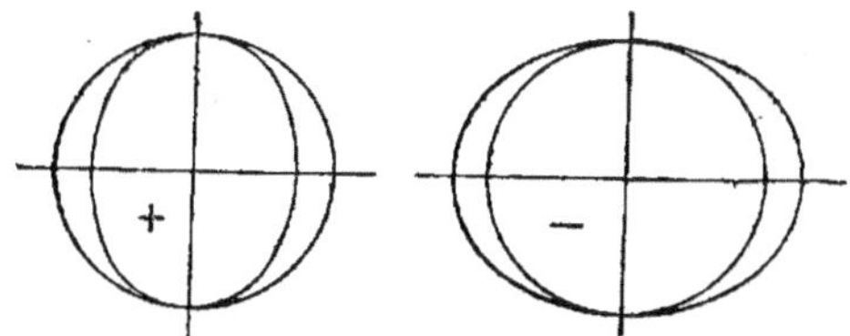

Fig. 261.

est *optiquement négatif*. L'inverse a lieu dans d'autres cristaux (quartz par exemple) qui sont dits *positifs* (fig. 261).

Tout cela contient une bonne part d'hypothèse, et notamment cette supposition que la surface d'onde peut être représentée avec une suffisante exactitude par une surface du 4e degré, et par suite la surface d'onde extraordinaire par un ellipsoïde. L'observation seule peut faire connaître si ces suppositions sont fondées. En fait, elle confirme entièrement que la forme de la surface d'onde ne s'écarte pas d'une manière sensible de celle qui a été définie ci-dessus.

On peut vérifier d'abord, en taillant des prismes quelconques dans un cristal uniaxe et mesurant au moyen de ces prismes l'indice du rayon ordinaire (comme on le ferait pour mesurer l'indice d'un prisme isotrope, mais en opérant sur le rayon ordinaire seul) que l'indice ordinaire est constant. On mesure par exemple pour le spath $n_o = 1,65850$ pour la raie D quelle que soit l'orientation du prisme et son angle.

On peut ensuite tailler des prismes de divers angles ayant leur arête parallèle à l'axe du cristal. La construction d'Huygens (fig. **262**) montre que dans ce cas particulier les deux rayons suivent la loi des sinus s'il est vrai que la surface d'onde soit de révolution. Et l'on mesure ainsi, outre l'indice ordinaire, l'indice des vibrations parallèles à l'axe du cristal, c'est-à-dire celui des rayons extraordinaires normaux à l'axe, ou encore l'inverse du rayon équatorial de la nappe

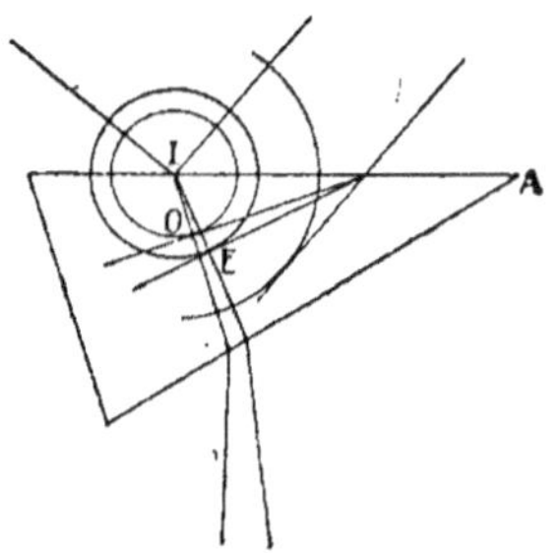

Fig. 262.

ellipsoïdale de la surface d'onde. C'est l'indice minimum (cristaux négatifs) ou maximum (cristaux positifs) des rayons extraordinaires. On constate bien que cet indice est constant quel que soit l'angle du prisme, et l'on mesure par exemple pour le spath $n_e = 1,48635$ pour la raie D.

La différence $n_o - n_e = 0,17215$ s'appelle la *biréfringence* du spath. Elle est relativement énorme dans ce minéral, bien moindre dans la majorité des espèces (ainsi quartz : $n_e - n_o = 0,0091$).

On peut enfin vérifier la forme elliptique de la section méridienne de la nappe extraordinaire en taillant des prismes dont l'arête est normale à l'axe et dont les faces font des angles connus avec l'axe. La construction d'Huygens permet, en supposant la forme de la surface d'onde connue par les données précédentes, de calculer la déviation du rayon extraordinaire dans chaque cas. Les mesures confirment bien que l'on ne sort pas des limites de précision des mesures actuelles en attribuant à la nappe extraordinaire la forme ellipsoïdale.

Nous aurons surtout à considérer le cas simple d'ondes planes tombant parallèlement à une lame cristalline à faces parallèles. Selon la position de la lame par rapport à l'axe optique, les ondes et rayons réfractés se comportent comme l'indiquent les figures (263 à 266) ; les ondes restent parallèles au plan de la lame, comme on l'a vu.

AB, face de la lame, normale au plan de la figure.

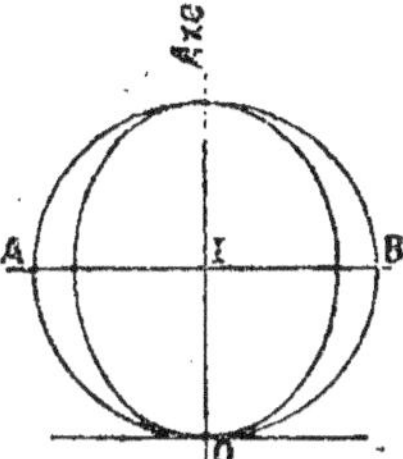

Fig. 263.

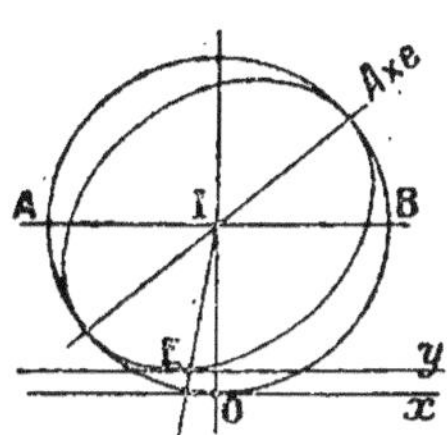

Fig. 264. — Cristal positif.

L'onde Ox vibre normalement à la section principale, c'est-à-dire normalement au plan de la figure. L'onde Oy vibre parallèlement à ce plan.

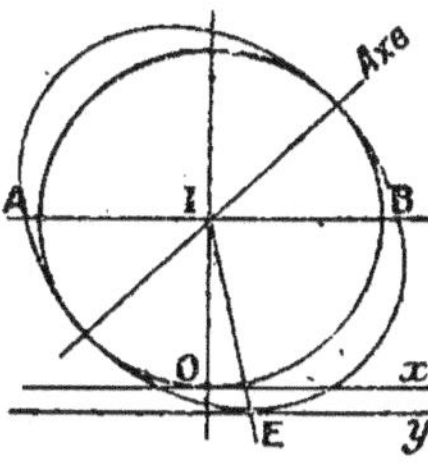

Fig. 265. — Cristal négatif.

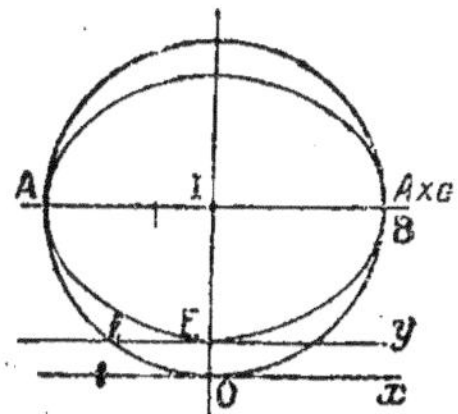

Fig. 266.

Dans le dernier cas, les rayons ne se séparent pas en direction. Les deux vibrations cheminent cependant avec des vitesses différentes ; l'œil ne peut les distinguer, mais elles se séparent néanmoins. Nous verrons comment on peut déceler la double réfraction dans ce cas, au moyen de la polarisation chromatique.

De même, il y a une foule de cas où la biréfringence est assez petite pour que l'angle EIO des deux rayons reste imperceptible, et pour que, à moins de pouvoir observer une épaisseur énorme, la division des deux rayons par une lame à faces parallèles ne se voie pratiquement pas. La polarisation chromatique la met en évidence. On peut d'ailleurs également la percevoir en employant non plus une lame à faces parallèles, qui ne fait que déplacer un des rayons sans changer sa direction, mais un prisme qui fait diverger les deux rayons. Dans le quartz par exemple, $n_o = 1,54423$ (raie D) et $n_e = 1,53338$, d'où $n_e - n_o = 0,00915$. Les deux nappes de la surface d'onde sont presque confondues, et les rayons pratiquement confondus à la sortie d'une lame à faces parallèles même épaisse. Mais si l'on taille par exemple deux prismes de même angle de quartz et de spath dont l'arête soit parallèle à l'axe optique, et si l'on en constitue un prisme unique, on verra dans le spectroscope une même raie, D par exemple, donner dans chacun des deux minéraux deux images polarisées à angle droit, très écartées pour le spath, très rapprochées en sens inverse pour le quartz et disposées comme l'indique la figure suivante :

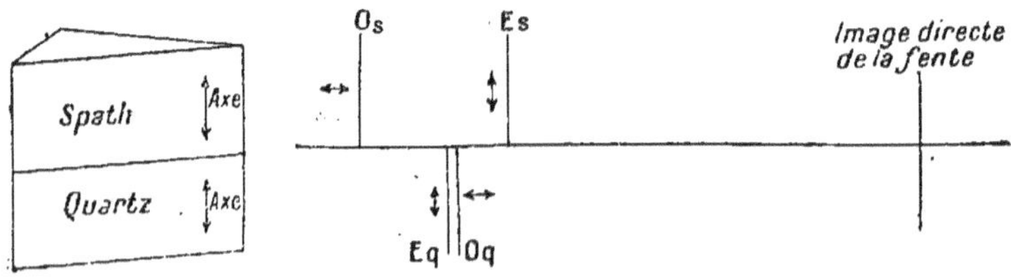

Fig. 267.

Ainsi les phénomènes sont les mêmes dans tous les cristaux uniaxes, au signe près et en laissant de côté le pouvoir rotatoire. Mais la biréfringence est souvent assez faible pour qu'on ne distingue pas les deux images sans précautions spéciales comme on les distingue dans le spath.

Application à la construction de polariseurs.

Prisme biréfringent. — Prisme de spath (fig. 268). Le rayon extraordinaire étant le moins dévié, on l'emploie de préférence, en l'achromatisant par un prisme de verre. On garde l'autre rayon pour repérer la direction de la vibration totalement polarisée ainsi obtenue, direction qui est EO si l'arête du prisme est normale à l'axe.

Il est bien préférable d'éviter toute déviation et coloration en employant le *prisme de Nicol*[1].

---

[1] Physicien anglais (1768-1851). On lui doit aussi le procédé de taille des

Un fragment de clivage de spath bien limpide est scié suivant un plan AA′ normal à un plan de symétrie et faisant avec la face p un angle de 87° environ, puis recollé avec du baume

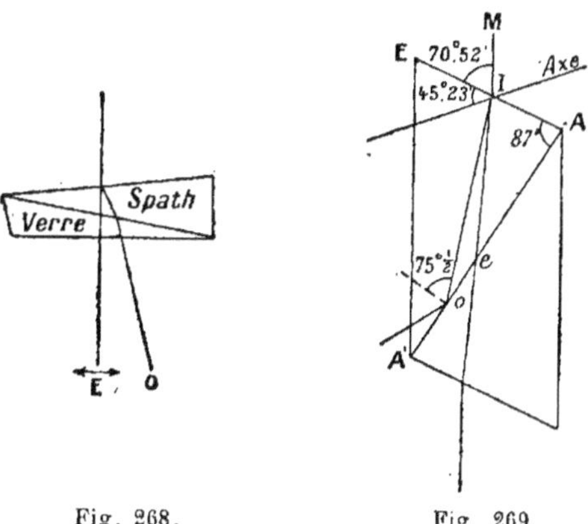

Fig. 268.   Fig. 269.

du Canada. L'indice du baume, qui est de **1,53** environ, est intermédiaire entre l'indice maximum et l'indice minimum du spath. Un rayon incident MI, parallèle à l'arête AE, se dédouble en I. Le rayon extraordinaire traverse le baume, puis ressort du spath sans déviation ni coloration. Le rayon ordinaire tombe sur la surface du baume sous une incidence de 75° **1/2**. Or l'angle limite de réflexion totale est donné, pour ce rayon, par

$$sin\, l = \frac{1.53}{1,6585}\,,$$ d'où $l = 67°18′$. Le rayon ordinaire est donc totalement réfléchi. Il est éteint par la monture couverte de noir

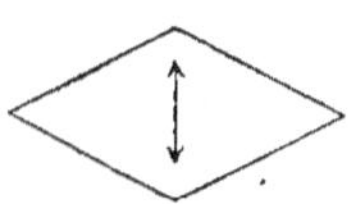

Fig. 270.

de fumée. Le *nicol* fournit ainsi un rayon totalement polarisé qui n'est ni dévié ni coloré. C'est le plus commode des polariseurs et analyseurs. La vibration du rayon émergent est la vibration extraordinaire, c'est-à-dire qu'elle est parallèle à la petite diagonale de la face d'entrée (fig. **270**).

Cas des cristaux du système cubique. — Un axe d'ordre supérieur à **2** étant, comme nous venons de le voir, un axe de révolution pour les propriétés optiques, et les deux nappes de la surface d'onde étant tangentes entre elles sur cet axe, lors-

lames minces dans les roches, dont la pétrographie a tiré plus tard un si grand parti.

qu'il y a plusieurs axes d'ordre supérieur à **2** les deux nappes sont sphériques et se confondent en une sphère unique. Les cristaux du système cubique ont par suite des propriétés optiques isotropes, semblables à celles des corps amorphes isotropes, bien que, par leurs autres propriétés (propriétés discontinues, dureté, etc.) ils ne soient nullement isotropes.

Cas des cristaux biaxes. — Restent les cristaux sans axe principal (orthorhombiques, clinorhombiques, anorthiques). Ces cristaux divisent encore toute vibration incidente en deux composantes vibrant dans des azimuts rectangulaires. Mais en taillant des prismes et mesurant des indices, il est aisé de voir qu'aucun des indices n'est constant. La surface d'onde élémentaire, en d'autres termes, est toujours à deux nappes, mais n'a plus de nappe sphérique. Elle n'est d'ailleurs plus de révolution ; il n'y a plus d'axe optique au sens que nous avons donné à ce mot. La surface d'onde ne se compose plus de deux surfaces du second degré : c'est une surface unique du 4e degré à deux nappes. La surface d'onde des cristaux uniaxes n'en est qu'un cas particulier où, en raison de la symétrie, il y a dédoublement en deux surfaces du second degré. Comment connaître cette surface ?

Nous aurons intérêt, pour simplifier les choses, à considérer au lieu de la surface d'onde élémentaire une autre surface, qui résume encore plus simplement tout ce qui concerne la transmission de la lumière dans le cristal. C'est l'*ellipsoïde des indices*, ou *ellipsoïde inverse*.

Considérons (fig. 271) la section de la surface d'onde d'un cristal *uniaxe* par un plan méridien. Soit Or_1 un rayon extraordinaire issu du point O et qui, au bout du temps **1**, atteint le point r_1. Menons le plan tangent en r_1 à la surface d'onde extraordinaire. C'est l'onde plane dont Or_1 est la direction de propagation effective et Of_1 la direction de propagation normale. La vibration correspondante est, d'après la convention de Fresnel, dans le plan de l'onde et dans le plan principal, c'est-à-dire suivant OR_1, normale à Of_1. Or_1 et OR_1 sont des diamètres conjugués de l'ellipse. Menons la normale R_1N_1 à l'ellipsoïde en R_1. Comme le plan tangent en R_1 est parallèle à Or_1, cette normale R_1N_1 est perpendiculaire à Or_1.

L'aire du parallélogramme OR_1vr_1 construit sur deux diamètres conjugués est constante et égale à $OA \times OC$. Donc on a
$$OR_1 \times Of_1 = OA \times OC = k.$$

Ou encore $OR_1 = \dfrac{k}{v_n} = kn$ (v_n, vitesse normale ; n, indice).

Réduisons dans le rapport k tous les rayons de l'ellipsoïde sur face d'onde extraordinaire ; nous aurons un nouvel ellipsoïde

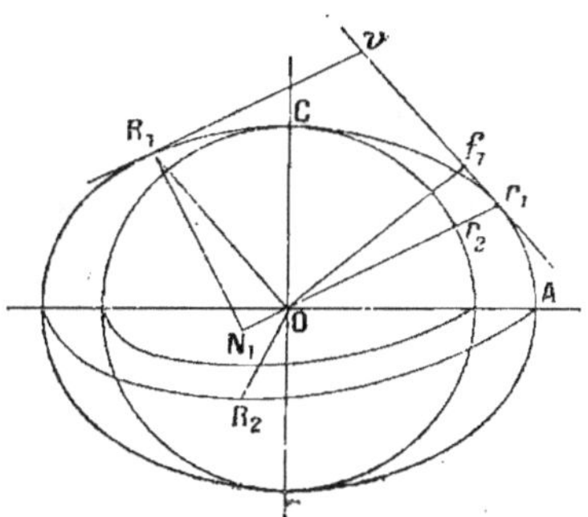

Fig. 271.

qui lui est semblable et qui jouit des propriétés suivantes : Etant donnée une vibration OR_1 extraordinaire (c'est-à-dire non normale à l'axe OC), menons la normale à l'ellipsoïde en R_1, puis par le centre O, dans le plan OR_1N_1, les perpendiculaires Of_1 à OR_1 et Or_1 à N_1R_1. Or_1 sera la direction du rayon capable de propager la vibration OR_1. Of_1 sera de même la direction de propagation normale, et le plan $f_1 r_1$ sera l'onde plane capables de propager la vibration OR_1. Enfin OR_1 sera en grandeur l'*indice* (inverse de la vitesse normale) de la vibration OR_1.

Il est aisé de voir que ce même ellipsoïde jouit des mêmes propriétés en ce qui concerne les vibrations ordinaires. Considérons la vibration ordinaire que peut transmettre le même rayon Or_1. C'est OR_2, normale à l'axe en même temps qu'à Or_1. Sa vitesse est $Or_2 = OC = \dfrac{OA \times OC}{OA} = \dfrac{k}{OA} = \dfrac{k}{OR_2}$. Et ici la vitesse normale se confond avec la vitesse effective. Donc, dans l'ellipsoïde ci-dessus défini, soit une vibration OR_2, ordinaire, c'est-à-dire normale à l'axe. Faisons la construction indiquée : menons la normale à l'ellipsoïde en R_2 ; elle se confond avec OR_2. Puis menons par O une perpendiculaire à cette normale. Ce sera une droite quelconque du plan perpendiculaire à OR_2. Toutes ces droites, nous le savons, peuvent également servir de direction de propagation effective et normale à la vibration ordinaire OR_2. Et enfin OR_2 représente en grandeur l'inverse de la vitesse, c'est-à-dire l'indice, de la vibration OR_2. Le rayon équatorial de l'ellipsoïde représente ainsi l'indice des vibrations ordinaires.

Cet ellipsoïde, dont la principale propriété est que *chacun de ses rayons vecteurs représente en grandeur l'indice de la vibration qu'il représente en direction*, s'appelle *ellipsoïde des indices* ou *ellipsoïde inverse*. Il dispense de considérer la surface d'onde, plus compliquée, et permet d'ailleurs de la retrouver aisément. Dans les cristaux uniaxes, il se trouve être semblable à l'ellipsoïde surface d'onde extraordinaire.

La mesure des deux indices principaux donne immédiatement la forme de l'ellipsoïde inverse. Nous avons vu comment un prisme parallèle à l'axe optique donne la mesure de l'indice n_o, rayon équatorial (vibrations normales à l'axe) et de l'indice n_e, rayon polaire (vibrations parallèles à l'axe).

Dans les cristaux positifs, l'ellipsoïde inverse est allongé. Il est aplati dans les cristaux négatifs.

On remarquera qu'étant donné l'ellipsoïde inverse, il est aisé de retrouver la surface d'onde. Il suffit d'appliquer la construction indiquée (fig. 272) : OR, vibration quelconque ; RN, normale à l'ellipsoïde ; Of, perpendiculaire à OR dans le plan ORN, direction de propagation normale ; ON, perpendiculaire à RN dans le même plan ORN, direction du rayon. Porter $of = \dfrac{1}{OR}$, mener le plan fr normal à of en f, et chercher l'enveloppe de ce plan : c'est la surface d'onde. Ou aussi bien, porter sur Or la longueur $Or = \dfrac{1}{RN}$ (Car OR $\times$ Of = RN $\times$ Or), et chercher le lieu de r.

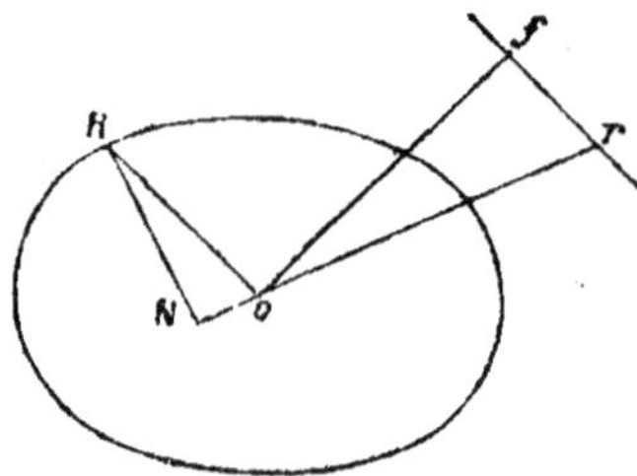

Fig. 272.

Quand on passe des cristaux uniaxes aux cristaux sans axe principal, que devient cet ellipsoïde inverse ? La généralisation la plus naturelle est de supposer que cet ellipsoïde continue d'exister, mais n'étant plus astreint par symétrie à être de révolution, a trois axes inégaux. C'est ainsi que Fresnel a été conduit à découvrir la forme de la surface d'onde des cristaux biaxes. Il a supposé que ces cristaux possèdent un ellipsoïde inverse jouissant des mêmes propriétés que celui des cristaux uniaxes, mais à trois axes inégaux. On déduit aisément de là, par l'un ou l'autre des procédés (enveloppe des ondes planes fr ou lieu des points r) la forme de la surface d'onde. Fresnel, pour présenter sa découverte à la mode du temps, l'a donnée comme résultat d'une théorie rationnelle déduite d'hypothèses sur les propriétés de l'éther. En réalité, il y était parvenu par cette extrapolation de l'ellipsoïde inverse.

Quitte à vérifier ensuite les résultats, admettons donc que l'existence de l'ellipsoïde inverse, qui est un fait acquis pour les cristaux uniaxes, s'étend aux cristaux biaxes.

L'ellipsoïde inverse à trois axes inégaux a trois plans de symétrie, que l'on appelle *plans principaux* du cristal. D'après la construction, la surface d'onde qui s'en déduit a aussi ces plans pour plans de symétrie. Les trois vibrations dirigées suivant les axes de l'ellipsoïde sont les trois *vibrations principales*. D'après la construction, elles peuvent se transmettre suivant toutes les droites du plan qui leur est perpendiculaire, avec une même vitesse normale qui est à la fois leur vitesse effective (et elles sont seules dans ce cas). Soient $a > b > c$ leurs vitesses de propagation. Les axes de l'ellipsoïde inverse sont $\dfrac{1}{a}$, $\dfrac{1}{b}$, $\dfrac{1}{c}$, que l'on appelle les *indices principaux* du cristal : $n_p = \dfrac{1}{a}$, $n_m = \dfrac{1}{b}$, $n_g = \dfrac{1}{c}$. Et l'on a $n_p < n_m < n_g$. En appliquant analytiquement l'une ou l'autre des constructions de la surface d'onde à partir de l'ellipsoïde inverse, on parvient à l'équation de cette surface, rapportée aux trois vibrations principales prises pour axes de coordonnées. C'est :

$$\frac{a^2 x^2}{x^2 + y^2 + z^2 - a^2} + \frac{b^2 y^2}{x^2 + y^2 + z^2 - b^2} + \frac{c^2 z^2}{x^2 + y^2 + z^2 - c^2} = 0.$$

Cette surface est du 4e degré. Lorsque deux des vitesses abc sont égales, elle se dédouble en une sphère et un ellipsoïde de révolution : c'est le cas particulier des cristaux uniaxes.

Sans discuter cette surface en détail, on voit aisément quelles sont les formes de ses sections par les plans principaux.

La vibration OB par exemple (fig. 273), étant normale à l'ellipsoïde, peut donc se transmettre dans toutes les directions du plan

AOC, avec une vitesse constante b. Donc le cercle de rayon b dans le plan AOC est sur la surface d'onde. En second lieu, considérons une vibration OR dans le plan AOC. Faisons la construction ordinaire : RN, normale à l'ellipsoïde, située dans le plan AOC ; Or, perpendiculaire à RN, est le rayon qui transmet la vibration OR. Portons $Or = \dfrac{1}{RN}$. Le point r est sur la surface d'onde. Or on a : aire $ORSR' = OA \times OC$. Donc $OR' \times RN = \dfrac{1}{ac}$, ou $OR' = \dfrac{Or}{ac}$. Or est proportionnel à OR'. Le lieu de r est donc une ellipse semblable à la section de l'ellipsoïde inverse

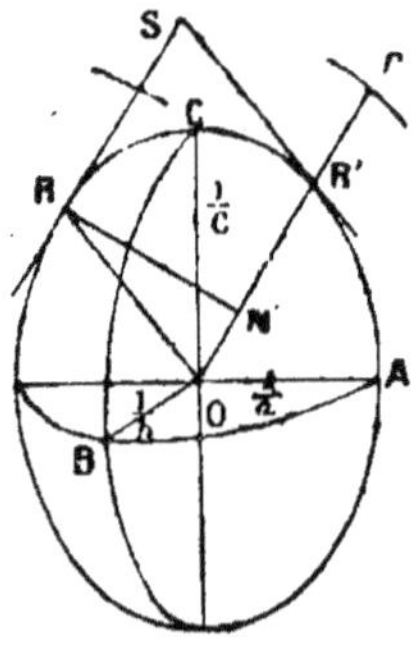

Fig. 273.

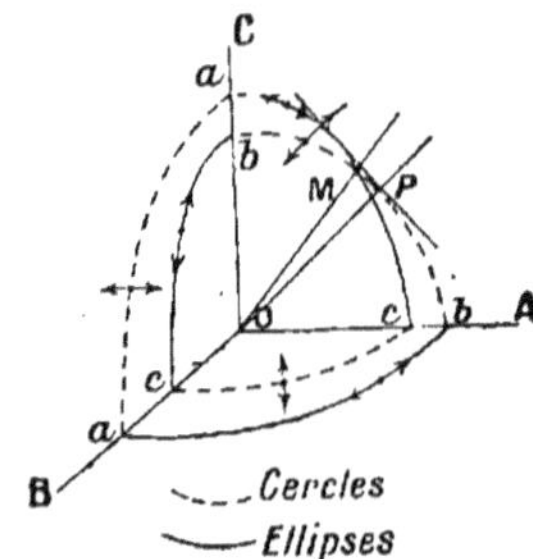

Fig. 274.

par le plan AOC, et ayant pour axes a suivant OC et c suivant OA. Il en est de même pour les autres plans principaux. Donc la surface d'onde est coupée par les trois plans principaux suivant chaque fois un cercle et une ellipse, qui ne se coupent que dans le plan AOC contenant le plus grand et le plus petit axes de l'ellipsoïde (fig. 274).

Par analogie avec les cristaux uniaxes, on appelle parfois *vibrations ordinaires* les trois vibrations principales OA, OB, OC, qui peuvent se transmettre avec même vitesse suivant toutes les droites qui leur sont perpendiculaires. Tant que la lumière se propage ainsi dans l'un des plans principaux, il y a un des rayons qui suit la loi des sinus. En dehors des plans principaux, il n'y a plus de rayon ordinaire.

On voit que trois prismes taillés parallèlement aux vibrations principales donneront les indices de ces trois vibrations, en faisant la mesure à la façon ordinaire sur la vibration parallèle à l'arête du prisme. On connaîtra par ces trois mesures l'ellipsoïde inverse ou la surface d'onde, c'est-à-dire tout ce qu'il faut pour résoudre les problèmes relatifs à la transmission de la lumière dans le cristal.

Les vérifications les plus curieuses et les plus délicates de la forme de la surface d'onde résident dans les propriétés singulières de quatre directions, identiques deux à deux, que l'on appelle *axes de réfraction conique* (Hamilton).

Il y a, dans le plan AOC (plan $n_g\ n_p$), quatre points M(fig. 275) où se coupent les deux nappes de la surface d'onde. Ce sont les

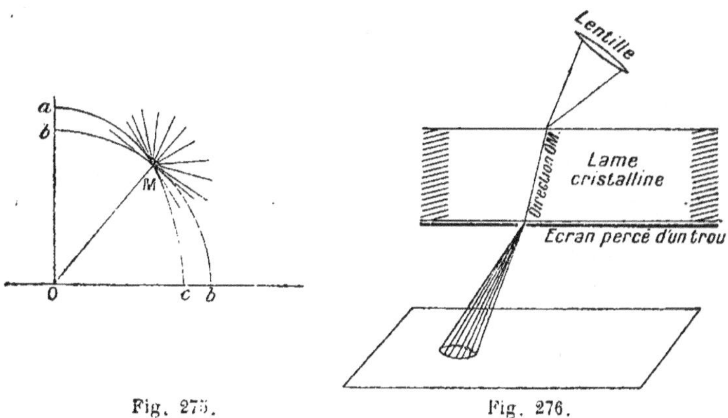

Fig. 275.Fig. 276.

ombilics, points où la surface admet une infinité de plans tangents enveloppant un cône. Les droites OM sont dites axes de réfraction conique extérieure. Nous n'en parlerons qu'à titre de vérification de la forme prévue pour la surface d'onde. D'autre part, autour des ombilics, existe un plan tangent particulier qui touche la surface non suivant un point mais suivant un cercle (comme le plan tangent normal à l'axe du tore). Les droites OP (fig. 277) normales à ces plans sont dites axes de réfraction conique intérieure ou *axes optiques*. Elles jouent un grand rôle dans les phénomènes que nous avons à étudier.

En M, il y a une infinité d'ondes planes tangentes à la surface d'onde élémentaire. OM est la direction de propagation effective ou de rayon commune à toutes ces ondes planes. Ainsi une infinité de vibrations rectilignes, génératrices du cône tangent à la surface en M, et dont les ondes planes sont les plans tangents à ce cône, ont toutes une même direction de rayon. Si donc on s'arrange pour faire passer de la lumière dans un cristal biaxe de telle sorte qu'un rayon suive la direction OM, ce rayon se divisera à la sortie non pas en deux rayons, comme cela a lieu pour toute autre direction, mais, selon la construction

d'Huygens, en une infinité de rayons disposés comme les
génératrices d'un cône et dessinant sur un écran une petite
tache circulaire ou elliptique (fig. 276). C'est ce qui a lieu en effet.

Les directions OP (fig. 277) sont beaucoup plus importantes
pour notre étude. Tous les rayons correspondant aux vibrations
contenues dans le plan d'onde PR, tangent à la surface suivant
un cercle, forment un cône POR, à base circulaire dans le plan
PR, et correspondent à une seule direction de propagation normale OP. Si un rayon tombe sur une face d'un cristal biaxe de
telle façon que la construction d'Huygens donne pour onde plane
réfractée ce plan tangent particulier, alors le rayon incident unique de lumière naturelle donnera une infinité de rayons réfractés
polarisés, disposés comme les génératrices d'un cône dont la base
est circulaire dans le plan PR, et ayant tous la même direction
de propagation normale OP et la même vitesse normale OP,
donc le même indice $\dfrac{1}{b} = n_m$ (indice moyen) (fig. 278). S'il

s'agit d'une lame à faces parallèles, on
obtiendra à la sortie un cylindre creux de
rayons, venant dessiner sur un écran un
petit cercle (ou ellipse) lumineux dont le
de diamètre est proportionnel à l'épaisseur
la lame et indépendant de la distance de
l'écran (fig. 279). Les rayons émergents
sont en effet tous parallèles, puisque dans
la construction d'Huygens c'est l'onde

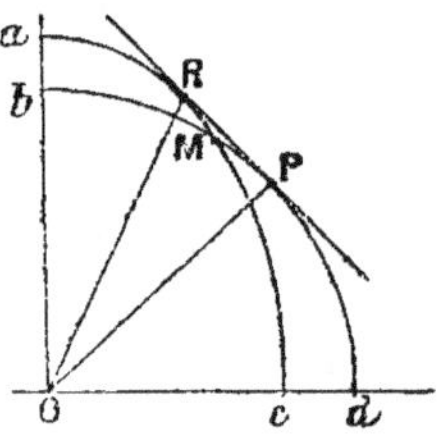

Fig. 277.

plane seule qui intervient pour déterminer la direction du rayon
après réfraction. Les directions OP sont appelées pour cette raison

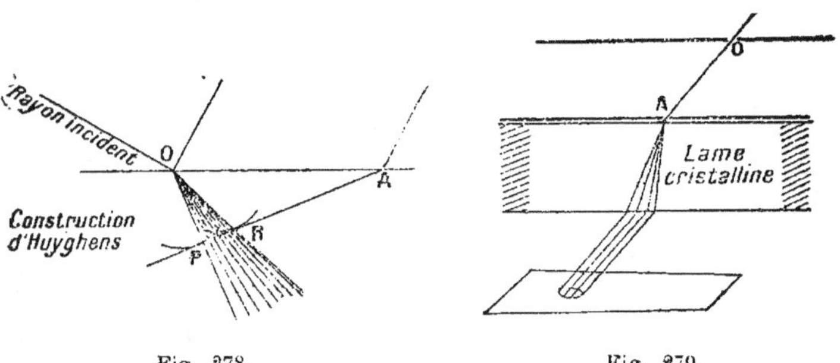

Fig. 278.   Fig. 279.

axes de réfraction conique intérieure. On les appelle plus souvent
axes optiques parce que, comme l'axe optique des cristaux uni-

axes elles servent de direction de propagation *normale* (mais non effective) à toutes les vibrations qui leur sont perpendiculaires, et les transmettent toutes avec une même vitesse *normale* (mais non une même vitesse effective). Les axes optiques des cristaux biaxes, sans être axes de révolution des propriétés optiques, jouissent ainsi d'une partie des propriétés de l'axe optique des cristaux uniaxes. Les axes OM jouissent d'ailleurs d'une autre partie des propriétés de l'axe des uniaxes. On réserve aux axes OP le nom d'axes optiques parce que leurs propriétés sont plus intéressantes à considérer.

Lorsque l'ellipsoïde devient de révolution, les quatre directions OP et OM viennent se confondre avec l'axe de révolution, et cette direction unique est l'axe optique du cristal uniaxe.

Ainsi des vérifications expérimentales très délicates confirment la forme trouvée pour la surface d'onde. Elles confirment par là aussi l'existence de l'ellipsoïde inverse. Désormais nous ne nous servirons que de l'ellipsoïde inverse.

Dispersion. — L'ellipsoïde inverse n'est pas le même pour les différentes couleurs. Ses dimensions et même l'orientation de ses axes peuvent varier d'une couleur à l'autre pour un même minéral. Dans les cristaux uniaxes, l'ellipsoïde inverse de révolution a nécessairement même axe pour toutes les couleurs, cet axe coïncidant avec l'axe principal de symétrie. Mais la biréfringence (différence des longueurs des axes de l'ellipsoïde) varie dans l'étendue du spectre.

Dans les cristaux du système orthorhombique, qui ont trois plans de symétrie trirectangulaires, ou trois axes binaires trirectangulaires, ou un axe binaire et deux plans de symétrie, l'ellipsoïde à trois axes inégaux est encore déterminé en position : pour toutes les couleurs ses trois axes coïncident avec les trois axes binaires du réseau, quelle que soit la mériédrie. Les grandeurs seules des trois indices principaux varient d'une couleur à l'autre.

Dans les cristaux clinorhombiques, qui n'ont qu'un plan de symétrie ou un axe binaire, les ellipsoïdes inverses des différentes couleurs ne sont astreints qu'à avoir un de leurs axes en coïncidence avec l'axe binaire du réseau. Les deux autres axes varient d'une couleur à l'autre, non seulement en grandeur, mais en direction dans le plan g^1, plan de symétrie du réseau.

Enfin dans les cristaux anorthiques, les trois axes de l'ellipsoïde peuvent varier en grandeur et en direction d'une couleur à l'autre, d'une manière quelconque. La *dispersion*, dans les deux derniers cas, porte sur la direction comme sur la grandeur des indices principaux.

Les ellipsoïdes inverses sont rarement très éloignés d'une sphère. La différence $n_g - n_p$, qui mesure la *biréfringence* du cristal, n'atteint que rarement $\frac{1}{10}$ de n_g. Le cas du calomel, pour lequel $n_g = 2{,}60$ et $n_p = 1{,}96$ est tout à fait exceptionnel. Une biréfringence comme celle de la tourmaline par exemple, pour laquelle $n_g = 1{,}65$, $n_p = 1{,}62$ passe déjà pour assez forte.

Propriétés optiques d'une lame cristalline à faces parallèles.

A. — *Sections principales d'une lame à faces parallèles. Biréfringence et signe optique.*

Considérons l'ellipsoïde inverse du cristal. Soit OR (fig **280**) une vibration, T le plan tangent à l'ellipsoïde en R, RN la nor-

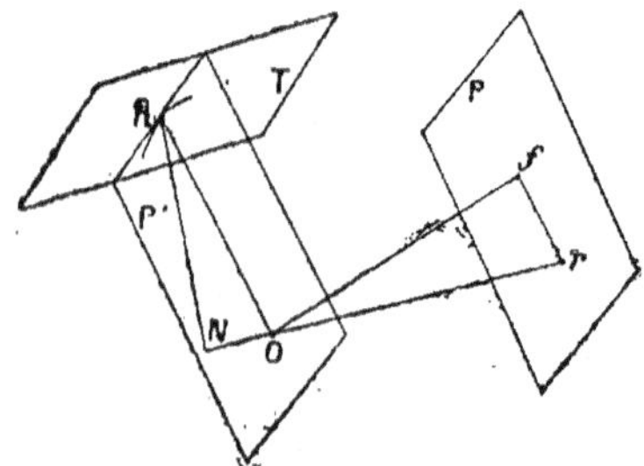

Fig. 280.

male, O*r* le rayon, O*f* la direction de propagation normale qui correspondent à la vibration OR, enfin P l'onde plane. Le plan P′ parallèle à P mené par le centre coupe l'ellipsoïde suivant une ellipse, dont je dis que OR est un axe. Car les quatre droites RN, OR, O*r*, O*f* sont dans un plan qui, passant par les normales RN et O*f* aux plans T et P′, est perpendiculaire à ces deux plans, donc aussi à leur intersection, qui est la tangente en R à l'ellipse section de l'ellipsoïde inverse par le plan P′. Donc OR, qui est dans le plan RO*f*, est perpendiculaire à cette tangente. R est donc un sommet et OR un axe de l'ellipse. Par suite, étant donné un plan d'onde P, l'une des vibrations qu'il est capable de transmettre est un axe de l'ellipse section de l'ellipsoïde inverse par le plan de l'onde. L'autre vibration du même plan d'onde, étant perpendiculaire à la première, est donc l'autre axe de cette ellipse. D'où la règle suivante, nouvelle propriété remarquable de l'ellipsoïde inverse :

Les deux *sections principales* d'une lame à faces parallèles, c'est-à-dire les directions des deux vibrations en lesquelles se décompose, dans la traversée d'une telle lame, la lumière qui tombe sur elle normalement, sont les deux axes de la section de l'ellipsoïde inverse par un plan diamétral parallèle à la lame.

Nous savons d'autre part que chacun de ces axes représente en grandeur *l'indice* de la vibration qu'il figure en direction.

Si donc on fait tomber normalement sur une lame à faces parallèles un faisceau de lumière parallèle, l'onde incidente, qui reste plane et parallèle à la surface, se divise en deux ondes correspondant à deux vibrations rectilignes rectangulaires qui sont les axes de l'ellipse section de l'ellipsoïde inverse par le plan de la lame. Ces deux ondes prennent en général des vitesses différentes, dont les inverses, indices des deux vibrations, sont les longueurs $n\,n'$ des axes de l'ellipse. La différence $n - n'$ est appelée *biréfringence de la lame* cristalline. Elle est maximum pour une lame parallèle au plan $n_g n_p$ qui contient les axes maximum et minimum de l'ellipsoïde, et est alors égale à $n_g - n_p$, que l'on appelle *biréfringence du cristal.*

La biréfringence, qui varie ainsi selon la direction et est maximum pour le plan $n_g n_p$, est nulle pour deux directions particulières, celles des plans perpendiculaires aux *axes optiques.* Car ces axes peuvent servir de direction de propagation normale à toutes les vibrations qui leur sont perpendiculaires, et les propagent toutes avec une même vitesse normale, donc avec un même indice qui est n_m. C'est ce que nous avons vu ci-dessus au moyen de la surface d'onde. Cela est aussi aisé à voir en raisonnant sur l'ellipsoïde inverse :

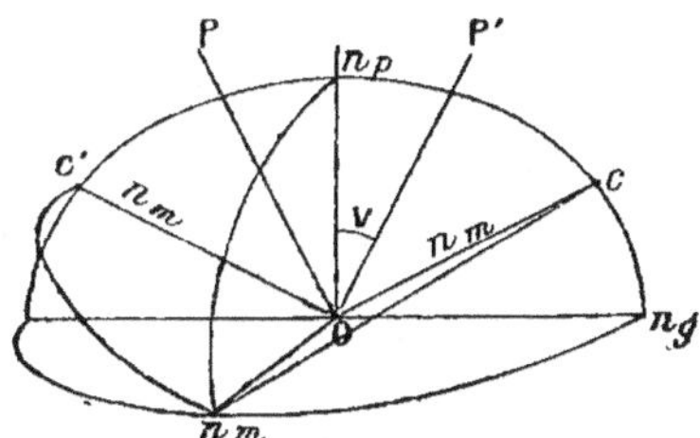

Fig. 281.

L'ellipsoïde, s'il est à trois axes inégaux, a deux sections circulaires OC OC' dont le rayon est n_m. Les normales à ces plans sont les axes optiques. Car tout rayon vecteur d'une section circulaire est axe de cette section, et tous sont égaux en grandeur. Toutes les vibrations contenues dans la section circulaire sont donc capables de se transmettre avec cette section pour onde plane et un même indice n_m. Une onde plane parallèle aux sections circulaires se transmet donc dans le cristal sans décomposition : Pour ces directions particulières, la biréfringence d'une lame est nulle, comme elle l'est normalement à l'axe pour les cristaux uniaxes. Tous les cristaux qui ne sont ni isotropes ni uniaxes sont dits *biaxes* à cause de cette propriété.

On sait que si l'on appelle **2V** l'angle des sections circulaires, c'est-à-dire aussi l'*angle des axes optiques*, on a

$$\mathrm{tg}\ V = \sqrt{\dfrac{\dfrac{1}{n_m{}^2} - \dfrac{1}{n_g{}^2}}{\dfrac{1}{n_p{}^2} - \dfrac{1}{n_m{}^2}}}$$

Ou approximativement, dans les cas habituels où la biréfringence est petite :

$$\mathrm{tg}\ V = \sqrt{\dfrac{n_g - n_m}{n_m - n_p}}$$

Par analogie avec les cristaux uniaxes, on dit qu'un cristal biaxe est *positif* lorsque la bissectrice de l'angle aigu des axes optiques est n_g. Il est *négatif* si la bissectrice de l'angle aigu est n_p. Le signe optique serait indéterminé si l'angle des axes optiques était exactement de 90°.

Lorsque la biréfringence n'est pas excessive et l'angle des axes pas trop rapproché de 90°, la formule simplifiée ci-dessus indique le signe du cristal connaissant les deux différences $n_g - n_m$ et $n_m - n_p$. Lorsque $n_g - n_m$ est plus grand que $n_m - n_p$, le signe est positif, et inversement. On voit qu'à la limite, lorsque l'ellipsoïde devient de révolution, cette définition des signes concorde avec celle adoptée pour les cristaux uniaxes : Lorsque n_p et n_m deviennent égaux, les deux sections circulaires viennent se confondre avec le plan $n_m n_p$ et les deux axes optiques avec l'axe n_g ; l'ellipsoïde devient de révolution autour de n_g, donc allongé. Au voisinage de cette limite, n_g est bissectrice de l'angle aigu des axes ; le cristal, biaxe, est positif. A la limite, il est positif comme uniaxe.

Il va de soi que le signe optique n'est défini que pour une couleur. Comme l'angle des axes optiques varie d'une couleur à l'autre, il peut arriver qu'un cristal, positif pour une couleur,

soit négatif pour une autre, si l'angle des axes est voisin de 90°
ou la dispersion forte. Dans la grande majorité des cas, le signe
optique est le même pour toutes les couleurs du spectre.

B. — *Etude d'une lame cristalline en lumière parallèle.*

Quand on fait tomber sur une lame cristalline à faces parallèles un faisceau de lumière parallèle normal à la lame (ondes
planes parallèles à la lame), et quand on observe ce que
devient ce faisceau après la traversée de la lame, on dit qu'on
observe cette lame *en lumière parallèle.*

Nous savons que dans ces conditions l'onde incidente se
dédouble en deux ondes qui restent parallèles au plan de
la lame et dont les vibrations, rectilignes et rectangulaires
(sections principales de la lame), sont les axes de la section de
l'ellipsoïde inverse par le plan de la lame. Dans les cristaux
uniaxes, l'une des sections principales est parallèle et l'autre
normale à la projection de l'axe optique sur le plan de la lame.
Il suffit de connaître la direction de l'axe optique pour qu'elles
soient déterminées.

De même dans les cristaux biaxes, il suffit de connaître la
direction des axes optiques pour connaître les sections principales d'une lame. Ces sections sont en effet les bissectrices des
projections des deux axes optiques
sur le plan de la lame. Car ce sont
les axes de la section de l'ellipsoïde
par le plan de la lame ; ce sont donc
les bissectrices des traces OC OC′
des sections circulaires sur le plan
de la lame ; or les projections Op,
Op' des axes optiques sur le plan de
la lame sont perpendiculaires res-
pectivement à OC OC′, puisque les axes optiques sont perpen-

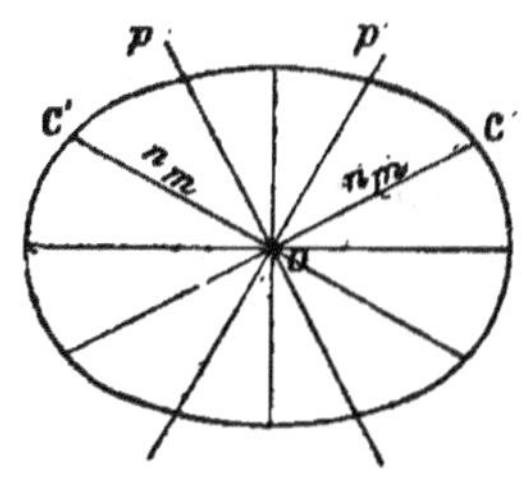

Fig. 282.

diculaires aux sections circulaires. Les sections principales
sont donc aussi les bissectrices des projections Op, Op' des
axes optiques. Le cas des uniaxes en résulte à la limite.

Polarisation elliptique (Fresnel). — L'onde incidente se divise
en deux ondes de vitesses différentes v et v'. Soit e l'épaisseur de
la lame. A la sortie, les deux ondes polarisées reprennent dans
l'air la même vitesse. Mais dans le trajet à travers la lame elles
ont acquis une différence de phase φ aisée à calculer. La pre-

mière met à traverser la lame un temps $t = \dfrac{e}{v}$, l'autre $t' = \dfrac{e}{v'}$.
La différence est $t - t' = e\left(\dfrac{1}{v} - \dfrac{1}{v'}\right)$.

. Si V est la vitesse de la lumière dans l'air, et n, n' les indices des deux vibrations, on a $t - t' = \dfrac{e}{V}(n - n')$. La différence de phase acquise est donc $\varphi = \dfrac{t - t'}{T} = \dfrac{e}{VT}(n - n') = \dfrac{e}{\lambda}(n - n')$.

λ est la longueur d'onde *dans l'air* de la lumière considérée. n et n' sont les longueurs des axes de l'ellipse section de l'ellipsoïde inverse par le plan de la lame.

On voit que φ dépend essentiellement de λ, c'est-à-dire de la couleur. $n - n'$, qui est la biréfringence de la lame, varie un peu, mais en général très peu, d'une couleur à l'autre. Dans les cas ordinaires, lorsque la dispersion n'est pas excessive, φ est presque inversement proportionnel à λ.

Cette différence de phase $\varphi = \dfrac{e}{\lambda}(n - n')$ est celle qu'acquerraient deux ondes se mouvant dans l'air et qui, parties d'une même source, auraient une différence de marche géométrique ou différence de chemins parcourus égale à $\varphi\lambda = e(n - n')$. On appelle $e(n - n')$ la *différence de marche* dans l'air ou le *retard* introduit entre les deux vibrations par la traversée de la lame, ou simplement *le retard de la lame cristalline*. C'est le produit de l'épaisseur par la biréfringence.

Si l'épaisseur ou la biréfringence ne sont pas excessives, les deux rayons correspondant aux deux ondes planes restées parallèles ne se séparent pas assez pour qu'on distingue deux images d'un point à travers la lame. Les deux ondes ayant traversé la lame, et reprenant à la sortie la même vitesse, se recomposent donc à ce moment en un mouvement vibratoire nouveau.

Voyons d'abord ce qui se produit si la lumière incidente est *monochromatique*. Si l'on a reçu sur la lame cristalline de la lumière naturelle, on peut considérer celle-ci comme résultant de la composition de deux vibrations rectilignes rectangulaires, orientées arbitrairement, par exemple suivant les sections principales de la lame, et ayant entre elles une différence de phase constamment variable. La traversée de la lame ajoute à cette différence de phase une constante φ. Rien n'est donc changé, et la lumière reste naturelle à la sortie.

Il en est autrement si l'on reçoit sur le cristal de la lumière polarisée rectiligne. Soit OV cette vibration incidente, OA, OB les sections principales de la lame. La vibration OV se décompose, à l'entrée, en deux vibrations OA, OB, dont la différence de phase est nulle au début. A la sortie de la lame, ces deux vibrations ont acquis une différence de phase $\varphi = (n - n') \dfrac{e}{\lambda}$.

Elles reprennent alors la même vitesse dans l'air, et par suite se recomposent. C'est le cas de l'expérience de Lissajous, avec

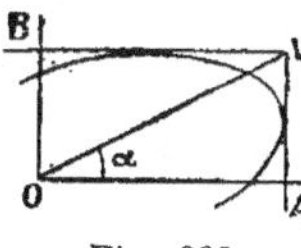
Fig. 283.

vibrations de même période et différence de phase constante. Le mouvement résultant n'est plus une vibration rectiligne, mais une vibration *elliptique* inscrite dans le rectangle construit sur O AB et dont la forme, constante, dépend de φ. La lumière est dite *polarisée elliptiquement*. L'intensité de cette lumière, qui est la somme des intensités des deux composantes, est donc, d'après la loi de Malus :

$$(ov \cos \alpha)^2 + (ov \sin \alpha)^2 = ov^2.$$

Elle est égale, sauf les pertes par réflexion ou absorption, à l'intensité de la vibration rectiligne incidente.

Quelles sont les propriétés de cette lumière polarisée elliptique ?

Si on la reçoit sur un analyseur, elle n'est jamais complètement éteinte. Mais si l'on fait tourner l'analyseur, elle fournit des intensités variables, maxima quand la vibration de l'analyseur est parallèle au grand axe *oa* de l'ellipse, minima quand il est parallèle à *ob*. A ce point de vue, la lumière polarisée elliptique ne diffère donc pas de la lumière *partiellement polarisée*. Pour les distinguer, on a recours à une *lame quart d'onde*. On appelle ainsi une lame cristalline biréfringente dont l'épaisseur est telle que, pour une vibration de longueur d'onde λ, elle introduit entre les deux vibrations rectangulaires qu'elle transmet un retard $\dfrac{1}{4}$ en phase, ou $\dfrac{\lambda}{4}$ en différence de marche.

On fait généralement ces lames en mica blanc, parce que ce minéral se clive aisément en feuilles aussi minces qu'on le veut et fournit ainsi des lames limpides, à faces rigoureusement parallèles, sans taille ni polissage. Pour ce minéral, et dans la direction des lames de clivage, la biréfringence $n - n'$ est de 0,0045 pour la raie D du sodium. L'épaisseur convenable au quart d'onde pour cette radiation est donc donnée par la formule :

$\dfrac{\lambda}{4} = (n - n')\, e$, ou encore, λ étant égale à $0^{mm},000589$,

$e = \dfrac{1}{4} \dfrac{0{,}000589}{0{,}0045} = 0^{\text{min}}{,}033$. Bien entendu, une lame n'est rigoureusement « quart d'onde » que pour une lumière monochromatique donnée.

Soient alors Oa, Ob (fig. 285) les sections principales d'une lame quart d'onde. Une vibration polarisée OV tombant sur cette lame se divise en deux vibrations Oa, Ob, qui acquièrent, après la traversée de la lame, une différence de phase de $\dfrac{1}{4}$ si la vibration incidente est de la couleur pour laquelle a été choisi le quart-d'onde. Donc au sortir de la lame elles se recomposent en une vibration elliptique dont les axes sont Oa, Ob. En faisant varier l'angle α que fait la vibration incidente avec l'une des sections principales, nous pouvons obtenir ainsi des vibrations elliptiques de toutes formes, le rapport des axes de l'ellipse étant $\dfrac{Oa}{Ob} = tg\,\alpha$. Nous pouvons même, en faisant $\alpha = 45°$,

produire une vibration *circulaire*, cas particulier de la vibration elliptique. Cette *lumière polarisée circulaire*, non seulement n'est jamais éteinte par un analyseur, mais conserve une intensité constante quand on fait tourner l'analyseur. Elle ne diffère pas, en apparence, de la lumière naturelle.

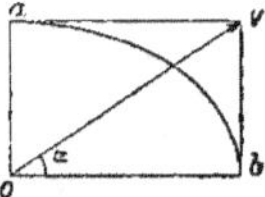

Fig. 285.

Le quart-d'onde qui permet ainsi de produire des vibrations elliptiques ou circulaires de toutes formes, permet aussi de les analyser, c'est-à-dire de distinguer la lumière elliptique de la lumière partiellement polarisée, et la lumière circulaire de la lumière naturelle.

Au moyen d'un analyseur, nous déterminons les positions des axes de la vibration, en supposant qu'elle soit elliptique. Elles sont parallèles aux deux positions de la vibration de l'analyseur pour lesquelles il y a maximum et minimum d'intensité. Nous introduisons ensuite le quart-d'onde sur le trajet du rayon, de façon que ses sections principales, connues, coïncident avec les deux directions ainsi déterminées. Si la lumière incidente était partiellement polarisée, elle le reste sans modification après la traversée du quart-d'onde, et un analyseur ne peut l'éteindre. Si elle était elliptique, on peut la considérer comme résultant de la composition de deux vibrations rectilignes dirigées suivant ses axes et ayant entre elles une différence de phase de 1/4. Le quart-d'onde, placé comme nous l'avons dit, vient introduire entre ces composantes une nouvelle différence de phase de 1/4 en plus ou en moins. Finalement, la différence de phase devient donc 0 ou 1/2, et par suite la vibration émergente est rectiligne et dirigée suivant l'une des diagonales du rectangle circonscrit à la vibration incidente. Un analyseur convenablement orienté éteindra alors complètement cette vibration.

S'il s'agit de lumière non affectée par la rotation du polariseur, c'est-à-dire pouvant être polarisée circulaire ou naturelle, le quart-d'onde peut être introduit dans un azimut quelconque. Si la lumière est naturelle, elle reste naturelle après le quart-d'onde, et un analyseur placé sur son trajet peut être tourné d'une manière quelconque sans que l'intensité varie. Si la lumière incidente est circulaire, elle devient, à la sortie du quart-d'onde, rectiligne et dirigée à 45° des sections principales du quart-d'onde. Un analyseur l'éteint entièrement.

Ce procédé donne en outre la forme de l'ellipse, dans le cas de la lumière elliptique, et permet de savoir dans quel sens est

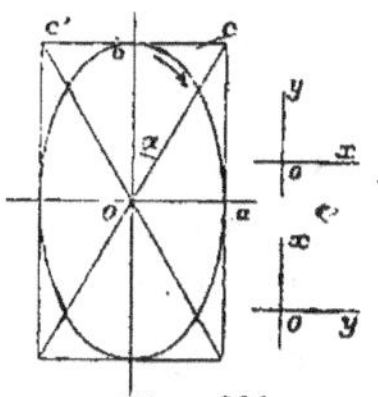
Fig. 286.

décrite la vibration elliptique ou circulaire. Supposons une vibration elliptique dextrorsum (décrite dans le sens de rotation des aiguilles d'une montre) (fig. 286). La composante Ob est *en avance* de 1/4 de période sur Oa. Supposons que Ox soit la section principale du quart-d'onde correspondant dans le mica au plus petit indice, c'est-à-dire à la plus grande vitesse. Dans la traversée du quart-d'onde, la vibration Ox prend une *avance* de 1/4 de période sur Oy. Si donc nous orientons Ox parallèlement à Oa, en introduisant le quart-d'onde sur le trajet du rayon, le retard deviendra nul à la sortie. La vibration deviendra rectiligne et dirigée suivant OC. Si au contraire nous superposons Ox à Ob, le retard des deux composantes deviendra 1/2, la vibration deviendra rectiligne et dirigée suivant OC'. L'inverse aurait lieu si la vibration donnée était sinistrorsum. De plus, en produisant successivement les deux vibrations OC, OC', l'angle dont il faut tourner l'analyseur pour éteindre successivement ces deux vibrations est 2α, tel que $tg\ \alpha = \dfrac{Oa}{Ob}$, d'où le rapport des axes de la vibration elliptique. On distingue de même une vibration circulaire dextrorsum d'une vibration sinistrorsum.

Tel est le phénomène élémentaire qui se produit lorsque de la lumière *monochromatique polarisée* traverse une lame cristalline ; il se fait de la lumière elliptique, ou, dans certains cas particuliers, de la lumière circulaire. Qu'arrive-t-il avec de la lumière blanche ?

Polarisation chromatique (Découverte par Arago, expliquée par Fresnel). — Le fait découvert par Arago est le suivant :

Une lame cristalline examinée en lumière parallèle entre deux nicols (ou polariseurs quelconques) apparaît en général colorée de teintes vives et brillantes analogues à celles des lames minces. L'explication, qui résulte immédiatement de la polarisation elliptique, est due à Fresnel.

Un premier nicol, polariseur, reçoit de la lumière naturelle blanche. Il laisse passer de la lumière blanche totalement pola-

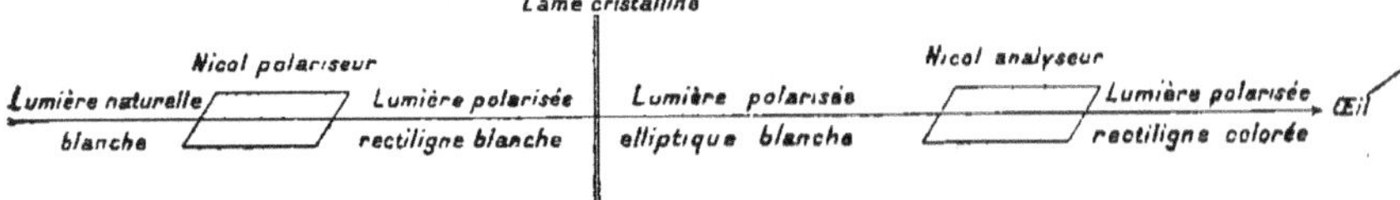

Fig. 287.

risée. La lame cristalline reçoit cette lumière et transforme chaque radiation de longueur d'onde λ en une vibration elliptique inscrite dans le rectangle dont les côtés sont parallèles aux sections principales de la lame, et dont la diagonale est la vibration incidente. Mais comme la forme et l'orientation de ces ellipses dépendent du retard $\varphi = (n - n')\,\dfrac{e}{\lambda}$, qui est fonction de la longueur d'onde λ, la forme de la vibration elliptique de chacune des couleurs constituant le blanc varie d'une manière continue d'un bout à l'autre du spectre. La lumière sortant de la lame reste blanche, puisque nous avons vu que la lumière elliptique conserve l'intensité de la lumière polarisée rectiligne qui lui a donné naissance, et elle se compose de vibrations elliptiques de formes et d'orientations diverses pour les différentes couleurs. Un second nicol, analyseur, laissera donc passer des proportions variables de chacune de ces couleurs : la lumière définitivement obtenue sera colorée.

On voit immédiatement que si, sans changer rien d'autre, l'on place successivement le nicol analyseur dans deux azimuts rectangulaires, les deux couleurs obtenues seront complémentaires, car toute composante interceptée dans le premier cas se retrouvera intégralement dans le second, et inversement.

Nous nous en tiendrons au cas simple, le seul à considérer en pratique, où la lame est placée entre les *nicols croisés* à angle droit, c'est-à-dire au cas où les deux nicols ont leurs plans principaux rectangulaires. Le cas des nicols parallèles s'en déduira immédiatement, puisque les 'résultats doivent être complémentaires.

Quand donc les nicols sont croisés à angle droit, le champ, vu en dehors de la lame cristalline, est noir. Celle-ci rétablit sur ce champ noir le passage de la lumière, avec des colorations d'autant plus nettes et vives que le fond est obscur. Soient OA, OB (fig. **288**) les sections principales rectangulaires des nicols, supposés fixes. OS_1, OS_2, celles de la lame cristalline, que nous pourrons faire tourner dans son plan. OS_1, par exemple, fait un angle α avec OA. Soit par exemple $OA = A_\lambda$ l'amplitude de la vibration

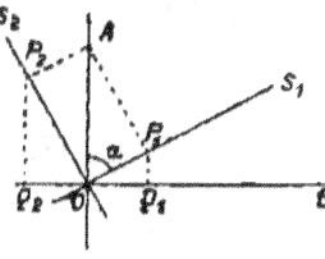

Fig. 288.

incidente, d'une couleur de longueur d'onde λ dans l'air, vibration qui est issue du polariseur. Elle se décompose en pénétrant dans la lame cristalline, en deux vibrations OP_1, OP_2, dont les amplitudes sont :

$$OP_1 = A_\lambda \cos \alpha.$$
$$OP_2 = A_\lambda \sin \alpha.$$

Supposons la dispersion assez faible pour que les sections principales OS_1 OS_2 soient sensiblement les mêmes pour toutes les couleurs (ce qui est de beaucoup le cas le plus ordinaire). Alors α étant le même pour toutes les couleurs, les vibrations elliptiques émergentes seront toutes inscrites dans le rectangle construit sur OP_1, OP_2. A la sortie de la lame, les deux vibrations OP_1, OP_2, ayant acquis une différence de phase $\varphi = (n - n') \dfrac{c}{\lambda}$,

reprennent la même vitesse et se recomposent en une vibration elliptique ; celle-ci tombe sur le nicol analyseur, qui ne laisse passer que la composante de cette vibration elliptique parallèle à OB. Cette composante résulte de l'addition des deux composantes OQ_1, OQ_2, parallèles et ayant entre elles une différence de phase φ. On a

$$OQ_1 = OP_1 \sin \alpha = A_\lambda \sin \alpha \cos \alpha.$$
$$OQ_2 = -OP_2 \cos \alpha = -A_\lambda \sin \alpha \cos \alpha.$$

L'intensité I_λ de la lumière émergente pour la couleur λ sera, d'après la règle connue :

$$I_\lambda = OQ_1{}^2 + OQ_2{}^2 + 2 . OQ_1 . OQ_2 \cos 2\pi\varphi.$$

Ou encore :

$$I_\lambda = 2 A_\lambda{}^2 \sin^2 \alpha \cos^2 \alpha (1 - \cos 2\pi\varphi) = A_\lambda{}^2 \sin^2 2\alpha \sin^2 \pi\varphi.$$

Si les nicols sont parallèles, on a $I'_\lambda = A_\lambda{}^2 (1 - \sin^2 2\alpha \sin \pi\varphi)$.

On voit que $I_\lambda + I'_\lambda = A^2_\lambda$; les intensités émergentes sont complémentaires ; leur somme restitue l'intensité incidente.

Pour l'ensemble des couleurs de la lumière blanche incidente, l'intensité émergente sera :

$$I = \Sigma I_\lambda = \sin^2 2\alpha \, \Sigma A_\lambda{}^2 \sin^2 \pi\varphi.$$

Quand on fait tourner la lame dans son plan, les nicols restant fixes, α varie, et l'on voit que I s'annule pour $\alpha = o$ et $\alpha = \dfrac{\pi}{2}$. Il y a donc *extinction* complète de la lumière, comme si la lame cristalline n'existait pas, pour quatre positions par tour complet de la lame. Ces positions sont celles pour lesquelles les sections principales de la lame sont parallèles aux sections principales des nicols.

Lorsque, au contraire, $\alpha = 45^\circ$ ou $\alpha = \dfrac{\pi}{2} + 45^\circ$, I est maximum.

(Dans le cas des nicols parallèles,

$$I' = \Sigma A_\lambda{}^2 - \sin^2 2\alpha \, \Sigma A_\lambda{}^2 \sin^2 \pi\varphi.$$

La lumière est blanche et l'intensité égale à l'intensité incidente quand $\alpha = 0$ ou $\dfrac{\pi}{2}$; et il y a intensité minimum, avec coloration maximum complémentaire de celle que donnent les nicols croisés, quand $\alpha = 45^\circ$ ou $\dfrac{\pi}{2} + 45^\circ$.)

On remarquera que la variation de α affecte proportionnellement toutes les couleurs. Donc la rotation de la lame ne change pas la nature de la teinte fournie par celle-ci. Cette teinte reste la même, mais avec un maximum d'intensité pour $\alpha = 45^\circ$ ou $\dfrac{\pi}{2} + 45^\circ$, et un minimum nul pour $\alpha = 0$ ou $\dfrac{\pi}{2}$. La teinte dépend uniquement de $\varphi = (n - n')\dfrac{e}{\lambda}$, c'est-à-dire de l'épaisseur et de la biréfringence de la lame.

On sait que $n - n'$ varie un peu d'une couleur à l'autre. Cette variation, qui constitue la dispersion propre du minéral, est généralement faible. Afin d'étudier la série des couleurs que donnent habituellement les lames cristallines, nous supposerons cette dispersion nulle, et $n - n'$ constant pour une même lame, quelle que soit la couleur de la vibration. Nous arriverons ainsi à des résultats applicables, à très peu de chose près, à la grande majorité des cristaux ; ceux qui s'en écartent notablement ont une dispersion exceptionnelle.

Si donc $n - n'$ est supposé constant (pour une lame donnée seulement, car nous savons que $n - n'$ varie dans un même minéral selon les directions), le retard géométrique dans l'air produit par la traversée de la lame, $(n - n')\,e$, est proportionnel à l'épaisseur de la lame et à sa biréfringence. Il est le même pour toutes les couleurs. Le retard en phase $\varphi = (n - n')\dfrac{e}{\lambda}$ est inversement proportionnel à λ.

Quelle sera la série des teintes données, entre les nicols croisés, par des lames pour lesquelles $(n - n')\,e$ va en croissant depuis zéro ? En d'autres termes, quelle sera la série des teintes données, entre les nicols croisés, par des lames d'épaisseurs croissantes taillées dans un même minéral et dans la même direction ?

Faisons $\alpha = 45°$, pour observer la teinte avec son maximum d'intensité. Alors $I_\lambda = A_\lambda^2 \sin^2\pi\dfrac{(n - n')e}{\lambda}$. C'est précisément l'expression des intensités d'une même couleur λ dans les franges d'interférence ou dans les anneaux colorés à centre noir. La série des teintes obtenues en observant les lames d'épaisseurs croissantes est donc la même que celle des anneaux à centre noir : c'est la *gamme de Newton*. En portant en abscisses les épaisseurs e, l'intensité de chaque couleur est représentée par une sinusoïde dont la période est $e = \dfrac{\lambda}{n - n'}$ (fig. 289).

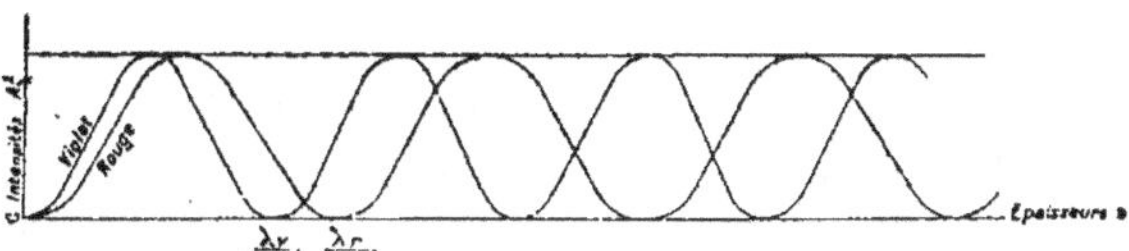

Fig. 289.

On observe cette série de teintes dans une lame cristalline, de quartz par exemple, taillée en biseau très aigu, dite *compensateur*. On taille cette lame parallèlement à l'axe du quartz, afin que la valeur de $n - n'$ soit bien déterminée et connue. En l'observant entre les nicols croisés, d'abord en lumière monochromatique, on y observe des bandes alternativement noires pour les épaisseurs 0, $\dfrac{\lambda}{n - n'}$, $\dfrac{2\lambda}{n - n'}$,... et claires pour les épaisseurs $\dfrac{1}{2}\dfrac{\lambda}{n - n'}$, $\dfrac{3}{2}\dfrac{\lambda}{n - n'}$..... Ces bandes sont plus espacées pour les plus grandes longueurs d'onde que pour les plus petites (fig. 290).

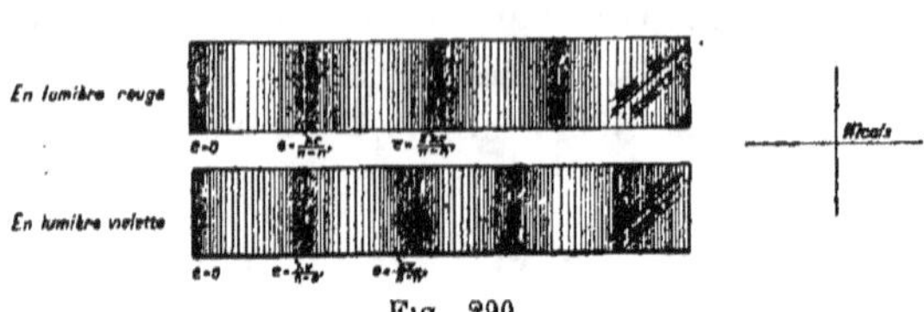

Fig. 290.

En lumière blanche, on aperçoit la série des couleurs des anneaux à centre noir, ou gamme de Newton, ou échelle des teintes de polarisation (voir le tableau p. 194).

La teinte *sensible* correspondant à la bande noire du jaune $\lambda = 0$ mm. 000575 environ, qui est pour notre œil la partie la plus lumineuse du spectre, est un violet lavande qui passe, pour la moindre diminution du retard, au rouge, et pour la moindre augmentation, au bleu. Il y en a surtout deux très nettes pour $e(n - n') = 0,000575$ et pour $e(n - n') = 0,001115$. Les ordres supérieurs de teintes sont de plus en plus lavés de blanc ; ce sont des successions de roses et de verts pâles, qui disparaissent enfin dans le blanc pour les retards trop grands, comme dans les anneaux colorés pour les trop grandes épaisseurs. On n'observe donc nettement les couleurs de la polarisation chromatique que pour des épaisseurs moyennes, ni trop grandes ni trop faibles, dépendant naturellement de la valeur de la biréfringence $n - n'$ pour le minéral et pour la direction de la lame dans ce minéral.

Exemples : minéral peu biréfringent, *quartz*. Pour une lame parallèle à l'axe, $n - n' = 0,0091$. Une épaisseur de $\frac{0,000200}{0,0091} = 0$ mm. 02 ne donne encore que des gris du premier ordre. La première teinte sensible s'obtient pour $e = \frac{0,000575}{0,0091} = 0$ mm. 063, la seconde pour $e = \frac{0,001115}{0,0091} = 0$ mm. 122. Une épaisseur de 1 mm. ne donne déjà plus que du blanc.

Minéral fortement biréfringent, *calcite* ou *spath*. Pour une lame parallèle à l'axe, $n - n' = 0,1721$. Les gris du premier ordre ne s'obtiennent que pour des épaisseurs inférieures à 0 mm. 001. Les deux premières teintes sensibles se produisent pour $e = \frac{0,000575}{0,1721} = 0$ mm. 0033 et $e = \frac{0,001115}{0,1721} = 0$ mm. 0065.

O Retards $e\,(n-n')$ en millionièmes de millimètre.	Retard	Teinte	Ordre
		Noir	
		Gris de fer	Premier ordre
	100		Premier ordre
		Gris bleuâtre	Premier ordre
	200		Premier ordre
		Blanc presque pur	Premier ordre
	300		Premier ordre
		Jaune	Premier ordre
	400		Premier ordre
		Orangé	Premier ordre
	500		Premier ordre
		Rouge — Teinte sensible 1er ordre	Premier ordre
	600		
		Violet	Second ordre
		Bleu	Second ordre
	700		Second ordre
		Vert	Second ordre
	800		Second ordre
		Jaune	Second ordre
	900		Second ordre
		Orangé	Second ordre
	1000		Second ordre
		Rouge — Teinte sensible 2e ordre	Second ordre
	1100		
		Bleu	Troisième ordre
	1200		Troisième ordre
		Vert	Troisième ordre
	1300		Troisième ordre
	1400		Troisième ordre
		Jaune verdâtre	Troisième ordre
	1500		Troisième ordre
		Rose carmin	Troisième ordre
	1600		Troisième ordre
		Teinte sensible 3e ordre	
	1700		Quatrième ordre
		Violet	Quatrième ordre
	1800		Quatrième ordre
	1900		Quatrième ordre
		Vert	Quatrième ordre
	2000		Quatrième ordre
		Gris presque blanc	Quatrième ordre
	2100		Quatrième ordre
		Rose pâle	Quatrième ordre
	2200		Quatrième ordre
		Vert pâle	Quatrième ordre

Une épaisseur de 0 mm. 05 ne donne déjà plus que du blanc.

De la même manière, les nicols parallèles fournissent une gamme de teintes complémentaires des précédentes : c'est celle des anneaux à centre blanc.

Se rappeler que la gamme de Newton ne s'applique qu'au cas habituel où la dispersion (variation de $n - n'$ avec λ) est négligeable. Dans les minéraux à forte dispersion, la série normale des teintes peut être parfois fortement altérée, car alors le retard $e\,(n - n')$ n'est plus proportionnel à e que pour une même couleur, et peut varier d'une manière quelconque d'une couleur à l'autre.

Spectre cannelé. — (Fizeau et Foucault). Pour vérifier la théorie qui précède, il suffit, au lieu d'observer la lumière émergente telle quelle, de l'analyser au moyen d'un prisme. En l'absence de nicol analyseur, le spectre a l'apparence d'un spectre ordinaire, mais chaque vibration à sa forme elliptique spéciale, variant d'une manière continue d'un bout à l'autre du spectre. On peut le vérifier, pour chaque raie spectrale, au moyen du quart d'onde, comme nous l'avons dit.

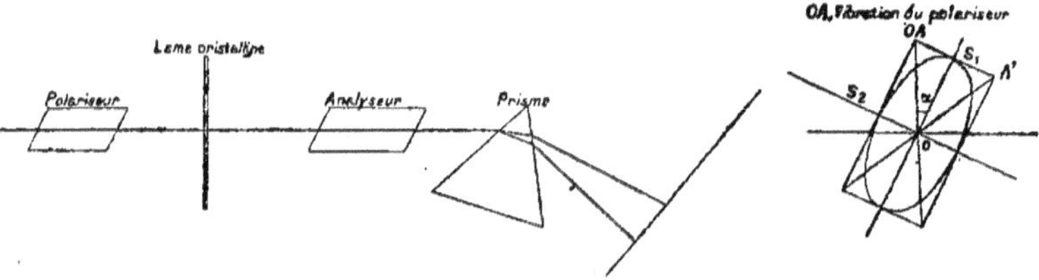

Fig. 291.

$(n - n')\,e$ étant supposé constant pour une lame donnée, le retard $\varphi = (n - n')\dfrac{e}{\lambda}$ varie en sens inverse de λ d'un bout à l'autre du spectre. Pour $\varphi = k$ (k entier), soit $\lambda = (n - n')\dfrac{e}{k}$, la vibration est rectiligne et dirigée suivant OA (fig. 291). Pour $\varphi = k + \dfrac{1}{2}$, soit $\lambda = (n - n')\dfrac{e}{k+\frac{1}{2}}$, la vibration est rectiligne et dirigée suivant OA'. Entre deux, elle a des formes variables comme dans l'expérience de Lissajous. En particulier pour $\varphi = K \pm \dfrac{1}{4}$, c'est une ellipse ayant pour axes les sections principales de la lame OS_1, OS_2.

Si donc on interpose le nicol analyseur croisé avec le polariseur, il éteindra toutes les vibrations rectilignes dirigées suivant OA, et fournira par suite, dans le spectre, une série de cannelures noires correspondant aux longueurs d'onde

$$(n - n') \frac{c}{k}, \quad (n - n') \frac{c}{k+1}, \quad (n - n') \frac{c}{k+2}, \quad \text{etc..., à peu près}$$

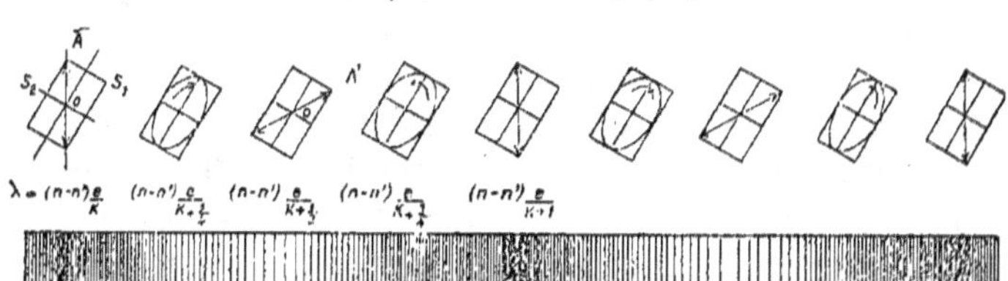

Fig. 292.

équidistantes dans le spectre (fig. **292**). Ce spectre cannelé n'est autre que celui de la lumière colorée étudiée plus haut. Si l'on tourne l'analyseur de manière à éteindre les vibrations rectilignes OA', ces cannelures noires sont remplacées par d'autres pour les longueurs d'ondes intermédiaires

$$(n - n') \frac{c}{k + \frac{1}{2}}, \quad (n - n') \frac{c}{k + \frac{3}{2}} \quad \text{etc...}$$

La distance de deux bandes noires successives dans le spectre de la lumière analysée est telle que dans les deux valeurs de $\lambda = \dfrac{(n - n') c}{k}$ qui correspondent à ces bandes, k diffère d'une unité. Cette distance est donc d'autant moindre que $(n - n')$ c est plus grand. Plus le retard de la lame est grand, plus les bandes noires sont nombreuses et serrées dans le spectre. Quand la biréfringence ou l'épaisseur sont assez grandes, il arrive qu'il y ait plusieurs bandes noires dans le rouge, plusieurs dans le jaune, etc... Si bien que les couleurs du spectre finissent par être affectées à peu près proportionnellement ; tout se passe alors comme si l'on couvrait un spectre complet de fines hachures noires, séparées par des intervalles égaux à leur largeur ; l'effet est de réduire de moitié l'intensité de la lumière, mais sans modifier la proportion existante de chaque couleur. La lumière non étalée en spectre reste blanche. C'est pourquoi les grandes épaisseurs (ou biréfringences) ne donnent plus de couleurs de polarisation distinctes.

Microscope polarisant. — Il ne diffère du microscope ordinaire que par l'interposition d'un nicol (polariseur) entre le miroir éclaireur et la platine, et d'un nicol (analyseur) entre la platine et l'œil, généralement entre l'objectif et l'oculaire. Il faut en outre que la platine, qui porte la lame cristalline à étudier, puisse tourner sur elle-même et porte un limbe gradué permettant de lire ses angles de rotation ; que l'oculaire contienne un réticule formé de deux fils croisés à angle droit et parallèles aux plans principaux des nicols ; enfin, il est utile que la platine porte la lame cristalline par l'intermédiaire d'un chariot mobile dans deux directions rectangulaires. Au moyen de cet appareil, on peut observer la polarisation chromatique dans les plus petits cristaux.

Détermination des sections principales d'une lame. — Les nicols étant placés à l'extinction, c'est-à-dire croisés à angle droit (voir p. 219 un procédé précis pour les dis-

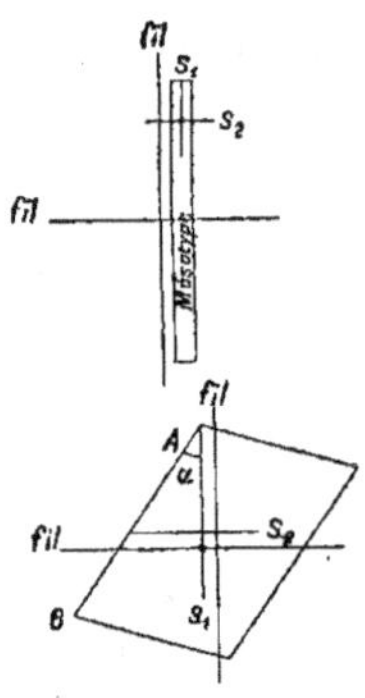

Fig. 293.

poser ainsi), les fils du réticule doivent être réglés une fois pour toutes parallèlement aux vibrations de ces nicols. Pour ce réglage, on emploie un cristal dont les sections principales sont connues, par exemple une aiguille de mésotype, minéral orthorhombique en longs prismes à arête bien rectiligne, donnant entre les nicols croisés des teintes vives et pures, et dont les sections principales sont rigoureusement parallèle et perpendiculaire à l'arête du prisme. Il suffit de placer sur la platine du microscope une lame de verre portant un prisme de mésotype, puis de faire tourner la platine avec le minéral jusqu'à observer l'extinction de sa couleur. A ce moment, l'arête du prisme est parallèle à la vibration de l'un des nicols ($\alpha = 0$ ou $\frac{\pi}{2}$). On règle un des fils du réticule de manière qu'il soit parallèle à cette arête. De même pour l'autre en faisant tourner la platine de 90°.

Ce réglage fait une fois pour toutes, et une lame cristalline quelconque étant placée sur la platine, il suffit de la faire tourner jusqu'à observer l'extinction pour que les fils du réticule tracent sur cette lame les directions de ses sections principales. Pour les repérer par rapport à une direction connue (bord de la lame, arête quelconque, trace de clivage..), on fait ensuite tourner la platine jusqu'à ce que cette direction coïncide avec l'un des fils du réticule, et on lit l'angle de rotation. Cet angle α repère l'une des sections principales, et par suite l'autre aussi, par rapport à la direction connue A B.

Détermination du signe des sections principales. — On appelle section principale positive d'une lame celle qui est dirigée suivant la vibration de plus grand indice ; c'est le grand axe de la section de l'ellipsoïde inverse par le plan de la lame. L'autre est dite négative.

Les sections principales étant connues, il s'agit de savoir laquelle est la section positive n, laquelle est la section négative n'. On place la lame dans la position d'éclairement maximum, c'est-à-dire qu'on fait tourner la platine de 45° à partir de l'extinction (fig. 294). Puis, dans le même azimut, on interpose une lame auxiliaire pour laquelle on connaît les positions de n_1 et n'_1. Si alors l'indice n de la lame coïncide avec n_1 de la lame auxiliaire, les retards des deux lames sont de même sens ; ils s'ajoutent ; la |teinte *monte* dans l'échelle de Newton, comme si l'épaisseur de la lame cristalline était augmentée. Si au contraire n coïncide avec n'_1, les retards se retranchent, la teinte baisse. Pour savoir si la teinte monte ou baisse, opérer comme suit :

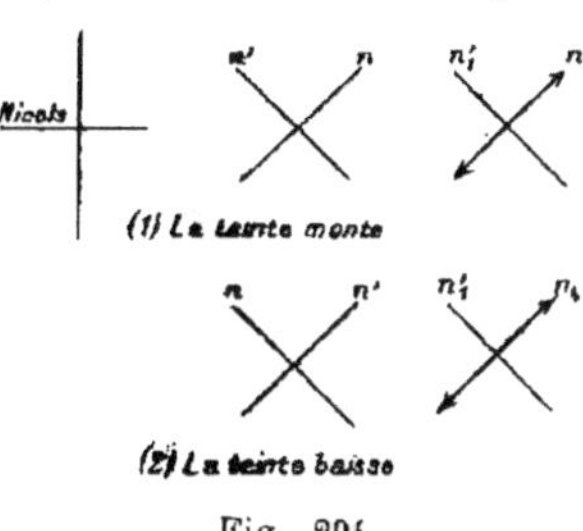

Fig. 294.

1°. — Si la lame étudiée donne des gris ou des jaunes du premier ordre, employer pour lame auxiliaire un *quart-d'onde* (mica), sur lequel une flèche indique la direction positive n_1. La teinte propre du quart-d'onde est un gris du premier ordre (en général 1/4 du retard correspondant à la teinte sensible, les quart-d'onde étant habituellement choisis pour $\lambda = 0{,}000575$ environ). Si la teinte du minéral, grise, devient plus claire ou jaune, ou passe du jaune au rouge, c'est qu'elle monte ; si elle devient plus noire ou passe du jaune au gris, elle baisse.

2°. — Si la lame cristalline donne une teinte plus élevée, dont on ne reconnaisse pas la place dans la gamme de Newton, employer le *quartz compensateur* comme lame auxiliaire, en l'introduisant graduellement vers les épaisseurs croissantes. Si la teinte monte, on voit aisément qu'elle va vers les roses et les verts des ordres supérieurs ; si elle baisse, elle passe par les teintes rouges, jaunes, puis grises du premier ordre, et arrive au noir quand l'épaisseur du compensateur est telle qu'il *compense* exactement le retard dû à la lame cristalline. n_1, parallèle à l'axe du quartz, est toujours marqué par une flèche sur les compensateurs, et placé, comme dans les quart-d'onde, à 45° du bord de la lame auxiliaire. L'emploi du compensateur est impossible pour les faibles retards, car pratiquement le biseau de quartz ne peut être poussé jusqu'à l'épaisseur nulle ; il est toujours cassé à l'extrémité.

3°. — Si la lame cristalline donne une teinte grise très foncée du premier ordre, c'est-à-dire si son retard ε est notablement moindre que celui d'un quart-d'onde, l'interposition du quart-d'onde dans la position (1) donnera un retard total $\varepsilon + \dfrac{1}{4}$, et dans la position (2), un retard total $\varepsilon - \dfrac{1}{4}$, qui, si ε est très petit, peut être négatif et en valeur absolue supérieur à ε. Dans ce cas, on verrait la teinte monter dans les deux positions, rendant ainsi la conclusion douteuse. Alors, employer la lame *teinte sensible*, lame de quartz ou de gypse ayant l'épaisseur voulue pour donner la teinte sensible du premier ou du second ordre. Si les retards s'ajoutent, la teinte devient bleue ; s'ils se retranchent, rouge. n_1 est toujours marqué sur la lame auxiliaire, et ses sections principales orientées à 45° des bords.

Détermination approximative de la biréfringence d'une lame. — Il suffit en pratique d'évaluer cette biréfringence au moyen de la teinte fournie par la lame entre les nicols croisés. On précise la position de la teinte dans l'échelle de **Newton** au moyen du compensateur superposé à la lame, les sections principales positives croisées, et introduit graduellement jusqu'à compensation. Il ne peut être question par ce moyen que d'une évaluation assez grossière, car la dispersion, même faible, empêche la compensation d'être parfaite. On connaît ainsi (voir le tableau de l'échelle des teintes) la valeur du retard $(n - n')\,e$. Il suffit de mesurer e pour connaître $n - n'$. Le procédé n'est pas applicable aux minéraux à forte dispersion, pour lesquels $n - n'$ doit être mesuré pour chaque lumière monochromatique ; mais c'est là un cas exceptionnel.

L'épaisseur est mesurée soit au moyen du sphéromètre, soit plutôt en taillant avec la lame cristalline de petits fragments de minéraux de biréfringence connue (quartz, barytine, calcite, etc. selon l'ordre de grandeur des épaisseurs à mesurer) et d'orientation bien définie (prismes de quartz, lames de clivage de barytine, etc.). L'égalité de teinte

Fig. 295.

de ces lames auxiliaires entre nicols garantit l'uniformité d'épaisseur de la lame cristalline. Leur teinte fait connaître $(n_{_1} - n'_{_1})\, e$, donc e. On peut aussi munir l'objectif du microscope d'une vis micrométrique dont le pas est de $1/3$ à $1/4$ de mm. et dont la tête est divisée en 100 parties. On met au point successivement sur les deux faces de la lame, et l'on mesure ainsi l'épaisseur apparente $\dfrac{e}{n}$ (procédé de Chaulnes) ; d'où e, si l'on connaît une valeur approchée de l'indice moyen n du minéral.

Une lame parallèle à l'axe d'un cristal uniaxe donne ainsi la valeur de la biréfringence $n_g - n_p$ *de ce minéral*, en même temps que son signe optique. Ses sections principales sont toujours parallèle et perpendiculaire à l'axe optique ; si la section n_g est parallèle à l'axe optique, le minéral est optiquement positif ; il est négatif dans le cas contraire.

Dans les cristaux biaxes, une lame parallèle au plan des axes optiques fait connaître la biréfringence $n_g - n_p$ *du minéral*. Une lame parallèle à l'un des plans $n_g\, n_m$ ou $n_p\, n_m$ fait connaître $n_g - n_m$, ou $n_m - n_p$, et permet par conséquent de calculer l'angle des axes optiques (voir p. 183). On sait alors si n_g est bissectrice de leur angle aigu ou de leur angle obtus, c'est-à-dire si le minéral est positif ou négatif.

En résumé, toute lame taillée dans un minéral fait connaître, par l'examen en lumière parallèle, la direction, la grandeur relative et la différence des deux axes de l'ellipse section de l'ellipsoïde inverse par le plan de la lame. Une seule lame convenablement choisie dans le cas des cristaux uniaxes, deux dans le cas des cristaux biaxes suffisent pour déterminer la forme de l'ellipsoïde inverse.

On pourrait, à la rigueur, se contenter de cet examen en lumière parallèle pour déterminer l'ellipsoïde inverse et en particulier pour reconnaître : 1° sa symétrie et son orientation, c'est-à-dire la symétrie optique du cristal ; 2° son signe optique, caractère très important en pratique ; 3° la biréfringence maximum $n_g - n_p$ et l'angle des axes optiques, autres caractères importants. Il existe un moyen plus expéditif et plus précis pour déterminer la symétrie optique, le signe et l'angle des axes : c'est l'examen en lumière convergente.

Examen d'une lame en lumière convergente. — La lame est placée entre les nicols croisés. Un système de lentilles, dit condenseur ou éclaireur, envoie sur elle des rayons aussi convergents que possible. Il se termine par une lentille hémisphérique mise à peu près au contact de la lame, avec de préférence interposition d'un liquide pour faciliter l'émergence des rayons très obliques. Au-dessus, un objectif à grande convergence est placé de même (fig. 296). On peut considérer la lumière qui traverse la lame comme formée d'une infinité de faisceaux de lumière parallèle issus chacun d'un point d'une surface éclairante blanche située dans le plan focal de l'éclaireur. Chacun de ces faisceaux AO, après réfraction, traverse la lame dans une direction et sous une épaisseur particulière OM, puis vient former une image du point A en un point A' du plan focal de l'objectif. Le point A' se trouve donc illuminé

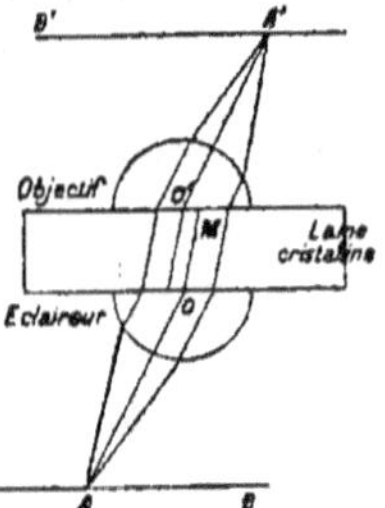

Fig. 296.

d'une certaine teinte, avec une certaine intensité : ce sont celles que l'on observerait si la lumière parallèle traversait entre les nicols croisés une lame normale à OM et d'épaisseur OM. Chaque point de l'image focale A'B' est ainsi coloré d'une teinte spéciale, correspondant à un trajet spécial des rayons qui forment leur image en ce point. Cette image présente donc un dessin coloré que l'on appelle *figure de lumière convergente*. Ces dessins résument, en quelque sorte, en une seule image, toutes les teintes que l'on verrait successivement en examinant une même lame en lumière parallèle et en l'inclinant de toutes les manières possibles par rapport à l'axe du microscope. L'image réelle A'B' est très petite. On se contente le plus souvent, surtout pour les déterminations pétrographiques, de l'examiner à l'œil nu, en enlevant l'oculaire du microscope. Pour en mieux voir les détails, on ajoute au-dessus d'elle un objectif supplémentaire (lentille de E. Bertrand) qui, avec l'oculaire ordinaire, en donne une image agrandie.

La connaissance de l'ellipsoïde inverse permet de calculer la forme et les couleurs de ces figures dans chaque cas. Il nous suffira de connaître les résultats principaux.

Il y a, dans les figures de lumière convergente, deux choses à distinguer ; comme pour toute lame examinée en lumière parallèle, chaque point A' de la figure correspond à une certaine biréfringence, déterminant une certaine couleur qui ne change pas quand l'azimut de la lame change par rapport à ceux des nicols. D'autre part, en chacun de ces points l'intensité de cette teinte dépend de l'azimut ; elle est nulle quand la lame est tournée de façon que les sections principales correspondant au rayon OM coïncident avec celles des nicols, et maximum à 45°

de ces positions. On distingue donc : 1° des couleurs constantes
affectant chaque point de l'image ; les lieux des points de même
couleur (même retard) forment des *courbes d'égal retard* ou isochromatiques qui, lorsqu'on fait tourner la lame dans son plan,
tournent invariablement liées à elles sans se déformer ; 2° des
lignes noires reliant les points pour lesquels, à un moment
donné, les sections principales sont parallèles à celles des nicols,
et affectant, selon l'azimut de la lame, telle ou telle partie de
chaque courbe isochromatique. Ces lignes se déplacent en
balayant successivement tous les points de l'image quand on
fait tourner la lame dans son plan.

Cas principaux :

Lame normale à un axe d'un cristal uniaxe. — Le centre de
l'image est noir. Il matérialise la trace de l'axe optique (biréfringence nulle). L'ellipsoïde inverse étant de révolution autour de
l'axe, les courbes isochromatiques sont des cercles ayant ce
point pour centre. Le retard va croissant du centre à la périphé-

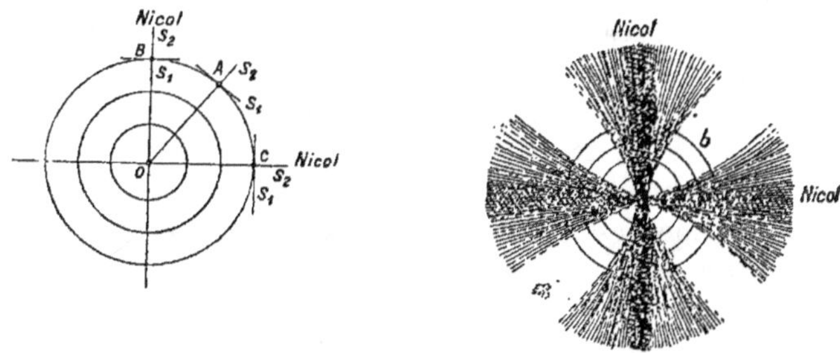

Fig. 297.

rie de l'image puisque, nul au centre, il correspond à des rayons
ayant traversé la lame dans des directions de plus en plus obliques sur l'axe, et aussi sous des épaisseurs de plus en plus
grandes. Les cercles isochromatiques sont donc, si la dispersion
n'est pas anomale, colorés des teintes de la gamme de Newton,
montantes vers l'extérieur. L'aspect est celui des anneaux colorés à centre noir, d'autant plus serrés que la biréfringence et
l'épaisseur du minéral sont plus grandes.

Pour un point A de l'image (fig. 297), les sections principales,
c'est-à-dire les azimuts des vibrations en lesquelles s'est décom-
posé, dans le cristal, le faisceau de rayons qui fournit l'image A,
sont A S₁ (vibration ordinaire) et AS₂ (vibration extraordinaire
projetée sur le plan de la lame). Pour les points tels que B, C,
situés dans les plans principaux des nicols, ces directions étant

parallèles aux plans principaux des nicols, il y a extinction. Il y a au contraire éclairement maximum pour les points A situés sur les bissectrices de B O C. Les courbes noires forment donc ici une croix noire dont les branches sont parallèles aux vibrations des nicols et restent fixes quand la lame tourne dans son plan. Sur chaque anneau $a\,b\,c$ la teinte est constante, mais son intensité varie depuis zéro (en a et c) jusqu'à un maximum en b. Les nicols parallèles donneraient la figure complémentaire, avec une croix blanche au lieu de la croix noire, et les couleurs des anneaux à centre blanc.

Si la lame est taillée un peu obliquement sur l'axe, les courbes isochromatiques cessent d'être rigoureusement circulaires, mais elles gardent le même aspect et la même distribution des couleurs ; la croix noire subsiste aussi, son centre coïncidant avec celui des anneaux, mais plus ou moins excentré par rapport à l'axe du microscope. Ce centre de la croix matérialise toujours la trace de l'axe optique, c'est-à-dire que les rayons qui viennent former leur image en ce point sont ceux qui ont traversé le cristal parallèlement à l'axe optique. On reconnaît donc aisément un cristal uniaxe, pourvu que l'on dispose d'une lame qui ne soit pas trop éloignée d'être normale à l'axe optique, et que la trace de cet axe reste dans le champ du microscope. Si même cette trace est en dehors du champ, on voit, en faisant tourner la lame, les branches de croix, droites, passer dans le champ en restant parallèles aux fils du réticule (fig. 298).

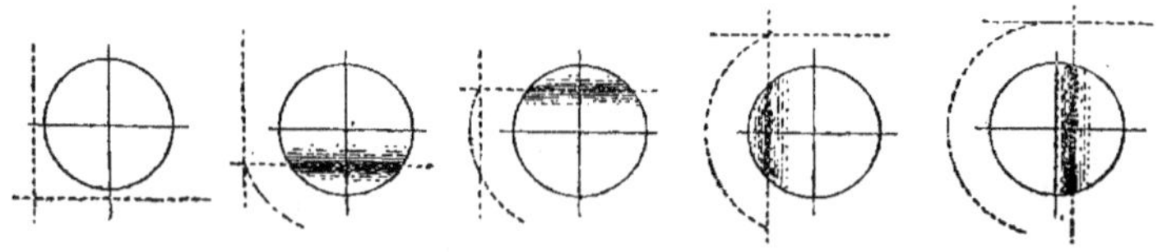

Fig. 298.

On détermine aussi très simplement le *signe optique* du minéral de la manière suivante : on introduit un quart d'onde de manière que ses sections principales soient à 45° de celles des nicols. Supposons le cristal positif, par exemple. En un point A, (fig. 299) la vibration ordinaire est suivant $A\,S_1$. Son indice est plus petit que celui de la vibration extraordinaire $A\,S_2$. Si donc le quart d'onde est placé de manière que son indice maximum n_1 soit suivant la bissectrice du quadrant contenant le point A, la teinte montera dans ce quadrant ; de même dans le quadrant A′ opposé ; elle baissera dans les autres quadrants B et B′ ; d'où il suit que, si le cristal est positif, les anneaux se resserrent dans les deux quadrants dont la bissectrice est parallèle au grand indice n_1 de la lame auxiliaire et s'écartent dans les deux quadrants qui sont en croix avec n_1.

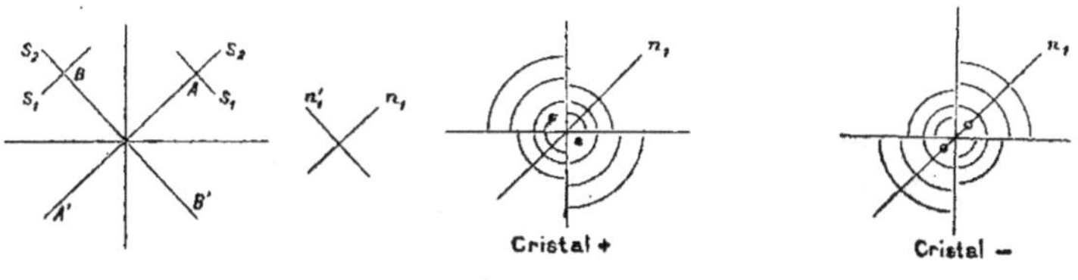

Fig. 299.

Cela se voit mieux encore en remplaçant le quart d'onde par un compensateur introduit graduellement. Les anneaux se rétrécissent alors d'un mouvement continu dans deux quadrants, et s'élargissent dans les deux autres ; si les premiers sont ceux dont la bissectrice est n_1 du compensateur, le cristal est positif ; sinon, il est négatif.

Quand on introduit la lame auxiliaire, la croix cesse d'être noire et prend la teinte propre à la lame auxiliaire, par exemple le gris du quart d'onde. Par contre, il se fait deux taches noires dans les quadrants où les anneaux s'écartent (où la teinte baisse), aux points où le retard est compensé par la lame auxiliaire. Ces points noirs sont donc : en croix avec n_1 (se rappeler le signe $+$) si le cristal est positif, et alignés parallèlement à n_1 (se rappeler le signe $-$) si le cristal est négatif.

Lorsque l'épaisseur ou la biréfringence sont assez faibles pour que le premier anneau soit en dehors du champ et qu'on ne voit ainsi que la croix noire, cas fréquent dans les lames minces employées pour l'étude des roches, se servir comme lame auxiliaire de la teinte sensible ; deux quadrants deviennent bleus, deux autres rouges ; dans les premiers, la teinte monte, dans les seconds, elle baisse ; les conclusions sont les mêmes.

Lame normale à la bissectrice de l'angle aigu des axes d'un cristal biaxe. Si les axes ne sont pas trop écartés, et si l'ouverture du champ de l'objectif est suffisante, les vibrations qui ont traversé la lame avec les axes optiques pour directions de propagation normale forment leur image en deux points du champ. Pour ces deux points, le retard est nul ; ce sont donc, entre les nicols croisés, deux points noirs, qui matérialisent la trace des axes optiques. Autour de ces points, les courbes d'égal retard ont à peu près la forme de lemniscates, teintées à partir de la trace des axes, des couleurs de la gamme de Newton. Ceci n'est vrai que si l'on suppose la dispersion nulle. En fait, la dispersion modifie toujours plus ou moins la distribution des couleurs ; mais en lumière monochromatique, la forme des lemniscates est la même pour tous les cristaux.

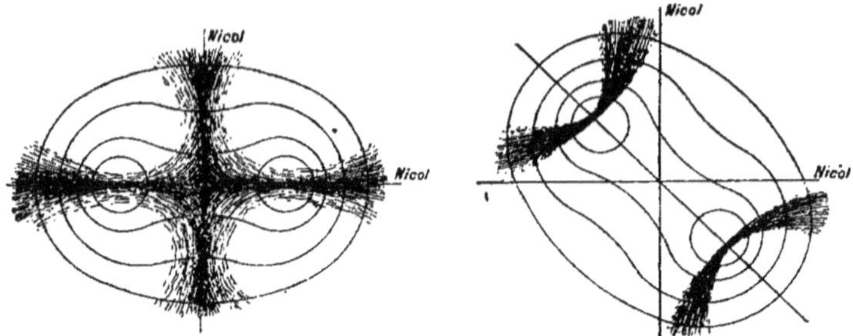

Fig. 300.

Les courbes noires ont à peu près la forme de branches d'hyperbole qui, passant toujours par la trace des axes, et asymptotes aux plans principaux des nicols, se déforment quand on fait tourner la lame. Elles se réduisent en particulier à une croix lorsque les sections principales de la lame sont parallèles à celles des nicols, et à une hyperbole équilatère ayant pour sommets les traces des axes optiques lorsque les sections principales sont à 45° de celles des nicols (fig. **300**).

Si la lame n'est pas exactement normale à la bissectrice des axes, les courbes se déforment un peu, mais l'aspect de la figure n'est pas changé si l'obliquité n'est pas trop grande. On voit toujours les lemniscates et des courbes noires qui balaient le champ en se déformant lorsqu'on fait tourner la lame, et qui passent par deux points fixes, traces des axes optiques. La même figure s'observerait si l'on disposait d'objectifs à champ suffisamment étendu, normalement à la bissectrice de l'angle

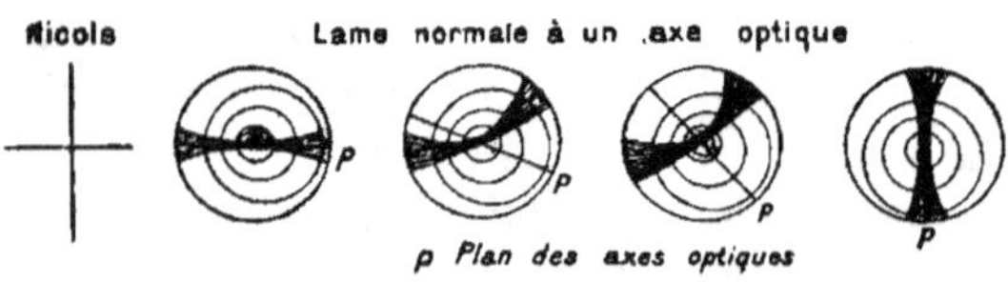

Fig. 301.⅔

obtus ; en fait, on ne peut voir simultanément les deux traces des axes que du côté de l'angle aigu. Si la lame est normale à l'un des axes optiques, on voit les premiers anneaux des lemniscates entourant un point noir par lequel passe, tournant en sens inverse de la rotation de la lame, et se déformant dans ce mouvement, une branche de courbe noire qui devient droite lorsqu'elle est parallèle aux plans principaux des nicols (fig. 301).

Si la lame est de direction quelconque, on voit les branches de courbes noires balayer le champ en se déformant ; on distingue en général aisément à ce caractère un cristal biaxe d'un cristal uniaxe (fig. 302).

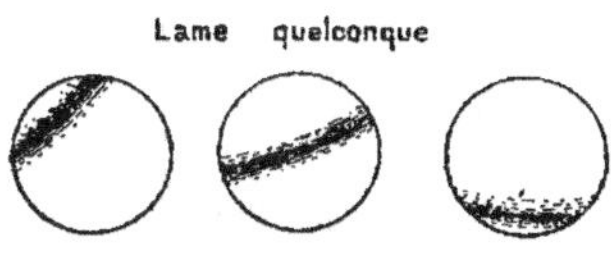

Fig. 302.

Dans le cas où les axes sont très rapprochés, la distinction n'est certaine que si l'on dispose d'une lame permettant de voir la bissectrice aiguë. Les hyperboles ressemblent alors à une croix et les lemniscates à des cercles ; mais en faisant tourner la lame, on voit la croix se disloquer en deux branches d'hyperbole très rapprochées.

Une lame à peu près normale à la bissectrice de l'angle aigu des axes, dans laquelle on peut apercevoir les traces des deux axes, permet de déterminer le signe optique du cristal. Tournons cette lame de façon que le plan des axes soit à 45° des plans principaux des nicols. Si la bissectrice aiguë perce le champ en O et les axes en A, A', n_m est dirigé normalement au plan des axes, c'est-à-dire suivant OB.

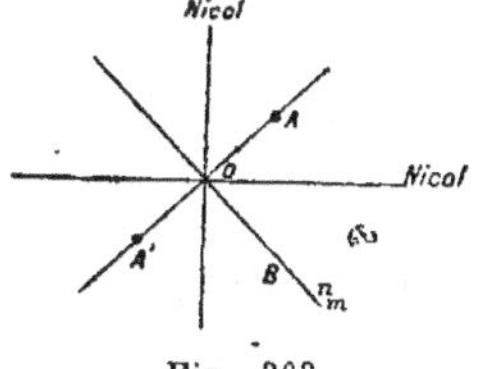

Fig. 303.

Si l'introduction d'une lame auxiliaire (quart-d'onde ou compensateur) ayant son indice maximum n_1 dirigé suivant OA fait monter la teinte en O, et par suite resserre les lemniscates entre les courbes noires, c'est donc que l'indice dirigé suivant OA est plus grand que n_m ; cet indice est donc n_g, et par suite la bissectrice aiguë O est n_p ; le cristal est négatif. L'inverse a lieu si le cristal est positif.

Angle des axes optiques. — C'est un caractère important des espèces. On peut le calculer connaissant $n_g - n_m$ et $n_m - n_p$ (voir p. 183). La mesure directe se fait comme suit :

Soit une lame normale à la bissectrice de l'angle aigu des axes, OA, OA' les directions des axes, faisant entre elles l'angle 2V (fig. 304). Les vibrations qui ont passé sous forme d'ondes planes normales à ces deux directions ont pour indice le rayon de la section circulaire de l'ellipsoïde inverse n_m. Elles se réfractent à la sortie de la lame suivant AC, A'C', faisant un angle 2E, appelé *angle apparent des axes dans l'air.* Ce sont ces deux directions réfractées qui viennent donner dans l'image focale les deux points noirs que nous avons appelés « traces » des axes. V est lié à E par la relation sin E $= n_m$ sin V. Nous supposons n_m connu. Il suffit de mesurer E, qui est d'ailleurs, si même on ne connaît pas n_m, un caractère spécifique du cristal. On dispose

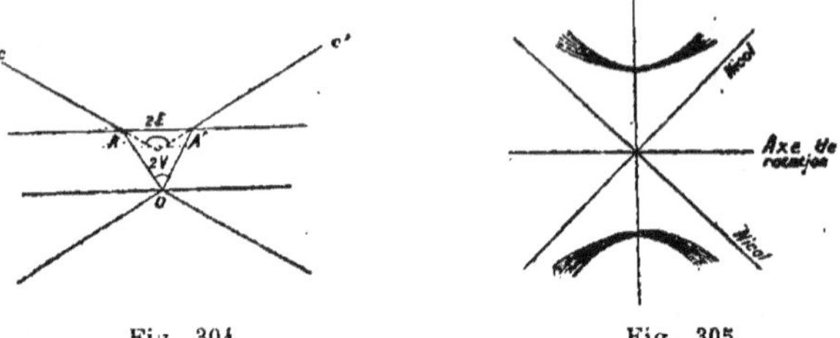

Fig. 304.   Fig. 305.

(fig. 305) la lame sur une platine pouvant tourner autour d'un axe normal à celui du microscope et muni d'un limbe gradué, et l'on examine entre les nicols croisés en écartant assez l'éclaireur et l'objectif pour que la lame puisse tourner autour de l'axe (cela diminue beaucoup le champ, ce qui est sans importance pour la mesure). La lame est orientée de façon que le plan des axes soit normal à l'axe transversal de rotation, et les nicols sont orientés à 45° du plan des axes. On fait tourner de manière à voir successivement les deux sommets des hyperboles (traces des axes) coïncider avec le centre du champ, marqué par un réticule. L'angle ainsi mesuré est 2E. Il va de soi que la mesure n'est précise que si elle est faite en lumière monochromatique, l'angle E n'étant pas le même pour les diverses couleurs. Quand l'indice n_m est grand et l'angle des axes aussi, il faut parfois faire la mesure dans l'eau ou dans l'huile pour que les rayons OA, OA' puissent émerger sans réflexion totale. Dans ce cas, on place la lame dans une cuve à faces parallèles dont les faces sont normales à l'axe du microscope, et l'indice n_m, employé pour calculer l'angle vrai V en partant de l'angle apparent E' dans l'eau ou dans l'huile, doit être l'indice médian du minéral par rapport au liquide.

Dispersion des axes. — Dans les cristaux biaxes, la dispersion n'intervient pas seulement pour modifier, en lumière blanche, les teintes des courbes isochromatiques. D'une part, en effet, les variations de $n_g - n_m$ et de $n_m - n_p$ lorsqu'elles sont sensibles, font varier, d'une couleur à l'autre, l'angle des axes

$$\left(tg\,V = \sqrt{\frac{n_g - n_m}{n_m - n_p}} \right).$$ D'autre part, sauf dans le cas de la symé-

tric orthorhombique, les directions mêmes des indices principaux peuvent varier d'une couleur à l'autre, et par suite aussi l'orientation du plan des axes optiques. Ces anomalies troublent la régularité des figures de lumière convergente en lumière blanche et la répartition de leurs couleurs. Elles sont fort utiles à consulter, car devant toujours être conformes à la symétrie du cristal, elles révèlent souvent avec beaucoup de délicatesse certaines dyssymétries. On peut distinguer cinq cas :

1° Cristaux à symétrie orthorhombique. *Dispersion droite.* (fig. 306) n_g, n_m, n_p sont astreints à coïncider avec les trois axes binaires. Dans la figure de lumière convergente, tout est symétrique par rapport à la trace RR' du plan des axes, qui est le même pour toutes les couleurs, et en outre par rapport à la perpendiculaire. Tout point P coloré d'une certaine teinte a quatre symétriques :

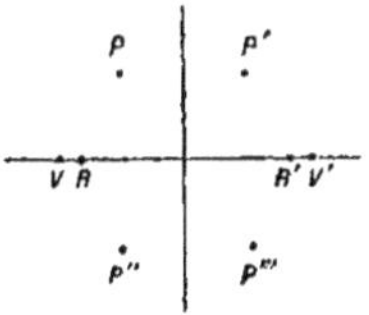

Fig. 306.

P P'P'' P''' de même teinte. Deux cas : si l'angle des axes rouges est plus grand que l'angle des axes violets ($\rho > v$), les hyperboles sont teintées de rouge au voisinage des axes, sur le bord convexe, et de violet à l'extérieur. Car aux points RR', traces des axes rouges, le rouge manque, la teinte est donc violette, et aux points VV', traces des axes violets, la teinte est rouge. Si au contraire l'angle des axes rouges est plus petit que celui des axes violets ($\rho < v$), les hyperboles sont teintées de rouge à l'extérieur, de violet à l'intérieur.

2° Symétrie clinorhombique. Un seul des indices principaux coïncide avec l'axe binaire.

A. *Dispersion inclinée* (fig. 307). — C'est le cas où n_m coïncide avec l'axe binaire. Le plan des axes est le plan de symétrie g^1. Tout est symétrique par rapport à la trace de ce plan. Une cou-

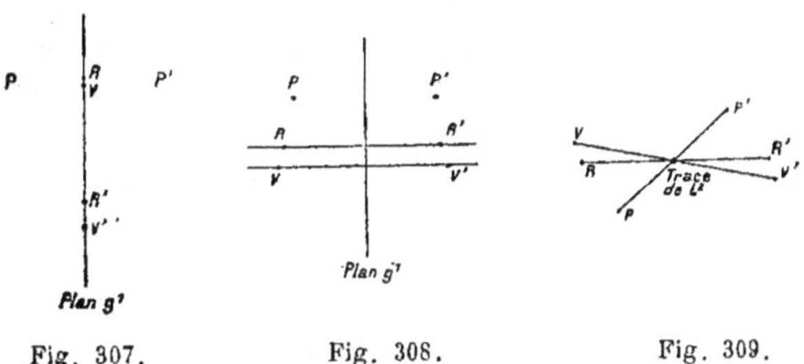

Fig. 307.   Fig. 308.   Fig. 309.

leur P a un seul symétrique P' par rapport à la trace du plan g^1. (Exemples : gypse, épidote, etc.).

B. *Dispersion horizontale* (fig. 308). — La bissectrice obtuse coïncide avec l'axe binaire. La bissectrice aiguë est dans g^1, ainsi que n_m. Le plan des axes est normal à g^1. Tout est symétrique par rapport à la trace de ce plan, c'est-à-dire par rapport à la perpendiculaire à la ligne RR' joignant les traces des axes. Exemple : orthose ordinaire.

C. *Dispersion croisée* (fig. 309). — La bissectrice aiguë coïncide avec l'axe binaire. Le plan des axes est perpendiculaire à g^1. Une lame normale à la bissectrice aiguë est parallèle à g^1. La figure de lumière convergente n'est astreinte qu'à être symétrique par rapport à un point, trace de l'axe binaire. Exemple : borax.

3° Symétrie anorthique. *Dispersion asymétrique.* — La dispersion peut supprimer toute symétrie de la figure de lumière convergente en lumière blanche.

Double réfraction dans les substances amorphes.

Les substances amorphes anisotropes possèdent la double réfraction biaxe ou uniaxe comme les cristaux optiquement anisotropes. Tel est le cas d'un solide amorphe isotrope (verre) comprimé dans une direction déterminée : la polarisation chromatique y décèle les propriétés optiques d'un cristal uniaxe généralement négatif, l'axe optique n_p étant parallèle à la direction de la pression. Certains verres riches en plomb deviennent au contraire positifs. Des pressions inégales de sens divers déterminent, dans une partie homogène, les propriétés d'un cristal biaxe [1].

Les tensions internes dues à la trempe, à la dessication, etc., peuvent également déterminer une biréfringence (opale, verre trempé, gélatine). Les fibres organiques (cheveux, fils de soie ou de textiles végétaux), les grains d'amidon, etc. présentent une biréfringence souvent forte. Un diélectrique, isotrope à l'état neutre, polarisé dans un champ électrique, devient biréfringent : Il se comporte comme un cristal uniaxe, l'axe optique coïncidant avec la direction du champ et le signe étant positif ou négatif selon la nature du diélectrique (phénomène de Kerr). Ce phénomène s'observe dans les liquides (sulfure de carbone) comme dans les solides (verre, résine).

[1] Dans les microscopes, il arrive très souvent qu'une lentille trop serrée dans sa monture transforme en lumière elliptique la vibration rectiligne issue du nicol. C'est une cause d'erreurs dont il y a lieu parfois de tenir compte. De même, beaucoup de lames de verre (porte-objets) sont légèrement biréfringentes par trempe.

Il peut y avoir biréfringence, en résumé, chaque fois qu'il n'y a pas isotropie dans la distribution moyenne de la matière. La structure cristalline n'est pas nécessaire.

Polarisation rotatoire.

Tout ce qui précède se rapporte aux milieux dans lesquels toute direction peut propager des vibrations rectilignes. Il y a des milieux dans lesquels cette propagation de vibrations rectilignes est en général impossible. Les phénomènes de *polarisation rotatoire* qui s'y manifestent ont été découverts en premier lieu par Arago, puis étudiés par Biot, Fresnel, etc. Nous nous en tiendrons aux cas où le *pouvoir rotatoire* est aisé à observer.

Le quartz est un minéral uniaxe : Ses propriétés optiques sont de révolution autour de l'axe ternaire de l'espèce. Cependant une lame de quartz de quelques millimètres d'épaisseur, taillée normalement à l'axe et examinée en lumière parallèle entre nicols croisés à angle droit, ne reste pas éteinte. Elle se colore de teintes analogues à celles de la polarisation chromatique.

Mais les différences avec la polarisation chromatique sont grandes :

D'abord si, laissant les nicols immobiles, on fait tourner la lame dans son plan, il ne se produit aucun changement : tout est de révolution autour de l'axe ternaire. (Tandis que les teintes de la polarisation chromatique s'éteignent quatre fois par tour).

Si ensuite, *en lumière monochromatique*, laissant le polariseur immobile, on fait tourner l'analyseur (ou inversement), on voit l'intensité de la lumière émergente varier, et l'on obtient l'extinction complète lorsque l'analyseur a tourné d'un certain angle α, tantôt vers la droite tantôt vers la gauche selon les échantillons de quartz. La lumière, à la sortie du quartz, est donc encore polarisée rectiligne comme à l'entrée, mais la vibration a tourné d'un angle α autour de l'axe du quartz. (Tandis que dans la polarisation chromatique la lumière émergente est elliptique).

L'angle α est proportionnel à l'épaisseur de la lame. Tout se passe donc comme si, dans l'intérieur du cristal, la vibration avait tourné en hélice autour de l'axe, le pas de cette hélice étant constant pour une même couleur et pour un même minéral. Le quartz est dit posséder le pouvoir rotatoire dans la direction de son axe optique.

On voit immédiatement qu'une telle rotation autour d'une

direction est incompatible avec l'existence soit d'un centre, soit d'un plan de symétrie passant par cette direction ou perpendiculaire à elle. Car s'il existait un centre ou un tel plan de symétrie la rotation devrait se faire aussi bien vers la gauche que vers la droite : elle ne pourrait donc se produire.

D'autre part le pouvoir rotatoire ne peut se manifester, du moins sous la forme simple que nous venons d'indiquer, que dans les directions suivant lesquelles il n'y a pas de biréfringence ; c'est-à-dire : ou bien dans les milieux optiquement isotropes, et alors dans toutes les directions ; ou bien dans les milieux uniaxes, et alors parallèlement à l'axe ; ou enfin dans les milieux biaxes, et alors parallèlement à chacun des deux axes optiques. Ajoutons que le pouvoir rotatoire, dans ces deux derniers cas, se manifeste encore, mêlé à la polarisation chromatique, pour les directions autres que celles des axes optiques ; il donne naissance à des phénomènes plus compliqués dont la description est inutile pour le but que nous nous proposons.

Le pouvoir rotatoire n'est donc possible que dans les cas suivants :

1° **Dans les milieux isotropes.** Il est alors le même pour toutes les directions. Le milieu doit être dépourvu de centre et de tout plan de symétrie.

S'il s'agit d'un milieu cristallin, il doit posséder une des mériédries holoaxes du système cubique, soit l'hémiédrie holoaxe soit la tétartoédrie (chlorate de Na). L'existence du pouvoir rotatoire dans un cristal du système cubique suffit à classer ce cristal dans l'un ou l'autre de ces deux types de symétrie. On sait que dans le chlorate de Na, par exemple, les formes extérieures confirment la tétartoédrie.

D'autre part le pouvoir rotatoire peut exister dans des milieux amorphes isotropes : solides, gaz et surtout liquides (solutions d'innombrables substances organiques : acides tartriques droit et gauche, tartrates, sucre, etc.). Il est extrêmement remarquable que les formules de constitution que, par une voie totalement indépendante, la théorie atomique conduit à donner à ces corps soient précisément dépourvues de centre et de plan de symétrie : elles contiennent un atome de *carbone asymétrique*, c'est-à-dire lié à quatre groupes univalents différents.

Nous laissons de côté ici ces cas qui ne touchent pas directement à la minéralogie. Signalons seulement en passant l'utilisation du pouvoir rotatoire des solutions pour le dosage de certaines substances (saccharimètre).

2º Dans les cristaux uniaxes, c'est-à-dire des systèmes sénaire, quaternaire ou ternaire. Le pouvoir rotatoire ne se manifeste sous la forme simple indiquée que parallèlement à l'axe optique. La symétrie ne comporte ni centre ni plan de symétrie, les seuls plans de symétrie possibles dans ces systèmes étant parallèles ou perpendiculaires à l'axe. Le cristal a donc nécessairement une des mériédries holoaxes des trois systèmes (ex. quartz, cinabre, tétartoédrie holoaxe sénaire).

3º Dans les cristaux biaxes (où l'existence du pouvoir rotatoire a été longtemps méconnue et n'a été découverte que depuis peu d'années). Le pouvoir rotatoire ne se manifeste sous sa forme simple que parallèlement aux axes optiques. Les seules symétries possibles sont alors :

A. — Dans le système orthorhombique :

a) L'hémiédrie holoaxe $L^2L'^2L''^2$. Alors les deux axes optiques montrent nécessairement des pouvoirs rotatoires égaux et de même sens, ces deux axes étant superposables par rotation autour des axes binaires.

b) L'antihémiédrie $L^2P'P''$, dans le cas où le plan des axes optiques est normal à l'axe L^2. Alors les deux axes optiques ne peuvent avoir que des pouvoirs rotatoires égaux et de sens contraires, ces deux axes étant symétriques par rapport aux plans $P'P''$.

B. — Dans le système clinorhombique ;

a) L'hémiédrie holoaxe L^2, avec deux pouvoirs rotatoires quelconques et en général différents pour les deux axes optiques si ces axes sont dans le plan g^1 normal à L^2 (sucre de canne) ; et deux pouvoirs rotatoires égaux et de même sens si les axes sont dans un plan normal à g^1 (car alors ils sont superposables par rotation autour de L^2).

b) L'antihémiédrie P, dans le cas où le plan des axes optiques est normal à g^1 ; alors les pouvoirs rotatoires relatifs aux deux axes sont égaux et de sens contraires, les axes étant symétriques par rapport à P.

C. — Dans le système anorthique : L'hémiédrie oC, avec pouvoirs rotatoires quelconques et en général différents pour les deux axes.

On voit qu'à part les deux antihémiédries orthorhombique et clinorhombique, où les deux pouvoirs rotatoires égaux et de sens contraires n'ont d'ailleurs jamais été constatés encore, le pouvoir rotatoire dans les cristaux est caractéristique des mériédries holoaxes.

Jusqu'à présent d'ailleurs, le pouvoir rotatoire n'est connu dans les substances *minérales* cristallisées que lié aux mériédries holoaxes du système cubique et des systèmes à axe principal.

Lorsqu'une substance à mériédrie holoaxe présente le pouvoir rotatoire, elle existe généralement sous deux formes distinctes qui sont à tous égards énantiomorphes l'une de l'autre. Elles impriment notamment, à une vibration lumineuse de longueur d'onde donnée et pour des épaisseurs traversées égales, des rotations égales et de sens contraires. C'est ainsi que le quartz se présente dans la nature sous deux formes également communes, complètement identiques entre elles par toutes les propriétés qui ne sont pas susceptibles d'une droite et d'une gauche distinctes, mais énantiomorphes pour les formes extérieures et ayant des pouvoirs rotatoires égaux et de sens contraires : Le quartz *droit*, qui porte notamment les faces x droites, qui montre par l'action de HF des figures de corrosion du type droit, fait tourner la vibration vers la droite. Le quartz *gauche*, qui porte les faces x gauches, et a les figures de corrosion gauches, fait tourner la vibration du même angle vers la gauche.

Le *pouvoir rotatoire* se mesure par l'angle R dont tourne, pour une épaisseur de 1 mm., une vibration de couleur déterminée. Il est extrêmement variable d'une couleur à l'autre, et est en général d'autant plus grand que la longueur d'onde est moindre. Exemples :

		λ	R	
Quartz : (ternaire)	Raie rouge B.	0,000687	15°.55	centièmes.
	Raie jaune D.	0,000589	21°,67	»
	Raie violette G.	0,000431	42°,37	»
Cinabre : (ternaire)	Raie jaune D.	0,000589	325°	soit 15 fois plus que le quartz.
Chlorate de Sodium : (cubique)	Raie jaune D.	0,000589	3°,67,	soit 6 fois moins que le quartz.

Si l'on observe maintenant en lumière *blanche*, soit OA la vibration incidente d'amplitude A ; les vibrations des diverses couleurs seront, après la traversée de la lame, encore rectilignes, mais orientées suivant O*r*, O*j*, O*b*, O*v*... L'analyseur, qui ne laisse passer par exemple que les composantes parallèles à OB, ne laissera dans la lumière émergente que la proportion A$_λ^2 cos^2 ω$ de

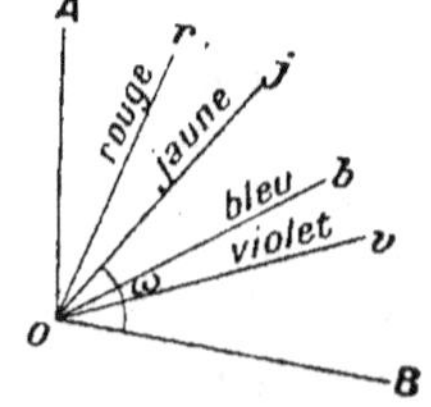

Fig. 310.

la couleur de longueur d'onde λ, dont l'amplitude incidente est A$_λ$ et dont la vibration fait avec OB, à la sortie de la lame, l'angle ω. Comme ω varie d'une couleur à l'autre, la lumière émergente sera colorée.

Si l'on disperse la lumière émergente au moyen d'un prisme, on obtiendra, sans nicol analyseur, un spectre dans lequel chaque couleur est polarisée rectilignement, mais dans des

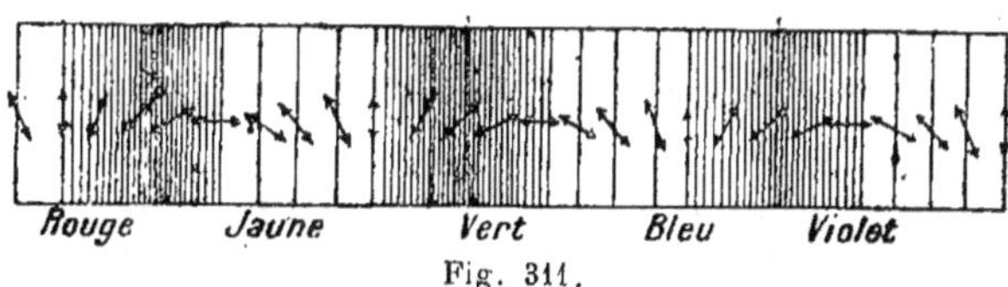

Fig. 311.

azimuts variant d'une manière continue d'un bout à l'autre. Si l'on introduit alors un analyseur, il éteindra toutes les vibrations parallèles à une même direction, d'où un spectre cannelé analogue à celui de la polarisation chromatique, mais dans lequel, si l'on fait tourner l'analyseur, on voit les bandes noires se déplacer toutes ensemble vers l'une des extrémités. Si le cristal est droit, les bandes se déplacent vers le violet quand on fait tourner l'analyseur vers la droite. L'inverse a lieu si le cristal est gauche.

Les bandes noires sont d'autant plus serrées que le pouvoir rotatoire et l'épaisseur de la lame sont plus grands. S'ils sont tels que le nombre des bandes noires soit petit, la lumière non dispersée sera colorée par la suppression d'une partie des couleurs essentielles du blanc. Si l'épaisseur ou le pouvoir rotatoire sont assez grands pour que les bandes noires soient nombreuses dans chacune des couleurs principales du spectre, la lumière émergente non dispersée sera blanche. Si enfin l'épaisseur ou le pouvoir rotatoire sont assez faibles pour que la rotation soit négligeable, la lame cristalline ne montrera plus aucune couleur (exemple : quartz dans les lames minces de $0^{mm},01$ à $0^{mm},03$ d'épaisseur employées pour l'étude des roches). Les couleurs dues au pouvoir rotatoire ne s'observent donc que pour des épaisseurs moyennes, par exemple dans le quartz pour les épaisseurs allant de quelques dixièmes de millimètre à 8 ou 10 millimètres.

On voit qu'en lumière blanche la rotation de l'analyseur ne peut jamais éteindre en même temps toutes les couleurs. Elle produit seulement des changements de coloration. D'autre part, la rotation de la lame cristalline ne produit aucun effet, toutes les propriétés étant de révolution autour de l'axe normal à la lame. Les couleurs de la polarisation rotatoire se distinguent aisément par là de celles de la polarisation chromatique.

En lumière convergente, les cristaux uniaxes à pouvoir rotatoire montrent autour de l'axe une plage circulaire, dont le diamètre dépend de l'épaisseur de la lame, colorée de la teinte que l'on observerait dans tout le champ en lumière parallèle. En dehors de cette plage centrale commencent les anneaux et la croix de la polarisation chromatique.

Le pouvoir rotatoire domine encore ainsi pour des directions légèrement obliques sur l'axe. Au-delà, il y a passage à des phénomènes qui se rapprochent de plus en plus de ceux de la polarisation chromatique.

Fresnel a montré que le pouvoir rotatoire consiste en réalité en ceci que les directions dans lesquelles il se manifeste sont incapables de transmettre sans la modifier une vibration rectiligne ; elles ne la transmettent qu'en la décomposant en deux vibrations elliptiques de sens inverses ; dans les cas simples que nous avons envisagés, c'est-à-dire dans les milieux isotropes ou, pour les autres milieux, dans la direction des axes optiques, ces deux vibrations de sens inverses sont circulaires. Nous nous en tiendrons à ce cas.

Ces deux vibrations circulaires, dans un cristal ayant un centre ou des plans de symétrie passant par la direction de propagation ou un plan de symétrie normal, ne pourraient qu'avoir même vitesse. Elles ne se séparent pas. Mais dans les cas où ces conditions de symétrie ne sont pas remplies, la vibration circulaire droite peut avoir, et a généralement, une vitesse différente de celle de la vibration gauche. La vibration rectiligne ne peut subsister : elle se dédouble en deux vibrations circulaires qui cheminent avec des vitesses différentes. Ces deux vibrations acquièrent donc, dans la traversée du cristal, une certaine différence de phase. À la sortie, elles reprennent même vitesse dans l'air et se recomposent par suite en une vibration rectiligne. Mais en raison du retard acquis par l'une sur l'autre, la vibration rectiligne qui résulte de leur recomposition a tourné d'un certain angle, proportionnel à ce retard, donc proportionnel à l'épaisseur.

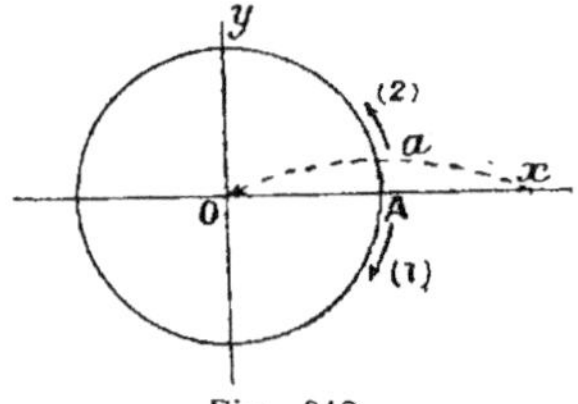

Fig. 312.

Soit $x = a \sin 2\pi \dfrac{t}{T}$ une vibration rectiligne incidente, qui (fig. 312) s'effectue suivant Ox. Elle est équivalente à deux vibrations circulaires de sens inverses, de même vitesse et de même période, partant ensemble d'un point situé sur Ox; l'une droite :

$$(1) \quad x = \frac{a}{2} \sin 2\pi \frac{t}{T} \qquad y = \frac{a}{2} \sin 2\pi \left(\frac{t}{T} + \frac{1}{4} \right)$$

L'autre gauche :

$$(2) \quad x' = \frac{a}{2} \sin 2\pi \frac{t}{T} \qquad y' = \frac{a}{2} \sin 2\pi \left(\frac{t}{T} - \frac{1}{4} \right) = - \frac{a}{2} \sin 2\pi \left(\frac{t}{T} + \frac{1}{4} \right).$$

Car on a $x + x' = a \sin 2\pi \frac{t}{T} \qquad y + y' = 0.$

Si la vibration (1) se propage avec la vitesse normale v et la vibration (2) avec la vitesse v', le *retard* de la vibration (1) sur la vibration (2) à la sortie consistera en une différence de phase $\varphi = (n - n') \frac{e}{\lambda}$ (e, épaisseur. $n = \frac{V}{v}$, $n' = \frac{V}{v'}$. V, vitesse de la lumière dans l'air. λ longueur d'onde *dans l'air* de la lumière considérée).

Les deux vibrations seront donc devenues, à la sortie, en admettant que l'absorption soit nulle :

$$(1') \quad x = \frac{a}{2} \sin 2\pi \frac{t}{T} \qquad y = \frac{a}{2} \sin 2\pi \left(\frac{t}{T} + \frac{1}{4} \right)$$

$$(2') \quad x' = \frac{a}{2} \sin 2\pi \left(\frac{t}{T} - \varphi \right) \quad y' = \frac{a}{2} \sin 2\pi \left(\frac{t}{T} - \frac{1}{4} - \varphi \right).$$

Reprenant même vitesse, elles se recomposent en une vibration unique :

$$(3) \quad X = x + x' = \quad a \sin 2\pi \left(\frac{t}{T} - \frac{\varphi}{2} \right) \cos \pi\varphi$$

$$Y = y + y' = - a \sin 2\pi \left(\frac{t}{T} - \frac{\varphi}{2} \right) \sin \pi\varphi.$$

Vibration qui est rectiligne et fait avec Ox un angle ω donné par :

$$\text{tg } \omega = \frac{Y}{X} = - \text{tg } \pi\varphi.$$

Ou $\dfrac{\omega}{\pi} = - \varphi = - (n - n') \dfrac{e}{\lambda}.$

L'angle de rotation est proportionnel à e. Il est vers la droite si $n > n'$ c'est-à-dire si la vibration gauche a une vitesse plus grande que la vibration droite ; vers la gauche dans le cas contraire. Et si $n - n'$ ne varie pas trop d'une couleur à l'autre, l'angle est plus grand pour les petites longueurs d'onde que pour les grandes.

Au point de vue cinématique, l'explication est donc satisfaisante. Mais la séparation de la vibration rectiligne en deux composantes circulaires se fait-elle réellement ? On peut le montrer par l'expérience suivante, due à Fresnel :

Trois prismes (ou plus), deux de quartz droit et un de quartz gauche, sont taillés et accolés de façon que l'axe du quartz soit suivant AA′ (fig. 313). Les faces extrêmes sont normales à l'axe.

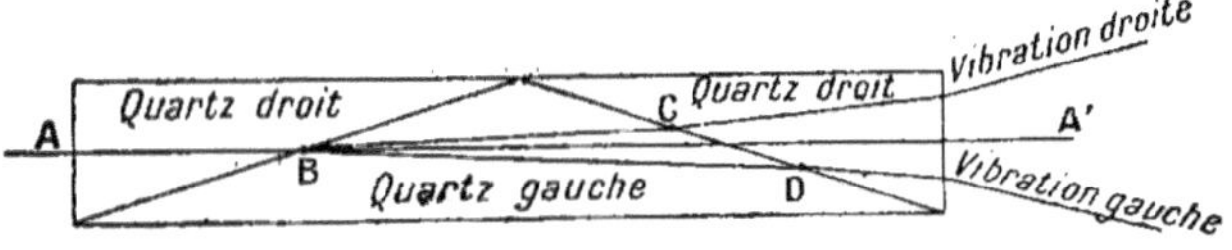

Fig. 313.

Un rayon polarisé rectiligne tombe en A. Dans le quartz droit, la vibration gauche a la vitesse la plus grande v'. En B, pénétrant dans le quartz gauche, elle devient celle qui a la moindre vitesse v. La vibration droite au contraire, qui avait la moindre vitesse v dans le quartz droit, prend dans le quartz gauche la vitesse la plus grande v'. Par suite la vitesse de la vibration gauche diminue dans la réfraction qui se produit en B, tandis que la vitesse de la vibration droite augmente. La vibration gauche se rapproche de la normale à la surface séparative, tandis que la vibration droite s'en écarte. L'écartement des deux rayons circulaires augmente encore par la seconde réfraction, et ainsi de suite s'il y a plus de trois prismes. La différence des vitesses est d'ailleurs très petite, d'où la nécessité de plusieurs réfractions pour que la séparation des deux rayons soit sensible. Finalement les deux rayons sont assez écartés pour qu'on les distingue à la sortie, et l'on peut les analyser séparément et constater qu'ils sont bien polarisés circulaires dans le sens prévu.

Le pouvoir rotatoire, dont la théorie de Fresnel, étendue depuis lors au cas plus complexe des directions obliques sur l'axe optique, explique bien le mécanisme, peut se produire chaque fois que la symétrie du milieu n'exige pas que deux vibrations circulaires de sens inverses se propagent suivant une même droite avec la même vitesse. Il peut avoir pour cause la dyssymétrie de la molécule elle-même. C'est la seule explication possible du pouvoir rotatoire des corps amorphes, et elle est remarquablement d'accord avec les formules de constitution de la chimie. Dans les cristaux biaxes il semble bien probable que le pouvoir rotatoire est dû à la même cause. Ils appartiennent d'ailleurs à des substances organiques à molécule chimique asymétrique et dont les solutions ont aussi le pouvoir rotatoire.

Il en est autrement, du moins dans certains cas, pour les cristaux uniaxes ou cubiques, et ce sont précisément ces cas qui, seuls jusqu'à présent, touchent à la minéralogie.

Le quartz présente le pouvoir rotatoire. Mais sa molécule chimique SiO^2 ne parait avoir rien d'asymétrique. Il existe d'ailleurs plusieurs autres formes cristallisées de la silice libre, et elles n'ont pas le pouvoir rotatoire. La silice fondue, les silicates alcalins en solution, les verres, ne présentent pas le pouvoir rotatoire. Celui-ci n'est donc pas, dans le quartz, un effet de l'asymétrie de la molécule SiO^2 elle-même, mais de l'arrangement des molécules dans l'édifice cristallin particulier qui constitue le quartz. On peut le distinguer, sous le nom de pouvoir rotatoire *de structure*, du pouvoir rotatoire *moléculaire* proprement dit.

Mallard, se basant sur une expérience de Reusch, a montré comment le pouvoir rotatoire de structure peut résulter d'un arrangement convenable de petits éléments dépourvus de pouvoir rotatoire.

Piles de mica de Reusch. — Le mica blanc est un minéral biaxe qui se clive en lames très minces normales à la bissectrice n_p de l'angle aigu des axes optiques. Des lames minces de mica, empilées en grand nombre à 60° l'une de l'autre en tournant toujours vers la droite, par exemple, fournissent une pile ayant les propriétés optiques d'un cristal *uniaxe* ayant le pouvoir rotatoire. Empilées en sens inverse, elles donnent une pile ayant le même pouvoir rotatoire en sens inverse. Mallard a montré que les propriétés biréfringentes du mica ou de tout autre minéral biaxe suffisent à rendre compte de ce fait. Il en a conclu que les minéraux uniaxes à pouvoir rotatoire de structure peuvent être considérés comme composés d'un empilement régulier de particules biaxes qui peuvent, individuellement, avoir une des symétries incompatibles avec le pouvoir rotatoire, mais dont l'assemblage, par suite de cet enroulement en hélice, est holoaxe. Ces particules peuvent être considérées soit comme des cristaux sub-microscopiques groupés régulièrement, soit comme étant les particules cristallines ultimes elles-mêmes. Dans le cas du quartz par exemple, il semble bien qu'il y ait simplement assemblage de très petits cristaux biaxes, car ces éléments biaxes sont connus isolés (quartzine de M. Michel Lévy) et l'on a pu mettre en évidence leurs groupements à 60°. La même explication rend compte du pouvoir rotatoire de structure dans les cristaux cubiques. Mais on voit que, sous cette forme simple, elle exige que l'édifice constitué par l'empilement de petits éléments biaxes acquière, en même temps que le pouvoir rotatoire, l'uniaxie (ou l'isotropie). Cela ferait comprendre pourquoi les cristaux biaxes paraissent ne présenter jamais le pouvoir rotatoire de structure. Toutefis il se peut fort bien que l'on découvre des cas de pouvoir rotatoire de structure dans les biaxes, et dans ce cas il serait aisé d'imaginer des assemblages plus complexes que celui de Reusch et de Mallard et qui rendraient compte de ce fait.

Application. — Deux lames de quartz normales à l'axe, l'une droite et l'autre gauche, d'égale épaisseur (taillées ensemble), constituent une *bilame*. Les deux lames ne présentent la même coloration entre les nicols que si les plans principaux des nicols sont exactement parallèles ou perpendiculaires. Car si OA est la vibration du polariseur, les vibrations d'une même couleur dans les deux quartz, à la sortie, seront symétriques par rapport à OA (par exemple *or*, *or'*). Le nicol analyseur, dont la vibration est OB, n'en laissera passer la même proportion que

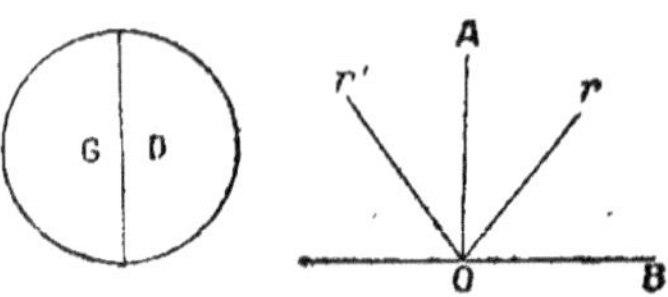

Fig. 314.

si OB est parallèle ou normal à OA. On peut ainsi, en interposant une bilame, placer deux nicols très exactement dans la position parallèle ou dans la position croisée à angle droit, car on apprécie avec beaucoup de précision l'égalité de teinte de deux plages contiguës. Pour augmenter la sensibilité, on donne à la bilame une épaisseur telle qu'elle fasse tourner le jaune moyen de 90°, s'il s'agit de placer les nicols parallèles, ou de 180° s'il s'agit de les placer perpendiculaires. L'extinction du jaune correspond en effet à une teinte sensible analogue à celle de la polarisation chromatique, en sorte que des deux plages l'une passe au rouge et l'autre au bleu par le moindre déplacement de l'un des nicols à partir de la position dans laquelle les plans principaux sont rigoureusement parallèles ou rectangulaires. Le contraste des teintes est alors très vif.

Plus généralement, une bilame interposée devant un nicol analyseur augmente beaucoup la précision avec laquelle on apprécie le moment où le plan principal du nicol coïncide avec celui d'une lumière polarisée ou lui est normal. L'observation de l'extinction est beaucoup moins précise (Exemple : emploi dans le polarimètre ou saccharimètre, avec lequel on mesure le pouvoir rotatoire des solutions de substances organiques).

Couleurs des cristaux. *Pléochroïsme* (ou polychroïsme).

Les corps transparents colorés sont ceux qui, recevant de la lumière blanche, absorbent certaines radiations du spectre plus que d'autres ; leur transparence est moindre pour certaines radiations que pour d'autres.

Dans les cristaux, les diverses directions diffèrent à ce point de vue comme pour les autres propriétés. Chaque vibration rectiligne de direction déterminée transmise par un cristal coloré se colore en général d'une teinte spéciale. Et de même en lumière naturelle, chaque onde plane observée à travers le cristal se colore d'une teinte particulière, résultant de la combinaison des teintes des deux vibrations en lesquelles, pendant la traversée du cristal, s'est décomposée la vibration de cette onde.

Les cristaux dans lesquels cette propriété est bien marquée sont dits pléochroïques, ou polychroïques, ou improprement dichroïques.

La couleur d'un cristal pléochroïque s'indique en définissant

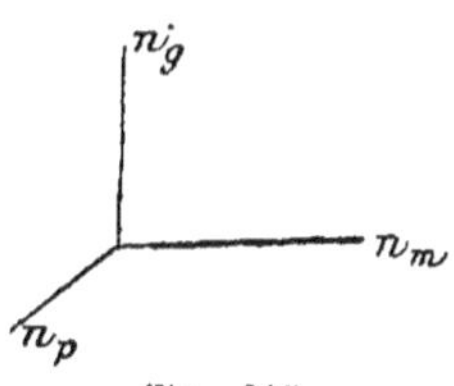

Fig. 315.

les teintes que prennent les trois vibrations principales n_g, n_m, n_p. Une lame parallèle à $n_g\,n_p$ par exemple fait connaître la teinte de n_g si l'on éclaire la lame avec de la lumière polarisée vibrant suivant n_g, et de même pour n_m. On indique aussi parfois les teintes observées en lumière naturelle en examinant par transparence des lames parallèles aux trois plans principaux $n_g\,n_m$, $n_m\,n_p$, $n_p\,n_g$. Ce sont les combinaisons deux à deux des teintes principales.

Le pléochroïsme est régi par la symétrie de l'ellipsoïde inverse du cristal. Dans les cristaux à symétrie cubique, isotropes au point de vue optique, il ne peut y avoir de pléochroïsme. Dans les cristaux à axe principal, les teintes sont de révolution autour de l'axe ; il n'y a que deux teintes principales : celle des vibrations ordinaires, normales à l'axe, et celle de la vibration parallèle à l'axe. Dans les cristaux biaxes, il y a trois teintes principales pouvant être différentes.

En général, une lame d'un cristal pléochroïque étant placée sur la platine du microscope, si l'on éclaire avec le nicol polariseur, sans interposer l'analyseur, ou inversement, la teinte change quand on fait tourner la platine. Pour plus de sensibilité, on observe parfois à travers un cristal de spath (loupe dichroscopique) lequel donne deux images contiguës qui, étant polarisées dans des plans rectangulaires, montrent l'une à côté de l'autre les deux teintes que l'on observerait, au moyen d'un nicol, successivement pour deux positions à angle droit du nicol. Le contraste rend les différences de teinte plus nettes.

Exemples :

	Vibration		Couleur
Tourmaline (uniaxe).	n_g	(normale à l'axe).	*Foncée* (verte, brune... selon les échantillons).
	n_p	(parall. à l'axe).	*Très claire.*
			D'où l'emploi de la tourmaline comme polariseur. Il suffit que l'épaisseur soit assez grande pour que n_g soit complètement absorbée.
Mica noir (biaxe presque uniaxe).	n_g et n_m	(parall. au clivage).	Brun *très foncé.*
	n_p	(normale au clivage).	Brun *très pâle.*
Cordiérite (biaxe orthorhombique)	n_g	(normal à g^1).	*Bleu foncé.*
	n_m	(normal à h^1).	*Bleu pâle.*
	n_p	(normal à p).	*Blanc jaunâtre.*

Même minéral, teintes en lumière naturelle :

plan $n_g\, n_m$	(p)	*Bleu.*
plan $n_m\, n_p$	(g^1)	*Blanc jaunâtre.*
plan $n_p\, n_g$	(h^1)	*Blanc bleuâtre.*

Le plus souvent, on remarque que c'est la vibration de plus grand indice (plus faible vitesse) qui donne la teinte la plus foncée. C'est celle qui, tant au point de vue de la vitesse de propagation que de l'absorption, est le plus affectée par la traversée du milieu cristallin. Cette loi n'est d'ailleurs pas absolument générale.

Lorsqu'on observe un cristal biaxe fortement polychroïque en lumière naturelle convergente, par exemple en le regardant par transparence et le plaçant très près de l'œil, on aperçoit dans la direction des axes optiques des *houppes* colorées dues aux variations très rapides de l'absorption au voisinage des axes. Le phénomène s'observe aisément avec des lames ou cristaux suffisamment épais d'épidote, muscovite, andalousite, etc.

Il est à noter que les couleurs, pléochroïques ou non, ne son très souvent pas propres à l'espèce cristalline, mais dues à des substances étrangères incluses. Il s'agit parfois de cristaux inclus distincts, orientés ou non. Mais très souvent la matière colorante, en quantité excessivement faible, semble uniformément répartie comme dans une solution. Un grand nombre d'espèces cristallines, incolores par elles-mêmes, se trouvent ainsi teintées de couleurs diverses dues à des traces de matières étrangères généralement indéterminables. Ainsi la fluorine, incolore, est souvent teintée de vert, de jaune, de rose, de violet ; le sel gemme de rose ou de bleu, cette dernière couleur parfois intense ; le quartz de brun (quartz enfumé), de violet (améthyste), de vert (prase), etc. ; le corindon de rouge (rubis), de bleu (saphir), de jaune (topaze orientale), de violet (améthyste orientale), etc. Beaucoup de ces couleurs disparaissent quand le cristal est chauffé. Il n'est pas rare qu'elles reparaissent ou apparaissent quand le minéral est soumis à l'action du rayonnement d'un sel de radium. C'est ainsi que le quartz enfumé, décoloré par l'action de la chaleur, reprend sa couleur brune sous l'action du radium ; des quartz naturels incolores, soumis au rayonnement du radium, les uns deviennent bruns, les autres restent incolores ; il s'agit donc bien d'une matière étrangère incluse, que la chaleur transforme en un produit incolore et que les rayons du radium font repasser à l'état coloré. Certains minéraux, et notamment le zircon, qui se rencontrent inclus dans divers silicates colorés tels que les micas, s'entourent d'une zone beaucoup plus colorée et plus pléochroïque que le reste du mica (auréole pléochroïque). Un fragment de sel de radium posé sur une lame de mica y développe une auréole semblable. On doit conclure que vraisemblablement le zircon contient un métal radio-actif dont l'action modifie la coloration du mica.

Irisation, chatoiement, fluorescence. — Caractères exceptionnels. Le premier, peu spécifique et accidentel, provient de l'existence, à la surface du minéral, d'une pellicule de matière étrangère transparente déterminant des couleurs de lames minces (fréquent sur le fer oligiste, la houille, la chalcopyrite....). Ou bien encore parfois, des irisations sont déterminées à l'intérieur du minéral par des fissures formant lames minces, remplies d'air ou de diverses matières (opale noble, souvent quartz, calcite, etc...).

Le chatoiement consiste en reflets vivement colorés que l'on aperçoit sur certaines faces de certains cristaux, et qui ne se produisent que lorsque la lumière s'y réfléchit sous des incidences déterminées. Phénomène encore mal expliqué, lié probablement à l'existence de fissures de clivage régulières, parfois peut-être à l'interposition de matières étrangères dans ces fissures. Exemples : feldspaths, notamment labrador, chatoiements jaunes, verts, bleus ; variété d'oligoclase dite « pierre de soleil », chatoiement doré ; variété d'orthose dite « pierre de lune », chatoiement argenté.

La fluorescence consiste dans l'absorption par un corps, sur une faible épaisseur à partir de sa surface, de radiations ultra-violettes, et leur restitution sous forme de radiations visibles de moindre réfrangibilité. Exemple : certaines variétés de fluorine qui, vertes par transparence, montrent par réflexion de belles teintes violettes dues à la fluorescence.

Eclat. — Caractère indéfinissable d'une manière précise, mais essentiel en pratique pour la détermination rapide des espèces. Il dépend à la fois de l'indice de réfraction, du poli de la surface examinée, des réflexions intérieures sur les fissures de clivage, etc. L'éclat est en général très différent sur les faces extérieures naturelles et sur une cassure fraîche, ou encore sur une cassure qui suit le clivage et sur une cassure qui ne le suit pas, ou encore sur un clivage et sur un autre physiquement différent.

Une première distinction importante est à faire entre les substances qui ont l'éclat *métallique* et celles qui ont l'éclat *vitreux*. Les premières colorent la lumière en la réfléchissant, les secondes réfléchissent blanche la lumière blanche. Dans ces deux grandes catégories, on arrive, avec l'habitude, à reconnaître l'éclat propre à chaque minéral. Aucune désignation ni description ne peut en donner une idée exacte ; c'est une notion qu'on ne peut acquérir que par l'examen du plus grand nombre possible d'échantillons.

Comme nomenclature, on distingue en particulier : l'éclat *nacré*, appartenant à des faces de clivage facile (gypse, face g^1 ; mica, face p ; stilbite ou heulandite, face g^1 ; apophyllite, face p) ; l'éclat *soyeux*, analogue, mais déterminé par des fibres ou par un clivage linéaire (œil de chat ; amiante ; gypse, cassures parallèles à l'arête pg^1) ; l'éclat *gras*, dans certaines cassures lisses sans clivages (quartz) ; l'éclat *adamantin* (c'est-à-dire analogue à celui du diamant), dans les substances à indice élevé (diamant, sels de plomb) ; l'éclat résineux, mat, velouté, vif ou faible, etc., etc... Ces mots ne donnent qu'une idée très imparfaite et grossière de l'éclat de chaque minéral.

DEUXIÈME PARTIE

Etude des édifices cristallins complexes
et des transformations.

CHAPITRE IV

MACLES, GROUPEMENTS ET DÉFORMATIONS

Macles.

Généralités. Loi générale des macles. — Tout ce qui a été dit
ci-dessus se rapporte au cristal, c'est-à-dire à l'édifice *homogène*
de matière cristallisée. Mais il existe aussi des édifices cristallins *non homogènes*, composés de plusieurs parties homogènes
accolées entre elles et orientées les unes par rapport aux autres
suivant des lois déterminées. On donne à ces édifices plus complexes le nom de *macles* (de macula, maille. Macle est un terme
de blason qui désigne un losange évidé rappelant les dessins
que présentent les sections de la chiastolite, autrefois considérée à tort comme une macle de l'andalousite).

On dit aussi « groupements cristallins ». Ce terme est assez
impropre, car il tend à présenter la macle comme résultant de
l'association de plusieurs cristaux indépendants. En réalité les
macles ne diffèrent pas essentiellement des édifices cristallins
homogènes. Leur existence démontre seulement que dans la
croissance de certains corps cristallisés, soit à tout moment, soit
à certains stades de cette croissance, soit même dans les déformations mécaniques postérieures du cristal les éléments constitutifs
peuvent adopter plusieurs positions relatives d'équilibre : L'une
correspondant à la continuation du cristal homogène, les autres
aux diverses macles de l'espèce. Et nous allons voir que les
lois qui régissent ces positions sont essentiellement les mêmes

15

dans les deux cas. Il n'y a donc pas lieu de considérer la macle comme un assemblage, suivant des lois particulières, de cristaux formés suivant d'autres lois, mais bien comme un véritable individu cristallin unique au même titre que les édifices homogènes auxquels nous avons convenu, selon l'usage, de réserver le nom de cristal.

Que les particules cristallines puissent occuper parfois plusieurs positions d'équilibre, cela résulte d'un fait extrêmement remarquable observé pour la première fois par Baumhauer sur la calcite ou spath d'Islande, et reconnu depuis lors dans divers autres cas.

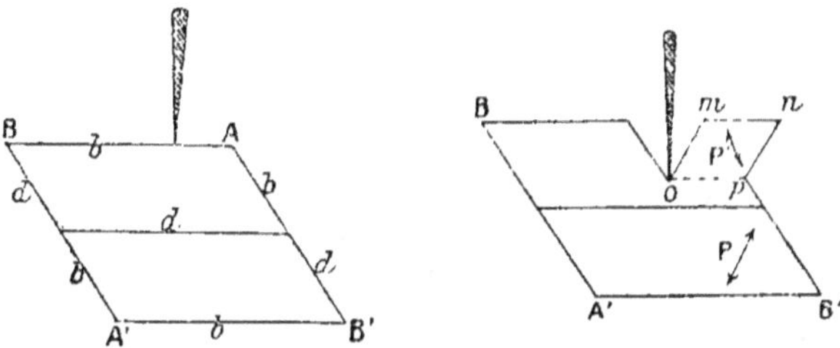

Fig. 316.

Prenons un fragment extrait par clivage d'un cristal de spath (fig. 316). Il est limité par six faces p d'un rhomboèdre. Posons-le sur une des arêtes b (A'B') et appuyons une lame de couteau normalement à l'arête opposée AB, à quelques millimètres du sommet ternaire A. Bien que, dans toute autre direction, le spath soit très cassant, nous sentirons la lame s'enfoncer comme dans une matière plastique, en déviant du côté de A, et nous verrons, à mesure qu'elle s'enfonce, la partie $mnop$ du cristal se déformer comme si les plans réticulaires b' successifs, tangents sur l'arête AB, glissaient les uns sur les autres vers la droite sans se désagréger. Cette partie $mnop$, ainsi déplacée de sa position d'équilibre, vient se caler rigoureusement et spontanément dans une position d'équilibre nouvelle, symétrique du reste du cristal par rapport au plan b' et accolée au cristal par un plan op parallèle à cette direction.

Dans cette étrange opération, les faces du cristal restent planes et brillantes ; les deux faces latérales $mnop$ glissent dans leur plan ; la face np opposée à l'arête AB se retrouve également plane et lisse, et faisant avec le plan op exactement le même angle que la face initiale pB'. En même temps, toutes les propriétés prennent, dans la partie retournée, des orientations exactement symétriques, par rapport au plan b^1, de celles des propriétés du cristal initial. Le sommet A, qui était ternaire, devient un sommet latéral n identique aux sommets BB′. L'axe optique P′ de la partie retournée devient symétrique de l'axe optique P du cristal initial, etc.

Souvent d'ailleurs des parties retournées alternent avec des parties non retournées, sous forme de lames parallèles au plan b^1, et la face np présente des gradins alternativement parallèles à np et à pB'.

Dans cet état, le cristal de spath est devenu une *macle*.

On peut aussi obtenir le retournement complet du cristal en le serrant avec précaution dans une presse entre les deux sommets BB′ (fig. 317).

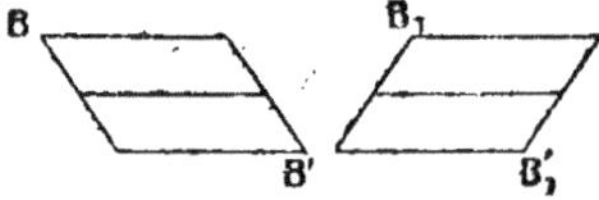

Fig. 317.

Cette « macle mécanique » du spath montre bien que la position de macle $mnop$ n'est autre chose qu'une seconde position d'équilibre de la matière cristallisée, au même titre que la position initiale ; et non seulement, ici, une seconde position d'équilibre que les particules peuvent adopter dans la cristallisation, mais même une position constamment réalisable aussi bien que la position ordinaire de parallélisme ; de l'une à l'autre de ces positions on peut pousser les particules par action mécanique, et elles se calent alors exactement et indifféremment dans l'une ou dans l'autre.

Il s'en faut de beaucoup que toutes les macles puissent être obtenues ainsi en partant du cristal homogène, par action mécanique. Mais il suffit que cela ait lieu dans quelques cas pour qu'il devienne évident que la macle et le cristal homogène ne sont pas deux choses essentiellement différentes et que les mêmes lois fondamentales qui régissent la structure du cristal homogène doivent régir aussi celle de la macle.

Dans la très grande majorité des cas, la macle se produit spontanément au cours de la croissance du cristal. A certains moments et pour une cause encore mal connue, les particules qui viennent s'ajouter au cristal, au lieu d'adopter la position d'équilibre qui correspond à la continuation du cristal homogène, se fixent dans une des autres positions d'équilibre possibles, c'est-à-dire dans une des positions de macle.

La loi fondamentale qui régit ces positions d'équilibre est la suivante :

Dans tout édifice cristallin régulier, cristal homogène ou macle, il existe un réseau (c'est-à-dire une période qui appartient soit rigoureusement soit moyennant une certaine tolérance à l'édifice tout entier. Ce réseau est un multiple simple du réseau cristallin défini par la loi de Bravais.

En d'autres termes, pour qu'un édifice cristallin soit cohérent et stable, il faut qu'un réseau multiple simple du réseau cristallin se prolonge dans toute la masse, chaque portion homogène pouvant adopter indifféremment les diverses orientations compatibles avec cette condition. Cette prolongation peut être rigoureuse ; mais il suffit qu'elle existe avec une certaine approximation au voisinage des surfaces séparatives des diverses parties homogènes. Comme cas particulier, le réseau commun à tout l'ensemble peut être le réseau du cristal homogène lui-même.

Pour qu'un réseau puisse être continu (exactement ou approximativement), dans toute une masse composée de parties homogènes diversement orientées, il faut que la maille de ce réseau, qui est soit la maille la plus petite du cristal homogène, soit un de ses multiples simples, ait plusieurs orientations possibles qui soient identiques ou à peu près identiques entre elles, c'est-à-dire symétriques entre elles par rapport à des éléments de symétrie exacts ou approchés. Par contre, les orientations correspondantes du motif, c'est-à-dire de tout ce qui remplit cette maille, peuvent être, et sont en général, complètement différentes. Il faut donc que la maille de ce réseau ait des éléments de symétrie ou de pseudosymétrie qui n'appartiennent pas au motif correspondant. Il faut donc que le réseau cristallin défini par la loi de Bravais remplisse une des quatre conditions suivantes :

1° Ou bien qu'il ait lui-même, rigoureusement, des éléments de symétrie que le motif ne possède pas. Nous savons qu'alors le cristal est *mérièdre*.

2° Ou bien qu'il ait des éléments de pseudosymétrie (que le motif, naturellement, ne peut avoir comme éléments de symétrie, et qu'il n'a pas en général comme éléments de symétrie approchés). Le cristal est *pseudo-mérièdre*.

3° Ou bien qu'une de ses mailles multiples simples ait, rigoureusement, des éléments de symétrie que le réseau ni le motif ne possèdent.

4° Ou enfin qu'une de ses mailles multiples simples ait des éléments de pseudosymétrie (que le motif ni le réseau ne possèdent).

D'où la classification des macles en quatre groupes :

1° *Macles par mériédrie* [1]. — L'interprétation de ces macles est due à Bravais, qui leur donnait les noms d'hémitropie et inversion moléculaires.

Ici le cristal est mérièdre. Sa symétrie B est une mériédrie d'ordre n d'une holoédrie A. Alors les n orientations du cristal symétriques entre elles par rapport aux éléments de symétrie supplémentaires du réseau correspondent à n orientations du réseau qui sont identiques entre elles, mais à n orientations du motif différentes. On constate que ces n orientations sont capables de s'unir en un même édifice. Dans cet édifice, le réseau construit sur un point de la surface séparative reste le même à travers toute la masse.

Quelle peut être la raison pour laquelle ces n positions sont des positions d'équilibre? On l'ignore aussi bien qu'on ignore la raison d'être de la structure périodique dans le cristal homogène, et l'on n'a même jusqu'à présent trouvé aucune théorie mécanique convenable de ces deux faits. Mais, ce qui est infiniment plus important, on voit que les deux faits se confondent en réalité en un seul.

La macle n'est pas périodique dans toute sa masse et pour tous ses éléments, puisqu'elle n'est pas homogène. Mais dans toute son étendue elle contient quelque chose qui est périodique, et dont la période est ici identique à celle du cristal simple. On peut se représenter, par exemple, d'une manière concrète, que la stabilité du cristal exige non pas que tout y soit périodique, mais seulement que certaines masses particulièrement importantes du motif soient réparties en un réseau unique et continu, l'orientation des autres masses autour de celles-ci pouvant varier ; les diverses masses du motif sont d'ailleurs astreintes à conserver leurs distances respectives, ce qui réduit le nombre des dispositions possibles à n, symétriques par rapport aux éléments de symétrie supplémentaires du réseau.

On peut, par une image plus grossière encore mais frappante, se figurer le cristal mérièdre comme une maçonnerie formée de pierres jointives dont la forme extérieure serait plus symétrique que le contenu. Par exemple un assemblage de cubes composés d'une matière n'ayant que la symétrie du tétraèdre. Chaque cube a alors deux positions possibles AB (fig. 318) et deux

---

[1] L'importance théorique fondamentale de ce type de macles est une des principales raisons pour lesquelles la notion de mériédrie, souvent méconnue ou abusivement étendue, doit être maintenue, telle que nous l'avons définie, parmi les plus utiles de la cristallographie.

seulement, identiques quant à la forme extérieure et pouvant
concourir indifféremment à la construction de l'ensemble ; mais
différentes quant à l'orientation du contenu. Tant qu'on donne
à toutes les pierres la position A par exemple, l'édifice est périodique à tous égards : c'est le cristal homogène. Mais si l'on
passe de l'une à l'autre des positions A et B, l'édifice n'est pas
moins stable : c'est la macle.

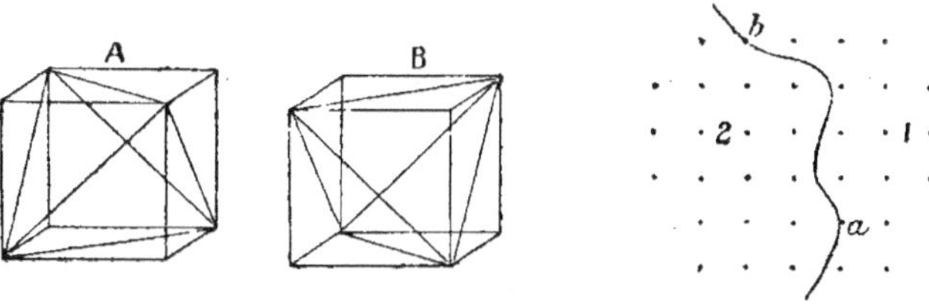

Fig. 318.　　　　　　　　　　　　Fig. 319.

On conçoit que dans les macles par mériédrie la surface
d'accolement de deux parties homogènes peut être quelconque.
Car si, à partir d'un point a de la surface d'accolement (fig. 319),
on construit dans les deux parties 1 et 2 les réseaux des points
analogues au point a, ces deux réseaux n'en forment rigoureusement qu'un seul ; à quelque distance de a que l'on considère un
autre point b de la surface d'accolement qui soit un nœud dans
le réseau 1, ce sera aussi un nœud dans le réseau 2 : la condition de prolongation du réseau du cristal 1 dans le cristal 2 est
donc remplie strictement au contact des deux cristaux, quelle
que soit la forme de la surface de contact. Aussi, dans les macles
par mériédie, la surface d'accolement a-t-elle généralement une
forme contournée et quelconque. Les deux cristaux en contact
se pénètrent, en général, irrégulièrement. C'est pourquoi l'on
donne parfois à ces macles le nom de *macles par pénétration*.

Rien n'empêche d'ailleurs la surface d'accolement d'être accidentellement plane. Mais elle ne l'est pas nécessairement, et
elle paraît bien ne l'être jamais systématiquement dans les
véritables macles par mériédrie.

Aspect extérieur : Deux cas.

1° Les cristaux simples mérièdres constituant la macle portent des faces affectées par la mériédrie. On reconnaît alors les
n orientations maclées à ce qu'elles portent des formes mérièdres complémentaires (Quartz, etc.). Souvent même les cristaux constituants, limités chacun par leur forme mérièdre
propre, restent distincts dans la forme extérieure et l'ensemble

présente des angles rentrants, au point d'imiter une véritable pénétration géométrique de deux polyèdres (pyrite, macle dite de la « croix de fer » ; cuivre gris, etc.).

2° Les cristaux élémentaires ne portent pas de faces affectées par la mériédrie (Quartz, lorsqu'il n'y a que le prisme et l'isoscéloèdre ; pyrite, lorsqu'il n'y a que le cube ; etc.). Dans ce cas, rien dans la forme extérieure ne révèle la macle. Seule l'étude des propriétés physiques (figures de corrosion, parfois stries ou aspect des faces, propriétés optiques, etc.) permet de reconnaître la complexité de l'édifice, qui, extérieurement, a la forme d'un cristal simple.

Il peut arriver, selon les circonstances, que chaque orientation du motif se conserve dans une partie étendue de la masse, auquel cas la macle se compose d'un petit nombre de cristaux homogènes distincts ; ou bien que l'orientation du motif varie fréquemment, auquel cas on aura affaire à un groupement de cristaux homogènes microscopiques très nombreux ; à la limite enfin, quand ces cristaux sont trop petits pour pouvoir être distingués par les moyens d'investigation dont nous disposons, la macle restitue un cristal en apparence homogène, mais ayant acquis comme éléments de symétrie, par le groupement, les éléments supplémentaires du réseau du cristal simple, c'est-à-dire étant devenu en apparence holoèdre (ou hémièdre au moins si le cristal simple est tétartoèdre). De tels cristaux plus symétriques constituent en apparence une nouvelle forme polymorphe de l'espèce, ne différant de la forme mérièdre que par sa symétrie. Nous retrouverons dans les autres genres de macles le même phénomène qui constitue le *pseudo-paramorphisme* (voir polymorphisme).

Exemples de macles par mériédrie :

Pyrite (fig. 320), cubique parahémièdre. $3A^2 \cdot 4A^3 \ oL^2$. C. $3\Pi \ oP$.

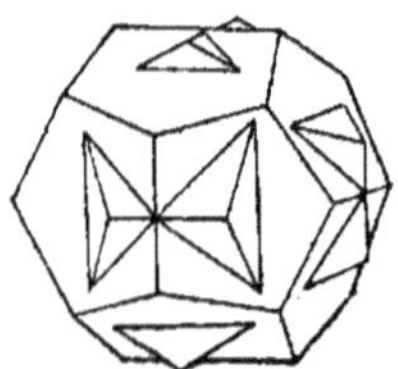

Fig. 320.

Un seul groupement par pénétration, où les deux cristaux sont symétriques entre eux par rapport à tous les éléments déficients

($3\Lambda^4$, $6L^2$, $6P$) à la fois. La symétrie totale de la macle est holoèdre cubique. C'est la pénétration des deux cristaux complémentaires. Si elle affecte le pyritoèdre b^2, macle dite « de la croix de fer ». Si elle affecte le triglyphe, elle ne peut se manifester que par l'existence de plages portant les stries complémentaires. Si les faces du cube sont lisses, rien ne manifeste la macle extérieurement.

Cuivre gris (fig. 321). — Cubique antihémièdre. $3\Lambda^2 4\,\Lambda'\,oL^2\,oC$ $o\Pi$ $6P$. Un seul groupement par pénétration, les deux cristaux étant symétriques par rapport à tous les éléments déficients à la fois ($3\Lambda^4$, $6L^2$, C, 3Π), donnant une macle dont la symétrie totale est holoèdre cubique. C'est encore la pénétration des deux cristaux complémentaires.

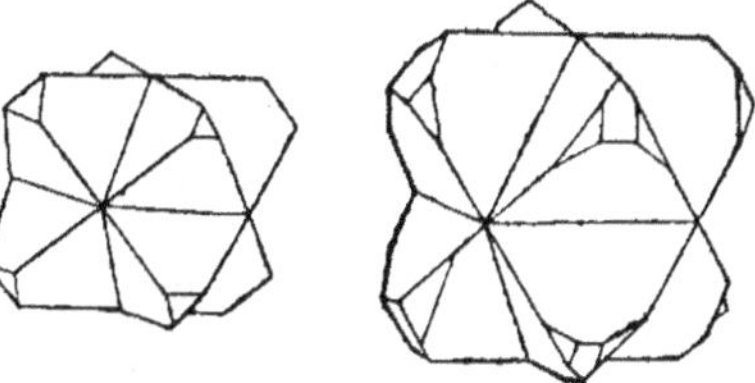

Fig. 321.   Fig. 322.

Chalcopyrite (fig. 322). — Quaternaire, antihémiédric sphénoédrique.

$$\Lambda^2\ 2L^2\ oL'^2\ oC\ oP\ 2P'.$$

Une macle par pénétration, par rapport à tous les éléments déficients à la fois (Λ^4, $2L'^2$, C, $2P$.) Pénétration des deux cristaux complémentaires.

Quartz (fig. 323). — Sénaire, tétartoèdre holoaxe. Quatre cristaux complémentaires. En vertu de la parahémiédrie sénaire (Λ^6 du réseau n'est que Λ^3 pour le motif), deux cristaux complémentaires superposables tournés de 60° autour de l'axe ternaire. En vertu de l'hémiédrie holoaxe de cette première hémiédrie, deux cristaux complémentaires non superposables droit et gauche, placés dans chacune des deux positions précédentes et symétriques l'un de l'autre par rapport à C et 3P. Tant que les seules formes existantes sont p, $e^{1/2}$, e^2, les macles par mériédrie ne sont pas visibles dans les formes extérieures. Elles apparaissent quand il y a des faces s et x, et consistent dans la pénétration des quatre cristaux complémentaires, ou tout au moins de deux d'entre eux. Elles se manifestent : 1° la rotation de 60° autour l'axe ternaire, par l'existence de faces s et x de même espèce (droites, par exemple) sur deux arêtes contiguës du prisme ; 2° la pénétration de cristaux droits et gauches, par la coexistence de facettes s et x droites et gauches sur un cristal en apparence unique. Les deux genres de macle peuvent coexister sur un même cristal. En général, une fine ligne de suture et l'interruption des stries sur les faces e^2 mettent en évidence la surface séparative des individus maclés, qui est absolument irrégulière.

Les figures de corrosion (voir p. 135) permettent également de reconnaître ces macles, par exemple dans la première en montrant sur une portion de l'une des faces du pseudo-isoscéloèdre les corrosions caractéristiques des faces p, sur une autre portion de la même face celles des faces $e^{1/2}$. Les propriétés optiques ne peuvent montrer la macle par rotation de 60° autour de l'axe ternaire, puisque cet axe est de révolution pour les propriétés optiques. Mais la macle par holoaxie se décèle dans une lame normale à l'axe par le fait que certaines parties (celles qui portent les faces x droites) ont le pouvoir rotatoire droit, et d'autres (celles qui portent des faces x gauches) le pouvoir rotatoire gauche. Si l'on examine une telle lame entre deux nicols

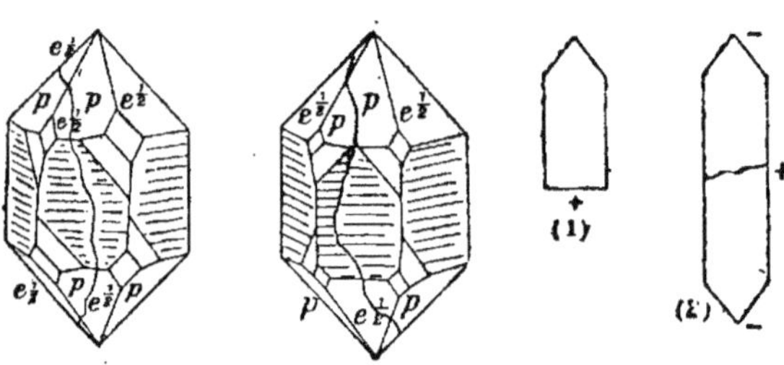

Fig. 323.   Fig. 324.

qui ne soient ni parallèles ni perpendiculaires, les teintes ne sont pas les mêmes pour les deux genres de plages. On aperçoit ainsi dans certains quartz des macles très fines de lamelles plus ou moins régulièrement distribuées, alternativement droites et gauches, que la forme extérieure ne peut révéler (Exemple : certains quartz violets, dits améthystes, du Brésil).

Calamine, ou encore topaze, etc. (fig. 324). — Orthorhombique antihémièdre L^2 oL'^2 oL''^2 oC oP P' P''. Macle symétrique par rapport au centre déficient, au plan P et aux axes L'^2 L''^2 déficients. Le cristal simple a (schématiquement) la forme (1) avec la pyroélectricité. Le cristal maclé (2) a une forme en apparence holoèdre, mais la macle est révélée soit par l'existence de deux pôles de même espèce aux deux extrémités, se chargeant tous deux d'électricité de même signe à l'échauffement, soit encore par les figures de corrosion (voir p. 135). La surface d'accolement est quelconque, mais souvent à peu près plane et parallèle à *p*. Les propriétés optiques ne peuvent mettre en évidence une telle macle, puisque l'ellipsoïde inverse a toujours un centre.

II° *Macles par pseudo-mériédrie.* — Le principe de l'interprétation de ces macles est dû à Mallard, qui leur donnait le nom de macles par pseudo-symétrie.

Dans ce cas, le cristal ayant une certaine symétrie, son réseau a une symétrie approchée plus élevée. Le réseau a ainsi plusieurs orientations qui sont à peu près mais non exactement identiques, et qui sont symétriques l'une de l'autre par rapport à des éléments de pseudo-symétrie. On constate que les orientations correspondantes du cristal sont, comme dans le cas de la véritable mériédrie, capables de s'associer dans un même édifice cristallin. Le réseau ne se prolonge plus ici rigoureusement identique à lui-même de part et d'autre de la surface séparative des parties homogènes de la macle, mais seulement avec une certaine déformation.

En d'autres termes, il existe une certaine tolérance dans le prolongement mutuel de deux orientations du réseau. Dans les macles par mériédrie, il est rigoureux. Mais lorsqu'il n'est qu'approché la macle est encore une position stable d'équilibre : c'est le cas des macles par pseudo-mériédrie.

Les éléments de pseudo-symétrie d'une figure ne sont pas, en eux-mêmes, rigoureusement définis en position : Toute droite dont la direction est voisine de celle d'un axe de pseudo-symétrie est également axe de pseudo-symétrie, et il en est de même pour les plans. Or les orientations du cristal capables de s'associer en une macle sont, en vertu de la loi générale de prolongement du réseau, symétriques entre elles par rapport à un élément de pseudo-symétrie : Elles ne sont donc pas, par cette seule loi générale, fixées d'une manière rigoureuse, mais seulement à peu près.

En réalité, on constate qu'ici, à la loi fondamentale, vient s'en ajouter une autre qui détermine exactement l'orientation mutuelle des éléments maclés.

On sait que tout axe de symétrie d'un réseau en est une rangée simple et tout plan de symétrie un plan réticulaire simple. Tout axe de pseudo-symétrie (qui n'est pas une droite de direction définie mais un faisceau d'une infinité de droites voisines, de petite ouverture) est donc voisin d'une rangée simple ; et de même tout plan de pseudo-symétrie est voisin d'un plan réticulaire simple. On constate que deux orientations accolées dans une macle par pseudo-mériédrie sont ou bien symétriques entre elles par rapport au *plan réticulaire* qui est plan de pseudo-symétrie, ou bien symétriques entre elles par rapport à la *rangée* qui est axe de pseudo-symétrie du réseau.

Cela revient à dire que les deux orientations du réseau sont telles qu'elles ont exactement en commun soit le plan réticulaire qui est plan de pseudo-symétrie, soit la rangée qui est axe de pseudo-symétrie.

On appelle *plan de macle* le plan *réticulaire* par rapport auquel les deux positions du cristal maclé sont symétriques ; et *axe de macle* la *rangée* par rapport à laquelle, de même, les deux portions du cristal maclé sont symétriques.

On a souvent appelé plans et axes de macle des plans et droites non réticulaires. Par exemple : quand il y a un plan de macle (réticulaire) P, l'ensemble des deux parties maclées forme une figure qui a ce plan pour plan de symétrie. Si alors le cristal a un centre, l'ensemble de l'édifice, ayant un plan de symétrie et un centre, a aussi un axe binaire normal au plan. En d'autres termes on peut, au point de vue purement géométrique, définir la position de l'un des cristaux par rapport à l'autre en disant qu'il a tourné de 180° autour de la normale au plan [1]. On a parfois appelé axe de macle cette droite, qui n'est pas une rangée. Il est infiniment préférable de ne se servir, pour définir la macle, que des plans et axes qui sont plans réticulaires et rangées, car le fait remarquable est précisément que ce soit possible.

Par suite aussi, il n'y a intérêt à considérer, comme éléments de pseudo-symétrie, que les plans réticulaires et rangées. Quand nous parlerons de plan de pseudo-symétrie, il sera toujours sous-entendu qu'il s'agit du plan réticulaire qui est plan de pseudo-symétrie, et de même un axe de pseudo-symétrie sera toujours défini comme rangée.

Ainsi on peut résumer comme suit les deux lois qui, dans les macles par pseudo-mériédrie, fixent la position relative des parties homogènes maclées :

1° Les deux orientations du réseau sont quasi-identiques.

---

[1] D'où l'ancienne dénomination d'*hémitropie* (rotation d'un demi-tour) appliquée à beaucoup de macles ayant un plan de macle.

C'est la condition fondamentale, mais qui ne fixe l'orientation qu'à peu près.

2° Il y a toujours un plan de macle (réticulaire) ou un axe de macle (rangée), qui sont les éléments de pseudo-symétrie du réseau. C'est la condition accessoire, qui fixe exactement la position parmi les orientations voisines, en nombre infini, définies par la première loi. Les deux lois se réunissent en un seul énoncé, que l'on peut appeler à bon droit *loi de Mallard* : quand le réseau a des plans et axes de pseudo-symétrie, ces éléments peuvent être plans et axes de macle.

Il paraît exister quelques macles par pseudo-mériédrie, très exceptionnelles et encore douteuses (gibbsite), pour lesquelles la seconde condition ne serait pas exactement remplie, et qui n'auraient en toute rigueur ni plan ni axe de macle réticulaires. Elles obéissent cependant toujours à la première condition, qui est générale.

Pour qu'un plan ou axe de pseudo-symétrie du réseau puisse jouer le rôle de plan ou d'axe de macle, il faut que la pseudo-symétrie du réseau par rapport à cet élément ne s'écarte pas trop de la symétrie exacte. Il faut que les deux orientations du réseau symétriques par rapport à cet élément ne soient pas trop différentes. La limite à partir de laquelle un plan réticulaire ou une rangée qui sont éléments de pseudo-symétrie du réseau cessent de pouvoir jouer le rôle de plan ou d'axe de macle ne peut être fixée exactement et d'une manière générale. Voici néanmoins qui donnera une idée de l'ordre de grandeur de cette tolérance : On sait que tout plan de symétrie est normal à une rangée. Tout plan de pseudo-symétrie est donc à peu près normal à une rangée. On constate qu'il y a des plans de pseudo-symétrie qui jouent encore le rôle de plans de macle, dans des macles qui sont incontestablement du type des macles par pseudo-mériédrie, bien que la rangée pseudo-normale s'écarte de 3 à 4° de la perpendiculaire au plan. Exemples : albite, macle g^1, angle du plan g^1 et de la rangée pseudo-normale : 94°3′. Aragonite, macle m : 93°44′.

La tolérance maximum est du même ordre pour les axes. Ce sont là d'ailleurs des cas extrêmes. Dans la majorité des cas, la pseudo-symétrie qui détermine les macles est bien plus approchée.

Il y a un lien intime entre le phénomène des macles et la syncristallisation de deux substances isomorphes. De même que dans la syncristallisation isomorphe deux substances cristallines dont les mailles ont même forme et même volume peuvent concourir à la construction d'un même édifice cristallin, bien que leurs motifs soient différents, même par leur nature chimique ; de même aussi, dans les macles, deux orientations d'un même cristal, dont les mailles sont de même forme, peuvent concourir à la construction d'un même édifice cristallin bien que les deux orientations du motif soient totalement différentes. Et de même que dans la syncristallisation il n'est pas nécessaire que les formes des deux mailles soient rigoureusement identiques, mais qu'il y a à cet égard une certaine tolérance, assez large ; de même, dans les macles, il n'est pas nécessaire que les deux orientations du réseau soient rigoureusement identiques (comme elles le sont dans les macles par mériédrie), mais il suffit qu'elles le soient à peu près (cas des macles par pseudo-mériédrie). La tolérance maxima de **3 à 4°** que l'on observe dans les angles pour les macles est tout à fait du même ordre de grandeur que celle qui existe pour la syncristallisation isomorphe. C'est à Mallard qu'est dû ce rapprochement, qui jette une vive clarté sur deux phénomènes en apparence bien différents et tend à leur faire attribuer une même cause.

Surfaces d'accolement. — Quand il y a un plan de macle par pseudo-mériédrie, ce plan est plan de pseudo-symétrie du réseau. Le réseau peut être considéré comme un réseau symétrique par rapport à ce plan, légèrement déformé. La rangée qui, dans le réseau idéal non déformé, serait un axe binaire exactement normal au plan, ne lui est pas exactement perpendiculaire.

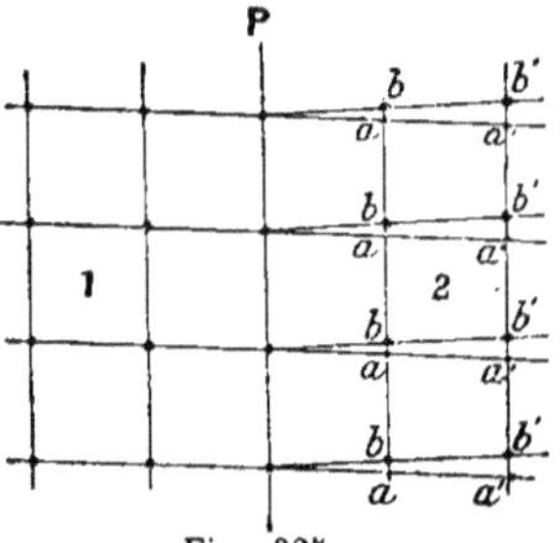

Fig. 325.

En sorte que si, le long du plan de macle P (fig. 325), les réseaux des deux parties maclées sont en coïncidence, dès le premier plan réticulaire contigu de celui-ci les nœuds *b* du réseau (**2**) ne coïncident plus avec les nœuds *a* du réseau (**1**) supposé prolongé ; et cette discordance s'accentue de plus en plus pour les plans réticulaires de plus en plus éloignés de P. Il résulte de là que la coïncidence de l'un des réseaux avec le prolongement de l'autre, qui est parfaite dans les macles par mériédrie et qui ici n'est qu'approchée, ne peut même être approchée que tout près de la surface d'accolement, et à la condition que cette surface soit plane et parallèle au plan de macle. Cette coïncidence approchée sur un petit nombre de largeurs de mailles suffit, on le conçoit, à déterminer le commencement d'un nouveau cristal ayant l'orientation (2), lequel ensuite croîtra régulièrement. Ainsi, s'il est vrai que le quasi-prolongement mutuel des réseaux au contact est la condition nécessaire de la macle, on doit prévoir que dans les macles par pseudo-mériédric, quand il y a un plan de macle, l'accolement des deux orientations symétriques par rapport à ce plan se fait suivant un plan parallèle au plan de macle.

De même, quand il y a un axe de macle par pseudo-mériédrie, la coïncidence du réseau (2), tourné de $\frac{2\pi}{n}$ autour de l'axe, avec le réseau (**1**) supposé prolongé ne peut être parfaite que sur une droite parallèle à l'axe. La surface d'accolement est donc astreinte à passer par une droite parallèle à l'axe. Il semble donc que cette surface peut n'être pas plane, mais seulement cylindrique avec l'axe de macle pour génératrice. On peut cependant prévoir, dans le cas des axes de macle binaires, les plus fréquents, que cette surface doit être plane et définie ainsi : C'est le plan (non réticulaire) qui passe par l'axe de macle et par la normale à cet axe située dans le plan réticulaire pseudo-normal à l'axe.

Considérons en effet, projetés sur le plan normal à l'axe

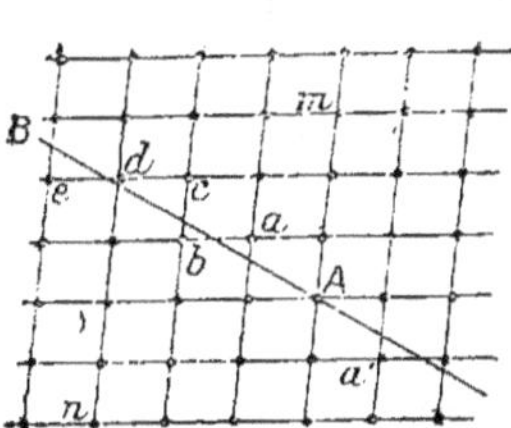

Fig. 326.

pseudo-binaire du réseau (fig. 326), les nœuds du plan réticulaire P qui est pseudo-normal à l'axe. Supposons le nœud A dans le plan du tableau. Les autres n'y sont point. Mais soit AB l'intersection du plan P avec le plan du tableau, c'est-à-dire la normale à l'axe située dans le plan P.

Dans la rotation de 180° autour de l'axe passant par A, tout nœud a' viendra coïncider en projection avec un nœud a de la position initiale. Et la distance de ces deux nœuds, normalement au plan de la figure, sera la plus petite possible pour les nœuds $abcde...$ les plus voisins de AB. Elle croîtra de plus en plus pour les nœuds plus éloignés mn. La coïncidence des mailles dans les deux positions du réseau, toujours imparfaite puisque AB n'est pas en général plan réticulaire et ne contient en général aucun nœud autre que A, sera du moins la plus exacte possible pour les mailles traversées par le plan passant par l'axe et par AB. Si donc c'est cette coïncidence, le long de la surface de contact, qui détermine la macle, la surface d'accolement devra être plane et parallèle à ce plan non réticulaire. On donne à ce plan le nom de *section rhombique*.

L'observation confirme pleinement ces prévisions. Cela est remarquable notamment pour le cas des axes binaires de macle, pour plusieurs desquels cet accolement singulier suivant la section rhombique non réticulaire était connu bien avant que la théorie en eût donné l'interprétation [1]. Il y a, on le voit, dans l'examen des surfaces d'accolement, une confirmation remarquable de l'idée qui est à la base de cette théorie : C'est le prolongement mutuel (exact ou approché) des réseaux des deux cristaux au voisinage du contact qui est la condition fondamentale de la macle.

Toutefois il importe de faire une distinction :

Un certain nombre de macles peuvent se répéter à plusieurs reprises au cours de la cristallisation, et souvent un grand nombre de fois. A chaque instant, lorsque des particules nouvelles s'adjoignent à l'édifice cristallin, elles peuvent adopter presque indifféremment l'une ou l'autre des positions d'équilibre, qui restent constamment réalisables. Nous savons par l'exemple de la macle b^1 de la calcite que parfois même la matière cristalline peut passer de l'une à l'autre par action mécanique, après achèvement de la cristallisation. Les macles de ce genre sont dites *répétées* (ou polysynthétiques). Pour elles, les conditions qui permettent à la position de macle de se substituer à la position de parallélisme restent constamment rem-

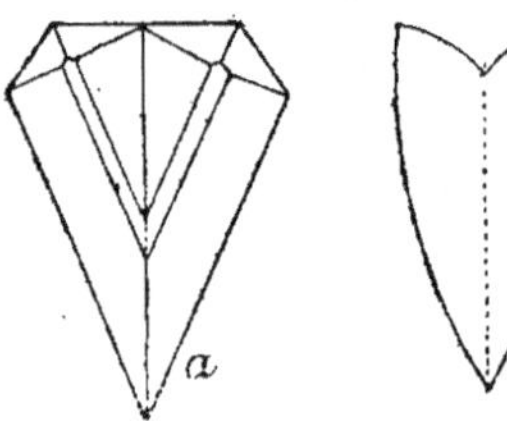

Fig. 327.

plies pendant toute la croissance du cristal. Les lois des surfaces d'accolement doivent être rigoureuses. C'est ce qui a lieu [2].

[1] Le principe de la théorie des surfaces d'accolement est dû à M. Jouguet.
[2] A vrai dire, on trouve cités parfois des exemples contraires, mais toujours par suite d'une définition incorrecte du plan de macle ou d'une description inexacte de la macle.

D'autres macles sont constamment, sur tous les échantillons, composées d'un seul individu homogène de chacune des orientations possibles, et ces individus sont à peu près également développés : Exemples (fig. 327) : macle « en cœur » du rutile *a*, macle « en fer de lance » du gypse *b*, macle « de la Gardette » du quartz *c*. Ce sont les macles *non répétées*.

Dans ces macles, la condition de macle ne s'est jamais reproduite au cours de la croissance du cristal. Elle n'a été remplie qu'au début, dans un premier embryon cristallin très petit. Les *n* individus homogènes ont ensuite crû chacun de son côté en conservant naturellement l'orientation initiale. Mais leur contact, sauf dans la très petite portion initiale, n'est plus qu'un contact accidentel semblable à celui de deux cristaux voisins indépendants qui se limitent mutuellement. Souvent, le long de ce contact, il n'y a qu'une faible adhérence des deux cristaux, qui se séparent aisément. Ce n'est plus, sauf dans la partie embryonnaire, un véritable contact de macle. Un tel contact conserve en général grossièrement l'orientation qu'il avait dans la partie initiale, et qui était conforme aux lois ci-dessus énoncées. Mais il peut être quelconque, et n'est en général pas exactement plan et parallèle au plan de macle quand il y en a un, ni exactement parallèle à l'axe de macle quand il y en a un.

On conçoit d'ailleurs bien d'où provient la différence entre les deux types de macles. On sait en effet que la formation d'une très petite masse d'une phase au sein d'une autre n'est pas en général régie par les mêmes conditions que l'accroissement de cette masse quand elle a acquis déjà une certaine étendue. Cela tient à ce que les termes du potentiel thermodynamique proportionnels à la surface prennent, quand le volume est très petit, une importance prépondérante par rapport aux termes proportionnels à la masse, tandis que l'inverse a lieu quand le volume est suffisamment grand. Il y a ainsi, à partir d'une certaine dimension, un changement en général important des conditions d'équilibre. C'est la cause de la surchauffe des liquides, de la sursaturation des solutions, etc. C'est vraisemblablement aussi ce qui fait que certaines macles, possibles dans le cristal naissant très petit, cessent de se reproduire quand le cristal est plus gros : ce sont les macles non répétées.

Macles correspondantes. — Le réseau, ayant un centre, lorsqu'il a un plan de pseudo-symétrie P a aussi un axe binaire de pseudo-symétrie L qui est la rangée pseudo-normale au plan. Il y a donc en général deux macles possibles dues à la même pseudo-symétrie de la maille. On les appelle *macles correspondantes*. L'une a pour plan de macle P et l'autre pour axe de macle L. Si P était exactement normal à L, les deux orientations B et C du réseau, symétriques d'une autre A par rapport à ces deux éléments, seraient identiques. Elles sont donc peu différentes. Si le cristal a un centre, les deux orientations B et C du cristal sont également peu différentes. Les deux macles correspondantes se différencient alors peu par l'orientation des éléments, et d'autant moins que la pseudo-symétrie est plus approchée. Mais elles sont complètement différentes par la surface d'accolement (Voir plus loin l'exemple de l'albite).

Dans le cas de la mériédrie, les deux macles correspondantes se confondent en une seule si le cristal est centré.

D'une manière plus générale, on appelle macles correspondantes celles qui sont dues à la pseudo-symétrie d'une même maille.

Mimétisme (Mallard). — La macle constituée par les n orientations symétriques entre elles par rapport à un élément de pseudo-symétrie du réseau constitue un ensemble qui a cet élément pour élément de symétrie [1]. La macle a donc une symétrie supérieure à celle du cristal simple, et cette symétrie n'est autre que la pseudo-symétrie du réseau, devenue, par le groupement, symétrie exacte de l'ensemble. Lorsque les formes extérieures de la macle sont telles qu'il ne se présente pas d'angles rentrants, ces formes ne diffèrent pas, ou ne diffèrent que très peu, de celles d'un cristal simple plus symétrique que le cristal homogène de l'espèce. C'est un cas très fréquent. Une foule d'édifices cristallins qui ont la forme d'un cristal simple cubique, sénaire, etc., et qui par suite, au premier abord, semblent être des cristaux simples homogènes de symétrie plus ou moins élevée, sont en réalité composés de n orientations, maclées entre elles, d'une substance cristalline homogène de symétrie moindre, mais dont le réseau a pour symétrie approchée la symétrie de la forme extérieure de l'ensemble. Ces macles intérieures, qui ont pour éléments de macles les éléments de pseudo-symétrie du réseau, ne sont révélées par les mesures d'angles que si la pseudo-symétrie du réseau est assez grossière ; quand elle est suffisamment approchée, rien dans la forme extérieure ne fait connaître la complexité de l'ensemble

---

[1] En ce sens que toute propriété de l'un des cristaux maclés trouve sa symétrique dans ce cristal ou dans un des autres.

(d'autant moins que les faces de ces assemblages complexes sont souvent peu planes et les mesures peu précises). Ce n'est alors que l'étude des propriétés physiques, figures de corrosion, propriétés optiques surtout, qui permet de distinguer entre eux les éléments homogènes assemblés, de constater leur véritable symétrie et d'étudier leur mode de groupement. De tels cristaux qui, par groupement, *imitent* la forme extérieure d'un cristal de symétrie plus élevée, sont dits *mimétiques* (ou pseudo-symétriques selon Mallard. Par exemple, un cristal à formes extérieures cubiques et composé d'éléments groupés moins symétriques est dit par Mallard pseudo-cubique, etc.).

Les macles qui composent les édifices mimétiques sont souvent des macles par pseudo-mériédrie. Mallard, qui a attiré l'attention sur elles et expliqué par elles les prétendues « anomalies optiques » de beaucoup d'espèces cristallines, les considérait toutes comme telles (d'où le nom de pseudo-symétriques qu'il appliquait indifféremment aux espèces pseudo-mérièdres ou à leurs macles mimétiques). Mais nous verrons que beaucoup d'entre elles ne sont que des macles par pseudo-mériédrie réticulaire, et nous retrouverons le mimétisme à propos de ce dernier type de groupements.

Comme dans les macles par mériédrie, les éléments homogènes groupés par pseudo-mériédrie dans un édifice mimétique sont parfois gros et peu nombreux, bien distincts ; d'autres fois les macles, du type répété, sont si fines qu'on ne distingue plus les éléments que grâce aux propriétés optiques, sous le microscope et à de forts grossissements ; à la limite, lorsque les éléments maclés cessent d'être perceptibles, l'ensemble paraît sensiblement homogène ou même tout à fait homogène et pourvu de la symétrie supérieure qui appartient à la forme extérieure. Il se constitue ainsi, par des groupements submicroscopiques d'une espèce mimétique donnée, des ensembles pratiquement homogènes qui ont toute l'apparence de cristaux simples plus symétriques. L'espèce, en apparence au moins, est dimorphe. C'est à ce faux dimorphisme que nous donnons le nom de pseudo-paramorphisme.

Exemples de macles par pseudo-mériédrie :

Albite. — Anorthique, avec réseau pseudo-clinorhombique. Le plan g^1 (010) et la rangée [010], qui seraient rectangulaires dans un cristal clinorhombique, sont assez peu éloignés d'être rectangulaires. Le plan g^1 joue le rôle de plan de pseudo-symétrie, et la rangée [010] d'axe pseudo-binaire. D'où deux macles distinctes par pseudo-mériédrie : *macle de l'albite* (fig. 328), plan de macle g^1, avec accolement suivant le plan g^1, et *macle du péricline* (fig. 329), pénétration par rotation de 180° autour

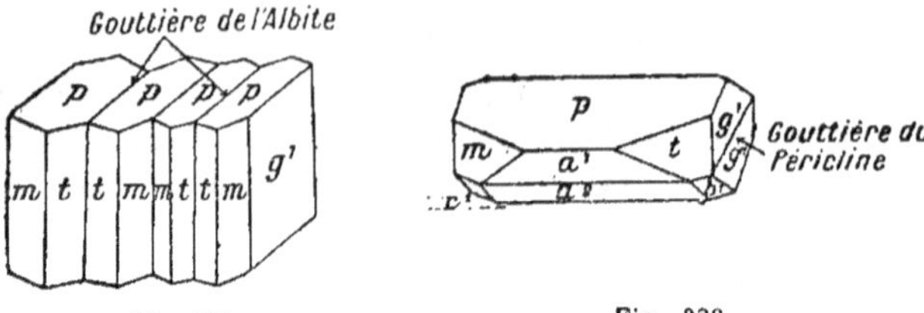

Fig. 328.

Fig. 329.

de la rangée [010] (axe y, grande diagonale de la base du primitif de Lévy), avec accolement suivant la *section rhombique*. Les deux macles sont répétées. On remarquera qu'ici la pseudo-symétrie est fort grossière, car le plan g^1 et la rangée [010], qui fonctionnent comme plan de pseudo-symétrie et axe de pseudo-symétrie quasi-rectangulaires, font un angle de 85°57′.

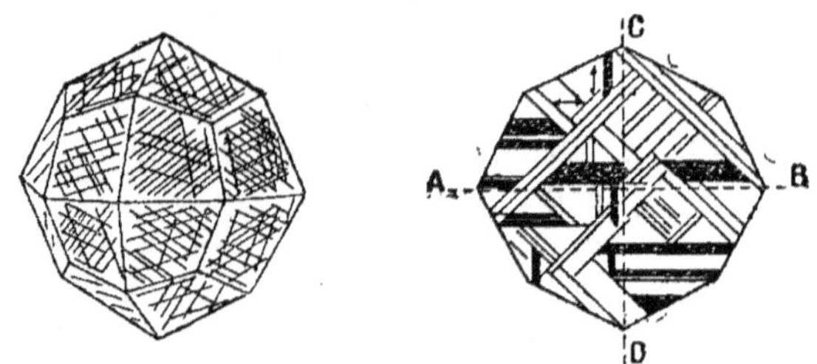

Fig. 330.

Leucite (fig. 330). — Quadratique, à réseau pseudocubique. Macles répétées constituant un ensemble d'apparence cubique, limité par un leucitoèdre a^2 grossier, dont les faces sont en réalité composées de facettes formant des gouttières évasées dont l'angle est de $2° \frac{1}{2}$ environ. Ces macles se font par rotation de 90° autour des deux axes pseudo-quaternaires, et donnent ainsi 3 orientations de cristaux dont les axes quaternaires sont trirectangulaires. Accolement suivant des surfaces à peu près planes, passant par l'axe de macle, et à 45° sur les axes quaternaires des deux cristaux contigus. Ces surfaces d'accolement coïncident avec les plans b^1 du cube. Les arêtes des gouttières sont les intersections de ces plans d'accolement avec les faces externes a^2 de chaque cristal quadratique, qui coïncident à peu près avec les faces a^2 du leucitoèdre cubique. Une lame parallèle à la face du cube, c'est-à-dire normale à l'un des axes quaternaires, montre entre les nicols croisés trois orientations de lamelles fines et nombreuses, faiblement mais nettement biréfringentes, l'une ayant son axe optique normal à la lame, les deux autres ayant leurs axes optiques parallèles à la lame et rectangulaires entre eux, dirigés suivant AB, CD.

Cette disposition en un ensemble mimétique d'apparence cubique s'explique ici par le fait qu'à la température de formation la leucite est réellement cubique. Au refroidissement, elle a gardé sa forme générale en se transformant, vers 500°, en un enchevêtrement de cristaux quadratiques régulièrement orientés. Obtenue artificiellement à une température inférieure au point de transformation, la leucite se présente en cristaux quadratiques simples, ou maclés comme les cristaux naturels, mais les cristaux quadratiques restant distincts dans la forme extérieure.

On trouve aussi des cristaux de leucite isotropes, ou des plages isotropes dans les cristaux de leucite biréfringents ; ce sont des cristaux ou des parties de cristal dans lesquelles le groupement devient trop fin pour qu'on en distingue les éléments. C'est un cas de pseudo-paramorphisme.

Chalcosine (fig. **331**). — Orthorhombique, à réseau pseudo-sénaire (paramètres $a : b : c = 0,582 : 1 : 0,485$). Plan de macle

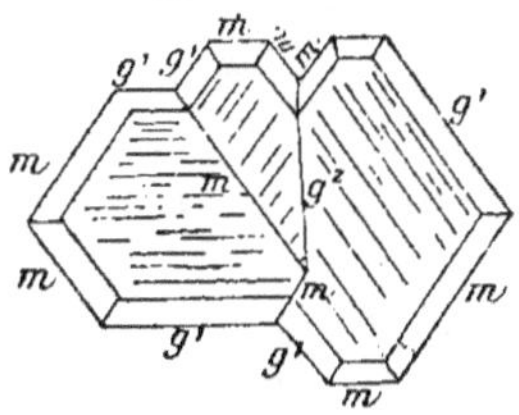

Fig. 331.

m (110), plan de pseudo-symétrie faisant avec la rangée quasinormale [310] un angle de 90°25. Plan de macle g^2 (130) quasi-normal à m (macle correspondante). Les deux cristaux sont, dans ces deux macles, tournés l'un par rapport à l'autre de 60° environ autour de l'axe pseudo-sénaire c. C'est un type de macle très fréquent, mais qui, le plus souvent, n'est pas dû, comme dans la chalcosine, à une pseudo-symétrie sénaire du réseau.

III°. Macles par mériédrie réticulaire. — Dans les deux derniers types de macles, ce n'est plus le réseau tout entier qui se prolonge exactement (mériédrie) ou à peu près (pseudo-mériédrie) de part et d'autre de la surface d'accolement. La condition reste la même ; mais au lieu de s'appliquer à la plus petite période du milieu cristallin, elle s'applique à une période multiple simple de celle-là, c'est-à-dire à un réseau multiple simple du réseau cristallin. C'est une maille multiple, et non plus la maille la plus petite, qui possède soit une symétrie exacte supérieure à celle du cristal (mériédrie réticulaire), soit une pseudo-symétrie (pseudo-mériédrie réticulaire). Les phénomènes restent identiquement les mêmes.

Dans la plupart des cas, à défaut d'une méthode précise de détermination du réseau cristallin, les macles par pseudo-mériédrie réticulaire ont pu être confondues avec les macles par pseudo-mériédrie. Il suffit pour cela d'adopter pour réseau du cristal le réseau multiple dont la pseudo-symétrie détermine la macle. C'est ainsi que Mallard faisait rentrer beaucoup des macles de ce genre dans le groupe, expliqué par lui, des macles par pseudo-mériédrie.

Mais d'une part on est conduit ainsi à laisser de côté la loi de Bravais et à déterminer par les macles un réseau contraire à cette loi, parfois même contraire à la loi d'Haüy prise sous sa forme la plus vague. Et d'autre part, ce qui est plus significatif encore, on se heurte à des contradictions insolubles lorsque plusieurs mailles multiples différentes déterminent par leur pseudo-symétrie plusieurs macles différentes : Car on ne peut alors les adopter à la fois pour maille du réseau. On est contraint par suite nécessairement d'admettre que si l'une d'elles est la maille la plus petite, l'autre est une maille multiple, et, par conséquent, d'admettre, en tout état de cause, qu'un réseau multiple peut jouer dans les macles le même rôle que le réseau cristallin lui-même. C'est une incompatibilité de ce genre que nous allons rencontrer d'abord dans les macles par mériédrie réticulaire.

Dans les cristaux qui présentent des macles par mériédrie réticulaire, il existe une maille multiple qui a rigoureusement une symétrie supérieure à celle du réseau, et *a fortiori* du cristal. Les éléments de symétrie supplémentaires de cette maille multiple jouent alors exactement le même rôle que les éléments déficients dans la mériédrie, et peuvent servir de plans et axes de macle.

La principale de ces macles, qui est extrêmement commune, est celle des cristaux possédant un axe ternaire (systèmes cubique et ternaire).

On constate dans une foule de cristaux cubiques ou ternaires l'existence d'une macle par rotation de 60° (ou 180°, ce qui revient au même) autour d'un axe ternaire. Cette macle ne diffère en rien, par ses caractères physiques, des macles par mériédrie. C'est une pénétration à surface d'accolement ordinairement irrégulière. Or l'axe ternaire y joue le rôle d'axe sénaire (ou binaire) de macle. Peut-on admettre ici que l'axe, qui est ternaire pour le cristal, soit en même temps binaire, donc sénaire, pour le réseau, et que, par suite, la rotation de 180° autour de cet axe rétablisse les nœuds dans leur position initiale, sans pour cela rétablir le motif, comme cela a lieu dans les macles par mériédrie ?

Quand il n'y a qu'un axe ternaire, cette interprétation, qui fait de l'axe ternaire du cristal un axe sénaire du réseau, est parfaitement correcte quand la loi de Bravais indique un réseau sénaire. La macle est alors une simple macle par mériédrie. Exemple : quartz (p. **232**).

Quand la loi de Bravais indique un réseau ternaire, on ne pourrait déjà considérer le réseau comme sénaire et la macle comme une macle par mériédrie qu'à la condition de négliger cette loi. Exemple : calcite. Mais quand le cristal appartient au système cubique, une telle interprétation devient contradictoire : Car il n'y a point de réseau, ni de figure quelconque, qui puisse posséder quatre axes sénaires.

Il y a donc certainement de véritables axes ternaires, nullement sénaires pour le réseau, et qui cependant jouent le rôle d'axes sénaires de macle.

Considérons un réseau ternaire (ou cubique). La maille est

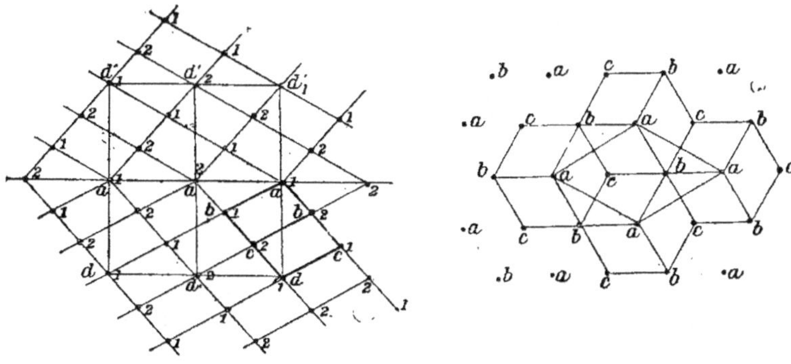

Fig. 332.   Fig. 332 bis.

le rhomboèdre (ou comme cas particulier le cube) *abcd*. (Dans la fig. **332**, projection sur un des plans de symétrie, les nœuds **111**.. sont dans le plan du tableau, les nœuds **222**.. dans les plans contigus de part et d'autre. Dans la fig. **332** *bis*, projection sur le plan normal à l'axe ternaire, les nœuds *aa.. bb.. cc..* sont respectivement dans trois plans réticulaires successifs parallèles au plan de projection). Le réseau n'a pas la symétrie sénaire. Mais le prisme rhombique de 120° *aaaddd* constitue une maille multiple sur laquelle se construit un réseau qui a rigoureusement la symétrie sénaire. Le motif de cette maille sénaire contient deux nœuds du réseau complet, et n'a pas la symétrie sénaire. Le cristal ternaire holoèdre peut donc être considéré comme ayant un réseau sénaire et un motif seulement ternaire, si l'on envisage non pas le réseau cristallin mais un de ses multiples simples. Tous les éléments de symétrie supplémentaires de ce réseau sénaire (A^6 $3L'^2$ II $3P'$) peuvent servir à la fois d'éléments de macle. Cette macle est représentée figure **332** avec, par exemple, pour plan d'accolement II. De part et d'autre de ce plan, le réseau ternaire ne se prolonge pas. Mais le réseau sénaire multiple, comprenant **1/3** des nœuds du réseau ternaire, se prolonge rigoureusement. C'est exactement le même fait que dans les macles par mériédrie.

On peut dire, en pareil cas, que le réseau cristallin, celui qui comprend tous les nœuds, est lui-même mérièdre par rapport à l'un de ses multiples : Il constitue un édifice qui possède une période plus symétrique que lui-même. D'où le nom de macles par mériédrie du réseau, ou *mériédrie réticulaire*.

On conçoit que les lois qui régissent la distribution des éléments de symétrie des polyèdres ne sont plus applicables ici aux éléments de macle d'une même espèce. Car les mailles multiples qui déterminent, par leur symétrie, les diverses macles de l'espèce peuvent être différentes. Ainsi dans un réseau cubique il y a quatre axes ternaires qui sont les axes sénaires supplémentaires de quatre mailles multiples sénaires différentes, et qui peuvent être indifféremment axes sénaires de macle.

Remarque. — Dans la macle par rotation de **180°** autour d'un axe ternaire, si le cristal a un centre, tous les éléments de symétrie supplémentaires de la maille multiple sénaire sont à la fois axes et plans de macle. La macle peut alors être considérée indifféremment comme ayant pour axe binaire (ou sénaire) de macle l'axe A^3, ou pour plan de macle a^1 (II) normal, à l'axe ternaire, ou pour axes binaires de macle les rangées [112] (L'^2), bissectrices des axes binaires, ou pour plans de macle les plans e^2 ($11\bar{2}$) (P') (a^2 dans le système cubique) bissecteurs des plans d^1 (b^1 dans le système cubique). Si le cristal n'a pas de centre, la macle par rotation de **180°** autour de A^3, par exemple, n'est pas identique à la macle symétrique par rapport au plan a^1.

Exemples de la macle ternaire :

Cuivre gris (fig. 333). — Cubique antihémièdre. On a vu plus haut la macle de ce minéral par mériédrie. Il présente souvent

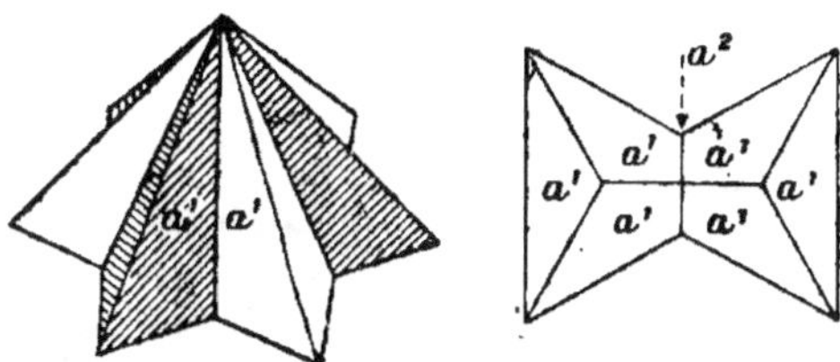

Fig. 333.   Fig. 333 *bis*.

aussi la macle par rotation de 60° autour de l'un des axes ternaires. Comme il n'y a pas de centre, a^1 n'est pas plan de macle ; par contre, les plans a^2 le sont. La macle a pour symétrie totale A^6 3P. 3P′. L'accolement se fait suivant a^2, et la macle a tantôt l'aspect d'une pénétration (fig. 333), tantôt pour plan d'accolement a^2 (fig. 333 *bis*).

Blende. — Cubique antihémièdre. Même cas, même macle, mais avec accolement en général suivant a^1 qui n'est pas plan de macle (fig. 334). Une face de l'octaèdre a pour symétrique, par rapport au plan d'accolement, une face non identique, appartenant au tétraèdre complémentaire.

Galène et beaucoup d'autres substances cubiques ou ternaires holoèdres. — Macle par rotation de 60° autour de l'axe ternaire,

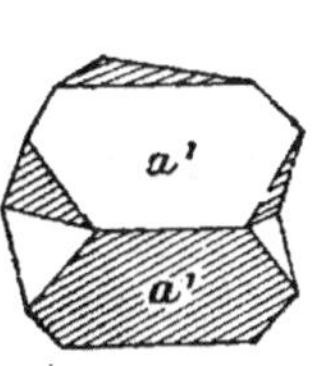
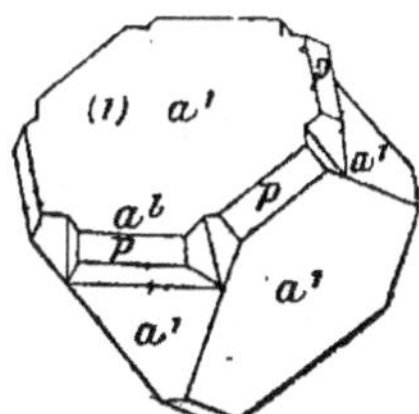

Fig. 334.   Fig. 335. — Galène.

et par suite par symétrie par rapport à a^1 et par rapport à a^2 (e^2). Aspects divers selon le mode d'accolement : Aspect de pénétration mettant surtout en évidence la rotation autour de l'axe ternaire ; exemples : galène (fig. 335), fluorine (fig. 336) (cubiques). Accolement a^1, mettant surtout en évidence le plan de macle a^1 ; exemples : spinelles (fig. 337), galène, diamant (cubiques). Accolement a^2 mettant en évidence les plans de macle a^2 ;

exemples : sodalite (cubique) (fig. **338**). Exemple dans les cristaux ternaires : calcite, accolement suivant a^1 (fig. **339**).

On voit qu'il n'y a aucune différence essentielle entre les macles par mériédrie et les macles par mériédrie réticulaire.

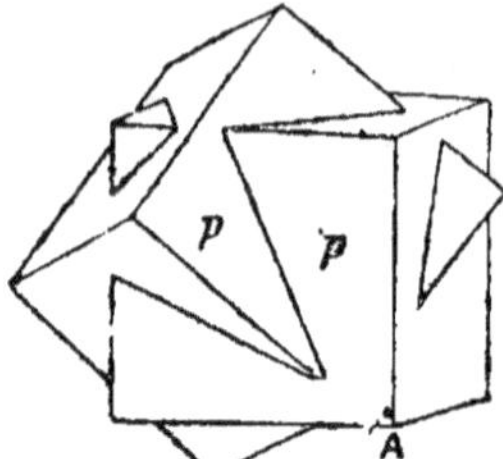

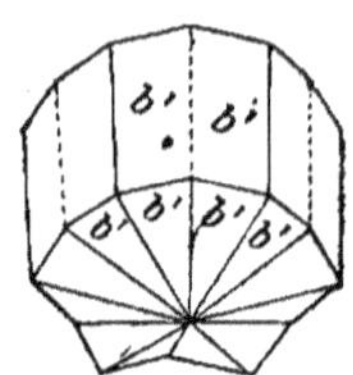

Fig. 336. — Fluorine.   Fig. 337. — Spinelle.   Fig. 338. — Sodalite.

L'existence de ces dernières nous montre seulement que pour que l'édifice complexe soit stable il n'est pas nécessaire que les réseaux des deux parties en contact soient en prolongement l'un de l'autre par tous leurs nœuds ; il suffit que cela soit réalisé pour une partie seulement de ces nœuds. Il semble d'ailleurs très naturel qu'il en soit ainsi, car cela signifie simplement que la propriété de déterminer les macles en se prolongeant à travers tout l'édifice, propriété que nous avons reconnue à la plus petite période cristalline, appartient d'une manière générale à toute période du cristal, pourvu seulement qu'elle ne soit pas trop grande. Et l'on ne voit en effet

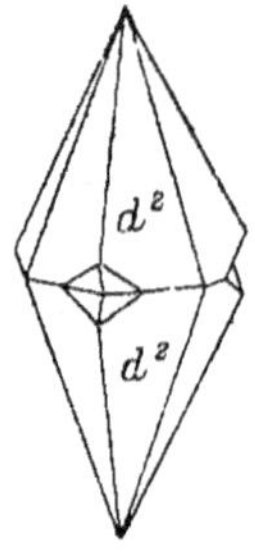

Fig. 339. — Calcite.

aucune raison pour qu'il y ait, à cet égard, une différence entre la période la plus petite et ses multiples simples : L'observation des macles par mériédrie nous enseigne qu'il n'y en a point.

Par contre, on conçoit que si la période multiple est trop grande, elle devienne incapable de déterminer des macles. Si la maille multiple contient $n-1$ nœuds du réseau, son volume est n fois plus grand que celui de la plus petite maille. Il y a alors un nœud sur n qui, dans la partie maclée, occupe la même position que si le cristal était homogène. Le nombre n s'appelle *indice* de la macle. Il est égal à **1** pour les macles par mériédrie ou par pseudo-mériédrie, à **3** pour la macle des axes ternaires. Les macles pour lesquelles n dépasse 5 sont exceptionnelles.

Le cas des macles ternaires mis à part, les macles par mériédrie réticulaire sont rares. Les conditions dans lesquelles elles peuvent se produire sont les suivantes :

1° Il faut qu'il existe un plan réticulaire rigoureusement normal à une rangée. Alors le plan est plan de symétrie pour la maille multiple ayant pour base la maille du plan et pour hauteur le paramètre de la rangée, qui est axe binaire de la même maille.

2° Il faut que ce plan ne soit pas plan de symétrie du réseau, car en ce cas ou bien il serait plan de symétrie du cristal, et alors ne pourrait être plan de macle ; ou bien il ne serait pas plan de symétrie du cristal, et alors la macle possible serait une macle par mériédrie simple.

3° Il faut que l'indice de macle ne soit pas trop grand.

La première condition rendrait possibles comme plans de macle : Dans le système cubique, tous les plans réticulaires, car dans un réseau cubique tout plan réticulaire (pqr) est normal à une rangée $[pqr]$. Dans les systèmes à axe principal, tous les plans de la zone dont l'axe est cet axe principal. Mais la seconde condition élimine dans le système cubique, parmi les plans réticulaires les plus denses, les plans p et b^1, et ne laisse possibles parmi eux que a^1 et a^2, auxquels correspond la macle ternaire étudiée ci-dessus. On voit aisément qu'après la macle ternaire les macles dont l'indice est le plus simple sont celles qui ont pour plans de macle b^2 (210) et b^3 (310), et qui ont toutes deux l'indice 5, déjà élevé. On constate précisément que la seule macle par mériédrie réticulaire qui soit connue dans le système cubique, outre la macle ternaire, est la macle b^2, d'ailleurs rare. Cela est de tout point conforme à la théorie.

Dans les systèmes à axe principal, où les plans les plus denses de la zone axiale sont plans de symétrie du réseau, on ne connaît jusqu'à présent aucune macle par mériédrie réticulaire.

IV° Macles par pseudo-mériédrie réticulaire. — Il y a dans ce cas une maille multiple simple de la plus petite maille et qui possède non plus une symétrie supplémentaire exacte, comme dans le cas précédent, mais une pseudo-symétrie. Les éléments de pseudo-symétrie de cette maille jouent le rôle d'éléments de macle, exactement comme, dans les macles du second genre, les éléments de pseudo-symétrie de la maille la plus petite. Il suffit, pour qu'il puisse se produire une macle, que, d'une manière que l'on ne peut considérer en général que comme purement accidentelle, il se rencontre dans le réseau un plan réticulaire P assez dense qui soit pseudo-normal à une rangée R assez dense (fig. 340). La maille ABCD construite sur ce plan et cette rangée a le plan P pour plan de pseudo-symétrie et la rangée R pour axe pseudo-binaire. Pourvu que l'indice de macle ne soit pas trop grand, il peut se produire au moins deux macles *correspondantes*, ayant l'une pour plan de macle P, l'autre pour axe binaire de macle R. Tout se passe exactement comme dans le cas de la pseudo-mériédrie.

Ici le réseau lui-même peut être considéré comme un édifice pseudo-mérièdre ; car ayant une certaine symétrie, il a une période (ABCD) qui possède une pseudo-symétrie plus élevée. D'où le nom de macles par pseudo-mériédrie du réseau ou *pseudo-mériédrie réticulaire*.

L'existence de telles macles, si même on ne se base pas sur la loi de Bravais pour définir le réseau, est démontrée, nous l'avons dit, par les incompatibilités auxquelles on se heurte si l'on veut prendre pour maille du réseau la maille multiple pseudo-symétri-

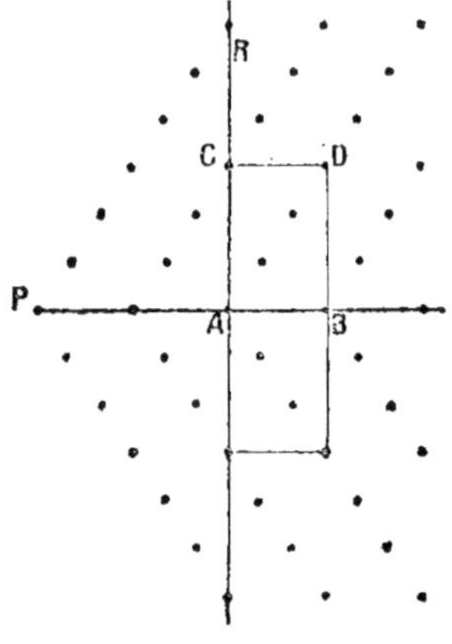

Fig. 340.

que qui détermine la macle. Ces incompatibilités se rencontrent dans de nombreux cas où il existe, dans une même espèce, plusieurs macles dues à des pseudo-symétries de mailles multiples différentes ; ou encore une macle due à une pseudo-symétrie incompatible avec la symétrie réelle du réseau. Exemple :

Bertrandite : Orthorhombique. Deux macles ayant pour plans de macle e^1 (011) et g^2 (130), dans les deux zones rectangulaires pg^1 et h^1g^1. g^2 fait avec h^1 un angle voisin de 60° (59°19′). De même e^1 fait avec g^1 un angle de 60°25′. Pour faire de ces deux macles des macles par pseudo-mériédrie simple, il faudrait que le réseau eût deux axes pseudo-sénaires rectangulaires [100] et [001]. On sait que cela est impossible. En fait, la loi de Bravais conduit à un réseau dont [001] est axe pseudo-sénaire. Il est impossible que [100] le soit en même temps. [100] n'est axe pseudo-sénaire que pour une maille multiple, et la macle e^1 a pour indice 4. L'apophyllite, le rutile, le zircon, le calomel, le quartz, la pyrrhotine, l'iodyrite, l'apatite, la série de la marcasite, la chalcopyrite, etc... offrent des exemples d'incompatibilités du même genre.

Les lois des surfaces d'accolement sont les mêmes que dans les macles par pseudo-mériédrie. Elles confirment, ici aussi, que la condition nécessaire de la macle est la continuité approchée d'une même période de l'un des individus homogènes à l'autre le long de la surface de contact.

On trouve encore une remarquable confirmation de la théorie dans ce fait qu'elle permet de prévoir aussi a priori la fréquence relative des divers types de macles. Prenons le cas simple des cristaux à axes rectangulaires. Sur deux axes rectangulaires ox, oy (fig. 341), portons deux paramètres a, b, et faisons varier le rapport $b : a$. Admettons que la tolérance angulaire au delà de laquelle un plan ou une rangée cesse de pouvoir jouer le rôle d'élément de macle soit de 2° (chiffre en réalité dépassé). Selon la valeur du rapport $b : a$, et entre deux valeurs voisines de ce rapport, telle ou telle maille multiple du réseau construit sur a et b aura un plan de pseudo-symétrie P normal au plan xoy et un axe pseudo-binaire L quasi-normal à P, et ces deux éléments pourront être éléments de macle. En faisant varier $b : a$ par exemple de 1 à 4, limite très rarement atteinte dans les cristaux existants, on étudie aisément a priori toutes les macles par pseudo-mériédrie réticulaire possibles dans la zone ab, et l'on reconnait entre quelles valeurs du paramètre $b : a$ chacune est possible. En se limitant à celles dont l'indice ne dépasse pas 5, et en faisant cette étude pour tous les modes possibles du réseau, on constate ceci :

Fig. 341.

Le paramètre $b : a$ d'une des zones principales ayant une valeur absolument quelconque comprise entre 1 et 4, il y a trois types de macles dont la fréquence doit être de beaucoup dominante : Dans l'un (*type* S) le plan de macle fait avec ox ou oy un angle voisin de 60°. Cette macle est possible, et avec des indices faibles (1, 2 ou 4), dans 37 0/0 ou 12 0/0 des cas, selon le mode du réseau.

Dans un autre (*type* Q), le plan de macle fait avec ox ou oy un angle voisin de 45°. Cette macle est possible, et avec des indices 1, 2, 3 ou 4, dans 25 0/0 ou 18 0/0 des cas selon le mode du réseau.

Dans le troisième (*type* P), le plan de macle fait avec *ox* ou *oy* un angle voisin de 54°44', angle de l'axe ternaire du cube avec l'axe quaternaire. Cette macle est possible, avec l'indice constant 3, dans 21 0/0 ou 14 0/0 des cas, selon le mode du réseau.

D'autres types (M, angle du plan de macle avec *ox* ou *oy* : 65°54' ; Y, 69°18' ; etc..) doivent être beaucoup plus rares.

L'observation confirme entièrement ces prévisions. Les macles des types S (à 60°), Q (à 45°), P (à 54°44') sont de beaucoup les plus communes. Les autres sont pour la plupart connues, mais rares.

Cette prédominance des macles à 60°, 45° et 54°44', que prévoit entièrement la théorie en admettant que les paramètres du réseau sont *absolument quelconques*, a été remarquée depuis longtemps. Mais on l'interprétait comme révélant la fréquence des réseaux pseudo-sénaires, pseudo-quaternaires ou pseudo-cubiques, le paramètre étant alors choisi dans chaque cas de façon à donner à la macle l'indice 1, c'est-à-dire de manière à en faire une macle par pseudo-mériédrie. D'où l'illusion d'une extraordinaire fréquence des réseaux pseudo-symétriques. En réalité, les paramètres des réseaux sont très variés, quelconques, et cela suffit pour rendre compte de la fréquence des trois types de macles dominants et de la rareté des autres. *Les macles n'enseignent absolument rien sur la symétrie ou la pseudo-symétrie du réseau, ni a fortiori du cristal.* Elles ne sont que le résultat de la rencontre purement fortuite de mailles multiples simples (ou comme cas particulier de mailles minima) qui présentent une pseudo-symétrie ; ou encore elles ne sont que le résultat de la rencontre accidentelle, dans le réseau, d'un plan et d'une rangée assez denses qui se trouvent être à peu près rectangulaires (ou, comme cas particulier, exactement rectangulaires dans la mériédrie et la mériédrie réticulaire).

Comme dans les macles par pseudo-mériédrie, la macle peut être répétée ou non. Elle peut aussi être apparente dans les formes extérieures ou donner naissance à un ensemble sans angles rentrants imitant une forme de symétrie supérieure à celle du cristal simple (mimétisme), et dont souvent l'étude des propriétés optiques seule permet de reconnaître la complexité et d'étudier la structure. Elle peut aussi, dans ce dernier cas, être répétée si fréquemment et les éléments homogènes maclés si fins que le microscope ne les sépare plus nettement, ou ne les sépare plus du tout, l'ensemble paraissant alors homogène et pourvu d'une symétrie supérieure (pseudo-paramophisme). En d'autres termes, rien dans les caractères physiques ne distingue une macle par pseudo-mériédrie réticulaire d'une macle par pseudo-mériédrie.

Exemples de macles par pseudo-mériédrie réticulaire :

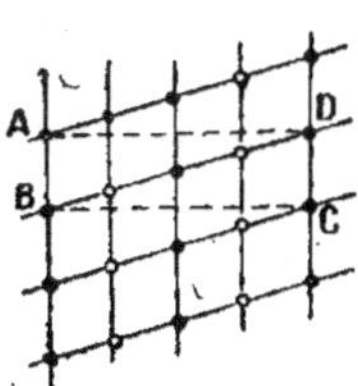
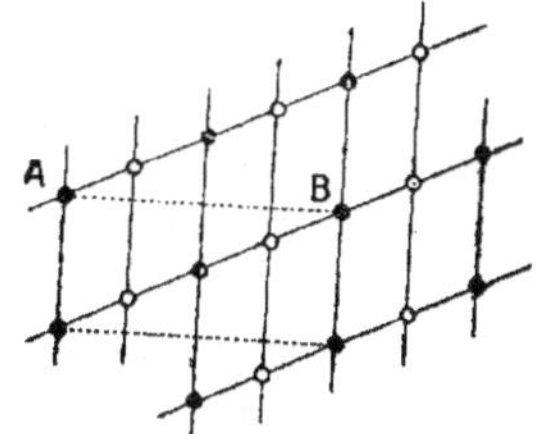

Fig. 342. — Pyroxène. Réseau projeté sur g^1 (010).   Fig. 343.
• nœuds dans le plan de la fig.
o nœuds dans les plans contigus.

Fig. 344. — Orthose. Réseau projeté sur g^1 (010).
• nœuds dans le plan de la fig.
o nœuds dans les plans contigus.

Pyroxène (fig. **342** et **343**). — Clinorhombique. La maille multiple ABCD est pseudo-orthorhombique, la rangée AD faisant avec le plan h^1 (AB) un angle de **89°49′**. D'où la macle ayant pour plan de macle h^1 et en même temps pour axe de macle [001] (AB). L'indice de macle est **2**.

Les macles avec plan de macle situé dans la zone de l'axe binaire abondent dans le système clinorhombique. Ainsi la macle du pyroxène existe, avec le même indice, dans l'*orthose*,

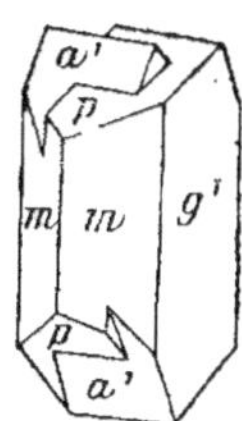
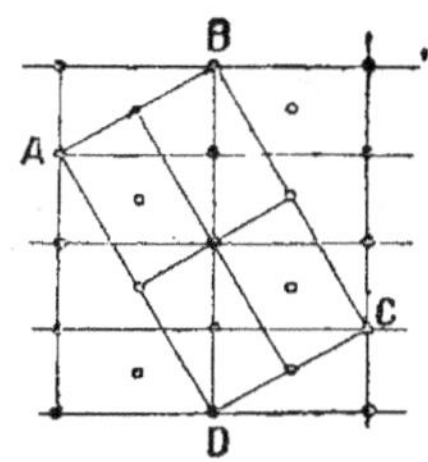
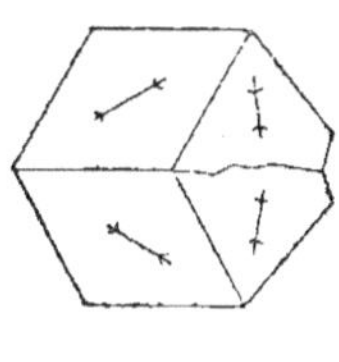

Fig. 345.   Fig. 346. — Aragonite. Réseau projeté sur p (001).   Fig. 347.

(fig. **344**) où AB fait avec h^1 un angle de **88°53′**. Dans cette espèce, qui est mimétique et réellement anorthique, pseudo-clinorhombique, les deux macles ayant pour plan de macle h^1 et pour axe de macle [001] ne se confondent pas en une seule. La plus commune (macle de Karlsbad) a pour axe binaire de macle [001], avec surface d'accolement passant par cette droite (fig. **345**).

Aragonite. — Orthorhombique, du mode octaédral rectangle (fig. **346** et **347**). Plan de macle m. Macle du type S, d'indice 2. La maille multiple pseudo-symétrique est ABCD, dans laquelle AB fait avec BC un angle de **93°44′**.

Quartz. — Sénaire, tétartoèdre holoaxe. Paramètre $c : a =$ 1,100. La maille multiple ABCDEFGH (fig. **348**) a un axe pseudo-quaternaire AB, et il en est de même des deux autres mailles semblables. Tous les éléments de pseudo-symétrie de cette maille pseudo-quaternaire peuvent jouer le rôle d'éléments de macle. D'où une macle par rotation de 90° exactement autour de AB, qui n'est connue que dans des cristaux artificiels ; et deux autres, confondues dans les cristaux naturels sous le nom de « macle de la Gardette » (fig. p. **239**), l'une ayant pour plan de macle l'un des plans diagonaux ABGH ou a^2 $(11\bar{2}2)$ l'autre pour axe de macle une des diagonales AG. Les deux macles sont distinctes parce que le quartz est mérièdre ; elles se confondraient pour un cristal sénaire holoèdre. Ce sont des macles du type Q, et leur indice est 2. Malgré l'indice peu élevé, elles sont très rares, probablement parce que la pseudo-symétrie de la maille multiple est extrêmement grossière. Ces macles du quartz offrent un des exemples d'incompatibilités dont il a été parlé ci-dessus : Il est impossible d'expliquer ces macles par la pseudo-symétrie du réseau complet, car un réseau ni une figure quelconque ne peuvent avoir trois axes quaternaires dans un même plan, non plus qu'un axe quaternaire normal à un axe sénaire ou ternaire.

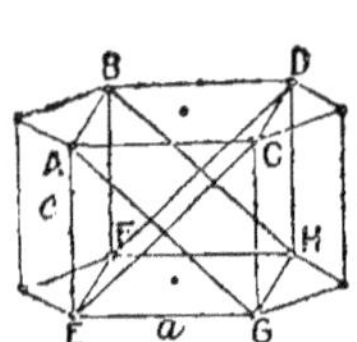

Fig. 348.

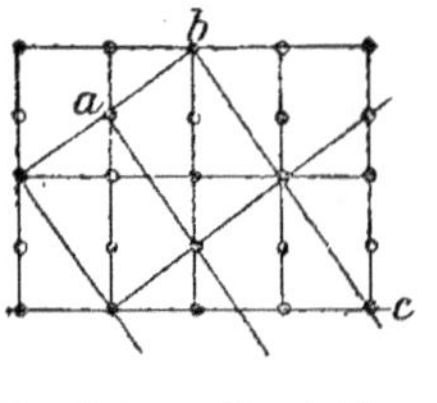

Fig. 349. — Cassitérite.
Réseau projeté sur h^1 (110).

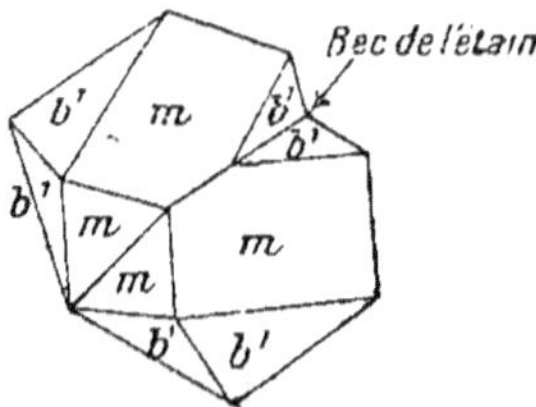

Fig. 350.

Cassitérite (fig. **349** et **350**). — Quadratique, avec $c : a = 0,951$, mode octaédral. Le réseau est pseudo-cubique. Plan de macle a^2 (112), faisant avec l'axe quaternaire un angle de **56°5′** et avec la rangée [**112**] un angle de **92°43′**. La macle est du type P, avec l'indice 3.

Dans le cas où la macle affecte une forme mimétique, il arrive souvent que le cristal simple homogène n'est pas connu à l'état isolé (ainsi dans la leucite, ce cristal simple est inconnu dans la nature et n'a été obtenu qu'artificiellement). Il est parfois alors impossible de déterminer son réseau par la loi de Bravais, faute d'un nombre suffisant de formes. De sorte que pour beaucoup de macles mimétiques on ne sait encore si ce sont des macles par pseudo-mériédrie ou par pseudo-mériédrie réticulaire (Exemples : boracite, grenats, etc.). Il n'est pas douteux toutefois qu'il existe des macles mimétiques par mériédrie réticulaire, c'est-à-dire dans lesquelles la symétrie apparente de la forme extérieure n'est pas due même à une pseudo-symétrie du réseau, mais simplement à une pseudo-symétrie accidentelle d'une maille multiple (Exemple : boléite, à formes cubiques, mais ayant un réseau quadratique excessivement éloigné de la symétrie cubique ; seule une maille multiple à la forme pseudo-cubique).

Les édifices mimétiques n'ont pas été distingués au début des cristaux simples homogènes pourvus de la symétrie qui appartient à la forme extérieure. Lorsque l'examen microscopique entre nicols croisés y fit reconnaître l'existence de parties diversement orientées et dont la symétrie optique était inférieure à celle de la forme extérieure, on ne s'avisa pas immédiatement qu'il y avait là non des cristaux simples mais des macles, de tout point semblables aux macles antérieurement connues. On considéra ces édifices comme des cristaux optiquement anomaux, et l'on essaya de rendre compte de ces prétendues *anomalies optiques* par des tensions internes, des mélanges isomorphes, etc. C'est à Mallard que l'on doit l'interprétation de la structure de ces édifices mimétiques. Il les appelait pseudo-symétriques et considérait à tort toutes leurs macles comme dues à une pseudo-symétrie du réseau simple. Sur ce point, la théorie de Mallard est à rectifier, mais le principe en reste acquis.

Exemple : *Boracite.* Forme extérieure du système cubique avec l'anti-hémiédrie, dodécaèdre rhomboïdal ou cube avec facettes de tétraèdre. Symétrie de la forme : $3\,A^2$, $4\,A^3$, $6\,P$. Mais une lame taillée dans un cristal de boracite est biréfringente et se compose de plages diversement orientées. En taillant des lames dans diverses directions, on reconnaît que l'ensemble de forme cubique se compose de 6 orientations d'un cristal simple orthorhombique antihémièdre, donc n'ayant que la symétrie $A^2\,P'P''$. Les 6 orientations sont symétriques l'une de l'autre par rapport aux axes A^3 et aux plans P de la forme extérieure cubique. Ces rangées A^3 et ces plans P sont des éléments de pseudo-symétrie (très approchés ici, car la forme extérieure ne s'écarte pas sensiblement de la forme cubique) de la maille ou d'une maille multiple ; le réseau en effet est ici mal connu, et l'on ne peut dire si la macle est par pseudo-mériédrie ou par pseudo-mériédrie réticulaire. Conformément aux lois des macles, les surfaces d'accolement sont parallèles aux plans de macle P et passent par les axes de macle Λ^3, ce qui tend à confirmer qu'il s'agit bien d'une pseudo-symétrie et non d'une symétrie exacte de la maille. D'où deux types théoriques de boracite, identiques par l'orientation des éléments :

1° 12 pyramides (fig. 351) ayant pour bases les 12 faces du dodécaèdre, deux pyramides opposées étant identiquement orientées. Axe binaire de chacune : BD ; plans de symétrie ABCD et OBD.

2° 6 pyramides (fig. 352) ayant pour bases les faces du cube. Axe binaire de chacune OE, plans de symétrie AOC, BOD.

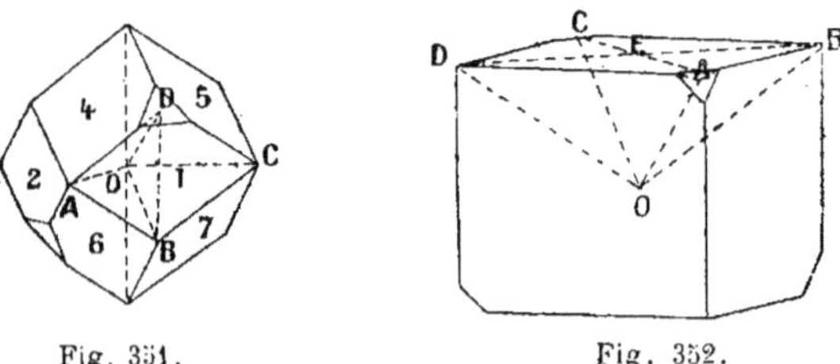

Fig. 351.   Fig. 352.

Il y a d'ailleurs souvent un enchevêtrement des 6 orientations et les pyramides des deux types idéaux ci-dessus sont souvent interrompues par des plages appartenant aux orientations voisines : la macle est du type répété. Elle peut même se produire par action mécanique, une pression modifiant les limites des plages sans altérer les 6 orientations.

Une lame parallèle à une face du dodécaèdre, dans le 1er type par exemple, a sous le microscope polarisant l'aspect suivant (fig. 353) :

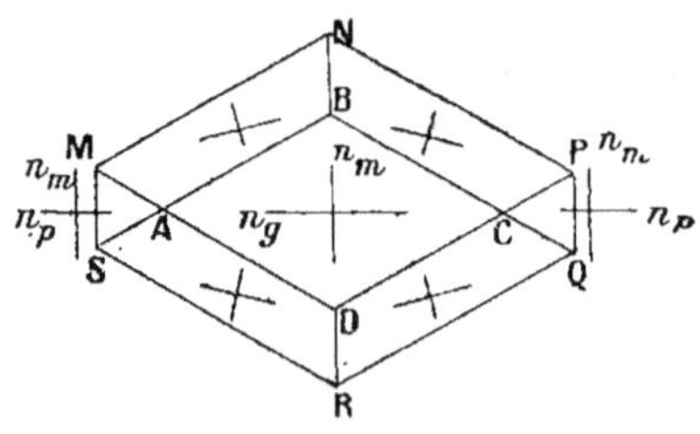

Fig. 353.

ABCD, plage centrale biaxe normale à n_p avec plan des axes optiques AC. C'est la section de la pyramide ayant pour base la face 1 (fig. 351). AMS, CPQ, plages qui sont les sections des pyramides 2 et 3 ; même plan des axes, mais n_g normal à la lame.

MABN, etc. plages qui sont les sections des pyramides 4, 5, 6, 7. Elles ne s'éteignent pas ensemble ni avec 1, 2, 3, mais symétriquement par rapport aux diagonales AC et BD.

Les faits sont, on le voit, du même ordre que dans la leucite, avec des symétries différentes, et avec cette différence aussi qu'ici la symétrie est plus approchée et que, faute de connaitre le cristal simple avec assez de détails, on ignore si cette pseudo-symétrie appartient au réseau simple ou à l'un de ses multiples.

Comme la leucite, la boracite chauffée à 265° devient optiquement isotrope et réellement cubique, par une transformation réversible (voir polymorphisme).

On connait un nombre très grand de « cristaux » à formes cubiques, sénaires, ternaires, etc. qui sont des édifices mimétiques de ce genre. Exemples : grenats calcaires, blende, analcime, sénarmontite, et en général *la très grande majorité* des espèces à formes cubiques. Gmélinite (formes sénaires), Chabasie (formes ternaires), Apophyllite (formes quaternaires), Christianite (formes orthorhombiques), etc.

Exemple d'une espèce mimétique à formes cubiques où les groupements sont certainement par pseudo-mériédrie réticulaire : *Boléite*.

Forme extérieure cubique. Symétrie réelle quadratique, avec trois orientations dont les axes quaternaires sont trirectangulaires, les individus groupés formant 6 pyramides ayant pour bases les faces du cube, avec l'axe optique perpendiculaire à cette face. Au centre, en général enchevêtrement très fin de ces trois orientations, souvent si fin que le centre parait isotrope (par pseudo-paramorphisme). Chacune des plages quadratiques a un clivage très parfait parallèle à la face du cube qui lui sert de base, aucun clivage parallèle aux autres faces du cube, et 4 clivages octaédriques très nets parallèles aux arêtes de la base et faisant avec cette base des angles de 75°57′. De

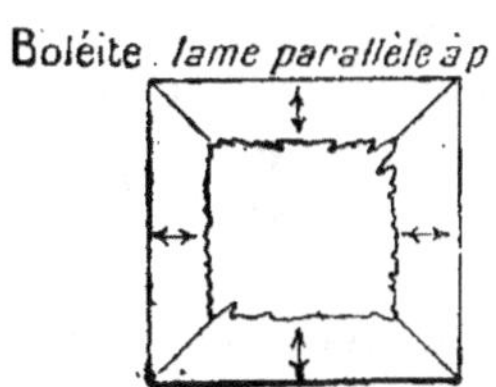

Fig. 354.

tels clivages indiquent un réseau qui n'a rien de pseudo-cubique, mais dont le paramètre $c : a$ est égal à 3,996, soit presque 4. La maille multiple ayant pour paramètres c et $4a$ est presque cubique. C'est ce qui détermine la macle, et par suite la forme extérieure cubique des groupements. Mais la boléite n'est en aucune façon pseudo-cubique, selon l'expression de Mallard ; il n'y a rien dans sa structure qui approche de près ou de loin de la structure des cristaux du système cubique : c'est au contraire une espèce quadratique exceptionnellement éloignée des cristaux cubiques.

Production des macles par actions mécaniques. — On a vu plus haut le cas de la macle b^1 du spath et celui des macles mimétiques de la boracite. Quelques autres sont connus parmi les minéraux (macles b^1 de l'antimoine et du bismuth natifs, macle p du pyroxène) et un grand nombre parmi les sels artificiels. Exemple : chloro-aluminate de calcium, cristallisant en lamelles clinorhombiques pseudo-orthorhombiques, avec macles du type S suivant les faces m ($mm = 60°$) et suivant la rangée pseudo-normale à m, les deux macles correspondantes se faisant l'une avec accolement suivant m, l'autre avec accolement suivant la section rhombique, selon la règle habituelle. La moindre pression sur les lamelles fait passer les plages de l'une à l'autre des orientations.

Souvent on observe, sous le microscope, entre nicols croisés, l'apparition de macles pendant l'échauffement ou le refroidissement de certains cristaux, macles déterminées sans doute par les tensions dues à un échauffement ou refroidissement inégal (anhydrite, sulfate de potassium, etc.).

Il est à remarquer que dans le passage mécanique d'une position d'équilibre à l'autre le cristal, tout en restant cohérent et en apparence homogène, subit cependant parfois une sorte de désagrégation qui se manifeste par l'action des dissolvants. La partie retournée s'attaque en général beaucoup plus vite que celle qui n'a pas subi de déplacement. C'est ainsi que la calcite dans laquelle se sont développées par compression des lamelles maclées suivant b^1 (cas fréquent dans les calcites naturelles), attaquée par un acide, se creuse de sillons profonds suivant ces lamelles maclées. On trouve souvent des cristaux naturels de calcite qui offrent cette particularité.

Souvent aussi, quand l'effort est trop violent, la partie maclée se détache suivant un plan parallèle au plan d'accolement, déterminant ainsi un clivage très plan et lisse. C'est ainsi que la calcite se brise fréquemment, lorsqu'on y produit la macle b^1, suivant ce plan. De même la macle p du pyroxène détermine parfois un clivage suivant cette face. Dans ces deux cas, on peut considérer que la macle ne fait que mettre en évidence un véritable clivage ordinaire difficile ; dans la calcite, b^1 est en effet un des plans réticulaires les plus denses après le clivage principal p, et souvent il se produit en même temps des cassures suivant d^1 qui ne peuvent être attribuées à la macle [1]; de même dans le pyroxène, p est le plan réticulaire le plus dense après les clivages principaux m. Mais il semble bien, dans d'autres cas, que la macle mécanique peut déterminer des cassures planes parallèles à des plans d'accolement qui ne sont pas de véritables clivages, plans de macle ou même sections rhombiques non réticulaires.

Remarque. — L'étude ci-dessus fait ressortir combien est peu essentiel le rôle de la structure et de la symétrie du milieu cristallin dans la formation des macles. La macle par mériédrie, type simple de toutes les autres, est due précisément à ce fait, très singulier d'ailleurs et inexpliqué, que l'orientation du motif dyssymétrique est sans influence sur la stabilité du cristal, pourvu que l'orientation du réseau reste la même. Ceci n'est que la constatation d'un fait, non une idée théorique contestable. Que le réseau (mériédrie), ou même un réseau construit sur une partie des nœuds du réseau vrai (mériédrie réticulaire), reste orienté de la même manière quand le cristal prend une position symétrique par rapport à un plan réticulaire ou à une rangée ; que même cela n'ait lieu qu'à peu près (pseudomériédrie et pseudomériédrie réticulaire), l'orientation de tout ce que contient la maille de ce réseau sera sans influence, et les deux positions pourront concourir à la construction d'un même édifice cristallin cohérent. La symétrie de la matière cristallisée ne paraît donc intervenir que pour déterminer la forme du réseau ; si celle-ci se trouve être plus symétrique que le milieu cristallin, ou pseudosymétrique, le nombre des cas où des macles seront possibles en sera plus grand. Mais cette symétrie n'intervient nullement par elle-même pour déterminer les macles. Car les macles se produisent aussi bien lorsque, d'une manière que l'on ne peut considérer que comme tout à fait fortuite, des combinaisons de plans réticulaires simples et de rangées simples quasi normales se présentent dans un réseau complètement dyssymétrique.

Toutefois, les propriétés du motif interviennent de nouveau, et cela d'une manière jusqu'ici impossible à prévoir et à expli-

---

[1] On remarquera que dans la macle les plans b^1 autres que celui qui sert de plan de macle se transforment en plans d^1. Les clivages d^1 dont il s'agit ici s'observent parfois dans la partie non retournée, donc sans rapport avec les glissements qui se produisent suivant les plans b^1.

quer, pour rendre fréquente telle macle, rare ou inconnue telle autre qui semblerait, d'après les conditions réticulaires, devoir se produire. Il en est des macles comme des faces extérieures : étant donné un réseau, nous pouvons prévoir quelles sont les macles possibles et en gros quelles seront les plus fréquentes, mais non dans le détail quelles sont celles qui se produiront dans telles ou telles conditions de cristallisation.

Autres déformations mécaniques en rapport avec la structure cristalline.

En dehors des macles par action mécanique, certains cristaux présentent de curieuses déformations dont le mécanisme paraît être très voisin de celui de ces macles. Ce sont les *glissements*.

Dans ces déformations, les choses se passent comme si la matière du cristal subissait une translation parallèlement à une certaine rangée, par tranches successives parallèles à un plan réticulaire contenant cette rangée, dit *plan de glissement*. Il en est de même dans les macles mécaniques. Mais ici, après glissement, l'orientation du cristal *n'a pas changé*. Il reste homogène et conserve son orientation, comme si, déplacée de sa position initiale, chaque tranche parallèle au plan de glissement s'était calée à nouveau, après une simple translation parallèle à la rangée et égale à un multiple du paramètre de cette rangée.

Toutefois cette interprétation simple est inadmissible ; car si une telle translation en bloc d'une partie du cristal par rapport à l'autre le long d'un plan parallèle au plan de glissement était possible, comme le milieu cristallin après une telle translation se trouve reconstitué sans modification, le glissement pourrait se reproduire encore suivant le même plan, et son amplitude pourrait être quelconque. Une face *ab* non parallèle à la translation serait coupée de gradins alternativement parallèles à la face initiale et au plan de glissement.

Ce n'est pas ce qui a lieu. Le glissement relatif de deux plans infiniment voisins parallèles au plan de glissement est infiniment petit, et tel qu'une face *ab* reste continue et plane en *ab'*, mais en changeant de caractère physique et de notation. En d'autres termes, tout point du cristal subit une translation limitée, paral-

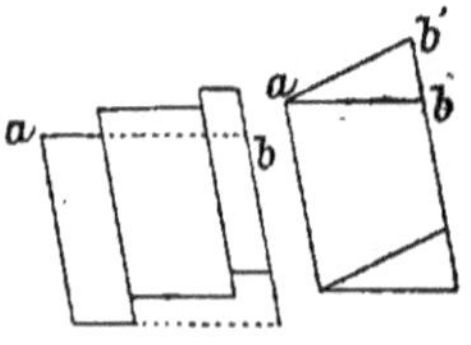

Fig. 355.

lèle à la rangée et proportionnelle à sa distance au plan resté fixe. Le phénomène est tout à fait analogue à celui des macles mécaniques. Il consiste non pas en une véritable translation en bloc, sans déformation du motif cristallin, mais en une déformation des motifs successifs de proche en proche, suivie d'un réarrangement dans une position identique à celle qu'on obtiendrait par simple translation : Exactement de même que, dans la macle, le réarrangement se fait dans une seconde position d'équilibre, c'est-à-dire dans la position de macle.

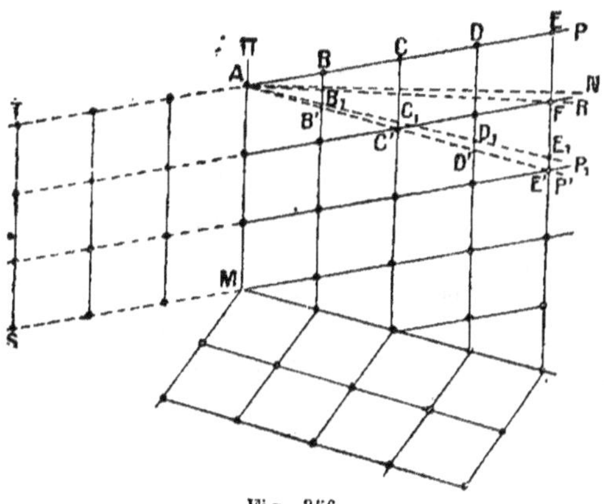

Fig. 356.

Lorsque dans un cristal il peut se produire une macle mécanique ayant pour plan de macle (réticulaire) un plan Π (fig. 356), il existe une rangée AR pseudo-normale à ce plan. Dans la production de la macle, tous les points du cristal glissent parallèlement à une rangée AM du plan Π, et de longueurs proportionnelles à leurs distances au plan resté fixe Π. L'amplitude de ce mouvement est définie par un certain plan réticulaire P qu'on peut appeler *plan directeur* et qui, après déplacement, vient occuper en P_1 une position exactement symétrique de P par rapport au plan Π et par rapport à la normale N à ce plan, laquelle ne coïncide pas exactement en général, mais à peu près, avec la rangée R. Le plan P_1 ne coïncide exactement, dans le cristal initial, avec aucun plan réticulaire, mais seulement à peu près avec le plan réticulaire P', pseudo-symétrique de P par rapport au plan Π et à la rangée R. Le nœud F étant le premier à partir de A sur la rangée R, l'amplitude EE_1 du déplacement sur la rangée EF n'est pas un multiple exact du paramètre de cette rangée, mais seulement un multiple approché. Enfin, dans ce mouvement, tous les points du cristal qui dans la position initiale étaient analogues entre eux restent analogues entre eux. Comme nous le savons, la coïncidence approchée des nœuds C_1E_1 avec les nœuds $C'E'$ du réseau initial (qui est prolongé schématiquement dans la figure en AMST) suffit pour que la nouvelle position soit stable.

Dans les glissements, le phénomène est différent, mais très voisin. Les conditions réticulaires sont les mêmes. Mais l'amplitude du déplacement, sur la rangée EF, est exactement EE'. Les points du plan directeur se transportent ainsi non sur P_1, mais sur P', de sorte que la matière de ce plan P vient occuper exactement l'emplacement d'un autre plan réticulaire P' du cristal primitif. Les nœuds ABCDE, après glissement, viennent en AB'C'D'E'. Mais le plan P' n'est pas identique au plan P ; il n'a ni le même rôle dans le cristal ni la même notation, ni le même réseau plan. En sorte qu'une partie seulement des nœuds ABCDE restent analogues entre eux : AC'E' par exemple. Et d'une manière générale, les points qui, avant glissement, étaient analogues entre eux, ne le sont plus après glissement. Le restent seuls les nœuds tels que A C E qui, dans la macle, coïncident à peu près avec des nœuds de la position initiale. C'est-à-dire que, ici comme dans les macles, la condition du phénomène est encore l'existence d'une maille multiple pseudo-symétrique (ou a fortiori symétrique). Dans la macle, les sommets ACE de cette maille viennent en AC_1E_1. Dans le glissement ils viennent en AC'E' : après glissement, le cristal se retrouve avec la même orientation qu'à l'origine. Seule la forme extérieure a changé, le plan directeur P étant devenu un plan P_1 de notation différente et pseudo-symétrique de P par rapport au plan de glissement Π.

Ces glissements se produisent en particulier dans des cristaux (stibine, disthène) qui peuvent dans certaines directions particulières être pliés et le font alors brusquement, avec production d'un genou (knickung des auteurs allemands). Une partie NPQR (fig. 357) reste intacte, sans intervenir dans le phénomène, et sert simplement à transmettre l'effort.

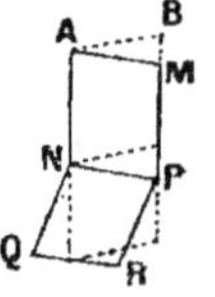

Fig. 357.

L'autre AMPN subit le glissement parallèlement à la rangée AN d'un plan de glissement, sans changer d'orientation. Les formes extérieures des deux parties peuvent être géométriquement symétriques par rapport au plan directeur NP s'il arrive que ce soit ce plan qui limite le cristal. Mais elles ne le sont pas en général, et le plan NP n'a pas même notation dans les deux parties du cristal plié. Les deux cristaux ne sont nullement symétriques par rapport au plan NP.

Il y a souvent dans une même zone d'un plan de glissement plusieurs plans directeurs, c'est-à-dire plusieurs amplitudes de glissement possibles, multiples simples l'une de l'autre.

Exemple : Disthène. Anorthique, avec la rangée [411] quasi-normale au plan h^1 (100). C'est le cas du réseau représenté ci-dessus p. 262. On connaît la macle h^1, fréquente, mais non réalisable par action mécanique. Par contre, les cristaux peuvent subir des pliages avec h^1 pour plan de glissement, l'arête h^1g^1 [001] pour direction de glissement, et pour plan directeur soit p (001) (cas de la figure) soit $a^{\frac{8}{3}}$ ($\overline{3}08$) qui correspond à un glissement moitié moindre. Dans le premier cas, le plan de pliage se note p (001) dans la partie intacte et a^2 ($\overline{1}02$) dans la partie qui a glissé ; dans le second $a^{\frac{8}{3}}$ ($\overline{3}08$) et a^8 ($\overline{1}08$). Il semble en exister d'autres dans la même zone.

La stibine offre aussi de beaux exemples de pliages en genou aisés à réaliser.

Les glissements se produisent souvent quand on comprime un cristal dans une presse parallèlement à une direction de glissement. Il se produit alors une alternance de lamelles parallèles au plan de glissement, les unes restées intactes, les autres ayant glissé, exactement comme dans les macles mécaniques. Seulement l'examen optique ne révèle rien, le cristal étant resté homogène. Seules de fines gouttières striant les faces non parallèles au glissement mettent la déformation en évidence.

Le glissement parallèle à certaines directions ne paraît pas avoir toujours une amplitude définie comme dans les pliages en genou. Certains cristaux, cassants dans toute autre direction, peuvent être courbés sous de grands angles sans rupture ni genou parallèlement à une droite d'un plan de glissement. Ils cessent alors, bien entendu, d'être homogènes. Ainsi la stibine se plie aisément parallèlement à l'arête pg^1 [100] contenue dans le clivage parfait g^1 (010) et normale à l'arête du prisme. Le pliage peut être continu, sans angle vif. Le plan de glissement est ici g^1, la rangée de glissement g^1h^1 [001]. Le cristal a alors perdu sa structure homogène : il est réellement déformé. D'autres fois, avec les mêmes cristaux de sti-

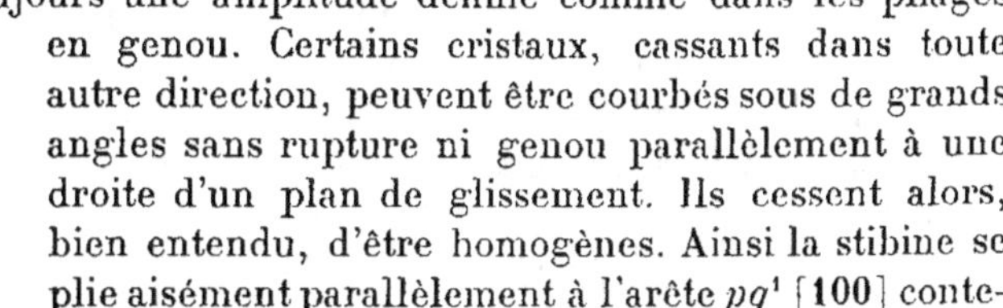

Fig. 358.

bine, il se produit tout à coup un pliage en genou. Dans toute autre direction, le cristal de stibine casse bien avant d'avoir subi une déformation du même ordre de grandeur.

Le même glissement rend possible, dans la stibine, une torsion hélicoïdale autour de l'arête h^1g^1 (fig. 358). L'azotate d'ammoniaque offre des phénomènes du même genre.

Cristaux mous. Liquides de Lehmann.

En dehors des exemples précédents de plasticité dans une direction déterminée, soit par macle ou glissement d'amplitude définie conservant l'homogénéité, soit par glissement d'amplitude indéfinie avec destruction de l'homogénéité, les cristaux peuvent, comme tous les corps solides, présenter en toutes directions une plasticité qui les rapproche par toutes les transitions de l'état liquide.

Les cristaux des métaux malléables (plomb, cuivre, etc.) peuvent subir des déformations permanentes sans perdre leur cohésion, mais en perdant alors leur homogénéité cristalline L'argyrose ou argentite (Ag^2S) se coupe en copeaux, sans faire de poussière, et est assez plastique pour qu'on puisse, à froid, en frapper des médailles. De même la cérargyrite ($AgCl$), la paraffine, le camphre, sont des exemples de plasticité dans des substances cristallines.

L'iodure d'argent, solide (sénaire) à la température ordinaire, se transforme à 146° en une variété cubique (en octaèdres) ayant la consistance d'une pâte très épaisse. Il paraît être le plus liquide des corps cristallins authentiquement connus.

Par contre, on parle beaucoup aujourd'hui des « cristaux liquides » dont la découverte est due à M. Lehmann. Ces corps, très singuliers et encore mal connus, s'éloignent beaucoup, par leurs propriétés optiques notamment, des substances cristallisées et paraissent être des représentants d'un nouvel état de la matière qui n'a pu être assimilé à l'état cristallin qu'à la suite d'observations très superficielles et par un véritable abus de mots. Ce sont d'assez nombreuses substances organiques qui, en général, solides et cristallisées à la température ordinaire, passent subitement à une certaine température plus élevée, par transformation réversible, à l'état de liquides troubles agissant fortement sur la lumière polarisée, puis à une autre température plus élevée encore, à l'état de liquides isotropes ordinaires. Certains de ces liquides troubles (azoxybenzoate d'éthyle, azoxycinnamate d'éthyle, etc., ou encore l'oléate d'ammoniaque pâteux qui se trouve dans cet état à la température ordinaire) se montrent composés de fibres groupées généralement en singuliers édifices de forme conique qui, lorsqu'ils nagent dans un liquide isotrope, s'orientent mutuellement puis se soudent entre eux dès qu'ils se rencontrent. Ces petits cones ont été pris à tort pour des cristaux. Ils sont en réalité de révolution, et ne présentent ni les propriétés discontinues (faces planes notamment) qui définissent l'état cristallin, ni surtout l'homogénéité qui définit le cristal. Tout au plus pourrait-on leur attribuer, très hypothétiquement, l'état cristallin en considérant comme un cristal chacune des petites fibres qui les constituent. Mais d'une part toute preuve manque de l'existence de propriétés discontinues ; et d'autre part, bien que ces petits éléments agissent sur la lumière polarisée et que ce soit la seule raison sérieuse pour laquelle on les a confondus d'abord avec la matière cristallisée, cette action est, lorsqu'on y regarde de plus près, très différente de celle des cristaux, et plus généralement très différente de celle des matières anisotropes connues jusqu'à présent. Pour en donner une idée, signalons, par exemple, le polychroïsme, qui est très accentué dans plusieurs de ces substances, et qui offre cette bizarre particularité d'être délimité exclusivement par les limites de fibres ou de plages qui sont à la surface, et même uniquement par celles qui sont du même côté que le nicol. De même les phénomènes de biréfringence sont localisés d'une manière tout à fait particulière dans la pellicule superficielle.

Les autres prétendus « cristaux liquides » de Lehmann sont plus différents encore de la matière cristallisée (Azoxyphénétol, azoxyanisol, etc.). Localisées encore dans la pellicule superficielle, les propriétés optiques anisotropes sont entièrement différentes de celles des cristaux ou des superpositions de cristaux. Le liquide lui-même est cloisonné, et se compose de deux liquides distincts non miscibles, probablement énantiomorphes et doués de pouvoir rotatoire, mais isotropes. Bref il n'existe aucune raison connue de rapprocher ces corps des cristaux. Cela n'ôte rien à l'intérêt de leur étude, bien au contraire. Mais cette étude ne touche pas à la cristallographie.

Il faut se tenir en garde contre les conclusions théoriques trop hâtives tirées d'observations superficielles et qu'a suggéré un peu partout la dénomination de cristaux liquides appliquée à ces curieuses substances. Il n'est nullement impossible que l'on reconnaisse un jour qu'elles touchent par quelque côté aux cristaux ; mais ce que l'on sait d'elles aujourd'hui les en éloigne beaucoup.

Groupements de cristaux d'espèces différentes.

Les macles nous ont appris que la condition nécessaire de stabilité de l'édifice cristallin est l'existence d'une période qui se prolonge exactement ou avec de petites déformations dans toute la masse : Cette période pouvant s'appliquer à la répartition de tous les points du motif (cristal homogène) ou seulement d'une partie d'entre eux (macle). La syncristallisation isomorphe nous montrera qu'il n'est pas nécessaire que les motifs qui s'associent en un édifice cristallin soient les mêmes, ni composés d'éléments de la même nature chimique, pourvu toujours que la forme de la période soit la même ou à peu près la même. Il existe un phénomène intermédiaire entre la macle et le mélange isomorphe et qui est régi encore par cette même loi générale. C'est l'accolement régulier de cristaux d'espèces différentes.

Très fréquemment les cristaux d'une espèce qui se déposent sur des cristaux d'espèce différente s'accolent à eux dans une orientation constante en rapport avec les réseaux des deux espèces. L'analogie avec les macles est évidente ; et le phénomène est plus voisin encore de la syncristallisation isomorphe : lorsqu'une solution saturée d'alun de Cr dépose sur un cristal d'alun ordinaire une couche extérieure d'alun de Cr qui en continue exactement l'orientation, c'est un accolement régulier d'espèces différentes ; lorsque la solution contenant les deux aluns dépose des cristaux mixtes à composition variable, c'est une syncristallisation isomorphe ; et il est manifeste que les deux phénomènes n'en constituent en réalité qu'un seul.

De même, dans la nature, dans le groupe des feldspaths plagioclases par exemple, on trouve indifféremment des mélanges isomorphes, homogènes ou non, ou des accolements parallèles des diverses espèces.

Toutefois l'accolement régulier est plus fréquent que la syncristallisation. Cela tient d'une part à ce que l'accolement peut se produire entre espèces cristallisant successivement, et souvent dans des conditions très différentes, tandis que le mélange n'est possible que si les deux substances sont susceptibles de cristalliser dans le même milieu et dans les mêmes conditions.

Cela tient aussi à ce que l'accolement régulier exige moins de conditions que le mélange isomorphe.

L'accolement régulier est possible d'abord lorsque les deux espèces ont des réseaux quasi-identiques de forme *et de dimensions*. Il peut se faire alors dans la position de quasi-prolongement mutuel des deux réseaux, et de telle façon que deux faces de même notation, et dans ces faces deux rangées de même notation, se placent en coïncidence exacte.

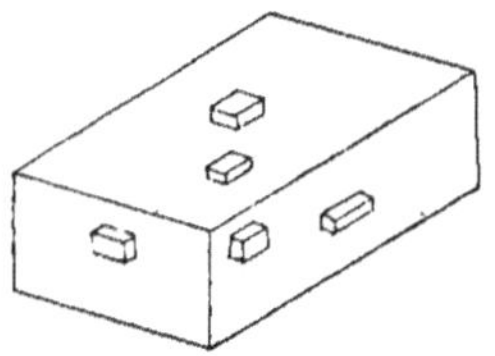

Fig. 358 *bis*.

Exemple : En plaçant un rhomboèdre de clivage de spath ($CO^3Ca.pp = 105°5'$) dans une solution saturée d'azotate de Na en voie de cristallisation, laquelle dépose des rhomboèdres ($AzO^3Na.pp = 106°30'$) de forme très voisine, on voit les rhomboèdres d'azotate (fig. 358 *bis*) se déposer sur la calcite de manière qu'une de leurs faces coïncide exactement avec une des faces p de la calcite, et une quelconque des deux arêtes de cette face avec une des arêtes de la calcite, les axes ternaires étant alors presque parallèles, mais non exactement. Il est remarquable que ce ne sont pas les axes et plans de symétrie qui s'orientent parallèlement, mais bien les plans réticulaires et rangées les plus denses : comme dans les macles, le réseau intervient seul dans le phénomène, et nullement la symétrie du milieu, même ici où les symétries des deux espèces sont les mêmes.

La quasi-identité de forme des deux mailles est ici évidente. Mais, de même que pour le mélange isomorphe, elle ne suffit pas. Le NaCl et le KCl par exemple, si voisins chimiquement et tous deux cubiques, sont incapables à la fois de syncristallisation et d'accolements parallèles. Il y a en effet une autre condition, qui n'a pas à intervenir dans les macles et dont la constatation confirme remarquablement cette idée que c'est bien le quasi-prolongement des réseaux qui détermine l'orientation mutuelle : Il faut que les deux mailles soient quasi-identiques non seulement de forme, mais de dimensions.

Nous ne savons combien de molécules chimiques de CO^3Ca entrent dans la constitution du motif de la calcite. Mais nous pouvons admettre que ce nombre est le même pour AzO^3Na, dont la structure paraît remarquablement analogue. La molécule CO^3Ca pèse $P = 100$, la molécule AzO^3Na $P' = 85$. Les densités sont $d = 2,72$ et $d' = 2,29$. Le rapport $V = \dfrac{P}{d}$, qui représente le volume occupé par une molécule, est égal pour la calcite à $V = 36{,}8$ et pour l'azotate de Na à $V' = 37{,}1$. Les volumes des deux mailles sont entre eux comme ces nombres, donc à peu près égaux, et les *paramètres absolus* des arêtes du rhomboèdre primitif (paramètres rapportés au volume moléculaire) plus voisins encore. Ce qui à la fois confirme que l'orientation mutuelle a pour cause le prolongement mutuel approché des réseaux, ce prolongement n'étant possible sur une certaine étendue que si les dimensions absolues des mailles sont peu différentes ; et d'autre part confirme l'hypothèse selon laquelle la maille de la calcite et celle de l'azotate de Na comprennent un même nombre de molécules chimiques. On voit qu'il y a là, d'une façon générale, une manière de déterminer la grandeur moléculaire relative des motifs de deux espèces qui s'accolent régulièrement.

Au contraire, pour NaCl on a $P = 58{,}5$, $d = 2{,}135$. Pour KCl $P' = 74{,}5$, $d' = 1{,}977$. D'où $V = 27{,}4$ et $V' = 37{,}7$. Les volumes moléculaires, et vraisemblablement (les structures des deux espèces étant probablement identiques) les volumes des mailles, sont très différents. Malgré l'identité de forme des deux mailles, il n'y a ni accolements parallèles ni syncristallisation.

De même encore, l'azotate de Na ne se place qu'exceptionnellement en position parallèle sur la dolomie, rhomboédrique $(CO^3Ca + CO^3Mg.pp = 106°15')$ bien que la forme du rhomboèdre de dolomie soit plus voisine encore de celle de l'azotate de Na que la forme du rhomboèdre de la calcite. Or le volume moléculaire de la dolomie, rapporté à la formule $\frac{1}{2}\,CO^3Ca + \frac{1}{2}\,CO^3Mg$, est **32**. L'azotate de Na ne s'oriente pas du tout sur la giobertite $(CO^3Mg.pp = 107°24')$ ni sur la sidérose $(CO^3Fe.pp = 107°0')$ qui ont encore des formes très voisines, mais pour lesquelles les volumes moléculaires sont égaux respectivement à **27,4** et **30,3**, donc encore plus éloignés de celui de l'azotate de Na.

Mais l'accolement régulier n'exige pas une similitude des deux mailles aussi complète que celle que l'on observe entre la calcite et l'azotate de Na. Il suffit, pour qu'il puisse se produire, qu'une maille multiple simple de l'une des espèces ait sensiblement même forme et même volume qu'une maille multiple simple de l'autre. Il semble même qu'il suffit qu'une *maille plane* (simple ou multiple) d'un plan réticulaire dense de l'une ait sensiblement même forme et mêmes dimensions qu'une maille plane d'un plan réticulaire dense de l'autre. Dans ce dernier cas, l'accolement se produit exclusivement par ces plans, avec coïncidence exacte des deux plans. Quant à la symétrie des deux espèces, non plus que leur nature chimique, elles n'interviennent en rien.

Autre exemple d'accolement régulier entre espèces de formes et de structures voisines : Orthose $3SiO^2$, AlO^2K et Albite $3SiO^2$, AlO^2Na. L'orthose est clinorhombique ; l'albite anorthique et pseudo-clinorhombique, avec formes très voisines de celles de l'orthose. En rapportant les volumes moléculaires aux formules ci-dessus, et calculant alors les « paramètres absolus » de la forme primitive, c'est-à-dire les dimensions linéaires de la maille dont le volume est proportionnel au volume moléculaire, on trouve :

$$\text{Orthose} \begin{cases} a = 5{,}690 \\ b = 8{,}641 \\ c = 4{,}799 \end{cases} \qquad \text{Albite} \begin{cases} a = 5{,}431 \\ b = 8{,}605 \\ c = 4{,}799 \end{cases}$$

Les accolements parallèles des deux espèces se font par toutes les faces, mais ils semblent être toujours tels que les deux arêtes c coïncident exactement. Ce sont précisément celles dont les paramètres absolus sont presque identiques.

Les accolements réguliers sont fréquents entre deux formes d'un même composé polymorphe. C'est le résultat naturel de ces deux faits que les réseaux de deux formes polymorphes sont généralement multiples simples approchés l'un de l'autre (voir polymorphisme), et que d'autre part les densités (donc les volumes moléculaires) ne sont pas en général très différentes. Exemples : Andalousite (SiO^2, Al^2O^3) et disthène, andalousite et sillimanite, eudidymite ($3SiO^2$, GlO, NaHO) et épididymite, rutile (TiO^2) et anatase, rutile et brookite, calcite (CO^3Ca) et aragonite, pyrite (FeS^2) et marcasite. Le cas où l'orientation est due à une transformation sur place de l'une des variétés dans l'autre n'est pas envisagé ici (voir paramorphisme) : il s'agit seulement du dépôt successif de deux variétés l'une sur l'autre.

Exemples d'accolements réguliers entre espèces très différentes à la fois par leur structure, leur symétrie et leur composition chimique :

Rutile (TiO^2), quadratique, sur Oligiste (Fe^2O^3), sénaire avec parahémiédrie ternaire (fig. **359**). La face h^1 (110) du prisme du rutile s'accole à la base p de l'oligiste, l'arête h^1h^1 (axe quaternaire) du rutile parallèle à l'arête *pm* de l'oligiste. Ici la maille plane du plan h^1 du rutile se trouve avoir un réseau pseudo-sénaire

à peu près semblable au réseau exactement sénaire du plan *p* de l'oligiste, et ces deux mailles ont aussi à peu près mêmes dimensions à la condition que chaque nœud (c'est-à-dire chaque motif) du rutile corresponde à la molécule $2\,TiO^2$, et chaque nœud de l'oligiste à $3\,Fe^2O^3$.

Cas aisément réalisable au laboratoire : KI, KBr ou KCl (cubiques)

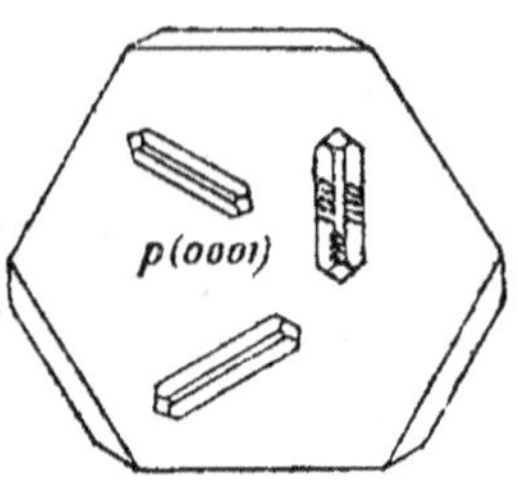

Fig. 359.

sur mica muscovite. La face a^1 (111) de KI se place sur la face *p* de la muscovite, un axe binaire de KI parallèle à l'arête pg^1 [100] de la muscovite. En prenant pour le motif simple de la muscovite $9\,SiO^2$, $3\,AlO^2K$, $6\,AlO^2H$, triple de la formule brute, et pour celui du sel KI, KBr ou KCl, la rangée pg^1 de la muscovite a pour paramètre absolu 5,018 et la perpendiculaire (axe binaire) $5,018\,\sqrt{3}$. Les rangées qui s'accolent sur elles ont pour paramètres absolus : dans KI 5,35 et $5,35\,\sqrt{3}$; dans KBr 5,00 et $5,00\,\sqrt{3}$; dans KCl 4,90 et $4,90\,\sqrt{3}$.

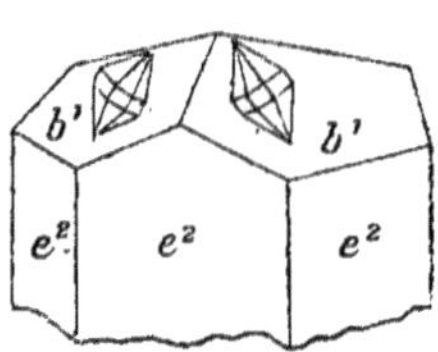

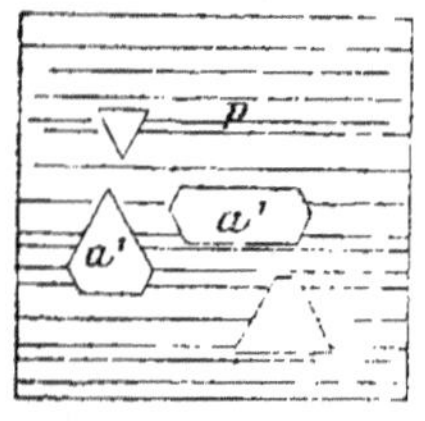

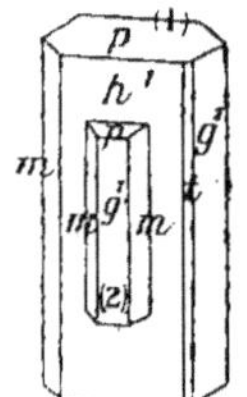

Fig. 360. — Calcite et quartz (ternaires).
p du quartz coïncide avec b^1 de la Calcite, et les grandes diagonales des faces des deux rhomboèdres coïncident.

Fig. 361. — Pyrite et galène (Cubiques).
a^1 de la galène coïncide avec *p* de la pyrite, et une arête de l'octaèdre de galène coïncide avec les stries du triglyphe de la pyrite.

Fig. 362. — Disthène (1) Staurotide (2)
g^1 de la staurotide orthorhombique coïncide avec h^1 du Disthène anorthique, et les arêtes des prismes sont parallèles.

Par contre, l'orientation ne s'obtient pas pour NaCl ; et en effet les paramètres absolus des mêmes rangées sont pour ce sel 4,27 et $4,27\,\sqrt{3}$, donc beaucoup plus différents que les précédents de ceux de la muscovite.

Autres exemples : Calcite et quartz (fig. 360), calcite et oligiste, calcite et mica, azotate de Na et mica, pyrite et galène (fig. 361), disthène et staurotide (fig. 362), etc.

Un curieux exemple d'accolement régulier de trois espèces se rencontre dans la boléite, la pseudoboléite et la cumengéite,

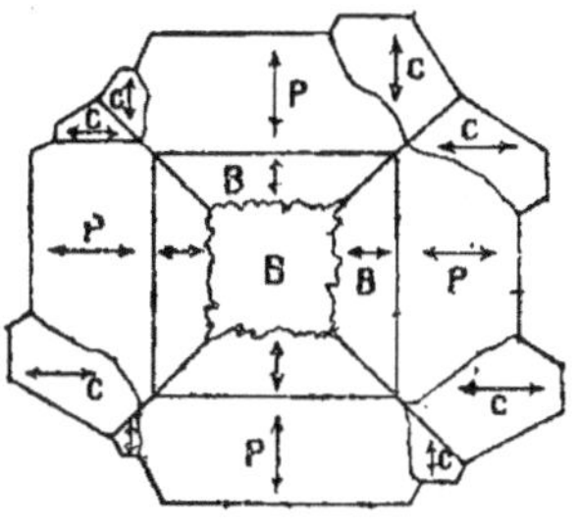

Fig. 363.
B. Boléite.
P. Pseudoboléite.
C. Cumengéite.
⟵⟶ axe optique.

toutes trois quadratiques. La boléite 9PbCl², 8CuO, 3AgCl, 9H²O constitue des macles mimétiques de trois orientations trirectangulaires, à formes extérieures cubiques (voir p. 258). La pseudoboléite 5PbCl², 4CuO, 6H²O se place sur les faces de la boléite en position parallèle, avec par suite trois orientations trirectangulaires; elle n'est même connue que dans cette position, et n'existe pas isolée. La cumengéite 4PbCl², 4CuO, 5H²O se place encore dans les mêmes orientations, en contact avec la pseudoboléite suivant une surface irrégulière, et généralement dans les angles.

Groupements irréguliers.

En dehors des macles régulières, les cristaux peuvent s'accoler au hasard, dans des positions relatives quelconques. Assez souvent, sans être cristallographiquement déterminées, ces positions sont distribuées avec une certaine régularité relative dépendant des conditions de la cristallisation, et l'assemblage possède une *structure* plus ou moins définie. Des cristaux bien développés en tous sens s'accolent généralement dans toutes les orientations, en se gênant plus ou moins les uns les autres dans leur développement : structure *grenue*. S'ils ont la forme de longs prismes, implantés normalement sur la surface de dépôt, la masse se compose de baguettes à axes à peu près parallèles ; elle a la structure *bacillaire*, ou *aciculaire* s'il s'agit d'aiguilles très fines. Si les cristaux sont en lames aplaties à peu près parallèles, structure *lamellaire*. Si les lames divergent, structure *crêtée*, ou encore *en gerbe*.

La structure *sphérolithique* s'observe dans certaines cristallisations imparfaites où les cristaux, allongés en fibres, divergent à partir de quelques centres de cristallisation en formant de petites masses à peu près sphériques appelées sphérolithes. La structure est dite *concrétionnée* quand la substance est formée par dépôt de couches successives s'enveloppant les unes les autres, et présente par suite une surface arrondie, soit lisse (botryoïde), soit hérissée de petits pointements cristallins, et intérieurement des bandes successives souvent rendues bien distinctes par des variations de couleurs, de transparence, etc... Souvent aussi, les cristaux, normaux aux surfaces de con-

Fig. 364.   Fig. 365.

crétion, se continuent d'une bande à l'autre. Exemples : *stalactites* de carbonate de chaux, dépôts d'oxydes de fer ou de manganèse, de smithsonite, de malachite, ou de matières amorphes comme l'opale.

Structure *oolithique* (grains fins), ou *pisolithique* (grains de la grosseur d'un pois), agglomération de petits grains formés par concrétion autour de fragments ayant servi de centres de concrétion dans une eau agitée. Chaque grain est formé d'écailles concentriques très fines, et souvent en même temps de fibres cristallines rayonnées.

Structure *dendritique*, *dendrites*, arborescences analogues à des feuilles très découpées, comme les dessins de la glace sur les vitres ou ceux des oxydes de manganèse sur les parois des fissures des roches.

Druses ou *géodes*, cavités tapissées de cristaux ou de matières concrétionnées.

CHAPITRE V

Au sens ancien, établi par Mitscherlich, la notion d'isomorphisme englobait trois notions bien distinctes. Deux corps étaient dits *isomorphes* lorsqu'ils étaient à la fois :

1° *Homéomorphes*, c'est-à-dire pourvus de propriétés cristallographiques très voisines, et notamment de réseaux très voisins.

2° *Syncristallisables*, c'est-à-dire capables de concourir, soit en toutes proportions, soit au moins en proportions variables d'une manière continue, à la formation d'un cristal unique.

3° De même constitution chimique, sauf remplacement d'un élément par un autre de caractères chimiques voisins.

On a admis longtemps que les deux premiers caractères réunis entraînaient nécessairement le troisième, et que notamment la syncristallisation était un criterium absolu de l'identité de constitution chimique. On sait aujourd'hui qu'il n'en est rien. Il n'y a plus de raison pour réunir sous un même vocable trois phénomènes qui, il est vrai, vont fréquemment ensemble, mais qui n'en sont pas moins intéressants lorsqu'ils se manifestent séparément. Le mot d'isomorphisme, source de confusions, doit être évité dans le langage précis.

Il n'en est pas moins vrai que *très souvent* deux substances homéomorphes et syncristallisables ont des molécules chimiques de même type. Certains corps simples, substitués l'un à l'autre dans une molécule, ne modifient que peu les propriétés du cristal et fournissent ainsi des *séries isomorphes* remarquables.

Tels sont, dans les minéraux oxydés et en particulier dans presque tous les silicates, le Mg et le Fe (sous forme de FeO). Ou bien, dans certains silicates seulement, le Fe (sous forme de Fe^2O^3), l'Al, le Cr ; dans d'autres, Al n'est pas remplaçable par Fe. Ou encore, dans les carbonates, le Fe (FeO), le Mg, le Zn, le Mn, etc.

Exemples de « séries isomorphes » :
Grenats : $3SiO^2, R^2O^3, 3 MO$. $R = Al, Fe, Cr$. $M = Mg, Fe, Mn, Ca$
Spinelles : R^2O^3, MO. $R = Al, Fe, Cr$. $M = Mg, Fe, Zn$.
Carbonates rhomboédriques : CO^3M. $M = Mg, Fe, Zn, Mn, Ca$.

Ces substitutions par syncristallisation jouent un rôle très important dans les minéraux naturels et particulièrement dans les silicates. D'où l'importance de cette question, non seulement au point de vue de la théorie cristallographique, mais au point de vue de la minéralogie descriptive.

Exemples d'homéomorphisme et syncristallisation sans identité de formules chimiques.

Exemple ancien : Sels de potassium et d'ammonium, par exemple SO^4K^2 et $SO^4(AzH^4)^2$. Ici l'identité de formules a pu être sauvegardée moyennant la considération du radical complexe AzH^4 assimilé à un métal monovalent, considération justifiée par son accord avec beaucoup de faits d'ordre chimique. Il en a été de même pour un grand nombre de cas analogues.

Plus tard, Marignac fit connaître le cas des fluostannates et fluotitanates d'une part, des fluoxyniobates, fluoxymolybdates et fluoxytungstates de l'autre. Ainsi les sels SnF^6Zn, $6H^2O$; $NbOF^5Zn$, $6H^2O$; MoO^2F^4Zn, $6H^2O$ sont homéomorphes et syncristallisables. De même les sels : TiF^6K^2, H^2O ; $NbOF^5K^2$, H^2O ; $WO^2F^4K^2$, H^2O. Il faudrait admettre ici, comme ne détruisant pas l'identité de formules, la substitution mutuelle des groupes TiF^2 ou SnF^2 à $NbOF^2$, MoO^2 ou WO^2.

D'autres fois, on serait conduit, en imaginant des substitutions de ce genre, à de véritables contradictions. Exemple (Wyrouboff) : Les composés $6 Az^2O^5$, $3 MgO$, Bi^2O^3, $24 H^2O$ et $6 Az^2O^5$, $3 MgO$, M^2O^3, $24 H^2O$ ($M = Ce, La, Di...$) sont homéomorphes et syncristallisables. D'où la conclusion, selon l'ancien principe de l'isomorphisme, que les terres de la cérite sont des sesquioxydes comme Bi^2O^3. Mais d'autre part, les silico-tungstates neutres à $27 H^2O$ des métaux cériques sont homéomorphes et syncristallisables avec ceux du Ca et du Sr. D'où la conclusion que les terres cériques sont des protoxydes comme CaO, SrO. L'identité de formules ne peut être conservée dans les deux cas à la fois.

Dans les composés plus simples, on peut citer le cas des feldspaths calco-sodiques : Albite Si^3O^8AlNa et Anorthite $Si^2O^8Al^2Ca$, homéomorphes et syncristallisables en toutes proportions, et dont l'identité de formules exigerait que l'on admît pour chimiquement équivalents les groupes $\overset{IV}{Si}\overset{I}{Na}$ et $\overset{III}{Al}\overset{II}{Ca}$. Ou mieux encore le silicate de Li artificiel SiO^3Li^2 et la phénakite SiO^4Gl^2, également homéomorphes et syncristallisables, bien qu'ici par aucun artifice les formules ne puissent être ramenées au même type.

L'homéomorphisme et la syncristallisation ne sont donc pas nécessairement liés à l'identité de constitution chimique.

Toutefois il est bien rare que l'homéomorphisme ne corresponde pas au moins à des analogies chimiques dignes d'être remarquées, qu'il soit ou non accompagné de la syncristallisation.

Exemples d'homéomorphisme avec identité de formules sans syncristallisation.

Ces cas sont très nombreux. Il suffit de rappeler celui des chlorures NaCl, KCl, LiCl, tous trois cubiques du mode hexaédral, à clivages cubiques, et qui cependant ne forment pas de cristaux mixtes. On voit par là que, même lorsque l'homologie chimique est complète, l'identité de structures cristallines ne suffit pas à rendre possible la syncristallisation. Et en même temps, que l'homéomorphisme sans syncristallisation peut être un indice de l'homologie chimique tout aussi intéressant que l'homéomorphisme accompagné de syncristallisation, auquel la doctrine de l'isomorphisme convenait arbitrairement de réserver la valeur d'un criterium de la constitution chimique.

Exemples d'homéomorphisme (avec ou sans syncristallisation) révélant des analogies chimiques sans identité de formules.

Cas extrêmement nombreux aussi, parmi lesquels on peut citer notamment comme intéressant la minéralogie les exemples suivants :

Dans les micas, on voit, sans changement notable des propriétés cristallographiques très constantes du groupe, $\overset{\mathrm{II}}{\mathrm{Mg}}{}^2$ ou $\overset{\mathrm{II}}{\mathrm{Fe}}{}^2$ remplacés par $\overset{\mathrm{III}}{\mathrm{Al}}\overset{\mathrm{I}}{\mathrm{K}}$ ou $\overset{\mathrm{III}}{\mathrm{Al}}\overset{\mathrm{I}}{\mathrm{H}}$. La substitution paraît même graduelle et la syncristallisation probable.

De même, dans la série pyroxénique, le réseau ne change que fort peu du diopside Si^2O^6CaMg au triphane Si^2O^6AlLi, et moins encore du diopside à l'acmite Si^2O^6FeNa. Cette substitution de $\overset{\mathrm{II}}{\mathrm{R}}{}^2$ à $\overset{\mathrm{III}}{\mathrm{M}}\,\overset{\mathrm{I}}{\mathrm{N}}$ se retrouve dans le groupe amphibolique et dans beaucoup d'autres silicates. Elle est à comparer avec la substitution de $\overset{\mathrm{IV}}{\mathrm{Si}}\overset{\mathrm{I}}{\mathrm{Na}}$ à $\overset{\mathrm{III}}{\mathrm{Al}}\overset{\mathrm{II}}{\mathrm{Ca}}$ dans les feldspaths : le nombre des atomes reste constant, mais la distribution des valences entre eux change.

De même, on a vu plus haut l'homéomorphisme de la calcite CO^3Ca et de AzO^3Na. Il est rendu plus remarquable encore par l'homéomorphisme de l'aragonite CO^3Ca et du nitre AzO^3K, et impose un rapprochement bien curieux entre deux formules brutes semblables mais que la doctrine de la valence considère comme très différentes ($\overset{IV}{C}\,\overset{II}{Ca}$ substitué à $\overset{V}{Az}\,\overset{I}{Na}$).

De même encore pour l'homéomorphisme (avec accolements parallèles) du zircon $SiZrO^4$, du rutile TiO^2 et de divers autres bioxydes, avec le Xénotime PYO^4. Le zircon peut être, d'après l'homéomorphisme avec les bioxydes, considéré comme un bioxyde double SiO^2, ZrO^2. Mais il est impossible d'attribuer la même constitution au xénotime, qui s'écrirait P^2O^5, Y^2O^3, comme phosphate de sesquioxyde. Et cependant, ici comme dans les cas précédents, la similitude des formules brutes s'accorde d'une manière bien frappante avec l'homéomorphisme.

Dans un ordre d'idées un peu différent, on peut citer les cas où une molécule chimique constante s'additionne de diverses autres sans modification notable de la forme cristalline, comme si cette molécule fondamentale intervenait seule dans la stabilité de l'édifice cristallin. Tel est le cas de l'homéomorphisme remarquable de la leucite Si^2O^6AlK et de l'analcime $Si^2O^6AlNa + H^2O$. Ici l'interprétation ci-dessus s'impose, car la molécule d'eau de l'analcime peut être éliminée ou reprise, remplacée même par divers fluides, sans que l'édifice cristallin soit détruit. Bien qu'à l'état saturé il y ait exactement une molécule d'eau pour une de silicate, cette eau n'intervient pas dans la stabilité de l'ensemble ; elle forme avec le silicate une solution solide et non une combinaison (propriété générale dans le groupe des zéolithes). Le même genre d'association existe vraisemblablement pour d'autres molécules que H^2O dans beaucoup de silicates. C'est ainsi par exemple que l'on peut concevoir le groupe homéomorphe de la néphéline (hexagonale) SiO^4AlNa, dans lequel, sans modification notable de la forme cristalline, s'ajoutent à la néphéline des carbonates, sulfates, chlorures de Na et Ca, de l'eau ; le groupe très voisin (cubique) de la sodalite, dans lequel à la néphéline s'ajoutent des sulfates, chlorures, sulfures de Na et Ca ; le groupe (hexagonal) des apatites, dans lequel à la molécule fondamentale $P^2O^8Ca^3$ du phosphate tribasique de Ca s'ajoutent des fluorures, chlorures, carbonates (avec d'ailleurs substitutions de Pb à Ca, et de As, Va à P, substitutions qui n'ont rien de contraire à la notion classique d'isomorphisme).

L'homéomorphisme peut encore moins passer pour un fait de hasard quand il s'étend à plusieurs formes polymorphes des mêmes composés chimiques (isopolymorphisme). Les limites de température entre lesquelles est stable telle ou telle forme d'un corps polymorphe varient beaucoup d'un corps à l'autre. Souvent deux corps *a b* isopolymorphes se présentent à la température ordinaire sous deux formes AB′ très différentes. Mais l'étude des transformations sous l'action des variations de température fait découvrir une forme A′ du corps *a* homéomorphe de B′, et une autre B du corps *b* homéomorphe de A. Le fait a été constaté pour un grand nombre de sels et donne naturellement à l'homéomorphisme, quand il se présente dans ces conditions, une valeur plus grande encore comme critérium d'analogies chimiques.

On voit que l'homéomorphisme est en lui-même le plus souvent un indice de relations chimiques remarquables. Si la chimie a coutume d'en tenir peu de compte et d'exiger, pour lui attribuer une valeur, qu'il soit accompagné du phénomène parasite de la syncristallisation, cela tient surtout à l'abus que l'on a pu faire du mot d'homéomorphisme par suite de l'arbitraire régnant dans le choix des paramètres. Beaucoup d'auteurs, pour faire ressortir des analogies de formes souvent forcées et trompeuses, profitent du vague de la loi des troncatures rationnelles pour multiplier les paramètres par des nombres arbitraires, et considèrent alors comme homéomorphes des espèces qui ne le sont nullement. La détermination précise des réseaux par la loi de Bravais donne au mot d'homéomorphisme un sens beaucoup mieux défini et aux relations chimiques que l'homéomorphisme fait ressortir une plus grande valeur.

Conditions de la syncristalliation. — La syncristallisation ne se produit, dans la grande majorité des cas, qu'entre espèces homéomorphes. Deux espèces qui cristallisent ensemble ont habituellement des réseaux de même forme, à une certaine tolérance près. Mais pour que la syncristallisation se produise, cette condition ne suffit pas. Il faut d'abord que les deux espèces soient susceptibles de cristalliser dans les mêmes conditions. Il faut ensuite que les *volumes* de leurs mailles soient assez voisins : en d'autres termes, il faut que les réseaux, de même forme et de même dimension à une certaine tolérance près, soient susceptibles ainsi de se prolonger mutuellement, de même que se prolongent, dans les macles, deux orientations quasi-identiques d'un même réseau. C'est la condition que nous avons constatée dans les accolements d'espèces différentes.

Exemples :

Syncristallisables.

Formules identiques :		P	d	V	Forme	
Giobertite	CO^3Mg	84	3,00	28	rhomboèdre de	107°34'
Sidérose	CO^3Fe	116	3,85	30	—	107°0'
Dialogite	CO^3Mn	115	3,45	33	—	107°0'
Smithsonite	CO^3Zn	125	4,45	28	—	107°40'
Formules différentes :						
Albite	Si^3O^8AlNa	524	2,62	200	Anorthiques, formes	
Anorthite	$Si^3O^8Al^2Ca$	556	2,76	201	très voisines.	
Formules différentes :						
Phénakite	SiO^4Gl^2	110	2,98	37	rhomboèdre de	116°36'
Silicate de Li	SiO^3Li^2	90	2,53	36	—	116°7'

Quand les différences de formes ou de volumes moléculaires sont plus grandes sans être encore prohibitives, on voit apparaître un type spécial de mélanges dans lequel les proportions des constituants ne peuvent plus varier sans limites mais tendent vers une composition constante (Mallard). Il semble que la substitution des mailles ne peut plus alors se faire au hasard, mais seulement moyennant des arrangements réguliers ou à peu près réguliers. Exemples :

Dolomie $CO^3Ca + CO^3Mg$, avec parfois un certain excès de l'un des composants, mais le plus souvent correspondant à cette formule. La forme est du type de celles de la calcite et de la giobertite, et à tous égards, malgré la constance relative de la composition, la dolomie ne peut être considérée que comme un mélange dû à la syncristallisation des deux espèces. Or ici les volumes moléculaires sont bien plus différents entre eux que ceux des carbonates de Mg, Fe, Mn, Zn. Car on a pour la calcite : P = 100, d = 2,72, d'où V = 37 (rhomboèdre de 105°5').

On conçoit aussi que cet arrangement régulier des motifs des deux espèces puisse entraîner des dyssymétries que ne possèdent pas les espèces isolément. Ainsi la dolomie est parahémièdre, non la calcite ni probablement la giobertite.

Le même type de mélanges à proportions à peu près constantes se retrouve dans le mispickel, mélange de marcasite FeS² et de löllingite FeAs³ dont la composition approche de FeS² + FeAs³ sans être rigoureusement constante. Il s'observe aussi dans divers silicates de Mg, Fe, Ca où le Mg et le Fe se remplacent en toutes proportions, tandis que le rapport $\frac{Mg, Fe}{Ca}$ ne varie qu'entre des limites assez rapprochées (pyroxènes, amphiboles, monticellite, etc.).

Quand enfin les différences de volumes moléculaires deviennent trop grandes, la syncristallisation devient impossible, malgré l'homéomorphisme. Exemple :

	P	d	V
KCl	76,5	1,977	37,7
NaCl	58,5	2,135	27,4
LiCl	42,5	2,04	20,8

Ces trois sels ne donnent pas de cristaux mixtes.

On observera combien est remarquable cette loi des volumes, qui combine entre elles des données aussi totalement indépendantes que celles de l'analyse chimique, des mesures d'angles cristallographiques et des mesures de densités.

Enfin, si l'homéomorphisme n'est pas *suffisant* pour déterminer la syncristallisation, il n'est pas non plus, au sens précis que lui donne la loi de Bravais, *nécessaire* pour cela. La syncristallisation se produit parfois entre espèces qui n'ont en commun ni le réseau ni la symétrie, mais simplement une maille multiple. *La période qui se prolonge dans tout l'édifice complexe n'est pas nécessairement la plus petite période des deux espèces mélangées.* C'est, ici encore, le même fait que dans les macles et dans les accolements réguliers d'espèces différentes. Exemples de syncristallisation sans homéomorphisme :

Chlorates de Na et de K, syncristallisables en toutes proportions. Le chlorate de Na est cubique, tétartoèdre, avec réseau du mode hexaédral. Le chlorate de K est clinorhombique du mode octaédral, à face p (001) centrée, avec paramètres : $a' : b' : c' = 0,8256 : 1 : 1,2236$ $\beta' = 70°4$. C'est-à-dire à très peu près $a' : b' : c' = \frac{2}{3}\sqrt{\frac{3}{2}} : 1 : \sqrt{\frac{3}{2}}$, alors que les paramètres du cube, rapportés à deux axes ternaires a et c et à l'axe binaire perpendiculaire b sont $a : b : c = \sqrt{\frac{3}{2}} : 1 : \sqrt{\frac{3}{2}}$ $\beta = 70°31'$. Le réseau du chlorate de K n'est nullement pseudocubique, mais en multipliant par $\frac{3}{2}$ le paramètre a, on obtient un réseau multiple pseudo-cubique. Il y a une maille multiple $a : 3b : 3c$ du chlorate de Na qui, à une légère déformation près, a même forme que la maille multiple $a' : 2b' : 2c'$ du chlorate de K.

D'autre part, si l'on admet que chaque nœud a pour grandeur moléculaire ClO^3Na et ClO^3K, on a pour les volumes des mailles définies par les paramètres ci-dessus :

	P	d	V
ClO^3Na (maille hexaédrale)	106,4	2,289	46,5
$2\,ClO^3K$ (maille octaédrale)	245	2,31	106

D'où pour les paramètres absolus :

Chlorate de Na $\quad \lambda : \mu : \nu = 3,92 : 3,21 : 3,92$
Chlorate de K $\quad \lambda' : \mu' : \nu' = 3,97 : 4,81 : 5,90$

D'on encore :

$$\frac{\lambda'}{\lambda} = 1,01 \qquad \frac{\mu'}{\mu} = 1,50 \qquad \frac{\nu'}{\nu} = 1,50$$

On a donc à très peu près :

$$\frac{\lambda'}{\lambda} = 1 \qquad \frac{\mu'}{\mu} = \frac{3}{2} \qquad \frac{\nu'}{\nu} = \frac{3}{2}.$$

La maille multiple $\lambda : 3\mu : 3\nu$ du chlorate de Na a donc non seulement même forme, mais à très peu près *mêmes dimensions absolues* que la maille multiple $\lambda' : 2\mu' : 2\nu'$ du chlorate de K, moyennant cette hypothèse, qu'un tel accord confirme, que chaque motif simple des deux espèces contient le même nombre de molécules chimiques.

Les cas de ce genre ont pu être interprétés comme cas d'homéomorphisme, à la condition de négliger la loi de Bravais (en multipliant par exemple ici le paramètre a du chlorate de K par $\dfrac{3}{2}$ et ne tenant pas compte du mode du réseau, c'est-à-dire en négligeant la dissemblance cristallographique complète des deux espèces et en réduisant les paramètres à des chiffres dépourvus de toute signification). On les a interprétés aussi en admettant que ce n'est pas la forme ordinaire, stable à froid, du ClO^3Na qui se mélange au ClO^3K, mais une forme dimorphe hypothétique, clinorhombique, qui serait voisine de celle du ClO^3K. L'explication, pour être arbitraire, n'est pas contradictoire. Elle tire même une certaine vraisemblance du fait que les diverses formes d'une substance polymorphe ont précisément des réseaux multiples simples l'un de l'autre (voir polymorphisme), de sorte qu'il n'est pas absurde d'imaginer une forme du ClO^3Na voisine de celle du ClO^3K, puisque la forme cubique ordinaire a précisément un réseau voisin d'un multiple simple du réseau de ClO^3K. Il se peut donc que dans certains cas une telle interprétation soit exacte. Mais on voit que l'accord parfait que l'on constate entre la théorie des macles, celle des accolements d'espèces différentes et celle de la syncristallisation rend une telle explication inutile, les réseaux multiples se montrant partout capables de jouer, dans tous ces phénomènes si étroitement liés, le même rôle que le réseau simple.

Mais il y a plus, et dans certains cas cette interprétation est contraire aux faits. Exemple : Azotates de K et de Rb (Wallerant). AzO^3K est orthorhombique à froid, avec un réseau multiple simple pseudo-sénaire ; à plus haute température, il devient ternaire. AzO^3Rb est ternaire à froid, puis cubique à plus haute température. Les mélanges sont orthorhombiques ou ternaires selon les conditions de cristallisation. Les mélanges ternaires peuvent s'interpréter comme mélanges des deux formes ternaires. Mais les orthorhombiques deviennent *graduellement* uniaxes à mesure que la proportion de AzO^3K tend vers zéro. Ce sont donc bien des mélanges de AzO^3K orthorhombique avec AzO^3Rb ternaire. On est obligé ici d'admettre la syncristallisation de deux espèces qui n'ont ni même symétrie ni même réseau, mais seulement un réseau multiple commun.

On doit donc énoncer ainsi les conditions de la syncristallisation : Deux substances susceptibles de syncristallisation sont telles qu'une de leurs mailles multiples simples (ou comme cas particulier leur plus petite maille) a même forme et même volume, à une certaine tolérance près.

« Les mélanges isomorphes », a dit Tschermak dès 1884, « s'expliquent entièrement si on les considère comme des « groupements parallèles intimes. » C'est en effet à cette complète analogie de la syncristallisation avec les groupements que conduisent toutes les observations qui précèdent. On peut dès lors énoncer comme suit la condition générale de stabilité des édifices cristallins quels qu'ils soient :

Dans tout édifice cristallin régulier, qu'il soit cristal homogène, macle, groupement régulier d'espèces différentes, mixte produit par syncristallisation (d'apparence homogène ou non), il y a nécessairement une période unique qui, à de légères déformations près, se poursuit dans toute la masse.

Peu de lois physiques réunissent dans un aussi bref énoncé un aussi grand nombre de faits aussi divers. Il serait exagéré de dire que c'est le résumé de toute la cristallographie. Mais c'en est, de beaucoup, le résultat le plus général et le plus important.

Quant à la nature de cette périodicité qui se poursuit malgré les différences d'orientation du motif, et même malgré les différences de nature chimique, elle reste indéterminée. Voir à cet égard la remarque p. 292.

Propriétés des cristaux mixtes. — Les propriétés physiques des mixtes produits par syncristallisation sont entièrement d'accord avec cette idée que les motifs des composants se juxtaposent comme se juxtaposeraient dans un mur des pierres de dimensions à peu près mais non exactement identiques. Pas plus que dans un tel mur on ne peut calculer *rigoureusement* les propriétés (densité, formes cristallines, etc.) en fonction de celles des composants, tant qu'on ignore comment, dans le détail, s'agencent entre eux ces éléments légèrement dissemblables. Mais on doit prévoir que ces propriétés seront *à peu près* celles qu'on calcule par la moyenne des propriétés des composants. Le fait remarquable, et qui distingue en général nettement les mélanges dûs à la syncristallisation des véritables combinaisons, est que cela a lieu. Exemples :

Densités. — Les densités suivent la loi des moyennes avec plus d'exactitude qu'on ne pourrait s'y attendre *a priori*. n et n' étant les proportions *moléculaires* des composants, V et V' leurs volumes moléculaires, on doit avoir à peu près pour le volume moléculaire du mixte :

$$V'' = \frac{nV + n'V'}{n + n'}.$$

D'autre part, le poids moléculaire moyen du mixte est

$$P'' = \frac{nP + n'P'}{n + n'}.$$

D'où pour la densité approchée

$$d'' = \frac{nP + n'P'}{nV + n'V'} = \frac{nP + n'P'}{n\dfrac{P}{d} + n'\dfrac{P'}{d'}}.$$

Cette formule paraît se vérifier plus exactement que la théorie de la syncristallisation ne permettrait de le prévoir. Ainsi la densité de la calcite étant 2,72 et celle de la giobertite 3,00, celle de la dolomie $CO_3Ca + CO_3Mg$, si la dolomie est un mélange, doit être, d'après la formule : **2,84**. Le nombre observé est **2,83**.

Paramètres cristallins. — Les paramètres du mixte sont en général aussi à peu près les moyennes des paramètres des composants. Il va de soi que cette moyenne doit être calculée non pour les paramètres relatifs, mais pour les paramètres absolus rapportés au volume moléculaire, et proportionnellement au nombre de molécules de chacun des composants entrant dans le mélange. Toutefois, comme les différences des paramètres des composants sont petites, et comme d'autre part il ne s'agit que de calculer un nombre approximatif, il est en général indifférent d'appliquer le calcul des moyennes aux paramètres relatifs. Exemple : Dolomie.

	a absolu observé	c absolu observé	$c : a$
Calcite CO_3Ca.	3,677	3,142	0,8543
Giobertite CO_3Mg . . .	3,416	2,771	0,8112
Dolomie $CO_3Ca + CO_3Mg$.	3,559	2,962	0,8322

Calculés par la moyenne des paramètres absolus :

Dolomie	3,547	2,956	0,8336
Calculé par la moyenne des paramètres relatifs.			0,8327

Il ne faut pas, toutefois, attribuer à cette loi une précision qu'elle ne comporte pas. Quand les paramètres des constituants sont très voisins, ceux des mixtes en sont toujours très voisins aussi, et c'est là le fait remarquable, le seul que permette de prévoir la théorie de la syncristallisation. Mais il peut arriver que les très petites différences ne répondent nullement à la loi des moyennes. C'est ce que Groth a constaté par exemple pour les mélanges de permanganates et de perchlorates alcalins. Les écarts, très petits aussi, répondent au contraire bien à la loi des moyennes dans les mélanges des sulfates de Zn et Mg (Dufet).

Propriétés optiques. — La conservation approchée de la réfraction moléculaire même dans les combinaisons chimiques fait prévoir que le caractère additif de cette propriété s'observera avec plus d'exactitude encore dans les mixtes produits par syncristallisation. La proportionnalité au nombre de molécules de chaque constituant s'étend en effet très exactement aux indices de réfraction. On peut ainsi calculer la forme de l'ellipsoïde inverse, et en général les propriétés optiques, d'un mixte en fonction de sa composition et des propriétés optiques des composants. Un grand nombre de vérifications ont été faites par Mallard, Dufet, etc. C'est ainsi par exemple que les propriétés optiques des feldspaths plagioclases se calculent en fonction de leur composition chimique et des propriétés optiques de l'albite et de l'anorthite. L'accord avec l'observation est satisfaisant, et tend à confirmer par suite que les feldspaths plagioclases sont des mélanges.

CHAPITRE VI

Parmi les faits spéciaux à la matière cristallisée qui ont été examinés ci-dessus, tous ceux qui ont pu être réduits en lois précises ne nous renseignent que sur un point unique de la structure du cristal, savoir la forme de son réseau. Constantes capillaires, formes polyédriques déterminées par elles, clivages, macles et glissements, groupements d'espèces différentes et syncristallisation ne conduisent, tels qu'on les connaît aujourd'hui, à aucune hypothèse utile sur la structure même du motif cristallin, mais seulement à l'hypothèse d'une répartition de ce motif suivant une période déterminée qui intervient dans tous ces phénomènes.

Tout ce que nous connaissons du motif, c'est d'abord sa symétrie, qui est celle du cristal, laquelle n'est pas toujours celle du réseau (mériédrie). Nous savons ensuite que, dans les phénomènes ci-dessus énumérés, l'intervention du motif, qui n'est qu'accessoire, n'est pas nulle ; mais nous en ignorons les lois et avons été conduits par suite à laisser totalement indéterminée la structure de ce motif. Il n'en est plus de même quand on considère les faits du polymorphisme [1].

Deux corps de même composition chimique centésimale peuvent avoir des propriétés physiques et chimiques différentes. Ils sont dits *isomères* si, pour des raisons quelconques, on est conduit à leur attribuer des constitutions (molécules, formules) différentes. Ils sont dits être deux formes d'un même composé chimique *polymorphe* si, pour des raisons quelconques on admet pour eux la même constitution chimique.

---

[1] Il se peut d'ailleurs que l'étude plus approfondie de certains phénomènes cristallographiques autres que le polymorphisme conduise à des hypothèses sur la structure du motif. C'est ce que l'on peut entrevoir dès maintenant pour les formes extérieures, à la lumière de la loi de Bravais, et aussi peut-être pour les glissements. Ce qui est dit ici ne se rapporte qu'aux connaissances actuelles bien établies et aux faits exposés dans les pages précédentes.

Nous n'avons à nous occuper, en vue de la minéralogie, que des corps solides.

Dans les solides, la molécule chimique est mal définie. On conçoit par suite que la limite entre le polymorphisme et l'isomérie le soit également.

On trouve dans la nature un assez grand nombre de corps qui, à égale composition chimique centésimale, ont des formes cristallines, densités, et en général des propriétés physiques différentes. Exemples :

TiO^2 se présente sous trois formes distinctes par toutes leurs propriétés physiques : Rutile (quadratique), Anatase (quadratique avec un paramètre, une densité, des propriétés optiques, etc. différents), Brookite (orthorhombique).

SiO^2 existe sous quatre formes au moins : Quartz (sénaire tétartoèdre holoaxe), Calcédoine (clinorhombique), Tridymite (orthorhombique pseudosénaire), Cristobalite (quadratique pseudocubique).

$SiO^2Al^2O^3$ est connu sous trois formes : Andalousite (orthorhombique), Sillimanite (orthorhombique), Disthène (anorthique).

CO^3Ca existe sous trois formes, dont deux communes : Calcite (rhomboédrique) et Aragonite (orthorhombique).

FeS^2 existe sous deux formes : Pyrite (cubique para-hémièdre), Marcasite (orthorhombique).

Etc...

D'autres corps, comme le soufre, la leucite, la boracite, etc. n'existent dans la nature que sous une forme, seule indéfiniment stable à froid, mais subissent à certaines températures des changements brusques de toutes leurs propriétés physiques, forme et symétrie cristallines comprises.

Dans beaucoup de cas, la question de savoir si, entre ces diverses formes de même composition chimique, il y a polymorphisme ou isomérie, n'a pas encore de sens précis. Quand deux formes, différentes à l'état solide, restent différentes en passant à l'état liquide ou gazeux, on admet qu'il y a isomérie. On admet au contraire, en général, qu'il y a polymorphisme lorsque les deux corps, après fusion, dissolution ou volatilisation, donnent des fluides identiques. Mais d'une part c'est là un criterium qui n'est pas pratiquement applicable à la plupart des minéraux, dont le plus grand nombre ne peuvent être ni étudiés aisément à l'état fondu, ni dissous sans destruction complète de leur molécule chimique. D'autre part, ce criterium n'a rien d'absolu, car il reste toujours loisible d'imaginer que dans le passage de l'état solide à l'état fluide la molécule chimique subit des modifications isomériques (polymérisations par exemple). Il n'y a donc pas de criterium général du polymorphisme pour les solides.

Il y a cependant, dans le passage d'une forme à une autre, quand ce passage peut être observé, un phénomène qui peut être considéré comme un criterium absolu du polymorphisme. C'est la *transformation paramorphique* (on dit aussi : transformation polymorphique directe).

La transformation paramorphique est définie par les caractères suivants : Lorsqu'on fait varier la température d'un cristal, on le voit tout à coup, à une température généralement bien déterminée et fonction de la pression, changer de propriétés physiques. Cela est particulièrement frappant lorsqu'on observe sous le microscope polarisant. La grandeur et l'orientation des indices principaux, la biréfringence, en général la symétrie optique, se modifient subitement. En même temps la densité est, en général, changée, quoique peu. Des clivages, des plans de macles mécaniques apparaissent ou disparaissent. La nouvelle forme, si on l'obtient par cristallisation directe, se limite par des faces en général différentes de celles qu'on observe dans la première. En un mot, les deux formes sont physiquement deux corps différents. Leurs propriétés vectorielles discontinues, et par suite leurs réseaux, sont différents ; leurs propriétés continues également ; leurs propriétés scalaires sont généralement voisines, mais non identiques. Dans le passage de l'une à l'autre, il y a absorption ou dégagement de chaleur. Mais si la transformation est paramorphique *l'édifice cristallin n'est pas détruit.* Le cristal reste homogène (ou parfois se transforme en une macle). Aucun déplacement autre que des déformations d'ensemble conservant l'homogénéité, et le plus souvent réduits à de petites contractions ou dilatations, ne s'observe dans sa masse. Enfin le nouveau cristal, à ces légères déformations près, conserve la forme extérieure du premier, et cette forme répond, pour lui comme pour le premier, à la loi d'Haüy. Les plans réticulaires simples du premier cristal restent, à une déformation homogène près, des plans réticulaires simples du second.

Il résulte de là nécessairement que les réseaux cristallins des deux formes, dans une transformation paramorphique, sont, aux déformations homogènes près, multiples simples l'un de l'autre.

On a remarqué depuis longtemps qu'entre deux formes d'un même composé il existe en général une relation de ce genre. Dans beaucoup de cas où la transformation paramorphique n'a pas été observée, les réseaux des deux formes sont, à une petite déformation près, multiples simples l'un de l'autre. C'est un argument qui peut être invoqué souvent en faveur du polymorphisme. Exemples :

TiO^2 : Rutile, quadratique, $c : a = 0{,}911$. Anatase, quadratique, $c : a = 1{,}777$, soit à peu près **2** fois le paramètre du rutile.

SiO^2 : Quartz, sénaire, $c : a = 1{,}100$. Tidymite, orthorhombique pseudo-sénaire, $c : a = 1{,}653$, soit les 3/2 environ du paramètre du quartz.

CO^3Ca : Calcite, ternaire, $c : a = 0{,}854$. Aragonite, orthorhombique avec maille multiple pseudo-sénaire, $c : a = 1{,}1576$, soit environ 4/3 du paramètre de la calcite.

Toutefois de telles relations peuvent être accidentelles, et sont d'autant moins probantes qu'on en a observé de semblables dans des cas certains d'isomérie.

Dans la transformation paramorphique, une telle relation existe nécessairement entre les deux réseaux. Mais de plus, la transformation ajoute à ce fait deux données importantes :

1° Dans la transformation, chacun des deux réseaux a non seulement la *forme*, mais aussi l'*orientation* d'un multiple simple de l'autre.

2° La transformation se fait sans aucun déplacement visible dans la masse, si ce n'est des déformations d'ensemble conservant l'homogénéité (et généralement petites).

L'interprétation est simple et presque obligatoire : Les deux réseaux AB sont multiples simples d'un troisième R (qui peut d'ailleurs être identique à l'un d'eux), et la transformation se fait sans déplacement perceptible dans la masse. Que peut être ce réseau R, en général différent du réseau cristallin mais multiple simple de celui-ci, et qui persiste dans le passage paramorphique d'une forme à une autre, sans que la matière paraisse subir de déplacements ?

Imaginons la matière du cristal discontinue et formée de particules identiques entre elles et distantes, qui pourront être soit des molécules chimiques soit des groupes identiques de molécules chimiques.

Supposons que ces particules soient réparties de telle sorte
qu'un de leurs points, *a* (leur centre de gravité si l'on veut),
occupe pour chacune d'elles un nœud d'un certain réseau R
que nous appellerons le *réseau matériel* du cristal (fig. 366). Ces
particules ne sont pas en général parallèles entre elles. Leurs
points *a*, nœuds du réseau matériel, ne sont pas des points ana-

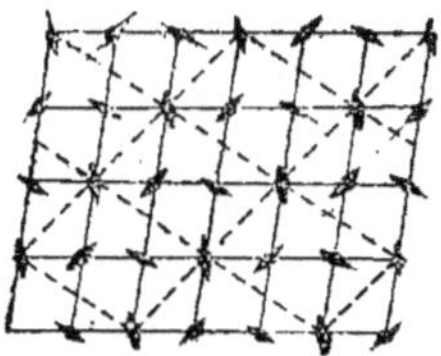

Fig. 366

logues. Mais puisque le milieu est périodique, les orientations des particules sont
distribuées périodiquement. De distance
en distance, il s'en trouve qui sont parallèles et dont tous les points homologues,
tels que *a*, sont des points analogues
entre eux. Ces points homologues des
particules parallèles et que rien ne dis-
tingue entre elles sont distribués aux nœuds d'un réseau de
parallélépipèdes qui est le réseau cristallin, la période applicable à tout point quelconque du cristal. Cette période est
ainsi un multiple du réseau matériel, et un multiple simple si
le nombre des orientations des particules est petit.

Dans les transformations paramorphiques, tout se réduit alors
à une rotation des particules autour de leurs points *a*, sommets du réseau matériel, avec nouvelle distribution de leurs
orientations, sans autre modification que parfois une déformation homogène du réseau matériel. La distribution des particules *analogues*, et par suite le réseau cristallin, peuvent ainsi
changer du tout au tout sans que la nature et la répartition des
particules matérielles soient modifiées.

En admettant ainsi la conservation, dans la transformation
paramorphique, d'une particule servant d'élément constitutif
du cristal, et *a fortiori* de la molécule chimique, en exprimant
que tout se passe comme si la transformation se réduisait à des
rotations de particules, nous réunissons dans un même schéma
les deux faits caractéristiques de ce type de transformations :
modification complète de la période du milieu, c'est-à-dire du
réseau, mais telle que ce réseau reste un multiple simple d'un
réseau fondamental commun aux deux formes ; et d'autre part
conservation de l'édifice cristallin sans autres déplacements que
des déformations homogènes.

On remarquera que si le réseau cristallin, qui exprime la
périodicité pour un *point quelconque* du milieu et n'est pas
défini en position absolue, est nécessairement un réseau de
parallélépipèdes, il n'en est pas de même du réseau matériel,

qui n'exprime que la répartition des *seuls points a* des particules et n'est pas une période pour les autres points du milieu. Il suffit que les plans et droites de ce réseau coïncident avec les plans réticulaires et rangées d'un réseau de parallélépipèdes. On peut donc imaginer pour réseaux matériels des réseaux de parallélépipèdes modifiés par la suppression périodique de certains nœuds.

Exemple : Figurons une transformation paramorphique du genre de celle du nitre orthorhombique en nitre rhomboédrique (transformation qui se produit à 126°), ou de celle (non constatée d'ailleurs comme paramorphique) de l'aragonite orthorhombique en calcite ternaire.

On peut se figurer, entre autres hypothèses, l'édifice ternaire comme composé de particules de symétrie orthorhombique disposées dans un premier plan aux sommets d'hexagones réguliers contigus, avec les orientations *aaa* (fig. 367).

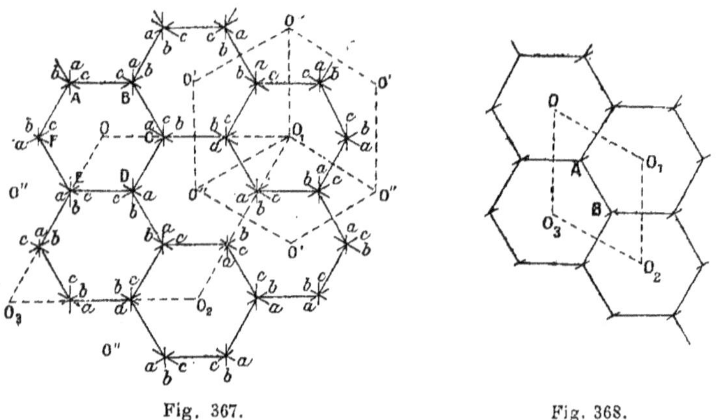

Fig. 367.   Fig. 368.

Dans un second plan parallèle, d'autres particules identiques *bbb..* ont leurs centres sur les mêmes normales au plan, mais sont orientées à 60° des précédentes, alternativement à droite et à gauche. De même dans un troisième plan les particules *ccc..* Dans le 4ᵉ plan on retombe sur les orientations du premier. Un tel édifice a la symétrie ternaire holoèdre. La matière du motif y est constituée par les 6 particules d'un hexagone. La maille plane du plan normal à l'axe ternaire est $OO_1O_2O_3$. La maille du réseau est le rhomboèdre qui se projette en $O_1O'O''$... et dont l'axe ternaire a pour paramètre le triple de la distance des plans des hexagones successifs.

Si maintenant, sans se déplacer, les particules tournent autour de leurs centres de façon à devenir par exemple toutes parallèles entre elles (fig. 368), le motif n'est plus formé que de deux particules AB. Il a la symétrie orthorhombique. La maille du réseau devient un prisme droit à base rhombe de 120° $OO_1O_2O_3$. On conçoit de plus que cette rotation s'accompagne d'une légère déformation du réseau matériel, dont rien dans la distribution symétrique des particules n'exige plus, comme dans le premier cas, que la maille plane reste hexagonale régulière. L'édifice sera orthorhombique et pseudosénaire. On peut d'ailleurs imaginer beaucoup d'autres dispositions. Celle-ci n'est indiquée qu'à titre d'exemple du principe de la théorie du réseau matériel et pour montrer la possibilité de passer, par de simples rotations des particules, d'une forme à une autre de symétrie différente, avec modification complète du réseau cristallin. Dans le détail de chaque cas, les faits actuellement connus ne suffisent pas en général à restreindre assez le nombre des hypothèses possibles pour qu'il y ait intérêt à en choisir une plutôt qu'une autre. Le point important est seulement le principe de la théorie qui, on le voit, groupe d'une façon très satisfaisante les faits du paramorphisme [1].

Il y a un lien étroit entre cette théorie et le phénomène des

---

[1] Il est évident que la représentation du milieu cristallin par des particules immobiles n'est que schématique. Si, comme il y a tout lieu de l'imaginer, les particules matérielles sont animées de mouvements, ce que nous symbolisons ici par les mots distribution, symétrie, orientation *des particules* doit être considéré comme se rapportant à la fois à la nature intrinsèque de la particule *et à ses mouvements*.

Notamment, dans la simple hypothèse réticulaire, la périodicité doit appartenir non seulement à la distribution des particules mais à leurs mouvements, ceux de deux points analogues devant être identiques. On s'expliquerait sans doute ainsi que dans le mélange ou l'orientation mutuelle de deux espèces dont les molécules chimiques sont entièrement différentes il puisse subsister néanmoins, de l'une à l'autre, une périodicité qui leur soit commune. Cette périodicité commune, qui se retrouve dans tous les phénomènes de groupement et en constitue la loi la plus générale, nous ne savons pas à quoi elle s'applique. C'est peut-être en l'attribuant aux mouvements des particules plutôt qu'à leur nature propre que l'on parviendrait à une interprétation satisfaisante de ce fait général.

Un fait qui paraît suggérer aussi une explication de ce genre consiste dans l'effet du contact pour déterminer les transformations paramorphiques. Souvent une forme qui subsiste en faux équilibre est aussitôt transformée en une autre plus stable lorsqu'un cristal de cette autre forme vient à la toucher. Et de même les transformations paramorphiques se propagent, dans un même cristal, de proche en proche, c'est-à-dire par une action de contact. Ces actions de contact s'interpréteraient avec vraisemblance comme transmissions de mouvements.

macles. Non seulement les particules diversement orientées qu'elle imagine sont tout à fait comparables aux diverses orientations des plages homogènes dans un édifice cristallin mimétique, mais encore les faits eux-mêmes conduisent nécessairement à cette comparaison :

La boléite, quadratique avec paramètre voisin de 4 (voir p. 258) se présente tantôt en plages quadratiques homogènes distinctes groupées en un édifice cubique mimétique ; tantôt, surtout dans la partie centrale, sous forme d'un enchevêtrement plus ou moins fin de ces trois orientations, encore discernables sous le microscope ; tantôt enfin, et cela souvent dans le même cristal, sous forme de plages isotropes dont les éléments quadratiques ne peuvent plus être distingués en raison de leur extrême finesse, bien que par continuité il ne soit guère possible de douter qu'ils existent. Il y a donc, si l'on veut, deux formes de boléite : l'une quadratique, à macles mimétiques cubiques ; l'autre cubique et optiquement isotrope. Mais on observe ici tous les passages entre elles, et l'on voit comment le groupement de plages très petites de la première donne naissance à la seconde. Elles ne diffèrent que par la distribution des orientations des éléments. Ici rien ne nous engage à imaginer que ces éléments soient d'égales dimensions et que le groupement observé dans les cristaux quadratiques soit réalisé dans la période elle-même du cristal cubique. Nous admettons avec plus de vraisemblance que l'homogénéité de ce cristal n'est qu'apparente et qu'il est composé de petits éléments quadratiques grossièrement égaux, trop fins pour être discernés. Nous admettons qu'il n'y a là qu'un faux polymorphisme. Mais l'analogie est extrême entre ce cas et celui du véritable polymorphisme révélé par les transformations paramorphiques. Lorsque, dans des cas tout à fait analogues, nous verrons se produire le passage paramorphique brusque, le plus souvent réversible, s'effectuant à une température déterminée, avec mise en jeu de chaleur, avec apparition de propriétés qui ne peuvent plus se déduire de celles du cristal initial, lorsque nous serons par suite amenés à imaginer, pour en rendre compte, un phénomène d'ordre moléculaire, nous n'aurons qu'à pousser jusqu'à la particule ultime un groupement analogue à celui que nous suivons des yeux dans le cas de la boléite, pour arriver presque nécessairement à la théorie du réseau matériel.

Pseudo-paramorphisme. — On est conduit ainsi à distinguer

des cas de pseudo-paramorphisme et des cas de paramorphisme véritable. Dans les premiers, aucune transformation n'a été constatée. C'est le cas de la boléite. On trouve côte à côte deux variétés dont les relations de forme et de position sont les mêmes que celles de deux variétés paramorphiques, et dont l'une n'est que le résultat d'un enchevêtrement très fin de macles de l'autre, macles auxquelles rien n'engage à attribuer des dimensions moléculaires. La forme la plus symétrique n'est qu'un groupement mimétique à très petits éléments de la moins symétrique. Toutes ses propriétés peuvent être déduites de celles de l'autre forme, exactement comme dans les mélanges isomorphes. Les exemples de pseudo-paramorphisme sont nombreux. On peut citer notamment, parmi les minéraux :

Le microcline, anorthique, toujours groupé suivant deux lois de macle constantes en un ensemble à symétrie totale clinorhombique, et qui, lorsque les éléments deviennent trop fins pour être discernés, passe à une espèce clinorhombique homogène, l'orthose.

La calcédoine, clinorhombique, qui se groupe de diverses manières par éléments très fins, généralement indiscernables, fournissant des cristaux sensiblement homogènes, sénaires tétartoèdres, appelés quartz droit et quartz gauche.

Paramorphisme véritable en rapport évident avec le mimétisme. — La boracite, orthorhombique anti-hémièdre et probablement à réseau pseudo-cubique (bien qu'à vrai dire son réseau ne soit pas bien connu), forme des cristaux mimétiques cubiques composés de six orientations de l'élément orthorhombique (Voir p. 256). Ces six orientations passent aisément de l'une à l'autre par action mécanique, sans déformation sensible. A 265°, le cristal devient tout à coup optiquement isotrope et homogène, avec absorption de chaleur de 4,8 calories par gramme, et contraction. La transformation est réversible, et au-dessous de 265° les plages orthorhombiques reparaissent, avec les mêmes orientations : seules leurs limites ont changé.

Ici la contraction, la chaleur mise en jeu, l'existence d'un point de transformation subite et réversible conduisent à imaginer un phénomène d'ordre moléculaire. Les particules, qui peuvent être supposées orthorhombiques, réparties aux sommets d'un réseau matériel cubique, et par exemple parallèles à froid dans chaque plage homogène, avec six orientations possibles conformément aux lois des macles, seront supposées à 265° subir

par exemple la même rotation que dans la macle par action
mécanique, et prendre ainsi, mais par groupes de six régulièrement distribuées, ces six mêmes orientations. L'édifice cristallin change de symétrie, mais reste homogène. Remarquons
qu'il n'y a plus de raison ici pour que les propriétés de la
forme cubique puissent se déduire de celles de la forme
orthorhombique. Car si les calculs de lois moyennes sont justi-
fiés comme approximation dans le cas d'éléments même très
petits, ils ne le sont plus nullement pour des groupements
moléculaires. C'est d'ailleurs une des principales raisons pour
lesquelles on est conduit à imaginer, dans le paramorphisme,
des groupements d'ordre moléculaire.

La leucite, quadratique (au plus) et à réseau pseudo-cubique,
forme de même des édifices mimétiques à symétrie totale cubique (voir p. 243). Dans certains cristaux, les éléments quadratiques sont trop fins pour être perceptibles, et la symétrie
paraît cubique. C'est un cas de pseudo-paramorphisme. Mais
vers 500-600°, les cristaux biréfringents deviennent subitement
cubiques et optiquement isotropes par une transformation paramorphique réversible dans laquelle le réseau, par une petite
déformation homogène, devient cubique en même temps que le
motif cristallin. Il n'est guère douteux que les cristaux qui, à
froid, paraissent cubiques par pseudo-paramorphisme, subissent cette transformation comme les autres et deviennent réellement cubiques à chaud. Mais on voit qu'en pareil cas la transformation modifie si peu les propriétées apparentes qu'elle doit
être fort difficile à constater.

Le chloro-aluminate de calcium, clinorhombique à froid,
forme des macles répétées de trois orientations, à symétrie
totale ternaire, qui constituent des lames grossièrement planes
composées de petits trièdres surbaissés. Comme dans la boracite, la moindre action mécanique suffit à faire passer les plages de l'une à l'autre des trois orientations. A 36°, la lame
devient brusquement plane, homogène et optiquement uniaxe.
La transformation est réversible. Ici encore, il est aisé d'imaginer une distribution des particules supposées clinorhombiques et qui, par exemple, parallèles entre elles à froid dans
chaque plage, prennent au-dessus de 36°, par groupes réguliers, les trois orientations, sans autre déplacement que la rotation et une petite déformation homogène correspondant à
l'aplatissement de la lame, en donnant un ensemble ternaire
pourvu du même réseau matériel, mais d'un réseau cristallin
tout différent.

On voit souvent, lors de l'échauffement ou du refroidissement, des macles se produire ou se multiplier aussitôt avant la transformation paramorphique. Cette observation complète bien le lien entre les deux phénomènes. C'est ainsi que, par exemple, dans le chloro-aluminate de calcium, on voit au refroidissement de la forme uniaxe se former brusquement des plages clinorhombiques d'abord excessivement fines, qui ensuite s'agrandissent spontanément aux dépens les unes des autres.

Autres exemples de transformations paramorphiques :

Iodure d'argent. — A froid, cristaux blanc-jaunâtre sénaires. A 146°, transformation réversible en une forme cubique, avec absorption de 6,8 calories par gramme et contraction. La température de transformation s'abaisse en conséquence quand la pression croît. Elle n'est que de 20° sous la pression de 2.500 k. par cm².

Sulfure de zinc. — Cubique tétraédrique à froid (blende), se transforme à haute température en une forme hexagonale (wurtzite), par une transformation paramorphique. La transformation n'est pas réversible et la wurtzite peut subsister indéfiniment à froid.

Une foule de sels présentent des transformations bien plus compliquées. Exemple *Azotate d'ammoniaque*. Entre 168° (point de fusion) et 125°6, cubique et isotrope (I). De 125°6 à 82°8, uniaxe positif (II) (ternaire ?). De 82°8 à 32°4, orthorhombique (III). De 32°4 à — 16°, autre forme orthorhombique (IV). Au dessous de — 16°, uniaxe positif (V). Toutes ces transformations sont paramorphiques et réversibles. Celles qui se font à basse température sont plus lentes, et celle de la forme IV en la forme V ne se produit parfois pas, ou ne se produit que partiellement. C'est un fait général que plus la température est basse plus les transformations paramorphiques sont retardées ou même empêchées par une sorte de viscosité qui va parfois (comme dans le cas de la wurtzite) jusqu'à maintenir indéfiniment, à l'état de faux équilibre, une forme qui n'est pas la plus stable, en masquant ou supprimant en fait la réversibilité de la transformation.

On voit que pour l'azotate d'ammoniaque il existe deux formes de même symétrie (III et IV). L'existence de deux formes extrêmement voisines par leur symétrie, même par leur réseau, et ne différant que par des détails aisément inaperçus ou considérés comme secondaires, est assez commune. Exemples parmi les minéraux :

Cuprite. — Dans certains gisements, cristaux du système cubique, à clivages octaédriques, paraissant holoèdres. Dans d'autres, cristaux du système cubique, à clivages cubiques indiquant un autre mode du réseau, dans lesquels les formes extérieures et les figures de corrosion révèlent l'hémiédrie holoaxe. Le passage de l'une à l'autre n'a pas été constaté. Mais la différence des clivages montre qu'il s'agit d'un véritable cas de polymorphisme et non d'un pseudo-paramorphisme.

Galène. — Ordinairement cubique avec clivages cubiques. Dans certains gisements, cubique avec clivages octaédriques et une densité un peu plus forte. Cette dernière variété se transforme en la forme ordinaire à clivages cubiques par chauffage à 200 ou 300°. C'est un cas certain de paramorphisme.

A défaut de transformations paramorphiques, on manque le plus souvent de criterium pour distinguer le polymorphisme de l'isomérie (ou de la polymérie). Exemples : Soufre. La transformation de la forme orthorhombique en la forme clinorhombique stable à chaud, et inversement, se fait avec destruction totale de l'édifice cristallin. Il est loisible d'imaginer aussi bien une transformation de la molécule chimique, c'est-à-dire une polymérisation, qu'un simple polymorphisme sans modification de la molécule. Carbonate de calcium : Les deux formes principales, calcite rhomboédrique et aragonite orthorhombique avec macles du type S, sont voisines de celles du nitre, pour lesquelles la transformation paramorphique est connue. La relation existant entre les paramètres (voir p. **289**), surtout par assimilation avec le nitre, rend la relation paramorphique probable, et par suite le polymorphisme. Mais la transformation paramorphique n'a pas été observée. La transformation, très lente et paresseuse, de l'aragonite en calcite vers 400° a été constatée (Mugge) et nettement distinguée du pseudo-paramorphisme dû aux macles de l'aragonite. Celles-ci se multiplient à haute température, et finissent par fournir un édifice d'aragonite presque homogène et presque uniaxe que l'on confond aisément avec la calcite. Mais lors de la véritable transformation en calcite, il n'y a pas conservation de l'homogénéité ni orientation exacte de la calcite par rapport à l'aragonite. Peut-être l'extrême viscosité qui se manifeste dans cette transformation est-elle la caus qui s'oppose à ce qu'elle soit nettement paramorphique. Mais on voit que si le polymorphisme peut ici être présumé, il ne saurait être affirmé en l'absence de transformation paramorphique.

La transformation du quartz en tridymite à haute température est analogue. Ici la transformation inverse est connue, mais seulement par des cristaux naturels de tridymite que l'on trouve transformés en un agrégat de quartz non orienté (Mallard). Si la transformation du quartz en tridymite, qui se fait au rouge vif, est déjà très lente, celle de la tridymite en quartz, à froid, exige peut-être des siècles. La viscosité est ici excessive. La grande différence de densité des deux formes (quartz 2,65 ; tridymite 2,3), jointe à l'absence de paramorphisme, la très grande différence dans l'action des réactifs sur les deux formes, tendraient à faire croire à un cas d'isomérie. Mais d'autre part l'analogie des symétries (voir p. 289) et la relation simple des paramètres seraient en faveur du polymorphisme, qui ne se manifesterait pas par le paramorphisme à cause de la viscosité s'opposant à la libre rotation des particules lors de la transformation. Mais ici encore, la question reste ouverte.

Densités et symétries des diverses formes. — Aucune relation générale n'existe entre les densités, les symétries et les températures de stabilité des formes polymorphes.

Le plus souvent, les formes stables à froid sont les plus denses. Mais cela n'est pas général. Ainsi pour l'azotate d'ammoniaque la forme II est plus dense que la forme III. De même pour la boracite, l'iodure d'argent, le chloro-aluminate de calcium.

Le plus souvent aussi, les formes stables à haute température sont les plus symétriques. Mais cela, non plus, n'est pas général. Exemples : azotate d'ammoniaque, forme V, plus symétrique que IV et III. Sulfure de zinc, où la forme stable à chaud (wurtzite) est moins symétrique que la forme stable à froid (blende). Soufre, iodure mercurique, etc. De même, les formes les plus symétriques sont tantôt plus denses, tantôt moins que les autres.

APPENDICE

L'hypothèse selon laquelle le milieu cristallin est composé de particules identiques et diversement orientées, réparties aux sommets d'un « réseau matériel » qui a les mêmes plans réticulaires et rangées que le réseau cristallin, est destinée à exprimer un fait, celui de la transformation paramorphique. Une telle hypothèse, qui a réellement le caractère d'une hypothèse physique et paraît dès maintenant devoir aider à réunir divers faits épars, ne doit pas être confondue avec ce que l'on appelle souvent à l'étranger « théorie de la structure » des cristaux. Sortie des études purement mathématiques de C. Jordan et développée principalement par Schoenflies, cette théorie consiste en une étude d'ordre exclusivement mathématique relative à toutes les manières de distribuer, dans un milieu périodique et symétrique, les divers éléments de symétrie imaginables. On trouve **230** types de répartition des éléments de symétrie. On peut dire encore, ce qui revient au même, que la théorie en question établit toutes les manières de découper le motif (ou domaine complexe), dont on ne connaît rien que sa symétrie et la forme de sa période, et sur lequel on ne fait aucune hypothèse, en domaines dépourvus de symétrie, superposables ou énantiomorphes entre eux (domaines fondamentaux).

Inversement, partant de ce domaine asymétrique et lui appliquant toutes les opérations de symétrie indiquées par les éléments de symétrie du milieu, on reconstitue le milieu cristallin. On peut alors imaginer une particule asymétrique (ou plus exactement quelconque) ou plusieurs dans chaque domaine fondamental, ou bien une particule symétrique portant sur plusieurs domaines fondamentaux ; on arriverait ainsi, non pas à **230** types de structure, comme on le dit souvent, mais à un beaucoup plus grand nombre, et en fait à *tous* les types de structure quelconques imaginables, compatibles avec la périodicité.

Il n'y a là aucune hypothèse ni aucune théorie physique qui ajoute quoi que ce soit à l'hypothèse de la périodicité ; mais seulement l'indication des limites, excessivement larges d'ailleurs, entre lesquelles peuvent se mouvoir les hypothèses physiques, comme celle du réseau matériel par exemple, pour pouvoir figurer, sans contradiction mathématique, le milieu cristallin périodique. Fort intéressante au point de vue géométrique, cette étude peut n'être pas sans utilité pour guider et classer les hypothèses que l'on voudra imaginer au sujet de la structure des cristaux. Mais en elle-même elle ne constitue pas une théorie physique. Elle contient au contraire tout ce que le géomètre peut dire sur un milieu dont il ne sait rien, si ce n'est qu'il est périodique, et au sujet duquel il ne fait aucune hypothèse.

On peut comparer cette théorie avec ce qu'est pour la chimie l'étude mathématique de toutes les formules de constitution réalisables sur le papier avec n atomes de C, p atomes de H, etc.. Cette étude conduit, pour des valeurs même modérées de n et p, à des centaines ou des milliers de composés isomères imaginables, dont rien ne dit que tous peuvent exister (car on n'introduit dans leur recherche aucune condition que la valence, alors qu'il en existe sans doute d'autres). Elle peut parfois guider (ou l'on imagine, au moins, qu'elle puisse guider) la recherche de formules pour les composés existants, en faisant connaître que la formule à adopter est parmi les cent ou mille dont elle donne le tableau. Elle fixe donc bien des bornes aux hypothèses imaginables pour tel ou tel composé, mais des bornes très larges et qui, d'ailleurs, ne risquent en aucun cas d'être dépassées. Curieuse au point de vue du mathématicien, elle n'apporte en somme au chimiste pas grand chose de plus que la doctrine de la valence qu'elle lui a empruntée.

La « théorie de la structure » est pour la cristallographie quelque chose d'analogue. Elle peut rendre des services dans la recherche des types de structure à adopter en vertu de telle ou telle hypothèse destinée à exprimer des faits. Mais étant par avance compatible avec tous ces types et les englobant tous, elle ne joue en aucune façon le rôle d'une théorie physique de la structure des cristaux qui soit distincte de ces simples mots : le milieu cristallin est périodique. Beaucoup de gens se figurent que depuis la théorie de Schoenflies on sait quelque chose de plus sur la structure du cristal. Il faut bien se rendre compte au contraire que, la périodicité mise à part, et sauf la notion encore peu mise en œuvre du réseau matériel, nous ne savons *absolument rien* sur la structure du motif cristallin ; et que la théorie de Schoenflies à elle seule ne peut ni ne prétend nous conduire à rien savoir ou supposer de nouveau à ce sujet.

La « théorie de la structure » n'en constitue pas moins un guide qui peut-être aura son utilité dans les recherches sur la structure des cristaux. Nous nous contenterons de donner une idée de ses résultats par quelques exemples (Pour la théorie et l'énumération des types, voir Schoenflies, *Krystallsysteme und Krystallstruktur* ; ou mieux, l'abrégé donné par Harold Hilton, *Mathematical Cristallography*).

Tant que nous n'avons eu à introduire aucune hypothèse sur la structure du motif, nous n'avons eu à considérer que des axes, centres, plans de symétrie et plans alternes. Mais quand on s'occupe de la structure on est conduit à introduire la notion d'autres éléments de symétrie qui sont les plans de symétrie avec glissement parallèle au plan, et les axes de symétrie avec glissement parallèle à l'axe, ou axes hélicoïdaux. Si l'amplitude du glissement est de l'ordre de grandeur de la maille, cette translation est imperceptible et le plan ou l'axe jouent physiquement le rôle de plan ou d'axe de symétrie ordinaires. On montre aisément que si un milieu périodique a un tel axe ou plan de symétrie, le réseau a, parallèlement à leur direction, un axe de symétrie ordinaire ou un plan de symétrie ordinaire. Tant qu'il ne s'agit que du cristal tel qu'il se présente à nos observations, ou du réseau, il n'y a donc pas lieu de s'occuper des axes et plans avec glissements. C'est pourquoi nous n'avions pas à les faire intervenir. Mais quand on imagine une structure pour le motif cristallin, ces éléments peuvent y être substitués aux éléments de symétrie ordinaires.

Exemple :

Pour la seule symétrie $L^2\ P'\ P''$ de l'anti-hémiédrie orthorhombique, il y a **22** groupes d'éléments de symétrie possibles, dont **10** pour le seul cas du mode hexaédral du réseau. Voici, à titre d'exemple, ces **10** cas, figurés en projection sur le plan normal à L^2. ● figure un axe binaire ordinaire, ∞ un axe binaire hélicoïdal avec glissement égal à $\frac{c}{2}$ (c est le paramètre de l'axe L^2). ——— figure un plan de symétrie ordinaire, — — — — un plan de symétrie avec glissement $\frac{c}{2}$, ←— —→ un plan de symétrie avec glissement de **1/2** paramètre dans le sens de la flèche $\left(\frac{a}{2}\ \text{ou}\ \frac{b}{2}\right)$, ○— — —● un plan de symétrie avec glissement $\frac{a}{2} + \frac{c}{2}$ ou $\frac{b}{2} + \frac{c}{2}$.

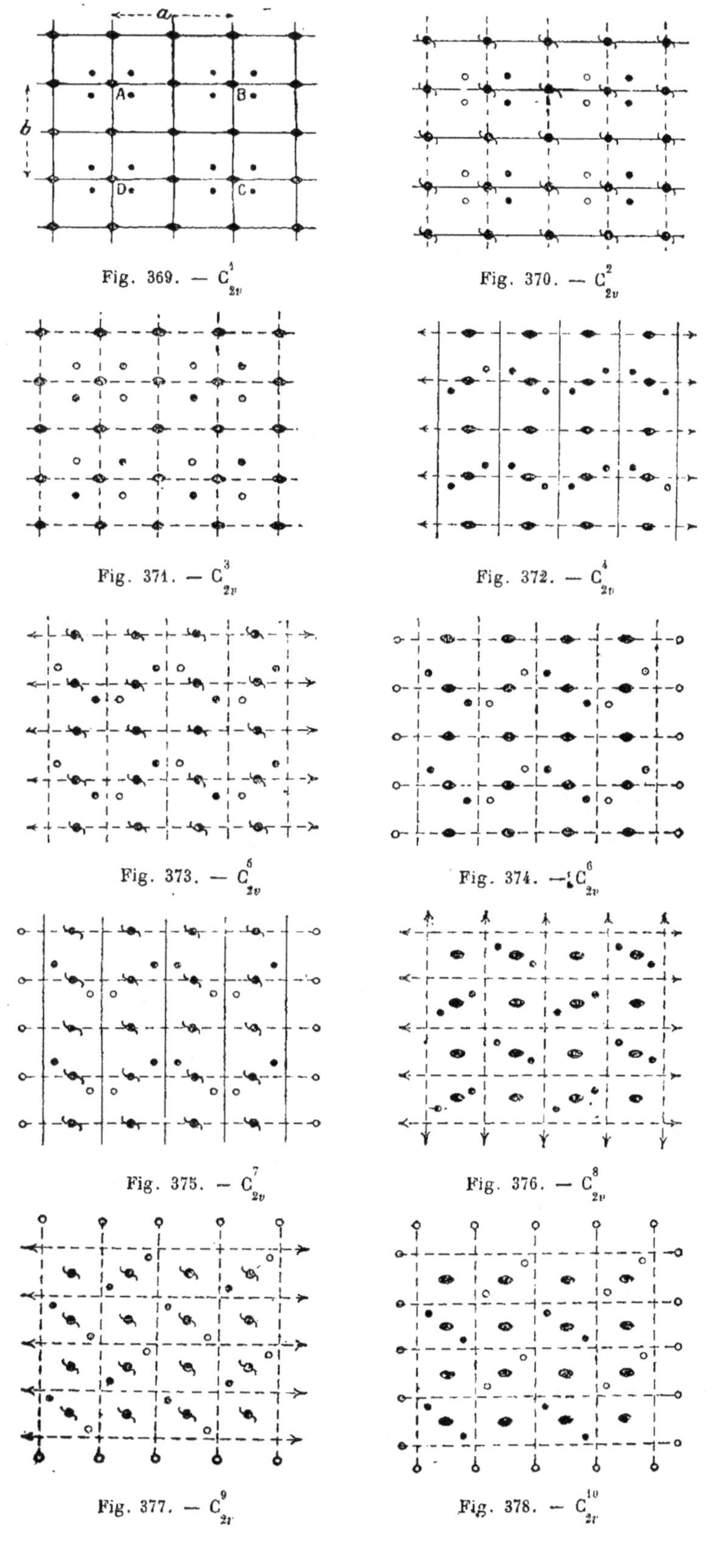

Fig. 369. — C_{2v}^1

Fig. 370. — C_{2v}^2

Fig. 371. — C_{2v}^3

Fig. 372. — C_{2v}^4

Fig. 373. — C_{2v}^5

Fig. 374. — C_{2v}^6

Fig. 375. — C_{2v}^7

Fig. 376. — C_{2v}^8

Fig. 377. — C_{2v}^9

Fig. 378. — C_{2v}^{10}

De plus, un point arbitraire étant donné, les points indiqués figurent tous ses symétriques (● dans le plan du tableau, o à une distance $\frac{c}{2}$). La maille du réseau est toujours ABCD, avec pour hauteur c.

Exemple de la notion de *domaine fondamental*.

C'est une cellule contenant un exemplaire et un seul de tous les points qui ne résultent pas les uns des autres par les opérations de symétrie du milieu. Cette cellule est donc aux opérations de symétrie quelconques ce que la maille est aux seules translations. Par définition, le domaine fondamental est asymétrique, car il ne contient jamais deux points symétriques l'un de l'autre par rapport à un élément de symétrie du milieu. D'autre part il est nécessairement superposable ou énantiomorphe à tous les autres domaines fondamentaux. Enfin il ne peut être traversé par un axe ou plan de symétrie ordinaires, ni contenir un centre, en sorte que ces éléments le limitent nécessairement ; à

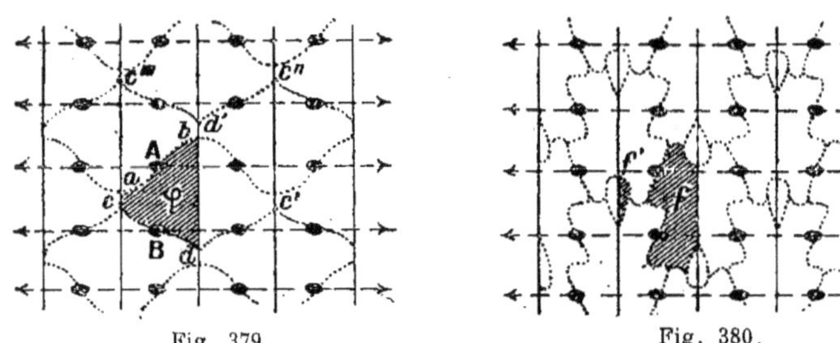

Fig. 379.

Fig. 380.

part ces conditions, il a une forme quelconque. Prenons pour exemple le type C^4_{2v}. φ est le domaine fondamental (fig. 379). Les surfaces limites ab, cd, ont des formes quelconques, symétriques

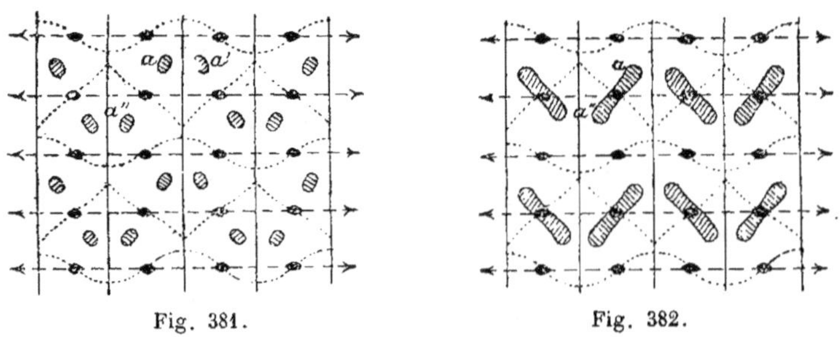

Fig. 381.

Fig. 382.

par rapport aux axes A, B, et passant par ces axes. Quatre de ces domaines réunis, par exemple *c d c' c" d' c'''* composent le *domaine complexe*, c'est-à-dire ce que nous appelons la maille. Le domaine fondamental φ n'est pas même nécessairement d'un seul tenant, et peut comprendre plusieurs volumes fermés distincts. Exemple *ff'* (fig. 380).

C'est dans ce cadre vide, qui constitue en somme la théorie du milieu périodique supposé continu, qu'on peut placer les particules matérielles discontinues qu'il plaira d'imaginer. Par exemple on pourra, dans l'exemple C^4_{2v}, placer une particule *a* dans chaque domaine fondamental (fig. 381). Alors la symétrie de

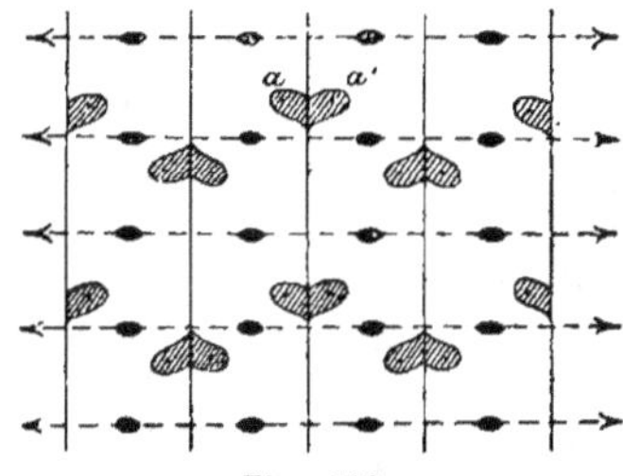

Fig. 383.

cette particule pourra être *quelconque* (asymétrique, sphérique, peu importe), sans que rien soit modifié dans la symétrie de l'ensemble.

On pourra aussi bien réunir par exemple *a* et *a"* en une seule particule, qui alors devra avoir pour axe binaire l'axe L^2 (fig. 382). Elle peut d'ailleurs avoir d'autres éléments de symétrie quelconques : ils n'interviennent pas dans la symétrie de l'ensemble. Le milieu est alors supposé formé de particules ayant un axe binaire (et pouvant avoir d'autres éléments de symétrie qui n'interviendront pas dans le cristal), et c'est par la disposition relative des particules qu'il acquiert les plans de symétrie P' P".

Aussi bien, on réunirait *a* et *a'* (fig. 383) en une particule ayant le plan de symétrie P', le milieu acquérant les éléments L^2 et P" par la structure. Par contre, le type C^4_{2v} ne peut servir à constituer un milieu ayant la symétrie L^2 P'P" avec des particules ayant cette symétrie L^2 P' P". Car dans ce type les axes binaires ne sont pas dans les plans P' et ne peuvent par suite appartenir à la même particule. En pareil cas, on ne peut concentrer tout le motif en une particule unique ayant toute la symétrie du milieu : Il y en a nécessairement au moins deux. Le type C^4_{2v} ne pourrait figurer dans une théorie où (comme l'admettait Bravais, par exemple) toute la matière de la maille serait supposée concentrée en une seule particule.

On peut d'ailleurs imaginer aussi bien plusieurs particules identiques qu'une seule par domaine fondamental, et leur distribution, dans la plupart des cas, reste encore largement arbitraire. Un seul des types de Schoenflies contient ainsi un grand nombre de structures possibles *et qui, lorsqu'il s'agira d'exprimer des faits, pourront être plus essentiellement différentes entre elles, pour le physicien, que deux types de Schoenflies ne le sont entre eux.*

On conçoit assez, en effet, que la classification des structures telle qu'elle résulte d'une théorie aussi excessivement générale ne puisse reposer sur une base qui, par avance, s'accorde avec le point intéressant de chacune des hypothèses à venir. C'est ainsi que, par exemple, pour mettre en œuvre l'hypothèse du réseau matériel, ce qui serait intéressant à considérer comme base de la classification des structures serait la disposition de ce réseau matériel. En d'autres termes, ce serait la position exacte des particules, c'est-à-dire précisément ce que la classification de Schoenflies laisse le plus souvent indéterminé. Dans l'application à une hypothèse déterminée sur la structure du milieu cristallin, la théorie de Schoenflies ne fournit même pas une classification vraiment utile des cas possibles, mais une simple énumération. Ainsi par exemple les structures imaginées (p. **291**) pour rendre compte de la transformation du nitre appartiennent respectivement aux types C^5_{2v} et C^{11}_{2v} de Schoenflies, qui n'ont rien de commun entre eux et que la théorie de Schoenflies ne conduit nullement à rapprocher.

En résumé la« théorie de la structure », considérée au point de vue de ses applications et abstraction faite de son intérêt mathématique propre, ne constitue qu'une énumération de types généraux de symétrie qui peut n'être pas inutile comme guide des théories relatives à la structure des cristaux. Mais elle est loin de constituer une véritable théorie de la structure, puisqu'elle consiste précisément à ne faire aucune supposition quelconque sur la structure du cristal et est, par avance, d'accord avec tout ce que l'on voudra imaginer à ce sujet, tant qu'on considérera, du moins, le milieu cristallin comme périodique.

TABLE DES MATIÈRES

PREMIÈRE PARTIE

ÉTUDE DU CRISTAL

PREMIÈRE SECTION

Cristallographie géométrique.

CHAPITRE PREMIER

DEUXIÈME SECTION

Cristallographie physique.

CHAPITRE II

PROPRIÉTÉS VECTORIELLES DISCONTINUES

CHAPITRE III

PROPRIÉTÉS VECTORIELLES CONTINUES

DEUXIEME PARTIE

ÉTUDE DES ÉDIFICES CRISTALLINS COMPLEXES

ET DES TRANSFORMATIONS

CHAPITRE IV

MACLES, GROUPEMENTS ET DÉFORMATIONS

CHAPITRE V

ISOMORPHISME

CHAPITRE VI

POLYMORPHISME

APPENDICE

9 782019 940775